全国优秀教材二等奖

 "十四五"职业教育国家规划教材

 中等职业教育国家规划教材
全国中等职业教育教材审定委员会审定

化工单元操作

第三版

冷士良　主编

HUAGONG
DANYUAN
CAOZUO

U0222825

 化学工业出版社
·北京·

《化工单元操作》(第三版)是在中等职业教育国家规划教材《化工单元过程及操作》(第二版)的基础上修订的。本书坚持面向学生实际、对接工作岗位需要，同时理论联系实际，兼顾健康安全环保的原则，一直受到广大读者的欢迎。全书共12章，包括绪论、流体输送、非均相物系的分离、传热、液体蒸馏、气体吸收、固体干燥、蒸发、结晶、液-液萃取、制冷和新型单元操作简介。

　　全书坚持以习近平新时代中国特色社会主义思想为指导，认真贯彻党的二十大"一切为了人民""数字中国""生态文明"等理念，强化了化学化工让人类生活更加美好、健康安全与环保的理念，引导读者正确认识化工，激发读者担负责任，为人民的幸福而学习。

　　本次修订坚持面向学生实际、对接工作岗位需要和理论联系实际，增加了国际单位制的有关内容，修订了部分插图，适当补充了一些概念与理论，对部分相对复杂的内容进行了简化处理或呈现形式的调整，重要原理或设备的相应位置增加了二维码，读者可以通过扫描二维码观看动画或视频，加深理解。

　　《化工单元操作》(第三版)可作为化工技术类及相关专业(应用化工、化学工艺、精细化工、高分子化工、石油化工、生物化工、医药化工、环境工程、制药等)中等职业教育教材，也可作为化工职业资格培训教材，或作为化工领域各类应用型人才及教师的参考书。

图书在版编目(CIP)数据

化工单元操作/冷士良主编. —3版. —北京：化学工业出版社，2019.3（2025.1重印）
中等职业教育国家规划教材：全国中等职业教育教材审定委员会审定
ISBN 978-7-122-33595-1

Ⅰ.①化…　Ⅱ.①冷…　Ⅲ.①化工单元操作-中等专业学校-教材　Ⅳ.①TQ02

中国版本图书馆 CIP 数据核字（2019）第 000632 号

责任编辑：徐雅妮　马泽林　　　　　　　　　装帧设计：史利平
责任校对：边　涛

出版发行：化学工业出版社（北京市东城区青年湖南街13号　邮政编码100011）
印　　装：大厂回族自治县聚鑫印刷有限责任公司
787mm×1092mm　1/16　印张21　字数563千字　2025年1月北京第3版第10次印刷

购书咨询：010-64518888　　售后服务：010-64518899
网　　址：http://www.cip.com.cn
凡购买本书，如有缺损质量问题，本社销售中心负责调换。

定　　价：49.00元

前 言

本书为中等职业教育国家规划教材，自 2002 年出版以来，深受广大师生和社会读者的好评与欢迎，2007 年出版第二版，2009 年获得中国石油和化学工业优秀出版物奖教材一等奖。2019 年出版第三版，先后被评为"十三五""十四五"职业教育国家规划教材和首届全国优秀教材二等奖。

第三版坚持以习近平新时代中国特色社会主义思想为指导，强化了化学化工让人类生活更加美好的理念，体现了"一切为了人民"的理念，能够引导读者正确认识化工对创造美好生活的地位与作用，从而激发读者担负责任，为人民的幸福而学习。针对化工生产的特点，每章内容均重视健康、安全和环保，贯彻了创新发展、绿色发展等新发展理念，践行了"绿水青山就是金山银山"和"生态文明"理念，能够引导读者为"美丽中国"建设而学习。

教材配备了重要原理或设备的二维码，体现了党的二十大加快建设"网络强国、数字中国"的要求。通过数字赋能教材建设，促进学习者个性化学习，从而提高人才培养质量。

教材重视知识的应用及生产实际的案例分析，有利于培养学习者职业素养和职业技能，体现了党的二十大提出的培养"大国工匠、高技能人才"的要求。

第三版增加了国际单位制的有关内容及自测题，修订了部分插图，适当补充了一些概念与理论，对部分相对复杂的内容进行了简化处理或呈现形式的调整，在重要原理或设备的相应位置增加了二维码，读者可以通过扫描二维码观看动画或视频，以加深对相关内容的理解。

本次再版工作由徐州工业职业技术学院冷士良主编并统稿，绪论及第 1 章由冷士良编写；第 2 章、第 3 章和第 6 章由湖南化工职业技术学院易卫国编写；第 4 章、第 7 章和第 9 章由扬州工业职业技术学院夏德洋编写；第 5 章、第 8 章、第 10 章和第 11 章由湖北师范大学化学化工学院卢莲英编写。江西省化学工业学校周国保、吴满芳，陕西省石油化工学校薛彩霞、张桂盈等提供了宝贵的意见、建议与支持，书中二维码资源内容主要由北京东方仿真软件技术有限公司提供，在此一并表示感谢与敬意。

由于编者水平有限，书中难免有疏漏之处，恳请读者批评指正。

编者
2023 年 7 月

目　　录

主要设备结构及工作过程素材资源
（建议在 wifi 环境下扫码观看）

0 绪 论

0.1 化工让生活更美好

说到"化工"，很多人可能会联想到燃烧、爆炸、毒气、污染、食品安全等。然而，这些危害是完全可以避免的，可是没有化工的生活是难以想象的，没有化工就没有人类今天丰富多彩而又便捷舒适的生活。

化工对人类的生存与发展起到了巨大且不可替代的作用。中国工程院院士金涌说："夸张点说，化学和化学工程实际上仅次于上帝，上帝没给我们的，它给了。"从各种化妆品、洗护用品、五颜六色的衣服、保护且美化物体表面的涂料、治疗疾病的药物、防霉保质的食品添加剂、杀虫增收的农药，到火箭、卫星、宇宙飞船等都离不开化工。举目四望，各处都能看到化学品，人类可能再也离不开化学品！如果读者有兴趣，可以阅读《身边的化工》或者在网络上观看科普片《探索化学化工未来世界》和《我们需要化学》。看完后，你就会为自己身为化工人而骄傲自豪。

认识化工、学习化工，用化工去创造美好生活，由此开始。

现代化的化工厂园区如图 0-1 所示，现代化的化工厂工作环境如图 0-2 所示。

图 0-1 现代化的化工厂园区

图 0-2 现代化的化工厂工作环境

0.2　化工生产过程

化学工业是指以工业规模对原料进行加工处理，使其发生物理和化学变化而成为生产资料或生活资料的加工业。化工生产过程是指化学工业的一个个具体的生产过程，或者简单地说，就是一个产品的加工过程。显然，化工生产过程的最明显特征或核心就是化学变化。为了使化学反应过程得以经济有效地进行，必须创造并维持适宜的条件，如一定的温度、压力、物料的组成等。因此，原料必须经过适当的预处理（前处理），以除去其中对反应有害的成分、达到必要的纯度、营造适宜的温度和压力条件；反应混合物必须经过后处理分离提纯，获得合乎质量标准的产品；在必要的情况下，未反应完的原料还必须循环利用。这些前处理、后处理主要是物理操作，发生的是物理变化。因此，化工生产过程是若干个物理过程与若干个化学反应过程的组合。对化工生产来说，研究物理变化规律同研究化学变化规律同样重要，甚至更加重要。

化学工业产品品种多，工艺更多，但基本上可用图 0-3 的框图模式来表示。在必要的时候，后处理分离出的未反应的原料应该循环利用。

图 0-3　化工生产基本模式

化工生产的最原始原料为煤、石油、天然气、化学矿、空气和水等天然资源及农林业副产品等。化学工业的产品则涉及国民经济的各个部门，其产品与技术推动了世界经济的发展和人类社会的进步，提高了人民的生活质量与健康水平。化工生产的主要特点是原料来源丰富，生产路线多，技术含量高，经常涉及有毒、有害、易燃、易爆等物料，需要高温、高压、低温、低压等条件。因此，化学工业也带来了生态、环境及社会安全等问题。在 21 世纪，化工生产必须不断采用新的工艺、新的技术，提高对原料的利用率，消除或减少对环境的污染，实现可持续发展。

0.3　化工单元操作

如前所述，一个化工产品的生产需经过若干个物理过程与若干个化学反应过程。经过长期的实践与研究，人们发现，尽管化工产品千差万别，生产工艺多种多样，但生产这些产品的过程所包含的物理过程并不是很多，而是很相似的。例如，流体输送不论用来输送何种物料，其目的都是输送流体；加热与冷却都是为了得到需要的温度；分离提纯都是为了得到指定浓度的混合物等。人们把这些包含在不同化工产品生产过程中、发生同样的物理变化、遵循共同的规律、使用相似的设备、具有相同作用的基本物理操作，称为单元操作。人们所熟知的单元操作有流体流动与输送、传热、蒸发、结晶、蒸馏、吸收、萃取、干燥、沉降、过滤、离心分离、静电除尘、湿法除尘等。近年来一些新的单元操作，如吸附、膜分离、超临界萃取、反应与分离偶合等，也得到了越来越广泛的应用。

根据前面的分析，不难看出，一个化工产品的生产过程是若干个单元操作与若干个单元反应的组合，但在不同的化工产品生产过程中，单元操作有其独特的条件与要求。显然，研究单元操作对于化工生产的进步是重要且必要的。

0.4　本课程的研究对象、性质、任务与内容

《化工单元过程及操作》是一门技术性、工程性及应用性都很强的专业课程，是构造从事化工职业岗位群生产操作的高素质劳动者和化工生产及技术管理的初、中级专门人才知识结构、素质结构与能力结构的必修课，是培养学生工程技术观点与化工基本实践技能的重要课程。它以化工生产过程作为研究对象，主要研究化工单元操作过程规律在化工生产中的应用，使学生熟练掌握常见的化工单元操作的基本知识与基本技能，初步形成用工程观点观察问题、分析问题、处理操作中遇到的问题的能力，树立良好的职业意识和职业道德观念，为学生学习后续专门课程及将来从事化工生产、技术、管理和服务工作做准备，为提高职业能力打下基础。

《化工单元过程及操作》课程的任务是使学生获得常见化工单元操作过程及设备的基础知识、初步计算能力和基本操作技能，得到用工程技术观点观察问题、分析问题和解决常见操作问题的训练，初步树立创新意识、安全生产意识、质量意识和环境保护意识，并了解新型单元操作在化工生产中的应用。

《化工单元过程及操作》的主要内容是流体流动与输送、传热、非均相物系分离、蒸馏、吸收等常见化工单元操作，也涉及一些应用相对较少的单元操作及新型单元操作。

0.5　单位的正确使用

描述化工生产过程需使用大量物理量，物理量的正确表达应该是单位与数字统一的结果。例如，管径是 25mm、管长是 6m 等。因此，正确使用单位是准确表达物理量的前提。

0.5.1　国际单位制

国际单位制（SI 制）是国际计量大会（CGPM）采纳和推荐的一种一贯单位制。国际单位制单位分成 3 类，即基本单位、导出单位和辅助单位。7 个严格定义的基本单位在量纲上是彼此独立的；导出单位很多，是由基本单位组合构成的；辅助单位目前只有两个（弧度和球面度），均为几何单位。当然，辅助单位也可以再组合构成导出单位。有关单位及词头见表 0-1～表 0-3。

表 0-1　SI 制的基本单位

物理量名称	物理量符号	单位名称	单位符号
长度	L	米	m
质量	m	千克	kg
时间	t	秒	s
电流	I	安培	A
热力学温度	T	开尔文	K
物质的量	$n(V)$	摩尔	mol
发光强度	$I(IV)$	坎德拉	cd

表 0-2　具有专门名称的 SI 制导出单位和辅助单位（部分）

物理量名称	物理量符号	单位名称	单位符号	单位的导出关系
面积	$A(S)$	平方米	m^2	
体积	V	立方米	m^3	
速度	v	米每秒	m/s	
加速度	a	米每秒平方	m/s^2	
角速度	ω	弧度每秒	rad/s	
频率	$f(v)$	赫（赫兹）	Hz	$Hz=s^{-1}$
密度	ρ	千克每立方米	kg/m^3	
力	F	牛（牛顿）	N	$N=kg \cdot m/s^2$
动量	P	千克米每秒	$kg \cdot m/s$	
压强、压力	p	帕（帕斯卡）	Pa	$Pa=N/m^2$
功	W	焦（焦耳）	J	$J=N \cdot m$
热量	Q	焦（焦耳）	J	$J=N \cdot m$
能量	E	焦（焦耳）	J	$J=N \cdot m$
功率	P	瓦（瓦特）	W	$W=J/s$
电位、电压、电势差	$U(V)$	伏（伏特）	V	$V=W/A$ $V=N \cdot m/C$
电容	C	法（法拉）	F	$F=C/V$
电阻	R	欧（欧姆）	Ω	$Ω=V/A$
电导	G	西（西门子）	S	$S=Ω^{-1}$
光通量	Φ	流（流明）	lm	$lm=cd \cdot sr$
光照度	E	勒（勒克斯）	lx	$lx=lm/m^2$
温度	t	摄氏度（华氏度）	℃（℉）	
平面角		弧度	rad	$rad=m/m$
立面角		球面度	sr	$sr=m^2/m^2$

表 0-3　SI 制用于构成十进倍数与分数单位的词头（部分）

因数	英文	中文	符号	因数	英文	中文	符号
10^{24}	yotta	尧［它］	Y	10^{-1}	deci	分	d
10^{21}	zetta	泽［它］	Z	10^{-2}	centi	厘	c
10^{18}	exa	艾［可萨］	E	10^{-3}	milli	毫	m
10^{15}	peta	拍［它］	P	10^{-6}	micro	微	μ
10^{12}	tera	太［拉］	T	10^{-9}	nano	纳［诺］	n
10^{9}	giga	吉［咖］	G	10^{-12}	pico	皮［可］	p
10^{6}	mega	兆	M	10^{-15}	femto	飞［母托］	f
10^{3}	kilo	千	k	10^{-18}	atto	阿［托］	a
10^{2}	hecto	百	h	10^{-21}	zepto	仄［普托］	z
10^{1}	deca	十	da	10^{-24}	yocto	幺［科托］	y

由于 SI 制具有一贯性和通用性，因此世界各国都在积极推广使用。我国于 1984 年颁布了以 SI 制为基础的法定计量单位，读者在工作及生活中应自觉使用法定计量单位，执行国家标准《国际单位制及其应用》(GB 3100—1993)。

0.5.2　法定计量单位

我国的法定计量单位是以 SI 制为基础，同时选用少数其他单位制的计量单位组成的。法定计量单位是强制性的，各行业、各组织都必须遵照执行，以确保单位的一致。法定计量单位的定义、使用办法等由国家计量局规定。国家选定的非 SI 制单位见表 0-4。

表 0-4　国家选定的非 SI 制单位（部分）

物理量的名称	单位名称	单位符号	换算关系和说明
时间	分 [小]时 日,(天)	min h d	1min＝60s 1h＝60min＝3600s 1d＝24h＝86400s
平面角	[角]秒 [角]分 度	(") (') (°)	$1(")＝(\pi/648000)\mathrm{rad}$ (π 为圆周率) $1(')＝60(")＝(\pi/10800)\mathrm{rad}$ $1(°)＝60(')＝(\pi/180)\mathrm{rad}$
旋转速度	转每分	r/min	$1\mathrm{r/min}＝(1/60)\mathrm{s}^{-1}$
长度	海里	n mile	1n mile＝1852m(只用于航程)
速度	节	kn	1kn＝1n mile/h ＝(1852/3600)m/s(只用于航程)
质量	吨 原子质量单位	t u	1t＝1000kg $1\mathrm{u}\approx1.6605655\times10^{-27}\mathrm{kg}$
体积	升	L,(l)	$1\mathrm{L}＝1\mathrm{dm}^3＝10^{-3}\mathrm{m}^3$

注：方括号中的字，在不致引起混淆、误解的情况下，可省略。

但是，由于数据来源不同，常常会出现单位不统一或不符合公式需要的情况，这就必须进行单位换算。本课程涉及的公式有两种：一种是物理量方程；另一种是经验公式。前者具有严格的理论基础，或者是某一理论或规律的数学表达式，或者是某物理量的定义式，例如 $p＝F/A$ 这类公式中各物理量的单位只要统一采用同一单位制下的单位就可以了；而后者则是由特定条件下的实验数据整理得到的，经验公式中物理量的单位均为指定单位，使用时必须采用指定单位，否则公式就不成立了。如果想把经验公式计算出的结果换算成 SI 制单位，最好的办法就是先按经验公式的指定单位计算，最后再把结果转换成 SI 制单位，不要在公式中换算。

单位换算是通过换算因子来实现的，换算因子就是两个相等量的比值。例如，1m＝100cm，当需要把 m 换算成 cm 时，换算因子为 $\dfrac{100\mathrm{cm}}{1\mathrm{m}}$，当需要把 cm 换算成 m 时，换算因子为 $\dfrac{1\mathrm{m}}{100\mathrm{cm}}$。在换算时只要用原来的量乘上换算因子，就可以得到期望的单位。

例 0-1

一个标准大气压（1atm）等于 $1.033\mathrm{kgf/cm}^2$，等于多少帕（Pa）？

解　$1\mathrm{atm}＝1.033\mathrm{kgf/cm}^2＝1.033\dfrac{\mathrm{kgf}}{\mathrm{cm}^2}\left(\dfrac{9.81\mathrm{N}}{1\mathrm{kgf}}\right)\left(\dfrac{100\mathrm{cm}}{1\mathrm{m}}\right)^2＝1.013\times10^5\mathrm{Pa}$

可见，当多个单位需要换算时，只要将各换算因子相乘即可。

例 0-2

三氯乙烷的饱和蒸气压可用经验公式 $\lg p^\circ = \dfrac{-1773}{T} + 7.8238$ 计算（式中，p° 为饱和蒸气压，mmHg；T 为三氯乙烷的温度，K），试求 300K 时三氯乙烷的饱和蒸气压为多少帕。

解 将流体的温度 $T = 300\text{K}$ 代入公式得

$$\lg p^\circ = \dfrac{-1773}{T} + 7.8238 = \dfrac{-1773}{300} + 7.8238 = 1.9138$$

因此 $\quad p^\circ = 81.9974\text{mmHg}\qquad$ （注意：此处只能是 mmHg，而不能是 Pa）
$$= 81.9974 \times 133.3\text{Pa} = 10.93\text{kPa}$$

请读者用两种方法计算当三氯乙烷的饱和蒸气压为 10.93kPa 时，三氯乙烷的温度是多少。第一种方法是将 10.93kPa 直接代入上面的公式，第二种方法是将 10.93kPa 换算成 mmHg 后代入上面的公式。比较两种方法的结果，判断哪一种算法正确。

0.6 学习建议

在学习本课程之前，建议组织一次单元操作认识实习，使学生形成对化工生产的整体认识，了解化工生产在国民经济中的地位，初步认识化工生产中的单元操作，认识到单元操作在化工生产中的地位与作用，从而激发学生学习本课程的兴趣，为学好本课程奠定基础。

实习可以采用多种多样的办法：①到工厂去，在生产现场边参观边听技术人员的介绍。此法真实感强，有利于学生获得真实可信的现场感受，但生产现场声音嘈杂、时间短，不一定能面向全体学生，如果人数少、指导人员多，则能达到更好的效果。②在校内实训基地实习，有条件的学校可以在单元操作训练室或实训工厂内实习。虽然与工厂的生产实际有一定的差距，但只要安排合理、指导到位，也可以达到实习目的。③通过多媒体工具实现，比如可以观看化工生产的录像或多媒体软件、化工仿真技术等。三种方法各有优劣，也可以同时采用，以提高实习效果，真正达到认识单元操作的目的。

"兴趣才是最好的老师"，化工单元操作的原理和规律不仅用于实际化工生产中，同时在生活中也有很多应用。在学习化工单元操作过程中应加强理论与生活的联系，以激发和培养学生学习兴趣，从而提高学习效果。有效的方法就是采用讨论式教学法或案例分析法，在师生的互动中充分调动学生的思维活动，提高学生提出问题、分析问题及解决问题的能力。

合理、巧妙地使用现代信息技术。有些化工单元操作的原理、概念或设备结构抽象且难以理解，可以充分利用现代信息与多媒体技术，在网上搜索相关的图片、动画和视频，或者学校购买多媒体仿真教学软件，让学生的学习更加直观、清晰。

化工生产与人们的健康、安全、环保等密切相关，在学习中，应树立科学的观念，一分为二地看待化工。安全第一，科学、经济、合理等应该成为我们分析化工问题、解决化工问题的出发点和落脚点。

 思考题

1. 试分析学习单元操作对化工生产有何意义，举例说明。

2. 对经验公式来说，指定单位意味着什么？

3. 选择 1～2 个焦点事件，例如三聚氰胺奶粉事件、太湖蓝藻引起周边大量化工厂关停事件进行讨论，通过查阅资料，分析这些事件是不是由化工问题造成的？

第1章 流体输送

学习目标

- **掌握**：转子、孔板、文丘里等流量计的使用要点；密度、压力、黏度、流量的获得方法；压力的正确表示与单位换算；液位测量、液封高度确定、分层器控制等方法；流动形态的判定方法；化工管路拆装方法；避免气缚、汽蚀现象发生的方法；离心泵的使用与维护要点；往复式压缩机的操作规程与维护要点。
- **理解**：温度、压力对密度与相对密度、黏度的影响；流量、流速、流通截面积的相互关系；连续性方程；静止流体中压力的变化规律；转子、孔板、文丘里等流量计的工作原理；流体物性、流动条件、流速等变化对阻力的影响。
- **了解**：流体的主要特征，气体与液体的异同点；静压力在化工生产中的作用；黏性与黏度的概念；稳定流动与不稳定流动；流量方程式的应用；内能、静压能、动能、位能及压头的概念；伯努利方程的内容及其在流体输送中的应用；流体阻力及其产生的根本原因；层流和湍流的特点；流量测量对化工生产的意义；化工生产中流体输送的方法；流体输送机械的作用、类型与特点；离心泵的主要性能、性能曲线及密度、黏度、转速等对其性能的影响；气缚、汽蚀现象产生的原因；往复式压缩机的构造、工作过程与特点；化工管路的构成、材质、保温、涂色、布置、补偿、安装的原则。

1.1 概述

1.1.1 流体输送在化工生产中的应用

流体即可以流动的物体，包括可压缩的气体和难以压缩的液体。其共同特点是在外力作用下易于变形、具有流动性、没有固定形状，同时，当流体与界面物之间或自身各部分之间存在相对运动的趋势或发生相对运动时，会产生与之对抗的摩擦力。其不同之处在于两者的可压缩性不同及因此带来的其他不同，但研究表明，在声速以下，气体表现出与液体相同的规律，因此可以一起讨论。

化工生产中所涉及的物料有很多都是流体，一方面，由于生产工艺的要求，常常需要将这些物料从一个设备输送到另一个设备，从一个车间输送到另一个车间；另一方面，化工生产中的传热、传质及化学反应过程多数都是在流体流动的条件下进行的，流体的流动状况对这些过程的动力消耗、设备投资有着巨大的影响，直接关系到化工产品的成本与经济效益。因此，流体输送对于保证工艺任务的完成及提高化工过程的速率和效率都是十分重要的。

1.1.2 常见流体输送方式

为了完成生产工艺要求的流体输送任务，并做到科学合理有效，流体输送可以从生产实际出发，采取不同的输送方式。

1.1.2.1 位能输送

化工生产中，各容器、设备之间常常会存在一定的位差，当工艺要求将处在高位设备内的液体输送到低位设备内时，可以通过直接将两设备用管道连接的办法实现，这就是所谓的位能送液。另外，在要求特别稳定的场合，也常常设置高位槽，以避免输送机械带来的波动。如图1-1所示，甲醇经甲醇泵送到高位槽后，利用高位槽与蒸发器的位差将甲醇送入蒸发器中，这样可确保甲醇输送的稳定性。

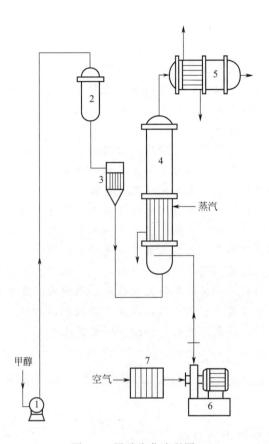

图 1-1 甲醇汽化流程图

1—甲醇泵；2—高位槽；3—过滤器；4—蒸发器；5—转化器；6—鼓风机；7—空气过滤器

1.1.2.2 真空抽料

真空抽料是指通过真空系统造成的负压来实现流体从一个设备到另一个设备的操作。如图1-2所示，糖精车间将烧碱送到高位槽内就是用真空抽送的办法，先将烧碱从碱贮槽放入烧碱中间槽1内，然后通过调节阀门，利用真空系统产生的真空将烧碱吸入高位槽2内。

真空抽料是化工生产中常用的一种流体输送方法，其结构简单，操作方便，没有动件，但流量调节不方便，需要真空系统，不适于输送易挥发的液体。主要用在间歇送料的场合，在精细化率越来越高的今天，真空抽料的用途也越来越广泛。

在连续真空抽料时（例如多效并流蒸发中），下游设备的真空度必须满足输送任务的流量要求，还要符合工艺条件对压力的要求。

1.1.2.3 压缩空气送料

采用压缩空气送料也是化工生产中常用的方法。例如酸贮槽，如图1-3所示，先将贮槽中的酸放入容器，然后通入压缩空气，在压力的作用下，将酸输送至目标设备。这种方法结构简单，无动件，可间歇输送腐蚀性大及易燃易爆的流体，但流量小且不易调节，只能间歇输送流体。

压缩空气送料时，空气的压力必须满足输送任务对升扬高度的要求。

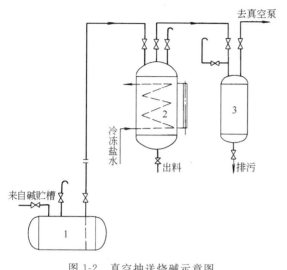

图1-2　真空抽送烧碱示意图

1—烧碱中间槽；2—烧碱高位槽；3—真空汽包

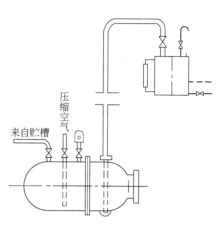

图1-3　酸贮槽送酸示意图

1.1.2.4　流体输送机械送料

流体输送机械送料是指借助流体输送机械对流体做功，实现流体输送的操作。由于输送机械的类型多，压头及流量的可选范围宽且易于调节，因此该方法是化工生产中最常见的流体输送方法，如图1-4所示，将流体从设备1输送至设备3，就是采用泵来完成的。

用流体输送机械送料时，流体输送机械的型号必须满足流体性质及输送任务的需要。

通过对以上输送方式的分析可以看出，作为化工生产一线的高素质劳动者，必须认识流体输送中以下几方面的问题：①流体的性质；②流体流动的表征；③流体流动的基本规律；④流体阻力；⑤化工管路；⑥输送机械。

1.1.2.5　流体作用输送（喷射泵）

借助一种工作流体的能量为动力源来输送另一种低能量流体的操作称为流体作用输送或流体动力作用输送。在化工生产中，作为动力源的流体通常为水、水蒸气和空气。这种输送方式主要用在被输送流体与工作流体混合而影响不大的场合，用来抽吸易燃易爆的物料时具有良好的安全性。如图1-5所示，来自

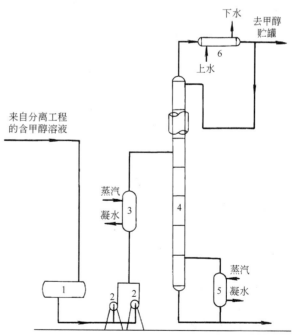

图1-4　甲醇回收方法流程图

1—原料贮槽；2—进料泵；3—预热器；

4—脱甲醇塔；5—再沸器；6—冷凝器

用汽设备的高温冷凝水靠疏水器背压进入闪蒸罐，冷凝水在闪蒸罐中进行闪蒸，闪蒸汽被蒸汽喷射泵吸入，利用高压蒸汽回收升压后重新回到用汽设备中。

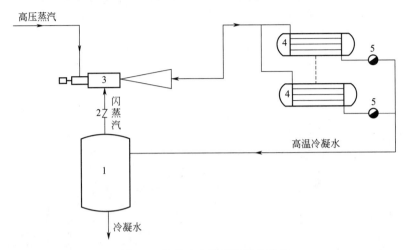

图 1-5　流体动力作用输送示意图

1—闪蒸罐；2—止回阀；3—蒸汽喷射泵；4—用汽设备；5—疏水器

1.2　流体的物理性质

为了正确科学地储存、输送和使用流体，必须学习流体的常见物理性质，包括密度、压力、黏度等，了解这些物理性质的定义、影响因素及获得方法，可为后续内容的学习打好基础。

1.2.1　密度与相对密度

密度是用来比较相同体积不同物质的质量的重要的物理量，对化工生产的操作、控制、计算等，特别是对质量与体积的换算，具有十分重要的意义。

流体的密度是指单位体积的流体所具有的质量，用符号 ρ 表示，在国际单位制中，其单位是 kg/m³。

$$\rho = \frac{m}{V} \tag{1-1}$$

式中，m ——流体的质量，kg；V ——流体的体积，m³。

任何流体的密度都与温度和压力有关。但压力的变化对液体密度的影响很小（压力极高时除外），故称液体是不可压缩的流体。工程上，常忽略压力对液体的影响，认为液体的密度只是温度的函数。例如，纯水在 277K 时的密度为 1000kg/m³，在 293K 时的密度为 998.2kg/m³，在 373K 时的密度为 958.4kg/m³。因此，在检索和使用密度时，需要知道液体的温度。对大多数液体而言，温度升高，其密度下降。

液体纯净物的密度通常可以从《物理化学手册》或《化学工程手册》等中查取。液体混合物的密度通常由实验测定，例如比重瓶法、韦氏天平法及波美度比重计法等，其中，前两者用于精确测量，多用于实验室中；后者用于快速测量，在工业上广泛使用。

在工程计算中，当混合前后的体积变化不大时，液体混合物的密度也可以由下式计算

$$\frac{1}{\rho} = \frac{w_1}{\rho_1} + \frac{w_2}{\rho_2} + \cdots + \frac{w_i}{\rho_i} + \cdots + \frac{w_n}{\rho_n} = \sum_{i=1}^{n} \frac{w_i}{\rho_i} \tag{1-2}$$

式中，ρ ——液体混合物的密度，kg/m^3；$\rho_1, \rho_2, \cdots, \rho_i, \cdots, \rho_n$ ——构成混合物的各纯组分的密度，kg/m^3；$w_1, w_2, \cdots, w_i, \cdots, w_n$ ——混合物中各组分的质量分数。

气体具有明显的可压缩性及热膨胀性，当温度、压力发生变化时，其密度将发生较大的变化。常见气体的密度也可从《物理化学手册》或《化学工程手册》中查取。在工程计算中，如果压力不太高、温度不太低，则可把气体（或气体混合物）视作理想气体，并由理想气体状态方程计算其密度。

由理想气体状态方程式

$$pV = \frac{m}{M}RT$$

变换可得

$$\rho = \frac{pM}{RT} \tag{1-3}$$

式中，ρ ——气体在温度 T、压力 p 条件下的密度，kg/m^3；V ——气体的体积，m^3；p ——气体的压力，kPa；T ——气体的温度，K；m ——气体的质量，kg；M ——气体的摩尔质量，$kg/kmol$；R ——通用气体常数，在 SI 制中，$R = 8.314kJ/(kmol \cdot K)$。

如果是气体混合物，式(1-3)中的 M 用气体混合物的平均摩尔质量 M_m 代替。平均摩尔质量由下式计算

$$M_m = M_1\varphi_1 + M_2\varphi_2 + \cdots + M_i\varphi_i + \cdots + M_n\varphi_n = \sum_{i=1}^{n} M_i\varphi_i \tag{1-4}$$

式中，$M_1, M_2, \cdots, M_i, \cdots, M_n$ ——构成气体混合物的各纯组分的摩尔质量，$kg/kmol$；$\varphi_1, \varphi_2, \cdots, \varphi_i, \cdots, \varphi_n$ ——混合物中各组分的体积分数。理想气体的体积分数等于其压力分数，也等于其摩尔分数。

或者由

$$\frac{pV}{T} = \frac{p^{\ominus}V^{\ominus}}{T^{\ominus}}$$

两边同除质量 m，得

$$\rho = \rho^{\ominus}\frac{pT^{\ominus}}{p^{\ominus}T} \tag{1-5}$$

式中的上标"$\ominus$"表示标准状况，即 273K、101.325kPa。

由于 1kmol 理想气体在标准状况下的体积是 22.4m^3，所以理想气体在标准状况下的密度为

$$\rho^{\ominus} = \frac{M}{22.4} \tag{1-6}$$

当混合物中各纯组分的密度已知时，还可以根据混合前后质量不变的原则，用下式计算混合物的密度

$$\rho = \rho_1\varphi_1 + \rho_2\varphi_2 + \cdots + \rho_i\varphi_i + \cdots + \rho_n\varphi_n = \sum_{i=1}^{n} \rho_i\varphi_i \tag{1-7}$$

例 1-1

用圆柱形贮槽贮存 8% 的 NaOH 水溶液，已知贮槽的底面直径是 6m。现因工艺需要，需将 30t 该碱液从贮槽打到指定设备内，问贮槽的液位计读数将下降多少？已知在当时条件下，该碱液的密度是 $1061kg/m^3$。

解 设贮槽的液位计读数将下降 $h(m)$，则由

$$\frac{\pi}{4}D^2h\rho = m$$

得

$$h = \frac{m}{\frac{\pi}{4}D^2\rho} = \frac{30 \times 1000}{\frac{3.14}{4} \times 6^2 \times 1061} = 1m$$

例 1-2

已知甲醇水溶液中各组分的质量分数分别为：甲醇 0.9、水 0.1。试求该溶液在 293K 时的密度。

解 混合液的密度可以用 $\frac{1}{\rho} = \frac{w_1}{\rho_1} + \frac{w_2}{\rho_2}$ 计算，已知 $w_1 = 0.9$，$w_2 = 0.1$；查附录十七得 293K 时甲醇的密度为 $791kg/m^3$；查附录五得 293K 时水的密度为 $998.2kg/m^3$。所以

$$\frac{1}{\rho} = \frac{0.9}{791} + \frac{0.1}{998.2} = 0.001238$$

得

$$\rho = 808kg/m^3$$

即该混合液的密度为 $808kg/m^3$。

例 1-3

若空气的组成近似看作为：氧气和氮气的体积分数分别为 0.21 和 0.79。试求 100kPa 和 300K 时的空气密度。

解 方法一：先分别求出氧气和氮气的密度，再求取平均密度。

氧气的密度 $\rho_1 = \frac{pM_1}{RT} = \frac{100 \times 32}{8.314 \times 300} = 1.283kg/m^3$

氮气的密度 $\rho_2 = \frac{pM_2}{RT} = \frac{100 \times 28}{8.314 \times 300} = 1.123kg/m^3$

空气的密度 $\rho = \rho_1\varphi_1 + \rho_2\varphi_2 = 1.283 \times 0.21 + 1.123 \times 0.79 = 1.16kg/m^3$

方法二：通过平均摩尔质量求取空气的密度。

空气的平均摩尔质量为

$$M = M_1\varphi_1 + M_2\varphi_2 = 32 \times 0.21 + 28 \times 0.79 = 28.84kg/kmol$$

空气的密度为

$$\rho = \frac{pM}{RT} = \frac{100 \times 28.84}{8.314 \times 300} = 1.16kg/m^3$$

或

$$\rho = \rho^\ominus \frac{pT^\ominus}{p^\ominus T} = \frac{M}{22.4} \times \frac{pT^\ominus}{p^\ominus T} = \frac{28.84}{22.4} \times \frac{100 \times 273}{101.325 \times 300} = 1.16kg/m^3$$

以上两种方法的计算结果是一样的。

在用仪器测量液体的密度时，在很多检索密度数据的过程中，常常会遇到相对密度（过去

称比重）和比体积的概念，例如用波美度比重计测出的就是被测液体的相对密度。

相对密度是一种流体的密度相对于另一种标准流体的密度的大小，是一个无量纲的量。对液体来说，常选277K的纯水作为标准液体（此时水的密度为$1000kg/m^3$），其定义式为

$$d=\frac{\rho}{\rho_w}=\frac{\rho}{1000}$$

或

$$\rho=1000d \tag{1-8}$$

例如，水银的相对密度是13.6，则水银的密度是$1000×13.6=13600kg/m^3$。

1.2.2 压力

力的作用效果不仅取决于力的大小，还取决于力的作用面积。工程上，常常使用单位面积上的力（应力）来表示力的作用强度，在流体力学中也是如此。

流体垂直作用在单位面积上的压力（压应力），称为流体的压力强度，简称压强，也称静压强，工程上常常称为压力。本书中如无特别说明，一律称压力。其定义式为

$$p=\frac{F}{A} \tag{1-9}$$

式中，p——流体的压力，Pa；F——垂直作用在面积A上的力，N；A——流体的作用面积，m^2。

可以证明，在静止流体中，任一点的压力方向都与作用面相垂直，并在各个方向上都具有相同的数值。

在化工生产中，压力是一个非常重要的控制参数，为了知道操作条件下压力的大小，以控制过程的压力，常常在设备或管道上安装测压仪表。新型的测压仪表通常是自动的并可以由自动控制系统调节；传统的测压仪表主要有两种，一种叫压力表，另一种叫真空表，至今仍在化工生产中广泛应用，但它们的读数都不是系统内的真实压力（绝对压力）。压力表的读数叫表压，它所反映的是容器设备内的真实压力比大气压高出的数值，即

表压＝绝对压力－大气压

真空表的读数叫真空度，它所反映的是容器设备内的真实压力低于大气压的数值，即

真空度＝大气压－绝对压力

显然，同一压力，用表压和真空度表示时，其值大小相等而符号相反。通常，把压力高于大气压的系统叫正压系统，压力低于大气压的系统叫负压系统。为了使用时不至于混淆，压力用绝对压表示时可以不加说明，但用表压和真空度表示时必须注明。例如，500kPa表示绝对压力；5MPa（表压）表示系统的表压，绝对压力等于该值加上大气压；10Pa（真空度）表示系统的真空度，绝对压力等于大气压减去该值。

压力的单位有很多种，在工程上、文献中都会经常出现，因此要能够进行Pa与其他压力单位的换算。常见换算关系如下

$$1atm=101.3kPa=1.033at=760mmHg=10.33mH_2O$$

$$1at=1kgf/cm^2=98.07kPa=735.6mmHg=10mH_2O$$

例 1-4

要求某精馏塔的塔顶压力维持在3.5kPa，若操作条件下，当地大气压为100kPa，问塔顶应该安装压力表还是真空表？其读数是多少？

解 由题意可知，塔顶压力比当地大气压低，因此应该安装真空表。

真空表的读数为 $100-3.5=96.5kPa$

安装在某生产设备进口处的真空表的读数是 3.5kPa，出口处的压力表的读数为 76.5kPa，试求该设备进出口的压力差。

解 设备进出口的压力差＝出口压力－进口压力

＝（大气压＋表压）－（大气压－真空度）

＝表压＋真空度

＝76.5＋3.5

＝80.0kPa

1.2.3 黏度

站在岸边可以发现，水在河道中心的流速最快，越靠近河岸流速越慢，而在紧靠岸的地方流速为零。同样的情况也会发生在流体在管内的流动中。造成这一现象的原因是流体对管壁的黏附力和流体分子间的吸引力。这种力的存在使流体质点在发生相对运动时，会遇到来自自身的阻力，流体的这种属性称为黏性。黏性是流体的固有属性，不论是静止流体还是运动流体，都具有黏性，但黏性只在流体流动时才表现出来。

不同流体的黏性是不一样的，从桶里把油倒出来要比把水从桶里倒出来需要更长的时间，这说明油的黏性比水大。衡量流体黏性大小的物理量称为动力黏度或绝对黏度，简称黏度，用 μ 表示，在 SI 制中，其单位是 Pa·s。在工程上或文献中常常使用泊（P）或厘泊（cP）作单位。它们之间的关系是

$$1Pa \cdot s = 10P = 1000cP$$

黏度是流体的重要物理性质之一，其大小反映了在同样条件下，流体内摩擦力的大小。显然，在其他条件相同的情况下，黏度越大，流体的内摩擦力越大。

流体的黏度是流体种类及状态（温度、压力）的函数，气体的黏度比液体的黏度小得多。例如，常温常压下，空气的黏度约为 0.0184mPa·s，而水的黏度约为 1mPa·s。液体的黏度随温度的升高而减小，气体的黏度则随温度的升高而增加。例如，冬天倒洗发精要比夏天倒洗发精难得多。压力改变对液体黏度的影响很小，可以忽略；除非压力很高，否则压力对气体黏度的影响也是可以忽略不计的。

流体的黏度通常是由实验测定的，比如涂四杯法、毛细管法和落球法等。一些常见的液体纯净物和气体的黏度可以从手册中查取。在缺少条件时，混合物的黏度也可以用经验公式来计算，参阅有关书籍资料。

在检索黏度资料时，有时会遇到运动黏度 ν 的概念，它与绝对黏度 μ、密度 ρ 的关系是

$$\nu = \frac{\mu}{\rho} \tag{1-10}$$

在 SI 制中，运动黏度的单位是 m^2/s。

1.3 流体流动基本知识

流体输送必须遵循一定的规律，本节将介绍流体流动的基本规律。

1.3.1 流量方程式

流体流动的规律是通过一些基本参数来描述的，流量与流速就是最基本的参数，而两者间的关系就是流量方程式。

1.3.1.1　流量

流体在流动时，每单位时间内通过管道任一截面的流体量，称为流体的流量。如果流体量用流体的质量来量度，则称为质量流量，用 q_m 表示，单位是 kg/s 或 kg/h；如果流体量用流体的体积来量度，则称为体积流量，用 q_V 表示，单位是 m^3/s 或 m^3/h。两者的关系为

$$q_m = \rho q_V \tag{1-11}$$

式中，ρ ——相同条件下流体的密度，kg/m^3。

需要注意的是，由于在不同的状态（T、p）下，相同质量气体的体积是不同的，因此，在用体积流量来表示气体的流量时，必须注明气体的状态。读者可以算一下，29kg 空气在标准状况下和 101.3kPa、300K 状态下的体积，并加以比较。

流量既是表示输送任务的指标，又常常是过程控制的重要参数。因此，理解流量的概念，学会正确表示流量及流量的测量，对生产过程的操作控制具有重要的意义。

1.3.1.2　流速

单位时间内，流体在流动方向上经过的距离叫流体的流速。由于流体具有黏性，流体在管内流动时，同一流通截面上各点的流速是不同的，越靠近管壁，流速越小，中心的流速最大。在流体输送中所说的流速，通常是指整个流通截面上流速的平均值，用 u 表示，单位是 m/s。平均流速可以用下式计算

$$u = \frac{q_V}{A} \tag{1-12}$$

式中，A ——垂直于流向的管路截面积，称为流通截面积，m^2。对于圆形管路，A 就是截面圆的面积，即

$$A = \frac{\pi d^2}{4} \tag{1-13}$$

式中，d ——管路的内径，m。

由于气体的体积是随着状态的变化而变化的，工业生产中也有用质量流速来表示气体的流速的，可参见有关书籍。

1.3.1.3　流量方程式

描述流体流量、流速和流通截面积三者之间关系的公式称为流量方程式，主要指式（1-12）。此式说明，在流量一定的情况下，流通截面积越小，流速越大。在工程上，流量方程式主要用来指导选择管子的规格和确定塔设备的直径，见式（1-14）。

将式（1-13）代入式（1-12）得

$$d = \sqrt{\frac{4q_V}{\pi u}} \tag{1-14}$$

通常情况下，流量是由输送任务决定的，因此，管子的规格取决于流速的大小。由式（1-14）可以看出，流速越大，管径越小，管路投入（设备费用）越小，但同时，流速越大，流体输送的动力消耗（操作费用）也越大（见 1.3.5 节）；反之，结果相反。从经济上看，应该选取一个适宜流速，使设备折旧费用与操作费用之和达到最小。通常，水及低黏度液体的适宜流速为 1.0～3.0m/s，常压气体的适宜流速为 10～20m/s，饱和蒸气的适宜流速为 20～40m/s 等。关于适宜流速的选取及管子规格的确定，在管路设计手册中有详细的介绍，有兴趣的读者可以参阅有关书籍。

将密度为 $960kg/m^3$ 的料液送入某精馏塔精馏分离。已知进料量是 $10000kg/h$，进料速度是 $1.42m/s$。问进料管的直径是多少？

解 进料管的直径为

$$d = \sqrt{\frac{4q_V}{\pi u}} = \sqrt{\frac{4}{\pi u} \times \frac{q_m}{\rho}} = \sqrt{\frac{4}{3.14 \times 1.42} \times \frac{10000}{3600 \times 960}} = 0.051m$$

1.3.2　稳定流动与不稳定流动

根据流体流动过程中流动参数的变化情况，可以将流体的流动分为稳定流动与不稳定流动。

如图 1-6(a) 所示，由于进入恒位槽的流体的流量大于流出的流体的流量，多余的流体就会从溢流管流出，从而保证了恒位槽内液位的恒定。在流体流动过程中，流体的压力、流量、流速等流动参数只与位置有关，而不随时间的延续而变化。像这种流动参数只与空间位置有关而与时间无关的流动，叫作稳定流动，也称定态流动。

如图 1-6(b) 所示，由于没有流体的补充，贮槽内的液位将随着流动的进行而不断下降，从而导致流体的压力、流量、流速等流动参数不仅与位置有关，而且与时间有关。像这种流动参数既与空间位置有关又与时间有关的流动，叫不稳定流动，也称非定态流动。

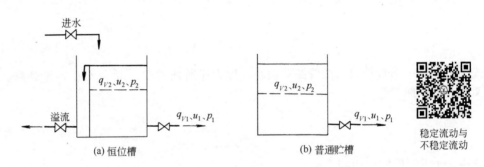

图 1-6　稳定流动与不稳定流动

化工生产中的连续操作过程，多属于稳定流动，连续操作的开车、停车过程及间歇操作过程属于不稳定流动。在本书中，主要讨论流体稳定流动的基本规律。

1.3.3　稳定流动系统的物料衡算——连续性方程

当流体在密闭管路中稳定流动时，如果流通截面积发生了变化，则流体的流速也将发生变化。但是，在单位时间内，通过任一截面的流体质量均相等，这是由质量守恒定律决定的，见图 1-7。即

$$q_{m1} = q_{m2} = \cdots = q_{mn}$$

或

$$u_1 A_1 \rho_1 = u_2 A_2 \rho_2 = \cdots = u_n A_n \rho_n \tag{1-15}$$

对于不可压缩或难以压缩的流体，上式可以简化为

$$u_1 A_1 = u_2 A_2 = \cdots = u_n A_n \tag{1-16}$$

式(1-15) 与式(1-16) 都是对输送过程物料衡算的结果，称为连续性方程，是研究分析流体流动的重要方程之一。它反映了不同截面间的流量、流速及流通截面积之间的关系。此

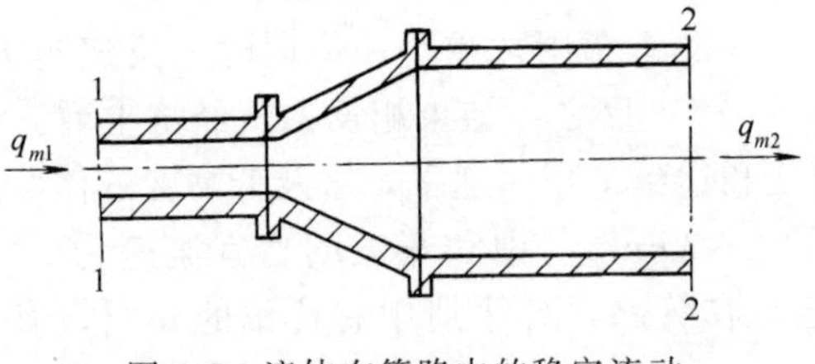

图 1-7　流体在管路中的稳定流动

规律与管路的布置形式及管路上是否有管件、阀门或输送设备无关。此式表明，在稳定流动系统中，流通截面积最小的地方，流体的流速最快。读者可以比较连续性方程与流量方程式的异同点。

例 1-7

某液体从内径 100mm 的钢管流入内径 80mm 的钢管，流量为 60m³/h，试求在稳定流动条件下，两管内的流速。

解　液体可视为不可压缩流体，即 $\rho_1 = \rho_2$

大管内的流速　　$u_1 = \dfrac{q_V}{A} = \dfrac{q_V}{\dfrac{\pi}{4}d_1^2} = \dfrac{60/3600}{\dfrac{3.14}{4} \times (100 \times 10^{-3})^2} = 2.12 \text{m/s}$

由连续性方程 $u_1 A_1 = u_2 A_2$ 得　　$u_1 \dfrac{\pi}{4}d_1^2 = u_2 \dfrac{\pi}{4}d_2^2$

所以　　　　　　　　　$u_2 = u_1 \dfrac{d_1^2}{d_2^2} = 2.12 \times \dfrac{100^2}{80^2} = 3.31 \text{m/s}$

从本例可以看出，在稳定流动系统中，流体的流速与管径的平方成反比。

1.3.4　稳定流动系统的能量衡算——伯努利方程

1.3.4.1　流动流体所具有的能量

能量是物质运动的量度，当物质的各种流动形式发生变化时，与之对应的能量形式也将发生变化。流体流动时主要有 3 种能量可能发生变化。

（1）位能　是流体质量中心处在一定的空间位置而具有的能量。位能是相对值，与所选定的基准水平面有关，其值等于把流体从基准水平面提升到当前位置所做的功。质量为 $m(\text{kg})$、距基准水平面的垂直距离为 $z(\text{m})$ 的流体的位能是 $mgz(\text{J})$。

（2）动能　是流体具有一定的运动速度而具有的能量。质量为 $m(\text{kg})$、流速为 $u(\text{m/s})$ 的流体所具有的动能为 $\dfrac{1}{2}mu^2(\text{J})$。

（3）静压能　静压力不仅存在于静止流体中，而且也存在于流动流体中，流体因为具有一定的静压力而具有的能量称为流体的静压能。这种能量的宏观表现可以通过图 1-8 示意。流体从某管路中流过，如果在管路侧壁上开一小孔并装上一竖直玻璃管，能够发现流体沿小管上升一定的高度并停止。静压能就是这种推动流体上升的能量，经推导（有兴趣者可以参见有关书籍）知，质量为

图 1-8　静压能示意图

$m(\text{kg})$、压力为 $p(\text{Pa})$ 的流体的静压能为 $m\dfrac{p}{\rho}(\text{J})$。

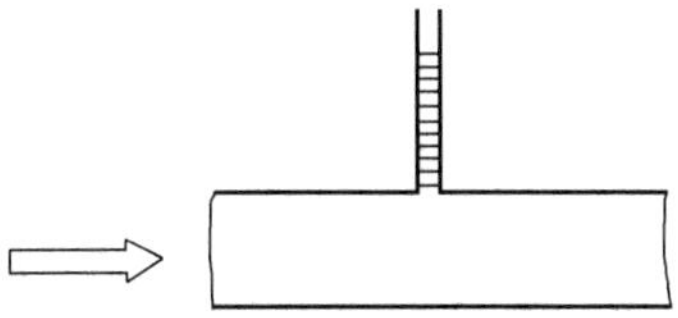

位能、动能与静压能都是机械能，在流体流动时，三种能量可以相互转换。

1.3.4.2　稳定流动系统的能量衡算

流体在图 1-9 所示的系统中稳定流动，由于截面 1-1 与截面 2-2 处境不同，因此这两个截面上的流体的能量是不一样的。但根据能量守恒定律，稳定流动系统中的能量是守恒的，即

进入流动系统的能量＝离开流动系统的能量＋系统内的能量积累

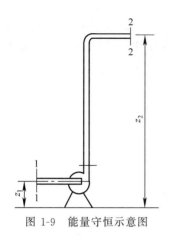

图 1-9 能量守恒示意图

对于稳定流动，系统内的能量积累为零。在图 1-9 中，流体从 1-1 截面经泵输送到 2-2 截面，设流体中心距基准水平面的距离分别为 z_1、z_2，两截面处的流速、压力分别为 u_1、p_1 和 u_2、p_2，流体在两截面处的密度均为 ρ，1kg 流体从泵获得的外加功为 W，1kg 流体从截面 1-1 流到截面 2-2 的全部能量损失为 $\sum E_f$，则按照能量守恒定律得到

$$gz_1 + \frac{p_1}{\rho} + \frac{1}{2}u_1^2 + W = gz_2 + \frac{p_2}{\rho} + \frac{1}{2}u_2^2 + \sum E_f \quad (1\text{-}17)$$

式中，W——1kg 流体在 1-1 截面与 2-2 截面间获得的外加功，J/kg；$\sum E_f$——1kg 流体从 1-1 截面流到 2-2 截面的能量损失，J/kg；

其他符号的意义及单位与前面相同。

在工程上，常常以 1N 流体为基准，计量流体的各种能量，并把相应的能量称为压头，单位为 m，即 1N 流体的位能、动能、静压能分别称为位压头、动压头、静压头，1N 流体获得的外加功叫外加压头，1N 流体的能量损失叫损失压头等。用压头表示的能量守恒定律为

$$z_1 + \frac{p_1}{\rho g} + \frac{1}{2g}u_1^2 + H = z_2 + \frac{p_2}{\rho g} + \frac{1}{2g}u_2^2 + \sum H_f \quad (1\text{-}18)$$

式中，H——1N 流体在 1-1 截面与 2-2 截面间获得的外加功，m；$\sum H_f$——1N 流体从 1-1 截面流到 2-2 截面的能量损失，m；

其他符号的意义及单位与前面相同。

式(1-17) 和式(1-18) 是实际流体的机械能衡算式，习惯上称为伯努利方程，它反映了流体流动过程中，各种能量的转化与守恒规律，这一规律在流体输送中具有重要意义。理想流体（没有黏性，流动时没有内摩擦力）流动时没有能量损失，也不需要外加功时，式(1-17) 和式(1-18) 可写为

$$gz_1 + \frac{p_1}{\rho} + \frac{1}{2}u_1^2 = gz_2 + \frac{p_2}{\rho} + \frac{1}{2}u_2^2 \quad (1\text{-}18a)$$

和

$$z_1 + \frac{p_1}{\rho g} + \frac{1}{2g}u_1^2 = z_2 + \frac{p_2}{\rho g} + \frac{1}{2g}u_2^2 \quad (1\text{-}18b)$$

式(1-18a)、式(1-18b) 称为理想流体的伯努利方程。

1.3.4.3 伯努利方程的分析与应用

(1) 能量守恒与转化规律 伯努利方程提示了流体流动过程中，各种能量形式可以相互转化，但总能量是守恒的。为了分析方便，以理想流体的伯努利方程式来分析能量的变化规律。设 $z_1 = z_2$，则可以看出，动能与静压能是可以相互转化的。由此可以推出，在流动最快的地方，压力最小。在工程上，利用这一规律，设计制造了流体动力式真空泵，也正是这一规律，使飞机飞上了天，制造了球类比赛中的旋转球。想一想，为什么高速航行的两艘船不能靠得太近，为什么人不能离运行的火车太近等。

必须指出，实际流体流动时，由于流体阻力的存在，不同能量形式的转化是不完全的，其差额就是能量损失。

例 1-8

密度为 $900kg/m^3$ 的某流体从如图 1-10 所示的管路中流过。已知大、小管的内径分别为 106mm 和 68mm；1-1 截面处流体的流速为 1m/s，压力为 1.2atm。试求截面 2-2 处流体的压力。

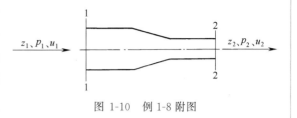

图 1-10 例 1-8 附图

解 在 1-1 截面与 2-2 截面间列伯努利方程，可得

$$gz_1 + \frac{p_1}{\rho} + \frac{1}{2}u_1^2 + W = gz_2 + \frac{p_2}{\rho} + \frac{1}{2}u_2^2 + \sum E_f$$

式中，选管路中心线为基准水平面，则 $z_1=0$，$z_2=0$；

$$W=0，\sum E_f=0（两截面很近，忽略能量损失）$$

$$u_1=1m/s，p_1=1.2atm=121560Pa，\rho=900kg/m^3$$

$$d_1=106mm=0.106m，d_2=68mm=0.068m$$

所以

$$p_2 = p_1 + \frac{\rho}{2}(u_1^2 - u_2^2)$$

根据连续性方程，得

$$u_2 = u_1 \left(\frac{d_1}{d_2}\right)^2 = 1 \times \left(\frac{0.106}{0.068}\right)^2 = 2.43m/s$$

代入得

$$p_2 = 119353Pa = 0.12MPa$$

（2）**流体自然流动的方向** 在式（1-17）中，如果外加功为零，即流体的流动为自然流动，由于流体阻力始终大于零，则流体在 1-1 截面所具有的能量必然会大于流体在 2-2 截面所具有的能量。所以，流体自然流动只能从高能位向低能位进行。

在化工生产中，经常需要将流体从低能位输送到高能位的地方，为了完成任务，人们必须采取措施，以保证上游截面处流体的能量大于下游截面处流体的能量。从伯努利方程可以看出，这些措施包括增加上游截面的能量、减少下游截面的能量、在上下游截面间使用流体输送机械对流体做功。生产中常使用的办法是设置高位槽，在上游加压（如酸贮槽），在下游抽真空（真空抽料）和使用流体输送机械等。

例 1-9

如图 1-11 所示，拟用高位水槽输送水至某一地点，已知输送任务为 25L/s，水管规格为 $\phi114mm \times 4mm$，若水槽及水管出口均为常压，流体的全部阻力损失为 62J/kg，问高位水槽液面至少要比水管出口截面高多少米？

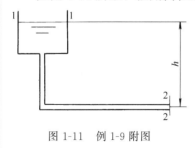

图 1-11 例 1-9 附图

解 在高位水槽液面 1-1 和水管出口截面 2-2 之间列伯努利方程，得

$$gz_1 + \frac{p_1}{\rho} + \frac{1}{2}u_1^2 + W = gz_2 + \frac{p_2}{\rho} + \frac{1}{2}u_2^2 + \sum E_f$$

式中，令 2-2 截面中心所在的水平面为基准水平面，则 $z_1=h$，$z_2=0$；而 $W=0$，$\sum E_f=62J/kg$；$p_1=p_2=0$（表压）；$u_1=0$。

$$u_2 = \frac{q_V}{\frac{\pi}{4}d^2} = \frac{25 \times 10^{-3}}{\frac{3.14}{4} \times (0.114 - 2 \times 0.004)^2} = 2.83 \text{m/s}$$

代入伯努利方程得　　$z_1 = h = 6.8 \text{m}$

即高位水槽的液面至少要比水管出口截面高 6.8m，才能保证完成输送任务。

从本题可以看出，通过设置高位槽，可以提高上游截面的能量，从而可以保证流体按规定的方向和流量流动。

例 1-10

如图 1-12 所示，用酸贮槽输送 293K、98% 的硫酸至酸高位槽，要求的输送量是 1.8m³/h。已知管子的规格为 ϕ38mm×3mm，管子出口比酸贮槽内液面高 15m，全部流体阻力为 10J/kg。试求开始时压缩空气的表压力。

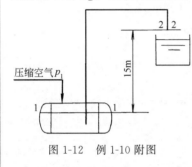

图 1-12　例 1-10 附图

解　在酸贮槽内液面 1-1 与管子出口截面 2-2 间应用伯努利方程，并以 1-1 截面为基准水平面，则有

$$gz_1 + \frac{p_1}{\rho} + \frac{1}{2}u_1^2 + W = gz_2 + \frac{p_2}{\rho} + \frac{1}{2}u_2^2 + \sum E_f$$

已知 $z_1 = 0$，$z_2 = 15 \text{m}$；$p_2 = 0$（表压）；$\sum E_f = 10 \text{J/kg}$；$W = 0$；$u_1 = 0$。

$$u_2 = \frac{q_V}{\frac{\pi}{4}d^2} = \frac{1.8/3600}{\frac{3.14}{4} \times (0.038 - 0.003 \times 2)^2} = 0.62 \text{m/s}$$

又查附录三、某些液体的重要物理性质得，293K 下，98% 的硫酸的密度 $\rho = 1836 \text{kg/m}^3$，代入上式得开始时压缩空气的压力 $p_1 = 2.89 \times 10^5 \text{Pa}$（表压）。

从本题可以看出，通过加压来提高上游截面的静压能，可以保证流体按规定的方向和流量流动。

例 1-11

如图 1-13 所示，用泵将水从水槽送入二氧化碳水洗塔。已知贮槽水面的压力为 300kPa，塔内压力为 2100kPa，塔内水管与喷头连接处的压力为 2250kPa；钢管规格为 ϕ57mm× 2.5mm；塔内水管与喷头连接处比贮槽水面高 20m；送水量为 15m³/h；流体从贮槽水面流到喷头的全部流体阻力损失为 49J/kg；水的密度取 1000kg/m³。试求水泵的有效功率。

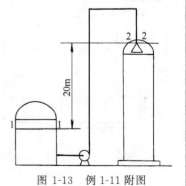

图 1-13　例 1-11 附图

解　在水槽液面 1-1 与塔内水管与喷头连接处 2-2 之间列伯努利方程，并以 1-1 截面为基准水平面，得

$$gz_1 + \frac{p_1}{\rho} + \frac{1}{2}u_1^2 + W = gz_2 + \frac{p_2}{\rho} + \frac{1}{2}u_2^2 + \sum E_f$$

式中，$z_1 = 0$，$z_2 = 20\text{m}$；$p_1 = 300\text{kPa} = 3.00 \times 10^5\text{Pa}$；$p_2 = 2250\text{kPa} = 2.25 \times 10^6\text{Pa}$；$\sum E_f = 49\text{J/kg}$；$\rho = 1000\text{kg/m}^3$；$u_1 = 0$。

$$u_2 = \frac{q_V}{\frac{\pi}{4}d^2} = \frac{15/3600}{\frac{3.14}{4} \times (57 - 2 \times 2.5)^2 \times 10^{-6}} = 1.96\text{m/s}$$

将数据代入伯努利方程式，得 $W = 2197\text{J/kg}$

水泵的有效功率为　$P_e = Wq_V\rho = 2197 \times 15 \times 1000/3600 = 9154.2\text{W} = 9.15\text{kW}$

　　读者可以思考一下，为什么选择 2-2 截面而不是喷头出口截面？

　　（3）静止流体的衡算式　　如果流体是静止的，则 $u_1 = u_2 = 0$，$W = 0$，$\sum E_f = 0$，因此式（1-17）变为

$$gz_1 + \frac{p_1}{\rho} = gz_2 + \frac{p_2}{\rho} \tag{1-19}$$

这说明，在静止流体内部，任一截面上的位能与静压能之和均相等，这就是伯努利方程在静止流体中的表现形式，在化工生产中具有广泛的应用，将在下面详述。

　　（4）适用场合　　伯努利方程除适合于连续稳定流动的液体外，也适合于压力变化不大 $\left(\dfrac{p_2 - p_1}{p_1} \leqslant 20\%\right)$ 的气体，但对于气体，密度应取两截面密度的平均值；此外，对于不稳定流动的任一瞬间，伯努利方程也是适用的。

1.3.4.4　静止流体规律与应用

　　从方程（1-19）可以看出，静止是流动的特殊形式，常把方程（1-19）称为流体静力学基本方程，它反映了静止流体内部能量转化与守恒的规律。进一步分析可以看出，静力学规律实际上就是静止流体内部压力与位置之间的关系。利用这种规律在工程上可以测定与控制液位、测量压差或压力、确定液封高度、设计分液器等。

　　① 方程（1-19）表明，在静止流体内部，任一截面上的位能与静压能之和均相等。利用这一规律可以判定流体是否流动以及流动的方向和限度。比如，用管路将设备 1 与设备 2 连接起来，是否会发生流体在 1 与 2 之间的流动呢？只要计算一下 1 与 2 两截面的能量并加以比较就可以了。

　　如果（位能＋静压能）$_1$＝（位能＋静压能）$_2$，则流体处在静止状态；

　　如果（位能＋静压能）$_1$＞（位能＋静压能）$_2$，则流体从 1 向 2 流动；

　　如果（位能＋静压能）$_1$＜（位能＋静压能）$_2$，则流体从 2 向 1 流动。

　　② 方程（1-19）变形可得

$$p_2 = p_1 + \rho g(z_1 - z_2) \tag{1-20}$$

此式也称为流体静力学基本方程，它反映了静止流体内部任意两个截面压力之间的关系。它表明在静止、连续、均质的流体内部，如果一点的压力发生变化，则其他各点的压力将发生同样大小和方向的变化，这正是液压传动的理论依据。想一想，液压千斤顶是如何工作的？

　　③ 如果截面 1 刚好与自由液面重合，则 $(z_1 - z_2)$ 就等于截面 2 距自由液面的深度，用 h 表示，于是，方程（1-20）就变为

$$p_2 = p_1 + \rho gh \tag{1-20a}$$

　　一般地，液面上方的压力 p_1 是定值，因此，方程（1-20a）表明，在静止、连续、均质的

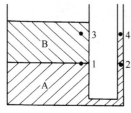

图 1-14　等压面示意图

流体内部，任一截面的压力仅与其所处的深度有关，而与底面积无关。显然，液体越深的地方压力越大，这就是拦河堤坝越靠底部越宽的原因。

不难看出，在静止、连续、均质的流体中，处在同一水平面上的各点的压力均相等。压力相等的截面称为等压面，等压面对解决静止流体的问题相当重要。

图 1-14 中，1 与 2 处在同一水平面上，3 与 4 也处在同一水平面上，但 1 与 2 处的压力相等，而 3 与 4 处的压力不相等。想一想，为什么容器的液面比右侧支管的液面高？高多少？

④ 方程（1-19）也可以变化如下

$$\frac{p_2 - p_1}{\rho g} = z_1 - z_2 \tag{1-20b}$$

此式表明，静压头的变化可以用位压头的变化来显示，或者说压力的变化可以通过液位的变化来反映，或相反，所以可以用液柱高度表示压力大小，但必须带流体种类（如 760mmHg）。这就是连通器原理，利用这一原理可以设计制作压力计、液位计、分液器、出料管等。

如图 1-15 所示，为了测量某容器内的液位，可以在容器上部与底部各开一个小孔并用玻璃管连接。显然，玻璃管内的液位高度就是容器内的液位高度。这种液位计构造简单，造价低廉，但易于破碎，且不适宜集中控制及远距离测量。

图 1-16 是 U 形压力计的示意图，测量时，将 U 形压力计的两端分别连接在要测量的两测压点上，则根据 U 形管内指示液的液位变化（压力计的读数），可以算出两测压点之间的压力差，见式(1-21)。如果是测量某点的压力，只要将压力计的一端通大气即可。

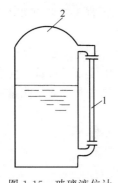

图 1-15　玻璃液位计

1—玻璃管；2—容器

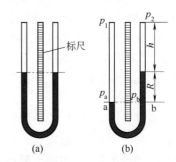

图 1-16　U 形压力计

$$p_1 - p_2 = R(\rho_i - \rho)g \tag{1-21}$$

式中，p_1，p_2——分别为测点 1 与 2 处的压力，Pa；R——U 形压力计的读数，m；ρ_i，ρ——分别为指示液及被测介质的密度；g——重力场强度，m/s^2。

工业生产中经常需要将工艺过程中的两种密度不同的流体分离开来，如图 1-17 所示，通过该分液器可以实现水与有机液体的分离。

化工生产中广泛使用气流接触设备，为了使气液两相接触后能及时分开，常常采用 Ⅱ 装置从塔底采出液体，如图 1-18 所示。这样做的目的是既能保证液体的采出，又能有效阻止气体从液体通道流出来。

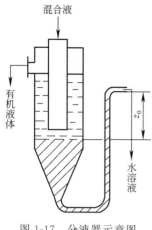

图 1-17 分液器示意图

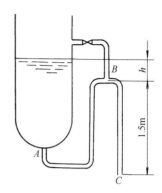

图 1-18 II 采出装置示意图

⑤ 在以上分析中，都没有考虑到密度的变化，但对于气体，其密度是随压力因而也随高度的变化而变化的。因此，严格来说，以上结论只适用于难以压缩的液体，而不适用于气体。然而，在工程上，考虑到在化工容器的高度范围内，气体的密度是变化不大的，因此，允许适用于气体。

例 1-12

如图 1-19 所示，某气柜内径为 9m、钟罩及附件的质量为 10t。试问：(1) 气柜内气体压力为多大时，才能将钟罩顶起来？(2) 当气柜内气量增加时，柜内气体的压力是否变化？(3) 若水的密度为 $1000kg/m^3$，水对钟罩的浮力可以忽略不计，则钟罩内外的水位差是多少？

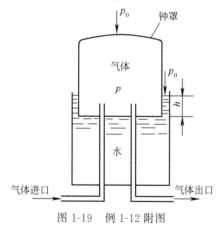

图 1-19 例 1-12 附图

解 设气柜内气体的压力为 p，气柜外的大气压为 p_0。

(1) 要将钟罩顶起来，罩内气体给予钟罩的向上推力必须大于或等于钟罩自身重（质）量与外界大气给予钟罩的向下的压力之和。考虑到这两种力的作用面积相等，因此，必有罩内气体的表压力

$$p \geqslant \frac{F_g}{\frac{\pi}{4}D^2} \quad 即 \quad p \geqslant \frac{10 \times 1000 \times 9.81}{\frac{3.14}{4} \times 9^2} 或 p \geqslant 1542.8Pa$$

罩内气体的表压力至少要达到 $p = 1542.8Pa$ 时才能把钟罩顶起来。

(2) 当罩内气体量增加时，钟罩就会上升，并平衡在新的位置，由于钟罩的质量没有变化，外界压力也没有变化，因此，罩内气体的压力也不改变。

(3) 设钟罩内外的水位差为 $h(m)$，则

$$p = h\rho_w g = 1542.8Pa（表压）$$

或

$$h = \frac{p}{\rho_w g} = \frac{1542.8}{1000 \times 9.81} = 0.157m$$

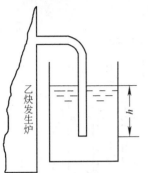

例 1-13

为了控制乙炔发生炉内的压力不超过 80mmHg(表压)，在炉外装有安全液封（水封），如图 1-20 所示，当炉内压力超过规定值时，气体能从水封管排出，从而达到稳压的目的。试求水封管必须插入水下的深度。

解 设水封管必须插入水下的深度为 h(m) 才能维持乙炔发生炉内的压力不超过规定值，则水封管口所在水平面处的表压力为 80mmHg。于是

$$p = h\rho_w g = 80\text{mmHg} = 10664\text{Pa}$$

故

$$h = \frac{p}{\rho_w g} = \frac{10664}{1000 \times 9.81} = 1.1\text{m}$$

思考一下，如果题目已知条件中 80mmHg 不是表压而是绝对压力，h 应如何计算。

图 1-20　例 1-13 附图

（乙炔发生炉）

1.3.5　流体阻力

前面已经说到，实际流体流动时，会因为流体自身不同质点之间以及流体与管壁之间的相互摩擦而产生阻力，造成能量损失，这种在流体流动过程中因为克服阻力而消耗的能量叫流体阻力。从伯努利方程可以看出，只有在流体阻力大小已知的情况下，才能进行有关应用计算；不仅如此，流体阻力的大小还关系到流体输送的经济性。因此，了解流体阻力产生的原因及其影响因素是十分重要的。

1.3.5.1　流体阻力产生的原因

理想流体在流动时不会产生流体阻力，因为理想流体是没有黏性的；实际流体流动时会产生流体阻力，因为实际流体具有黏性。因此，黏性是流体阻力产生的根本原因。黏度作为表征黏性大小的物理量，其值越大，说明在同样流动条件下，流体阻力就会越大，这已经为理论研究及实验结果所证实。于是，不同流体在同一条管路中流动时，流体阻力的大小是不同的；但研究也发现，同一种流体在同一条管路中流动时，也能产生大小不同的流体阻力。因此，决定流体阻力大小的因素除了内因（黏性）和外因（流动的边界条件）外，还取决于流体的流动状况（流动形态）。流体的流动是不是存在不同的形态呢？1883 年，雷诺用实验回答了这个问题。

1.3.5.2　流体的流动形态

（1）雷诺实验　图 1-21 为雷诺实验装置示意图。设图中贮槽水位通过溢流保持恒定，高位槽内为有色液体，与高位槽相接的细管喷嘴保持水平，并与水平透明水管的中心线重合，实验时，两管内的流速可以通过阀门调节。

打开水管上的控制阀，使水进行稳定流动，将细管上的阀门也打开，使高位槽内的有色液体从喷嘴水平喷入水管中，改变水管内水的流速，可以发现三种不同的实验结果，如图 1-22 所示。当流速较低时，实验结果如图 1-22(a) 所示，有色液体呈一条直线在水管内流动；随着水管内水的流速的增加，这条线开始变曲并抖动起来，像正弦曲线一样，如图 1-22(b) 所示；继续增加水管内水的流速，当增加到某一流速时，有色墨水一离开喷嘴就立即与水混合均匀并充满整个管截面，如图 1-22(c) 所示。这说明，流体的流动形态是各不相同的，通常认为流体的流动形态有两种（注意不是三种），即层流与湍流。

层流　如图 1-22(a) 所示，流体是分层流动的，层与层之间是互不干扰的，或者说，流体质点是作直线运动的，不具有径向的速度。由于该种情况主要发生在流速较小的时候，因此也称为层流。流体在层流流动时，主要靠分子的热运动传递动量、热量和质量。在化工生产中，流体在毛细管内的流动、在多孔介质中的流动、高黏度流体的流动等多属于层流。

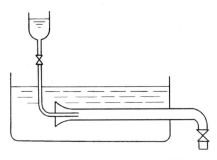

图 1-21　雷诺实验装置示意图

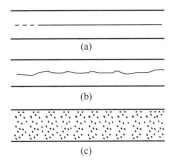

图 1-22　雷诺实验结果比较

湍流　如图 1-22(c) 所示，流体不再是分层流动的，其内部存在很多大小不同的旋涡，流体质点除具有整体向前的流速外，还具有径向的速度，因此流体质点的运动是杂乱无章的，运动速度的大小与方向时刻都在发生变化。流体在湍流流动时，除靠分子的热运动传递动量、热量和质量外，还靠质点的随机运动来传递动量、热量和质量，而且后者的传递能力更强、更快。因此，化工生产中的多数流动均属于湍流流动。

而图 1-22(b) 所示的流动则可以看作是不完全的湍流，或不稳定的层流，或者看作是两者的共同贡献，而不是一种独立的运动形态。

(2) 流动形态的判定　为了确定流体的流动形态，雷诺通过改变实验介质、管材及管径、流速等实验条件，做了大量的实验，并对实验结果进行了归纳总结，称为雷诺实验。实验发现，流体的流动形态主要与流体的密度 ρ、黏度 μ、流速 u 和管内径 d 4 个因素有关，并可以用这 4 个因素组合而成的复合变量的值，即雷诺数 Re 的数值来判定流动形态。雷诺数的定义如下

$$Re = \frac{du\rho}{\mu} \tag{1-22}$$

雷诺数是一个无量纲的量，称为特征数。对于特征数来说，要采用同一单位制下的单位来计算，但无论采用哪种单位制，特征数的数值都是一样的。

根据大量实验的结果，当 $Re < 2000$ 时，流动总是层流；当 $Re > 4000$ 时，流动为稳定的湍流；当 $Re = 2000 \sim 4000$ 时，不能肯定流动是层流还是湍流，既可能是层流也可能是湍流，但如果是层流，也是很不稳定的，流动条件的微小变化都可能使其转化为湍流，通常称为过渡流。另外，就湍流而言，Re 越大，湍动程度越高，或者说流体质点运动的杂乱无章的程度越高。

(3) 层流内层与流动主体　化工生产中流体的流动多为湍流，但无论流体的湍动程度多高，由于流体与壁面间的摩擦作用，在靠近壁面的地方，总有一层流体在作层流流动。湍流流动的流体中，作层流流动的流体层称为层流内层或层流底层或层流边界层；而层流边界层外的流体称为流动主体或湍动主体。

必须指出，层流边界层的存在，对流体的传热与传质均有明显的影响，请读者在学习后续有关章节时注意。

1.3.5.3　流体阻力的计算原则

如前所述，影响流体阻力大小的因素有流体物性、流体的流动形态和流动的边界条件等。根据流动边界条件的不同可以将流体阻力分为直管阻力和局部阻力，总流体阻力等于所有直管阻力与所有局部阻力之和。

(1) 直管阻力　流体在直径不变的管路中流动时，因为克服摩擦而消耗的能量，称为直管

阻力，也叫沿程阻力。直管阻力由范宁公式计算，表达式为

$$E_f = \lambda \frac{l}{d} \frac{u^2}{2} \tag{1-23}$$

式中，E_f——直管阻力，J/kg；λ——摩擦系数，也称摩擦因数，无量纲，其值主要与雷诺数和管子的粗糙程度有关，可由实验测定或由经验公式计算或查图获得；l——直管的长度，m；d——直管的内径，m；u——流体在管内的流速，m/s。

（2）局部阻力　流体流过管件、阀件、变径、出入口等局部元件时，因为流通截面积突然变化而引起的能量损失，称为局部阻力。由于各元件结构不同，因此造成阻力的状况也不完全相同，目前只能通过经验方法计算局部阻力，主要有局部阻力系数法和当量长度法两种。

① 局部阻力系数法　此法把局部阻力 E_f' 看成是流体动能的某一倍数，即

$$E_f' = \zeta \frac{u^2}{2} \tag{1-24}$$

式中，E_f'——局部阻力，J/kg；ζ——局部阻力系数，无量纲，可由实验测定或从图表中查取；u——流体在局部元件内的流速，m/s。

② 当量长度法　此法把局部阻力视为一定长度直管的直管阻力，再按直管阻力的计算方法计算，即

$$E_f' = \lambda \frac{l_e}{d} \frac{u^2}{2} \tag{1-25}$$

式中，l_e——局部元件的当量长度，m，它是与局部元件阻力相等的直管的长度，通常由实验测定或由图表查取；其他符号意义同前。

（3）总阻力　在化工管路上，可能会有若干个不同直径的直管，也会有多个局部元件，在计算总阻力时，可以分别计算各部分的直管阻力或局部阻力，再相加。

1.3.5.4　减少流体阻力的措施

流体阻力越大，输送流体的动力消耗也越大，造成操作费用增加，此外，流体阻力的增加还会造成系统压力的下降，严重时将影响工艺过程的正常进行，因此，化工生产中应尽量减小流体阻力。从流体阻力的计算公式可以看出，减小管长、增大管径、降低流速、简化管路和降低管壁面的粗糙度都是可行的，主要措施如下：

① 在满足工艺要求的前提下，应尽可能减短管路；

② 在管路长度基本确定的前提下，应尽可能减少管件、阀件，尽量避免管路直径的突变；

③ 在可能的情况下，可以适当放大管径，因为当管径增加时，在同样的输送任务下，流速显著减小，流体阻力也显著减小；

④ 在被输送介质中加入某些药物，如丙烯酰胺、聚氧乙烯氧化物等，以减少介质对管壁的腐蚀和杂物沉积，从而减少旋涡，使流体阻力减小。

1.4　化工管路

化工管路是化工生产中所涉及的各种管路形式的总称，是化工生产装置不可缺少的部分。它对于化工生产，就像"血管"一样，将化工机器与设备连在一起，从而保证流体能从一个设备输送到另一个设备，或者从一个车间输送到另一个车间。在化工生产中，只有管路畅通，阀门调节得当，才能保证各车间及整个工厂生产的正常进行。在石化工程建设中，配管材料费约占设备材料总费用的 23%，安装工时约占施工总工时的 47%，设计工时约占设计总工时的

40%～48%。因此，了解化工管路的构成与作用，学会合理布置和安装化工管路，是非常重要的。

1.4.1 化工管路的构成与标准化

化工管路主要由管子、管件和阀件构成，也包括一些附属于管路的管架、管卡、管撑等辅件。由于化工生产中输送的流体是多种多样的，例如，有的流体是易燃的，有的流体是易爆的，有的流体是高黏度的，有的流体是含有固体杂质的；有的液体，有的是气体，还有的是蒸汽（气）等。输送条件与输送量是各不相同的，例如，有的是常温常压，有的是高温高压，有的是低温低压，有的流量很大而有的流量很小等。因此，化工管路也必须是各不相同的，以适应不同输送任务的需求。工程上，为了避免杂乱，方便制造与使用，实行了化工管路标准化。

1.4.1.1 化工管路的标准化

化工管路的标准化是指制定化工管路主要构件，包括管子、管件、阀件（门）、法兰、垫片等的结构、尺寸、连接、压力等的标准并实施的过程。其中，压力标准与直径标准是制定其他标准的依据，也是选择管子和管路附件的依据。直径标准与压力标准是选择管子、管件、阀件（门）、法兰、垫片等的依据，已由国家标准详细规定，使用时可以参阅有关资料。

（1）压力标准　压力标准分为公称压力（p_N）、试验压力（p_s）和工作压力（p）3 种，参见表 1-1 和表 1-2。

表 1-1　管子、管件的公称压力　　单位：MPa

0.05	1.00	6.30	28.00	100.00
0.10	1.60	10.00	32.00	125.00
0.25	2.00	15.00	42.00	160.00
0.40	2.50	16.00	50.00	200.00
0.60	4.00	20.00	63.00	250.00
0.80	5.00	25.00	80.00	335.00

注：本表摘自 GB 1048—90。

表 1-2　碳钢管子、管件的公称压力和不同温度下的最大工作压力

公称压力 /MPa	试验压力 （用低于 100℃ 的水）/MPa	介 质 工 作 温 度/℃						
		200	250	300	350	400	425	450
		最大工作压力/MPa						
		$p20$	$p25$	$p30$	$p35$	$p40$	$p42$	$p45$
0.10	0.20	0.10	0.10	0.10	0.07	0.06	0.06	0.05
0.25	0.40	0.25	0.23	0.20	0.18	0.16	0.14	0.11
0.40	0.60	0.40	0.37	0.33	0.29	0.26	0.23	0.13
0.60	0.90	0.60	0.55	0.50	0.44	0.38	0.35	0.27
1.00	1.50	1.00	0.92	0.82	0.73	0.64	0.58	0.43
1.60	2.40	1.60	1.50	1.30	1.20	1.00	0.90	0.70
2.50	3.80	2.50	2.30	2.00	1.80	1.60	1.40	1.10
4.00	6.00	4.00	3.70	3.30	3.00	2.80	2.30	1.80
6.30	9.60	6.30	5.90	5.20	4.70	4.10	3.70	2.90
10.00	15.00	10.00	—	8.20	7.20	6.40	5.80	4.30
16.00	24.00	16.00	14.70	13.10	11.70	10.20	9.30	7.20
20.00	30.00	20.00	18.40	16.40	14.60	12.80	11.60	9.00
25.00	35.00	25.00	23.00	20.50	18.20	16.00	14.50	11.20
32.00	43.00	32.00	29.40	26.20	23.40	20.50	18.50	14.40
40.00	52.00	40.00	36.80	32.80	29.20	25.60	23.20	18.00
50.00	62.50	50.00	46.00	41.00	36.50	32.00	29.00	22.50

公称压力又称通称压力，用"p_N+数值"的形式表示，数值表示公称压力的大小。例如，$p_N2.45$MPa 表示公称压力是 2.45MPa。公称压力一般大于或等于实际工作的最大压力，其数值通常指管内工作介质的温度在 273～393K 范围内的最高允许工作压力。

试验压力是为了水压强度试验或紧密性试验而规定的压力，用"p_s+数值"的形式表示。例如，p_s150 表示试验压力为 15.0MPa。通常，试验压力 $p_s=1.5p_N$，特殊情况可以根据经验公式计算。

工作压力是为了保证管路正常工作而根据被输送介质的工作温度所规定的最大压力，用"p+数值"表示，为了强调相应的温度，常在 p 的右下角标注介质最高工作温度（℃）除以 10 后所得的整数。例如，$p_{45}1.8$atm 表示在 450℃下，工作压力是 1.8atm。显然工作压力随着介质工作温度的提高而降低。

（2）直径（口径）标准　直径标准是指对管路直径所作的标准，一般称为公称直径或通称直径，用"DN+数值"的形式表示。比如，$DN300$mm 表示管子或辅件的公称直径为 300mm。通常，公称直径既不是管子的内径，也不是管子的外径，而是与管子内径相接近的整数。除在相关标准中另有规定，DN 后面的数字不代表测量值，也不能用于计算。采用 DN 标识系统的那些标准，应给出 DN 与管道元件的尺寸的关系，例如 DN/OD 或 DN/ID（其中，OD、ID 分别表示外径和内径尺寸）。

管道元件 DN（公称尺寸）的定义和选用详见 GB T1047—2005，不同材质的元件，其公称尺寸的表达是不一样的。优先选用的 DN 数值见表 1-3。

表 1-3　优先选用的 DN 数值表

公称直径 DN/mm										
6	8	10	15	20	25	32	40	50	65	80
100	125	150	200	250	300	350	400	450	500	600
700	800	900	1000	1100	1200	1400	1500	1600	1800	2000
2200	2400	2600	2800	3000	3200	3400	3600	3800	4000	

注：本表选自 GB T1047—2005。

1.4.1.2　管子

生产中使用的管子按管材不同可分为金属管、非金属管和复合管。金属管主要有铸铁管、钢管（含合金钢管）和有色金属管等；非金属管主要有陶瓷管、水泥管、玻璃管、塑料管、橡胶管等；复合管指的是金属与非金属两种材料复合得到的管子。最常见的复合管形式是衬里管，它是为了满足节约成本、强度和防腐的需要，在一些管子的内层衬以适当的材料，如金属、橡胶、塑料、搪瓷等而形成的。随着化学工业的发展，各种新型耐腐蚀材料不断出现，如有机聚合物材料管、非金属材料管正在越来越多地替代金属管。

管子的规格通常是用"ϕ 外径×壁厚"来表示，如 $\phi38$mm×2.5mm 表示此管子的外径是38mm，壁厚是 2.5mm。但也有些管子是用内径来表示其规格的，使用时要注意。管子的长度主要有 3m、4m 和 6m，有些可达 9m、12m，但以 6m 最为普遍。

（1）铸铁管　主要有普通铸铁管和硅铸铁管，在每一种公称直径下只有一种壁厚。因此，铸铁管的规格常用"ϕ 内径"表示，如 $\phi1000$mm 表示铸铁管的内径是 1000mm。铸铁管除75mm 和 100mm 两种的长度是 3m 以外，其余都是 4m 长。

① 普通铸铁管　由上等灰铸铁铸造而成，其主要特点是价格低廉、耐浓硫酸和碱等，但拉伸强度、弯曲强度和紧密性差，性脆而不宜焊接及弯曲加工。因此，主要用于地下供水总管、煤气总管、下水管或料液管，不能用于有压、有害、爆炸性气体和高温液体的输送。

② 硅铸铁管　分为高硅铸铁管和抗氯硅铸铁管。前者指含硅 14%以上的合金硅铁管，具有抗

硫酸、硝酸和573K以下盐酸等强酸腐蚀的优点；后者指含有硅和钼的铸铁管，具有抗各种浓度和温度盐酸腐蚀的特点。两种管子的硬度都很高，只能用金刚砂轮磨修或用硬质合金刀具来加工；性脆，在敲击、剧冷或剧热的条件下，极易破裂；机械强度低于铸铁，只能在表压0.25MPa下使用。

（2）钢管　主要有有缝钢管和无缝钢管。

① 有缝钢管　有缝钢管是用低碳钢焊接而成的钢管，又称为焊接管，分为水、煤气管和钢板电焊钢管。水、煤气管的主要特点是易于加工制造，价格低廉，但因为有焊缝而不适宜在0.8MPa（表压）以上的压力条件下使用。目前主要用于输送水、蒸气（汽）、煤气、腐蚀性低的液体、压缩空气及真空管路。表1-4摘录了低压流体输送用焊接钢管规格。钢板电焊钢管是由钢板焊制而成的，只在直径相对较大、壁相对较薄的情况下使用，因此，只作为无缝钢管的补充。

表1-4　外径不大于219.1mm的钢管公称口径、外径、最小公称壁厚和不圆度　　　单位：mm

公称口径	外径（D）			最小公称壁厚	不圆度
（DN）	系列1	系列2	系列3	t	不大于
6	10.2	10.0	—	2.0	0.20
8	13.5	12.7	—	2.0	0.20
10	17.2	16.0	—	2.2	0.20
15	21.3	20.8	—	2.2	0.30
20	26.9	26.0	—	2.2	0.35
25	33.7	33.0	32.5	2.5	0.40
32	42.4	42.0	41.5	2.5	0.40
40	48.3	48.0	47.5	2.75	0.50
50	60.3	59.5	59.0	3.0	0.60
65	76.1	75.5	75.0	3.0	0.60
80	88.9	88.5	88.0	3.25	0.70
100	114.3	114.0	—	3.25	0.80
125	139.7	141.3	140.0	3.5	1.00
150	165.1	168.3	159.0	3.5	1.20
200	219.1	219.0	—	4.0	1.60

注：1.表中的公称口径是近似内径的名义尺寸，不表示外径减去两倍壁厚所得的内径。

2.系列1是通用系列，属推荐选用系列；系列2是非通用系列；系列3是少数特殊、专用系列。

3.本表摘自GB/T 3091—2015。

② 无缝钢管　无缝钢管是用棒料钢材经穿孔热轧（热轧管）和冷拔（冷拔管）制成的，因为没有接缝，故称为无缝钢管。用于制造无缝钢管的材料主要有普通碳钢、优质碳钢、低合金钢、不锈钢和耐热铬钢等。无缝钢管的主要特点是质地均匀、强度高、管壁薄，少数特殊用途的无缝钢管的壁厚也可以很厚，如锅炉及石油工业专用的一些管子的壁就比较厚。由于无缝钢管的材料及壁厚很多，工业生产中，无缝钢管能用于在各种温度和压力下输送流体，广泛用于输送有毒、易燃易爆、强腐蚀性流体和制作换热器、蒸发器、裂解炉等化工设备。

无缝钢管的规格以"$\phi45\times2.5\times4/20$"的形式表示，其中45表示外径为45mm，2.5表示壁厚度为2.5mm，4表示管长为4m，20表示材料是20钢。无缝钢管尺寸、外形、重量及允许偏差见GB/T 17395—2008。

（3）有色金属管　是用有色金属制造的管子的统称，主要有铜管、黄铜管、铅管和铝管。在化工生产中，有色金属管主要用于一些特殊用途场合。

① 铜管与黄铜管　是由紫铜或黄铜制成的。由于铜的导热能力强，适用于制造换热器的换热管；因其延展性好，易于弯曲成型，故常用于油压系统、润滑系统来输送有压液体；由于其耐低温性能好，故也适用于低温管路；在海水管路中也有广泛应用。但当操作温度高于

523K 时，不宜在高压下使用。

② 铅管　用铅制作的管子具有良好的抗蚀性，能抗硫酸及 10% 以下的盐酸。故工业生产中主要用于硫酸工业及稀盐酸的输送，但不适用于浓盐酸、硝酸和醋酸的输送。其最高工作温度是 413K。由于其机械强度差、性软而笨重、导热能力小，因此已正在被合金管及塑料管所取代。

铅管的规格习惯上用"ϕ 内径×壁厚"表示。

③ 铝管　用铝制造的管子也有较好的耐酸性，其耐酸性主要由其纯度决定，但耐碱性差，且导热能力强，质量轻。工业生产中广泛用于输送浓硫酸、浓硝酸、甲酸和醋酸；也用于制作换热器；小直径铝管可以代替铜管来输送有压流体。但当温度超过 433K 时，不宜在较高的压力下使用。

(4) 非金属管　用各种非金属材料制作而成的管子的统称。

① 陶瓷管　陶瓷管的特点是耐腐蚀性高，对除氢氟酸以外的所有酸碱物料均是耐腐蚀的，但性脆、机械强度低、承压能力弱、不耐温度剧变。因此，工业生产中主要用于输送压力小于 0.2MPa、温度低于 423K 的腐蚀性流体。

主要规格有 $DN50\text{mm}$、$DN100\text{mm}$、$DN150\text{mm}$、$DN200\text{mm}$、$DN250\text{mm}$ 及 $DN300\text{mm}$ 等。

② 水泥管　水泥管主要用于下水道的排污水管。通常无筋混凝土管用作无压流体的输送；预应力混凝土管可在有压情况下输送流体，并用以代替铸铁管和钢管。水泥管的内径范围在 100～1500mm，规格常用"ϕ 内径×壁厚"表示。

③ 玻璃管　用于化工生产中的玻璃管主要是由硼玻璃和石英玻璃制成的。用玻璃制作的管子具有透明、耐腐蚀、易清洗、阻力小和价格低的优点以及性脆、热稳定性差和不耐压力的缺点，对除氢氟酸、含氟磷酸、热浓磷酸和热碱外的绝大多数物料均具有良好的耐腐蚀性。但玻璃的脆性限制了其用途。

④ 塑料管　塑料管是以树脂为原料经加工制成的管子，主要有聚乙烯管、聚氯乙烯管、酚醛塑料管、聚甲基丙烯酸甲酯管、增强塑料管（玻璃钢管）、ABS 塑料管和聚四氟乙烯管等。其共同优点是抗腐蚀性强、质量轻、易于加工，热塑性塑料管还能任意弯曲和加工成各种形状；但都具有强度低、不耐压和耐热性差的缺点。每一种管子均又有各自的特点，使用中可根据具体情况，参阅有关资料合理选择。应该指出，由于塑料种类繁多，有的专项性能优于金属管，因此用途越来越广泛，有很多原来用金属管的场合均被塑料管所代替，如下水管。

⑤ 橡胶管　橡胶管按结构分为纯胶小口径管、橡胶帆布挠性管和橡胶螺旋钢丝挠性管等；按用途分为抽吸管、压力管和蒸汽管。橡胶管的特点是能耐酸碱，但不耐硝酸、有机酸和石油产品。主要用作临时性管路连接及一些管路的挠性连接，如水管、煤气管的连接。通常不用作永久连接。近年来，由于聚氯乙烯软管的使用，橡胶管正逐渐为聚氯乙烯软管所替代。

1.4.1.3　管件

管件是用来连接管子、改变管路方向或直径、接出支路和封闭管路的管路附件的总称。一种管件能起到上述作用中的一个或多个，例如弯头既是连接管路的管件，又是改变管路方向的管件。

化工生产中的管件类型很多，根据管材类型分为 5 种，即水、煤气钢管件，铸铁管件，塑料管件，耐酸陶瓷管件和电焊钢管管件。

(1) 水、煤气管件　通常采用锻铸铁（白口铁经可锻化热处理）制造而成，也有些是用钢材制成的，适用于要求相对较高的场合。水、煤气管件的种类很多，但已经标准化，可以从有关手册中查取，其名称与作用列于表 1-5。

表 1-5　水、煤气管件的种类与用途

种　类	用　途	种　类	用　途
内螺纹管接头	俗称"内牙管、管箍、束节、管接头、死接头"等。用以连接两段公称直径相同的管子	等径三通	俗称"T形管"。用于接出支管,改变管路方向和连接三段公称直径相同的管子
外螺纹管接头	俗称"外牙管、外螺纹短接、外丝扣、外接头、双头丝对管"等。用于连接两个公称直径相同的具有内螺纹的管件	异径三通	俗称"中小天"。可以由管中接出支管,改变管路方向和连接三段公称直径不相同的管子
活管接头	俗称"活接头、由壬"等。用以连接两段公称直径相同的管子	等径四通	俗称"十字管"。可以连接四段公称直径相同的管子
异径管	俗称"大小头"。可以连接两段公称直径不相同的管子	异径四通	俗称"大小十字管"。用以连接四段具有两种公称直径的管子
内外螺纹管接头	俗称"内外牙管、补心"等。用以连接一个公称直径较大的内螺纹的管件和一段公称直径较小的管子	外方堵头	俗称"管塞、丝堵、堵头"等。用以封闭管路
等径弯头	俗称"弯头、肘管"等。用以改变管路方向和连接两段公称直径相同的管子,它可分 40°和 90°两种	管帽	俗称"闷头"。用以封闭管路
异径弯头	俗称"大小弯头"。用以改变管路方向和连接两段公称直径不同的管子	锁紧螺母	俗称"背帽、根母"等。它与内牙管联用,可以看得到的可拆接头

(2) 铸铁管件 铸铁管件已经标准化，使用时可从手册中查取。

普通灰铸铁管件主要有弯头（90°、60°、45°、30°及10°）、三通、四通和异径管（俗称大小头）等，使用时主要采用承插式连接、法兰连接和混合连接。图1-23是普通铸铁管件。

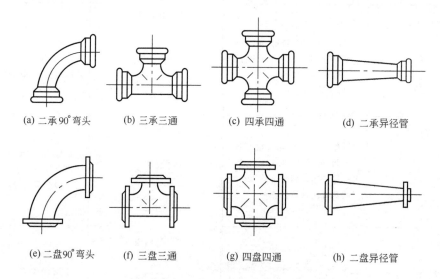

(a) 二承90°弯头　　(b) 三承三通　　(c) 四承四通　　(d) 二承异径管

(e) 二盘90°弯头　　(f) 三盘三通　　(g) 四盘四通　　(h) 二盘异径管

图1-23　普通铸铁管件

高硅铸铁管件和抗氯硅铸铁管件主要有弯头、三通、四通、异径管、管帽、中继管和嵌环等。管件上铸的凸肩用于对开式松套法兰连接。其结构可以参考产品手册。

(3) 塑料管件 塑料管件的材料与管子的材料是一致的。有些塑料管件已经标准化，如酚醛塑料管件、ABS塑料管件；有些塑料管件则是由短管弯曲及焊制而成的，比如聚氯乙烯塑料管件。塑料管件除采用其他管件的连接方法外，还常常采用胶黏剂粘接的方法连接，这是与其他材料管件所不同的。

(4) 耐酸陶瓷管件 主要有弯头（90°、45°）、三通、四通和异径管等，其形状与铸铁管件相似，已经标准化，用途可查取。主要连接方式是承插式连接和法兰连接。

(5) 电焊钢管管件 由短管或钢板焊制而成，常用在不需经常拆装的场合，尚未完成标准化工作。

1.4.1.4 阀件（门）

阀件是用来开启、关闭和调节流量及控制安全的机械装置，也称阀门、截门或节门。化工生产中，通过阀门可以调节流量、系统压力、流动方向，从而确保工艺条件的实现与安全生产。

(1) 阀件的型号 阀件的种类与规格很多，为了便于选用和识别，规定了工业管路使用阀门的标准，对阀门进行了统一编号。阀门的型号由七个部分组成，其形式如下

$$X_1 X_2 X_3 X_4 X_5 \text{-} X_6 X_7$$

$X_1 \sim X_7$ 为字母或数字，可从有关手册中查取。

① 阀门类别代号 X_1，用阀门名称的第一个汉字的拼音字首来表示，如截止阀用J表示。

② 阀门传动方式代号 X_2，用阿拉伯数字表示，如气动为6、液动为7、电动为9等。

③ 阀门连接形式代号 X_3，用阿拉伯数字表示，如内螺纹为1、外螺纹为2等。

④ 阀门结构形式代号 X_4，用阿拉伯数字表示，以截止阀为例，直通式为1、角式为4、直流式为5等。

⑤ 阀座密封面或衬里材料代号 X_5，用材料名称的拼音字首来表示，如铜合金材料为 T、氟塑料为 F、搪瓷为 C 等。

⑥ 公称压力的数值 X_6，是阀件在基准温度下能够承受的最大工作压力，可从公称压力系列表选取。

⑦ 阀体材料代号 X_7，用规定的拼音字母表示，如铸铜为 T、碳钢为 C、Cr5Mo 钢为 I 等。

例如，有一阀门的铭牌上标明其型号为 Z941T-1.0K，则说明该阀门为闸阀、电动传动、法兰连接、明杆楔式单闸板、阀座密封面的材料为铜合金、公称压力为 1.0MPa，阀体材料为可锻铸铁。

（2）阀门的类型　阀门的类型很多，按启动力的来源分为他动启闭阀和自动作用阀。顾名思义，他动启动阀是在外力作用下启闭的，而自动作用阀则是不需要外力就可以工作的。在选用时，应依据被输送介质的性质、操作条件及管路实际进行合理选择。

① 他动启闭阀　有手动、气动和电动等类型；若按结构分则有旋塞、闸阀、截止阀、节流阀、气动调节阀和电动调节阀等。表 1-6 介绍了几种常见的他动启闭阀的种类及用途。

② 自动作用阀　当系统中某些参数发生变化时，自动作用阀能够自动启闭。主要有安全阀、减压阀、止回阀和疏水阀等。

表 1-6　他动启闭阀的种类及用途

	旋塞（又叫扣克）	截止阀（又叫球形阀）	节流阀	闸阀（又叫闸板阀）
种类				
用途	用于输送含有沉淀和结晶，以及黏度较大的物料。适用于直径不大于 80mm 及温度不超过 273K 的低温管路和设备上，允许工作压力在 1MPa（表压）以下	用于蒸汽、压缩空气和真空管路，也可用于各种物料管路中，但不能用于沉淀物，易于析出结晶或黏度较大、易结焦的料液管路中。此阀尺寸较小，耐压不高，在工厂中有特殊的应用	此阀启动时流通截面变化较缓慢，有较好的调节性能；不宜作隔断阀；适用于温度较低、压力较高的介质和需要调节流量和压力的管路上	用于大直径的给水管路上，也可用于压缩空气、真空管路和温度在 393K 以下的低压气体管路，但不能用于介质中含沉淀物质的管路，很少用于蒸汽管路

安全阀　安全阀是为了管道设备的安全保险而设置的截断装置，它能根据工作压力而自动启闭，从而将管道设备的压力控制在某一数值以下，以保证其安全。主要用在蒸汽锅炉及高压设备上。

减压阀　减压阀是为了降低管道设备的压力，并维持出口压力稳定的一种机械装置，常用在高压设备上。例如，高压钢瓶出口都要接减压阀，以降低出口的压力，满足后续设备的压力要求。

止回阀　止回阀也称止逆阀或单向阀，是在阀的上下游压力差的作用下自动启闭的阀门，其作用是使介质按一定方向流动而不会反向流动。常用在泵的进出口管路中、蒸汽锅炉的给水管路上。例如，离心泵在开启之前需要灌泵，为了保证液体能自动灌入，常在泵吸入管口装一个单向阀。

疏水阀 疏水阀是一种自动间歇排除冷凝液，并能自动阻止蒸汽排出的机械装置。蒸汽是化工生产中最常用的热源，只有及时排除冷凝液，才能很好地发挥蒸汽的加热功能。几乎所有使用蒸汽的地方，都需要使用疏水阀。

（3）阀门的维护 阀门是化工生产中最常用的装置，数量广，类型多，其工作情况直接关系到化工生产的好坏与优劣。为了使阀门正常工作，必须做好阀门的维护工作。

① 保持清洁与润滑良好，使传动部件灵活动作；

② 检查有无渗漏，如有及时修复；

③ 安全阀要保持无挂污与无渗漏，并定期校验其灵敏度；

④ 注意观察减压阀的减压效能，若减压值波动较大，应及时检修；

⑤ 阀门全开后，必须将手轮倒转少许，以保持螺纹接触严密、不损伤；

⑥ 电动阀应保持清洁及接点的良好接触，防止水、汽和油的沾污；

⑦ 露天阀门的传动装置必须有防护罩，以免大气及雨雪的侵蚀；

⑧ 要经常测听止逆阀阀芯的跳动情况，以防止掉落；

⑨ 做好保温与防冻工作，应排净停用阀门内部积存的介质；

⑩ 及时维修损坏的阀门零部件，发现异常现象应及时处理，处理方法见表1-7。

表 1-7 阀门异常现象与处理方法

异常现象	发 生 原 因	处 理 方 法
填料函泄漏	① 压盖松 ② 填料装得不严 ③ 阀杆磨损或腐蚀 ④ 填料老化失效或填料规格不对	① 均匀压紧填料，拧紧螺母 ② 采用单圈、错口顺序填装 ③ 更换新阀杆 ④ 更换新填料
密封面泄漏	① 密封面之间有脏物粘贴 ② 密封面锈蚀磨伤 ③ 阀杆弯曲使密封面错开	① 反复微开、微闭冲走或冲洗干净 ② 研磨锈蚀处或更新 ③ 调直后调整
阀杆转动不灵活	① 填料压得过紧 ② 阀杆螺纹部分太脏 ③ 阀体内部积存结疤 ④ 阀杆弯曲或螺纹损坏	① 适当放松压盖 ② 清洗擦净脏物 ③ 清理积存物 ④ 调直修理
安全阀灵敏度不高	① 弹簧疲劳 ② 弹簧级别不对 ③ 阀体内水垢结疤严重	① 更换新弹簧 ② 按压力等级选用弹簧 ③ 彻底清理
减压阀压力自调失灵	① 调节弹簧或膜片失效 ② 控制通路堵塞 ③ 活塞或阀芯被锈斑卡住	① 更换新件 ② 清理干净 ③ 清洗干净，打磨光滑
机电机构动作不协调	① 行程控制器失灵 ② 行程开关触点接触不良 ③ 离合器未啮合	① 检查调节控制装置 ② 修理接触片 ③ 拆卸修理

1.4.2 化工管路的布置与安装

1.4.2.1 化工管路的布置原则

布置化工管路既要考虑到工艺要求，又要考虑到经济要求，还要考虑到操作方便与安全，在可能的情况下还要尽可能美观。因此，布置化工管路必须遵守以下原则。

① 在工艺条件允许的前提下，应使管路尽可能短，管件、阀件应尽可能少，以减少投资，

使流体阻力减到最低。

② 应合理安排管路，使管路与墙壁、柱子、场面、其他管路等之间留有适当的距离，以便于安装、操作、巡查与检修。如管路最突出的部分距墙壁或柱边的净空不小于100mm；距管架支柱也不应小于100mm；两管路的最突出部分间距净空，中压保持40～60mm，高压保持70～90mm；并排管路上安装手轮操作阀门时，手轮间距约100mm。

③ 管路排列时，通常使热的在上，冷的在下；无腐蚀的在上，有腐蚀的在下；输气的在上，输液的在下；不经常检修的在上，经常检修的在下；高压的在上，低压的在下；保温的在上，不保温的在下；金属的在上，非金属的在下；在水平方向上，通常使常温管路、大管路、振动大的管路及不经常检修的管路靠近墙或柱子。

④ 管子、管件与阀门应尽量采用标准件，以便于安装与维修。

⑤ 对于温度变化较大的管路要采取热补偿措施，有凝液的管路要安排凝液排出装置，有气体积聚的管路要设置气体排放装置。

⑥ 管路通过人行道时高度不得低于2m，通过公路时不得小于4.5m，与铁轨的净距离不得小于6m，通过工厂主要交通干线一般为5m。

⑦ 一般地，化工管路采用明线安装，但上下水管及废水管采用埋地铺设，埋地安装深度应当在当地冰冻线以下。

在布置化工管路时，应参阅有关资料，依据上述原则制定方案，确保管路的布置科学、经济、合理、安全。

1.4.2.2 化工管路的安装

(1) 化工管路的连接　管子与管子、管子与管件、管子与阀件、管子与设备之间的连接方式大致分为螺纹连接、法兰连接、承插式连接、焊接、承插粘接、卡箍连接、卡套连接等几种，其中，前4种较为常用。选择连接方式的依据主要包括管子的类别、管径、壁厚、介质的温度、压力、腐蚀性、设计要求等。实际生产中，以工程项目的要求为准，可参见《石油化工工艺管道设计与安装》《石油化工管道设计》等专业书籍。

① 螺纹连接是依靠螺纹把管子与管路附件连接在一起，连接方式主要有内牙管、长外牙管及活接头等。通常用于小直径管路、水煤气管路、压缩空气管路、低压蒸汽管路等的连接。安装时，为了保证连接处的密封，常在螺纹上涂上胶黏剂或包上填料。

② 法兰连接是最常用的连接方法，其主要特点是已经标准化，装拆方便，密封可靠，适应的管径、温度及压力范围均很大，但费用较高。连接时，为了保证接头处的密封，需在两法兰盘间加垫片，并用螺栓将其拧紧。

③ 承插式连接是将管子的一端插入另一管子的钟形插套内，并在形成的空隙中装填料（丝麻、油绳、水泥、胶黏剂、熔铅等）加以密封的一种连接方法。主要用于水泥管、陶瓷管和铸铁管的连接，其特点是安装方便，对各管段中心重合度要求不高，但拆卸困难，不能耐高压。

④ 焊接是一种方便、价廉而且不漏但却难以拆卸的连接方法，广泛使用于钢管、有色金属管及塑料管的连接。主要用在长管路和高压管路中，但当管路需要经常拆卸时，或在不允许动火的车间，不宜采用焊接法连接管路。

(2) 化工管路的热补偿　化工管路的两端是固定的，当温度发生较大变化时，管路就会因管材的热胀冷缩而承受压力或拉力，严重时将造成管子弯曲、断裂或接头松脱，因此必须采取措施消除这种应力，这就是管路的热补偿。热补偿的主要方法有两种：其一是依靠弯管的自然补偿，通常，当管路转角不大于150°时，均能起到一定的补偿作用；其二是利用补偿器进行补偿，主要有方形、波形及填料3种补偿器。

(3) 化工管路的试压与吹扫　化工管路在投入运行之前，必须保证其强度与严密性符合设计要求，因此，当管路安装完毕后，必须进行压力试验，称为试压。试压主要采用液压试验，少数特殊情况也可以采用气压试验。另外，为了保证管路系统内部的清洁，必须对管路系统进行吹扫与清洗，以除去铁锈、焊渣、土及其他污物，称为吹洗。管路吹洗根据被输送介质的不同，有水冲洗、空气吹扫、蒸汽吹洗、酸洗、油清洗和脱脂等，具体方法参见有关管路施工的资料。

(4) 化工管路的保温与涂色　化工管路通常是在异于常温的条件下操作的，为了维持生产需要的高温或低温条件，节约能源，维护劳动条件，必须采取措施减少管路与环境的热量交换，称为管路的保温。保温的方法是在管道外包上一层或多层保温材料，参见 3.3.5.2 节。化工厂中的管路是很多的，为了方便操作者区别各种类型的管路，常常在管外（保护层外或保温层外）涂上不同的颜色，称为管路的涂色。有两种方法，其一是整个管路均涂上一种颜色（涂单色），其二是在底色上每间隔 2m 涂上一个 50～100mm 的色圈。常见化工管路的颜色可参阅手册，如给水管为绿色，饱和蒸汽为红色。

(5) 化工管路的防静电措施　静电是一种常见的带电现象，在化工生产中，电解质之间、电解质与金属之间都会因为摩擦而产生静电，如当粉尘、液体和气体电解质在管路中流动，或从容器中抽出或注入容器时，都会产生静电。这些静电如不及时消除，很容易因产生电火花而引起火灾或爆炸。管路的防静电措施主要是静电接地和控制流体的流速，可阅相关管路安装手册。

1.5　流体输送机械

在化工生产中，为了满足工艺需要，经常需要将流体从一个设备输送到另一个设备，从一个车间输送到另一个车间，从常压变成高压或负压等。使用流体输送机械对流体做功达到上述目的是工业生产中的主要手段。工程上把对流体做功的机械装置统称为流体输送机械。由于这类机械广泛使用于国民经济的各个行业，因此，也被称作是通用机械。通常输送液体的机械叫泵，输送和压缩气体的机械叫气体压送机械，根据用途不同，压送机械可分为风机、压缩机或真空泵等。

由于输送任务不同、流体种类多样、工艺条件复杂，流体输送机械也是多种多样的，按照工作原理可分为 4 类，见表 1-8。

表 1-8　流体输送机械的类型

类型 流体	离心式	往复式	旋转式	流体作用式
液体	离心泵、旋涡泵	往复泵、隔膜泵、计量泵、柱塞泵	齿轮泵、螺杆泵、轴流泵	喷射泵、酸贮槽空气升液器
气体	离心通风机、离心鼓风机、离心压缩机	往复压缩机、往复真空泵、隔膜压缩机	罗茨风机、液环压缩机、水环真空泵	蒸汽喷射泵、水喷射泵

尽管流体输送机械多种多样，但都必须满足以下基本要求：①满足生产工艺对流量和能量的需要；②满足被输送流体性质的需要；③结构简单，价格低廉，质量小；④运行可靠，维护方便，效率高，操作费用低。选用时应综合考虑，全面衡量，其中最重要的是满足流量与能量的要求。

对于同一工作原理的气体输送机械与液体输送机械，它们的基本结构与主要特性都是相似的，但由于气体是易于压缩的，而液体是难以压缩的，两种机械还是有一定的差异性的。因此，常将两者分开讨论。在本章中，以化工生产中最常见的离心泵作为讨论重点，其他输送机械只作简单介绍。

1.5.1 离心泵

离心泵是依靠高速旋转的叶轮所产生的离心力对液体做功的流体输送机械。由于它具有结构简单、操作方便、性能适应范围广、体积小、流量均匀、故障少、寿命长等优点，在化工生产中应用十分广泛，有统计表明，化工生产所使用的泵大约有80%为离心泵。

1.5.1.1 离心泵的结构与工作原理

（1）基本结构　离心泵的结构如图1-24所示，在蜗牛形泵壳内，装有一个叶轮，叶轮与泵轴连在一起，可以与轴一起旋转。泵壳上有两个接口，一个在轴向，接吸入管，一个在切向，接排出管。通常，在吸入管口装有一个单向底阀，在排出管口装有一调节阀，用来调节流量。

离心泵工作原理

离心泵的气缚现象

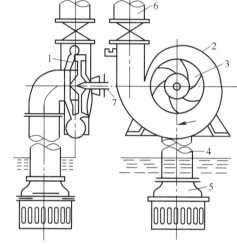

图1-24　离心泵的构造和装置
1—叶轮；2—泵壳；3—叶片；4—吸入导管；
5—底阀；6—压出导管；7—泵轴

（2）工作原理　在离心泵工作前，先灌满被输送液体。当离心泵启动后，泵轴带动叶轮高速旋转，受叶轮上叶片的约束，泵内流体与叶轮一起旋转，在离心力的作用下，液体从叶轮中心向叶轮外缘运动，叶轮中心（吸入口）处因液体空出而呈负压状态，这样，在吸入管的两端就形成了一定的压差，即吸入液面压力与泵吸入口压力之差，只要这一压差足够大，液体就会被吸入泵体内，这就是离心泵的吸液原理。另外，被叶轮甩出的液体，在从中心向外缘运动的过程中，动能与静压能均增加了，流体进入泵壳后，由于泵壳内蜗形通道的面积是逐渐增大的，液体的动能将减少，静压能将增加，达到泵出口处时压力达到最大，于是液体被压出离心泵，这就是离心泵的排液原理。

如果在启动离心泵前，泵体内没有充满液体，由于气体密度比液体密度小得多，产生的离心力就很小，从而不能在吸入口形成必要的真空度，在吸入管两端不能形成足够大的压差，于是就不能完成离心泵的吸液。这种因为泵体内充满气体（通常为空气）而造成离心泵不能吸液（空转）的现象称为气缚现象。因此，离心泵是一种没有自吸能力的泵，在启动离心泵前必须灌泵。

（3）主要构件　离心泵的主要构件有叶轮、泵壳和轴封，有些还有导轮。下面分别简要介绍。

① 叶轮　叶轮是离心泵的核心构件，是在一圆盘上设置4～12个叶片构成的。其主要功能是将原动机械的机械能传给液体，使液体的动能与静压能均有所增加。

根据叶轮是否有盖板可以将叶轮分为3种形式，即开式、半开（闭）式和闭式。如图1-25所示，其中（a）为闭式叶轮，（b）为半开式叶轮，（c）为开式叶轮。通常，闭式叶轮的效率比开式高，而半开式叶轮的效率介于两者之间，因此应尽量选用闭式叶轮。但由于闭式叶轮在输送含有固体杂质的液体时，容易发生堵塞，故在输送含有固体的液体时，多使用开式或半开式叶轮。对于闭式与半开式叶轮，在输送液体时，由于叶轮的吸入口一侧是负压，而在另一侧则是高压，因此在叶轮两侧存在着压力差，从而存在对叶轮的轴向推力，将叶轮沿轴向吸入口窜动，造成叶轮与泵壳的接触磨损，严重时还会造成泵的振动。为了避免这种现象，常常在叶轮的盖板上开若干个小孔，即平衡孔；但平衡孔的存在降低了泵的效率。其他消除轴向推力的方法是安装止推轴承或将单吸改为双吸。

根据叶轮的吸液方式可以将叶轮分为两种，即单吸式叶轮与双吸式叶轮，如图 1-26 所示，图中（a）是单吸式叶轮，（b）是双吸式叶轮。显然，双吸式叶轮完全消除了轴向推力，而且具有相对较大的吸液能力。

叶轮上的叶片是多种多样的，有前弯叶片、径向叶片和后弯叶片 3 种。但工业生产中主要为后弯叶片，因为后弯叶片相对于另外两种叶片的效率高，更有利于动能向静压能的转换。由于两叶片间的流动通道是逐渐扩大的，因此能使液体的部分动能转化为静压能。叶片是一种转能装置。

② 泵壳　由于泵壳的形状像蜗牛，因此又称为蜗壳。这种特殊的结构，使叶轮与泵壳之间的流动通道沿着叶轮旋转的方向逐渐增大并将液体导向排出管。因此，泵壳的作用就是汇集被叶轮甩出的液体，并在将液体导向排出口的过程中实现部分动能向静压能的转换。泵壳是一种转能装置，为了减少液体离开叶轮时直接冲击泵壳而造成的能量损失，常常在叶轮与泵壳之间安装一个固定不动的导轮，如图 1-27 所示。导轮带有前弯叶片，叶片间逐渐扩大的通道使进入泵壳的液体的流动方向逐渐改变，从而减少了能量损失，使动能向静压能的转换更加有效。导轮也是一个转能装置。通常，多级离心泵均安装导轮。

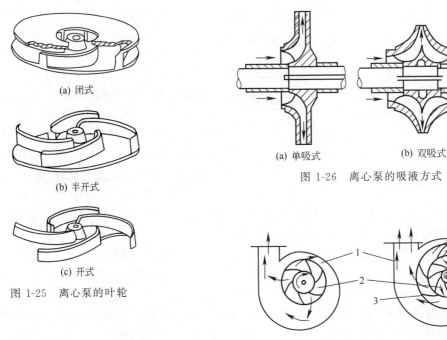

(a) 闭式

(b) 半开式

(c) 开式

图 1-25　离心泵的叶轮

(a) 单吸式　　　　(b) 双吸式

图 1-26　离心泵的吸液方式

图 1-27　泵壳与导轮
1—泵壳；2—叶轮；3—导轮

③ 轴封装置　由于泵壳固定而泵轴是转动的，因此在泵轴与泵壳之间存在一定的空隙，为了防止泵内液体沿空隙漏出泵外或空气沿相反方向进入泵内，需要对空隙进行密封处理。用来实现泵轴与泵壳间密封的装置称为轴封装置。常用的密封方式有两种，即填料函密封与机械密封。

填料函密封是用浸油或涂有石墨的石棉绳（或其他软填料）填入泵轴与泵壳间的空隙，来实现密封目的的；机械密封是通过一个安装在泵轴上的动环与另一个安装在泵壳上的静环来实现密封目的的，工作时借助弹力使两环密切接触达到密封。两种方式相比较，前者结构简单、价格低，但密封效果差；后者结构复杂、精密，造价高，但密封效果好。因此，机械密封主要用在一些密封要求较高的场合，如输送酸和碱以及易燃、易爆、有毒、有害的液体等。

近年来，随着磁防漏技术的日益成熟，借助加在泵内的磁性液体来达到密封与润滑作用的技术正在越来越引起人们的关注。

1.5.1.2 离心泵的主要性能

为了能在众多的离心泵中，选取具体任务需要的适宜规格的离心泵并使之高效运转，必须了解离心泵的性能及这些性能之间的关系。离心泵的主要性能参数有送液能力、扬程、功率和效率等，这些性能与它们之间的关系在泵出厂时会标注在铭牌或产品说明书上，供使用者参考。

（1）主要性能参数

① 送液能力　送液能力是指单位时间内从泵内排出的液体体积，用 q_V 表示，单位为 m^3/s，也称生产能力或流量。离心泵的流量与离心泵的结构、尺寸和转速有关，在操作中可以变化，其大小可以由实验测定。离心泵铭牌上的流量是离心泵在最高效率下的流量，称为设计流量或额定流量。

② 扬程　扬程是离心泵对 1N 流体所做的功。它是 1N 流体在通过离心泵时所获得的能量，用 H 表示，单位为 m，也叫压头。离心泵的扬程与离心泵的结构、尺寸、转速和流量有关。通常，流量越大，扬程越小，两者的关系由实验测定。离心泵铭牌上的扬程是离心泵在额定流量下的扬程。

③ 功率　离心泵在单位时间内对流体所做的功称为离心泵的有效功率，用 P_e 表示，单位为 W。有效功率由下式计算，即 $P_e = Hq_V \rho g$。

离心泵从原动机械那里所获得的能量称为离心泵的轴功率，用 P 表示，单位为 W，由实验测定，是选取电动机的依据。离心泵铭牌上的轴功率是离心泵在额定状态下的轴功率。

④ 效率　效率是反映离心泵利用能量情况的参数。由于机械摩擦、流体阻力和泄漏等原因，离心泵的轴功率总是大于其有效功率的，两者的差别用效率来表示。效率用 η 表示，其定义式为

$$\eta = \frac{P_e}{P} \tag{1-26}$$

离心泵效率的高低既与泵的类型、尺寸及加工精度有关，又与流量及流体的性质有关。一般地，小型泵的效率为 $50\% \sim 70\%$，大型泵的效率要高些，有的可达 90%。

（2）性能曲线　实验表明，离心泵的扬程、功率及效率等主要性能均与流量有关。把它们与流量之间的关系用图表示出来，就构成了离心泵的特性曲线，如图 1-28 所示。

不同型号的离心泵的特性曲线虽然各不相同，但其总体规律是相似的。

① 扬程-流量曲线　扬程随流量的增加而减少。少数泵在流量很少时会有例外。

② 轴功率-流量曲线　轴功率随流量的增加而增加，也就是说，当离心泵处在零流量时消耗的功率最小。因此，离心泵开车和停车时，都要关闭出口阀，以达到

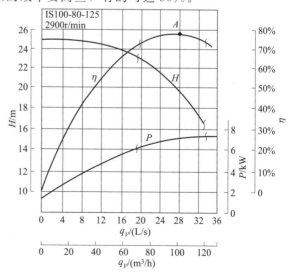

图 1-28　IS100-80-125 型离心泵的特性曲线

降低功率、保护电机的目的。

③ 效率-流量曲线　离心泵在流量为零时，效率为零，随着流量的增加，效率也增加，当流量增加到某一数值后，再增加，效率反而下降。通常，把最高效率点称为泵的设计点或额定状态，对应的性能参数称为最佳工况参数，铭牌上标出的参数就是最佳工况参数。显然，泵在最高效率下运行最为经济，但在实际操作中不太可能，应尽量维持在高效区（效率不低于最高效率92%的区域）工作。性能曲线上常用波浪号将高效区标出，如图1-28所示。

离心泵在指定转速下的特性曲线由泵的生产厂家提供，标在铭牌或产品手册上。需要指出的是，性能曲线是在293K和98.1kPa下以清水作为介质测定的，因此，当被输送液体的性质与水相差很大时，必须校正。

（3）影响离心泵性能的因素　离心泵样本中提供的性能是以水作为介质，在一定的条件下测定的。当被输送液体的种类、转速和叶轮直径改变时，离心泵的性能将随之改变。

① 密度　密度对流量、扬程和效率没有影响，但对轴功率有影响。轴功率可以用下式校正

$$\frac{P_1}{P_2}=\frac{q_V H \rho_1 g/\eta}{q_V H \rho_2 g/\eta}=\frac{\rho_1}{\rho_2} \tag{1-27}$$

② 黏度　当液体的黏度增加时，液体在泵内运动时的能量损失增加，从而导致泵的流量、扬程和效率均下降，但轴功率增加。因此黏度的改变会引起泵的特性曲线的变化。当液体的运动黏度大于$2.0\times10^{-6}\ m^2/s$时，离心泵的性能必须校正，校正方法可以参阅有关手册。

③ 转速　当效率变化不大时，转速变化引起流量、压头和功率的变化符合比例定律，即

$$\frac{q_{V1}}{q_{V2}}=\frac{n_1}{n_2} \qquad \frac{H_1}{H_2}=\left(\frac{n_1}{n_2}\right)^2 \qquad \frac{P_1}{P_2}=\left(\frac{n_1}{n_2}\right)^3 \tag{1-28}$$

④ 叶轮直径　在转速相同时，如果叶轮切削率不大于20%，则叶轮直径变化引起流量、压头和功率的变化符合切割定律，即

$$\frac{q_{V1}}{q_{V2}}=\frac{D_1}{D_2} \qquad \frac{H_1}{H_2}=\left(\frac{D_1}{D_2}\right)^2 \qquad \frac{P_1}{P_2}=\left(\frac{D_1}{D_2}\right)^3 \tag{1-29}$$

1.5.1.3　离心泵的型号与选用

（1）离心泵的型号　离心泵的种类很多，分类方法也很多。例如，按吸液方式分为单吸泵与双吸泵；按叶轮数目分为单级泵与多级泵；按特定使用条件分为液下泵、管道泵、高温泵、低温泵和高温高压泵等；按被输送液体性质分为清水泵、油泵、耐腐蚀泵和杂质泵等；按安装形式分为卧式泵和立式泵；20世纪80年代设计生产的在科研与生产中应用越来越广的磁力泵等。这些泵均已经按其结构特点不同，自成系列并标准化，可从泵的相关样本手册查取。下面介绍几种形式的离心泵，以引导读者根据需要进一步学习有关知识。

① 清水泵　清水泵是化工生产中普遍使用的一种泵，适用于输送水及性质与水相似的液体。包括IS型、D型和S型。

IS型泵代表单级单吸离心泵，即原B型水泵。但IS型泵是按国际标准（ISO 2858）规定的尺寸与性能设计的，其性能与原B型泵相比较，效率平均提高了3.76%，特点是泵体与泵盖为后开结构，检修时不需拆卸泵体上的管路与电机。其结构图如图1-29所示。

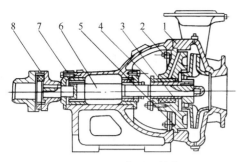

图 1-29　IS 型水泵的结构图

1—泵体；2—叶轮；3—密封圈；4—护轴套；

5—后盖；6—轴；7—托架；8—联轴器部件

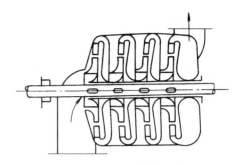

图 1-30　D 型泵的结构示意图

IS 型水泵是应用最广的离心泵，用于输送温度不高于 80℃的清水及与水相似的液体，其设计点的流量为 6.3～400m³/h，扬程为 5～125m，进口直径为 50～200mm，转速为 2900 r/min 或 1450r/min。其型号由符号及数字表示，举例说明如下：

型号为 IS100-65-200，其中，IS 表示单级单吸离心水泵，100 表示吸入口直径为 100mm，65 表示排出口直径为 65mm，200 表示叶轮的名义直径是 200mm。

D 型泵是国产多级离心泵的代号，是将多个叶轮安装在同一个泵轴上构成的，工作时液体从吸入口吸入，并依次通过每个叶轮，多次接受离心力的作用，从而获得更高的能量。因此，D 型泵主要用在流量不是很大但扬程相对较大的场合，其结构示意图如图 1-30 所示。D 型泵的级数通常为 2～9 级，最多可达 12 级，全系列流量范围为 10.8～850m³/h。

D 型泵的型号与原 B 型相似，例如 100D45×4，其中，100 表示吸入口的直径为 100mm，45 表示每一级的扬程为 45m，4 为泵的级数。

S 型泵是双吸离心泵的代号，即原 SH 型泵，有两个吸入口，从而能吸入更多的液体量。因此，S 型泵主要用在流量相对较大但扬程相对不大的场合。其结构图如图 1-31 所示。

S 型泵的全系列流量范围为 120～12500m³/h，扬程为 9～140m。

S 型泵的型号如 100S90A 所示，其中，100 表示吸入口的直径为 100mm，90 表示设计点的扬程为 90m，A 指泵的叶轮经过一次切割。

② 耐腐蚀泵　耐腐蚀泵是用来输送酸、碱等腐蚀性液体的泵的总称，系列号用 F 表示。F 型泵中，所有与液体接触的部件均用防腐蚀材料制造，其轴封装置多采用机械密封。

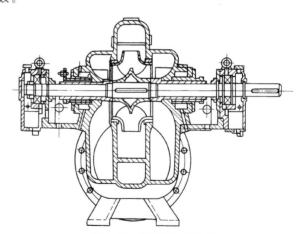

图 1-31　S 型泵的结构图

F 型泵的全系列流量范围为 2～400m³/h，扬程为 15～105m。

F 型泵的型号是在 F 之后加上材料代号，如 80FS24 所示，其中，80 表示吸入口的直径为 80mm，S 为材料聚三氟氯乙烯塑料的代号，24 表示设计点的扬程为 24m。如果将 S 换为 H，则表示灰口铸铁材料，其他材料代号可查有关手册。

注意：用玻璃、陶瓷和橡胶等材料制造的小型耐腐蚀泵，不在 F 型泵的系列之中。

③ 油泵　油泵是用来输送油类及石油产品的泵，由于这些液体多数易燃易爆，因此必须有良好的密封，而且当温度超过 473K 时还要通过冷却夹套冷却。国产油泵的系列代号为 Y，如果是双吸油泵，则用 YS 表示。

Y 型泵全系列流量范围为 5~1270m^3/h，扬程为 5~1740m，输送温度为 228~673K。

Y 型泵的型号如 80Y-100×2A 所示，其中，80 表示吸入口的直径为 80mm，100 表示每一级的设计点扬程为 100m，2 为泵的级数，A 指泵的叶轮经过一次切割。

④ 磁力泵　磁力泵是一种高效节能的特种离心泵，通过一对永久磁性联轴器将电机力矩透过隔板和气隙传递给一个密封容器，带动叶轮旋转。其特点是没有轴封、不泄漏、转动时无摩擦，因此安全节能。特别适合输送不含固粒的酸、碱、盐溶液，易燃、易爆液体，挥发性液体和有毒液体等；但被输送介质的温度不宜大于 363K。

磁力泵的系列代号为 C，C 泵全系列流量范围为 0.1~100m^3/h，扬程为 1.2~100m。

除以上介绍的这些泵外，还有用于输送含有杂质的液体的杂质泵（P 型泵），用于汲取地下水的深井泵，用于输送液化气体的低温泵，用于输送易燃、易爆、剧毒及具有放射性液体的屏蔽泵，安装在液体中的液下泵等，使用时可参阅有关资料。

(2) 离心泵的选用　离心泵的类型很多，必须根据生产任务进行合理选用，选用步骤如下。

① 根据被输送液体的性质及操作条件，确定泵的类型。要了解液体的密度、黏度、腐蚀性、蒸气压、毒性、固含量等；要明确泵在什么温度、压力、流量等条件下操作；还要了解泵在管路中的安装条件与安装方式等。例如，含有杂质就应该选杂质泵，输送水就应该选清水泵，输送液化气需用低温泵等。

② 确定流量。如果流量是变化的，应以最大值为准。

③ 确定完成输送任务需要的压头。

④ 通过流量与压头在相应类型的系列中选取合适的型号。选用时要使所选泵的流量与扬程比任务要求的要稍大一些，通常扬程以大于 10~20m 为宜。如果用性能曲线来选，要使 (Q，H) 点落在泵的 Q-H 线以下，并处在高效区。

必须指出，符合条件的泵通常会有多个，应选取效率最高的一个。

⑤ 校核轴功率。当液体密度大于水的密度时，必须校核轴功率。

⑥ 列出泵在设计点处的性能。

例 1-14

现有一送水任务，流量为 100m^3/h，需要压头为 76m。现有一台型号为 IS125-100-250 的离心泵，其铭牌上的流量为 120m^3/h，扬程为 87m。问此泵能否用来完成这一任务。

解　IS 型泵是单级单吸水泵，主要用来输送水及与水性质相似的液体，本任务是输送水，因此可以作为备选泵。

又因为此离心泵的流量与扬程分别大于任务需要的流量与扬程，因此可以完成输送任务。

使用时，可以根据铭牌上的功率选用电机，因为介质为水，不需校核轴功率。

1.5.1.4　离心泵的汽蚀与安装高度

离心泵的扬程可以达到几百甚至千米以上，但离心泵的安装高度却会受到一定的限制。如果安装过高，就会发生汽蚀现象，轻则导致流量、压头迅速下降，重则导致不能吸液或叶轮的伤害。

（1）汽蚀现象　如前所述，离心泵的吸液是靠吸入液面与吸入口间的压差完成的。当吸入液面压力一定时，泵的安装高度越大，则吸入口处的压力将越小。当吸入口处压力小于操作条件下被输送液体的饱和蒸气压时，液体将会汽化产生气泡，含有气泡的液体进入泵体后，在离心力的作用下，进入高压区，气泡在高压的作用下，又液化为液体，由于原气泡位置的空出造成局部真空，周围液体在高压的作用下迅速填补原气泡所占空间。这种高速冲击频率很高，可以达到每秒几千次，冲击压力可以达到数百个大气压甚至更高。这种高强度高频率的冲击，轻的能造成叶轮的疲劳，重的则可以将叶轮与泵壳破坏，甚至能把叶轮打成蜂窝状。这种因为被输送液体在泵体内汽化再液化的现象叫离心泵的汽蚀现象。

离心泵的汽蚀现象

汽蚀现象发生时，会产生噪声和引起振动，流量、扬程及效率均会迅速下降，严重时不能吸液。工程上当扬程下降3%时就认为进入了汽蚀状态。

避免汽蚀现象的方法是限制泵的安装高度。避免离心泵汽蚀现象的最大安装高度，称为离心泵的允许安装高度，也叫允许吸上高度。

（2）允许安装（吸上）高度　离心泵的允许安装高度可以通过在图1-32中的0-0截面和1-1截面间列伯努利方程求得，即

$$H_g = \frac{p_0 - p_1}{\rho g} - \frac{u_1^2}{2g} - \sum H_{f,0\text{-}1} \qquad (1\text{-}30)$$

式中，H_g——允许安装高度，m；p_0——吸入液面压力，Pa；p_1——吸入口允许的最低压力，Pa；u_1——吸入口处的流速，m/s；ρ——液体的密度，kg/m^3；$\sum H_{f,0\text{-}1}$——流体流经吸入管的阻力，m。

从式（1-30）可以看出，允许安装高度与吸入液面上方的压力p_0、吸入口最低压力p_1、液体密度ρ、吸入管内的动能及阻力有关。因此，增加吸入液面的压力、减小液体的密度、降低液体温度（通过降低液体的饱和蒸气压来降低p_1）、增加吸入管直径（从而使流速降低）和减小吸入管内流体阻力均有利于允许安装高度的提高。在其他条件都确定的情况下，如果流量增加，将造成动能及阻力的增加，安装高度会减小，汽蚀的可能性增加。

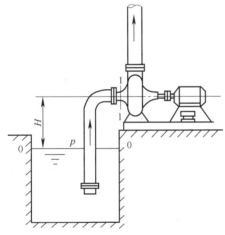

图1-32　求离心泵安装高度示意图

离心泵的允许安装高度可以由允许吸上真空高度法或允许汽蚀余量法计算。近年来，前者已经很少使用，故此处只介绍后一种方法。

离心泵的抗汽蚀性能参数可用允许汽蚀余量来表示，其定义为泵吸入口处动能与静压能之和比被输送液体的饱和蒸气压头高出的最低数值，即

$$\Delta h = \frac{p_1}{\rho g} + \frac{u_1^2}{2g} - \frac{p_s}{\rho g} \qquad (1\text{-}31)$$

将上式代入式（1-30）得

$$H_g = \frac{p_0}{\rho g} - \frac{p_s}{\rho g} - \Delta h - \sum H_{f,0\text{-}1} \qquad (1\text{-}32)$$

式中，Δh——允许汽蚀余量，m；p_s——操作温度下液体的饱和蒸气压，Pa；
其他符号意义同前。

同样，泵的生产厂家提供的允许汽蚀余量是在 98.1kPa 和 293K 下以水为介质测得的，当输送条件不同时，应该对其校正，校正方法参见有关资料。

例 1-15

拟用 IS65-40-200 离心水泵输送 323K 水。已知：泵的铭牌上标明的转速为 2900r/min，流量为 25m³/h，扬程为 50m，允许汽蚀余量为 2.0m；液体在吸入管的全部阻力损失为 2m；当场大气压力为 100kPa。求泵的允许安装高度。

解 泵的允许安装高度

$$H_g = \frac{p_0}{\rho g} - \frac{p_s}{\rho g} - \Delta h - \sum H_{f,0-1}$$

式中，$p_0 = 100\text{kPa}$，$\Delta h = 2.0\text{m}$，$\sum H_{f,0-1} = 2\text{m}$

又查附录得，水在 323K 下的密度为 988.1kg/m³，饱和蒸气压为 12.34kPa。所以

$$H_g = \frac{100 \times 1000 - 12.34 \times 1000}{988.1 \times 9.81} - 2.0 - 2 = 5.04\text{m}$$

因此，泵的安装高度不应高于 5.04m。

1.5.1.5 离心泵的工作点与调节

（1）离心泵的工作点 如前所述，离心泵的流量与压头之间存在一定的关系，这由特性曲线决定，而对于给定的管路，其输送任务（流量）与完成任务所需要的压头之间也存在一定的关系，这可由伯努利方程决定，这种关系也称为管路特性。显然，当泵安装在指定管路时，流量与压头之间的关系既要满足泵的特性，也要满足管路的特性。如果这两种关系均用方程来表示，则流量与压头要同时满足这两个方程，在性能曲线图上，应为泵的特性曲线和管路特性曲线的交点。这个交点称为离心泵在指定管路上的工作点，显然，交点只有一个，也就是说，泵只能在工作点下工作。

（2）离心泵的调节 当工作点的流量及压头与输送任务的要求不一致时，或生产任务改变时，必须进行适当的调节，调节的实质就是改变离心泵的工作点。主要方法有以下几点。

① 改变阀门开度 主要是改变泵出口阀门的开度。因为即使吸入管路上有阀门，也不能进行调节，在工作中，吸入管路上的阀门应保持全开，否则易引起汽蚀现象。

由于用阀门调节简单方便，因此工业生产中主要采用此方法。

② 改变转速 通过前面对离心泵性能的分析可知，当转速改变时，离心泵的性能也会跟着改变，工作点也随之改变。

由于改变转速需要变速装置，使设备投入增加，故生产中很少采用。

③ 改变叶轮直径 通过车削的办法改变叶轮的直径，来改变泵的性能，从而达到改变工作点的目的。

由于车削叶轮不方便，需要车床，而且一旦车削便不能复原，因此工业上很少采用。

1.5.1.6 离心泵的安装与操作

离心泵出厂时，说明书对泵的安装与使用均作了详细说明，在安装使用前必须认真阅读。下面仅对离心泵的安装和操作要点作简要说明。

（1）安装要点

① 应尽量将泵安装在靠近水源、干燥明亮的场所，以便于检修。

② 应有坚实的地基，以避免振动。通常用混凝土地基，地脚螺栓连接。

③ 泵轴与电机转轴应严格保持水平，以确保运转正常，提高寿命。

④ 安装高度要严格控制，以免发生汽蚀现象。

⑤ 在吸入管径大于泵的吸入口径时，变径连接处要避免存气，以免发生气缚现象。如图1-33所示，图中（a）不正确，（b）正确。

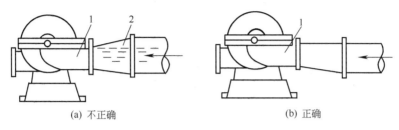

(a) 不正确   (b) 正确

图 1-33　吸入口变径连接法
1—吸入口；2—空气囊

（2）操作要点

① 灌泵　启动前，使泵体内充满被输送液体的操作。用来避免气缚现象。

② 预热　对输送高温液体的热油泵或高温水泵，在启动与备用时均需预热。因为泵是设计在操作温度下工作的，如果在低温工作，各构件间的间隙因为热胀冷缩的原因会发生变化，造成泵的磨损与破坏。预热时应使泵各部分均匀受热，并一边预热一边盘车。

③ 盘车　用手使泵轴绕运转方向转动的操作，每次以180°为宜，并不得反转。其目的是检查润滑情况、密封情况、是否有卡轴现象，是否有堵塞或冻结现象等。备用泵也要经常盘车。

④ 关闭出口阀，启动电机　为了防止启动电流过大，要在最小流量，从而在最小功率下启动，以免烧坏电机。但对耐腐蚀泵，为了减少腐蚀，常采用先打开出口阀的办法启动。但要注意，关闭出口阀运转的时间应尽可能短，以免泵内液体因摩擦而发热，发生汽蚀现象。

⑤ 调节流量　缓慢打开出口阀，调节到指定流量。

⑥ 检查　要经常检查泵的运转情况，比如轴承温度、润滑情况、压力表及真空表读数等，发现问题应及时处理。在任何情况下都要避免泵内无液体的干转现象，以避免干摩擦，造成零部件损坏。

⑦ 停车　停车时，要先关闭出口阀，再关电机，以免高压液体倒灌，造成叶轮反转，引起事故。在寒冷地区，短时停车要采取保温措施，长期停车必须排净泵内及冷却系统内的液体，以免冻结胀坏系统。

1.5.2　其他类型泵

1.5.2.1　往复泵

往复泵是一种容积式泵，是一种通过容积的改变来对液体做功的机械，是通过活塞或柱塞的往复运动来对液体做功的机械的总称。包括活塞泵、柱塞泵、隔膜泵、计量泵等。

（1）结构与工作原理　往复泵的主要构件有泵缸、活塞（或柱塞）、活塞杆及若干个单向阀等，如图1-34所示。泵缸、活塞及阀门间的空间称为工作室。当活塞从左向右移动时，工作室容积增加而压力下降，吸入阀在内外压差的作用下打开，液体被吸入泵内，而排出阀则因内外压力的作用而紧紧关闭；当活塞从右向左移动时，工作室容积减小而压力增加，排出阀在内外压差的作用下打开，液体被排到泵外，而吸入阀则因内外压力的作用而紧紧关闭。如此周而复始，实现泵的吸液与排液。

活塞在泵内左右移动的端点叫"死点"，两"死点"间的距离为活塞从左向右运动的最大距离，称为冲程。在活塞往复运动的一个周期里，如果泵只吸液一次，排液一次，称为单动往复泵；如果各两次，称为双动往复泵；人们还设计了三联泵，三联泵的实质是三台单动泵的组合，只是排液周期相差了三分之一。图1-35是三种往复泵的流量曲线图。

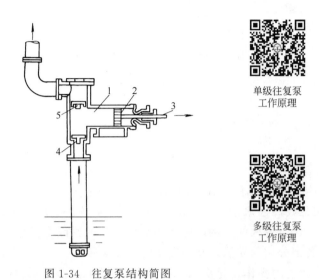

图 1-34　往复泵结构简图
1—泵缸；2—活塞；3—活塞杆；4—吸入阀；5—排出阀

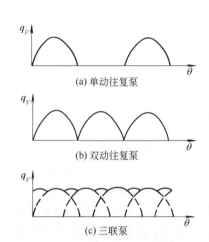

单级往复泵
工作原理

多级往复泵
工作原理

图 1-35　三种往复泵的流量曲线图

(a) 单动往复泵

(b) 双动往复泵

(c) 三联泵

(2) 主要性能　主要性能参数也包括流量、扬程、功率与效率等，其定义与离心泵一样，此处不再赘述。

① 流量　往复泵的流量是不均匀的，如图1-35所示，但双动泵要比单动泵均匀，而三联泵又比双动泵均匀。由于其流量的这一特点限制了往复泵的使用。工程上，有时通过设置空气室使流量更均匀。

从工作原理不难看出，往复泵的理论流量只与活塞在单位时间内扫过的体积有关，因此往复泵的理论流量只与泵缸的截面积、活塞的冲程、活塞的往复频率及每一周期内的吸排液次数等有关，是一个与管路特性无关的定值。但是，由于密封不严造成泄漏、阀启闭不及时等原因，实际流量要比理论值（q_{VT}）小，如图1-36所示。

② 压头　往复泵的压头与泵的几何尺寸及流量均无关系。只要泵的机械强度和原动机械的功率允许，系统需要多大的压头，往复泵就能提供多大的压头，如图1-36所示。

③ 功率与效率　计算与离心泵相同。但效率比离心泵高，通常在0.72～0.93，蒸汽往复泵的效率可达到0.83～0.88。

(3) 往复泵的使用与维护　从以上分析可以看出，同离心泵相比较，往复泵的主要特点是流量固定而不均匀，但压头高、效率高等。因此，化工生产中主要用来输送黏度大、温度高的液体，特别适用于小流量和高压头的液体输送任务。另外，由于原理的不同，离心泵没有自吸作用，但往复泵有自吸作用，因此不需要灌泵；由于都是靠压差来吸入液体的，因此安装高度也受到限制；由于其流量是固定的，绝不允许像离心泵那样直接用出口阀调节流量，否则容易造成泵的损坏。生产中常采用旁路调节法来调节往复泵的流量（注：所有位移特性的泵均用此法调节。所谓正位移性，是指流量与管路无关、压头与流量无关的特性），如图1-37所示。

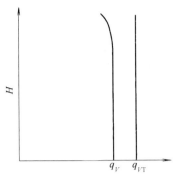

图 1-36　往复泵的性能曲线

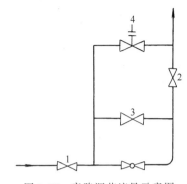

图 1-37　旁路调节流量示意图

1—入口阀；2—出口阀；3—旁路阀；4—安全阀

往复泵的操作要点是：①检查压力表读数及润滑等情况是否正常；②盘车检查是否有异常；③先打开放空阀、进口阀、出口阀及旁路阀等，再启动电机，关放空阀；④通过调节旁路阀使流量符合任务要求；⑤做好运行中的检查，确保压力、阀门、润滑、温度、声音等均处在正常状态，发现问题及时处理。严禁在超压、超转速及排空状态下运转。

另外，生产中还有几种特殊的往复泵，如计量泵、隔膜泵和比例泵。计量泵是一种可以通过调节冲程大小来精确输送一定量液体的往复泵；隔膜泵则是通过弹性薄膜将被输送液体与活塞（柱）隔开，使活塞与泵缸得到保护的一种往复泵，用于输送腐蚀性液体或含有悬浮物的液体；而隔膜式计量泵则用于定量输送剧毒、易燃、易爆或腐蚀性液体；比例泵则是用一台原动机械带动几个计量泵，将几种液体按比例输送的泵。

1.5.2.2　旋涡泵

旋涡泵也是依靠离心力对液体做功的泵，但其壳体是圆形而不是蜗牛形，因此易于加工，叶片很多，而且是径向的，吸入口与排出口在同侧并由隔舌隔开，如图 1-38 所示。工作时，液体在叶片间反复运动，多次接受原动机械的能量，因此能形成比离心泵更大的压头，但流量小，而且由于在叶片间的反复运动，造成大量能量损失，因此效率低，一般为15％～40％。因此，旋涡泵适用于输送流量小而压头高的液体，例如送精馏塔顶的回流液。其性能曲线除功率-流量线与离心泵相反外，其他与离心泵相似，所以旋涡泵也采用旁路调节。

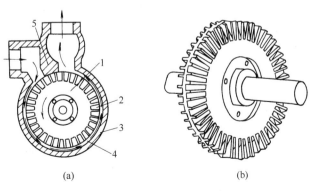

(a)　　　　　　　(b)

图 1-38　旋涡泵结构图

1—叶轮；2—叶片；3—泵壳；4—引液道；5—隔舌

1.5.2.3 旋转泵

旋转泵是依靠转子转动造成工作室容积改变来对液体做功的机械,具有正位移特性。其特点是流量不随扬程而变,有自吸能力,不需灌泵,采用旁路调节,流量小,比往复泵均匀,扬程高,但受转动部件严密性限制,扬程不如往复泵高。常用的旋转泵有齿轮泵和螺杆泵两种,见图 1-39 和图 1-40。

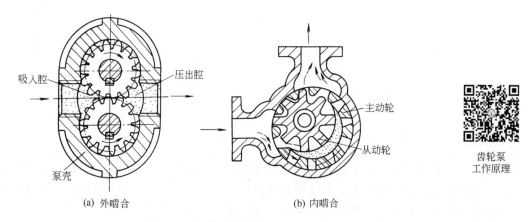

图 1-39 齿轮泵结构图

齿轮泵
工作原理

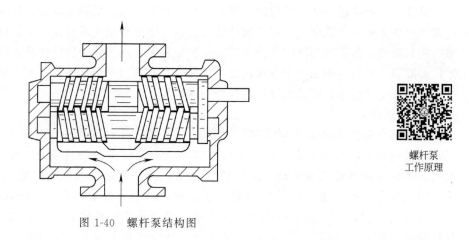

图 1-40 螺杆泵结构图

螺杆泵
工作原理

齿轮泵是通过两个相互啮合的齿轮的转动对液体做功的,一个为主动轮,一个为从动轮。齿轮将泵壳与齿轮间的空隙分为两个工作室,其中一个因为齿轮的打开而呈负压与吸入管相连,完成吸液;另一个则因为齿轮啮合而呈正压与排出口相连,完成排液。近年来,内啮合形式正逐渐替代外啮合形式,因为其工作更平稳,但制造复杂。

齿轮泵的流量小,扬程高,流量比往复泵均匀。适用于输送高黏度及膏状液体,例如润滑油,但不宜输送含有固体杂质的悬浮液。

螺杆泵是由一根或多根螺杆构成的。以双螺杆泵为例,它是通过两个相互啮合的螺杆来对液体做功的,其原理、性能均与齿轮泵相似,此处不再赘述。螺杆泵具有流量小、扬程高、效率高、运转平稳、噪声低等特点,流量均匀,适用于高黏度液体的输送,在合成纤维、合成橡胶工业中应用较多。有人预测,随着技术的进步,螺杆泵将取代离心泵,成为应用最广的泵。

1.5.2.4 喷射泵

工业用喷射泵是一种流体动力作用泵,又称射流泵或喷射器。其工作原理是利用高压工作流体的喷射作用实现输送流体的目的,其最突出的特点是没有机械传动和机械工作构件,如图1-41所示,由喷嘴、真空室(喷嘴附近压力相对较低的空间)、混合室(工作流体与被输送流体混合的空间,在最细的喉管附近)和扩散室(从喉管截面开始,流通截面积逐渐增大的空间)等构成。操作时,工作流体首先以很高的速度由喷嘴喷出,在真空室形成低压,使被输送液体吸入真空室;然后,在混合室中,高能量的工作流体和低能量的被输送液体充分混合,交换能量,速度逐渐一致,从喉管(混合室与扩散室之间流通截面积最小处)进入扩散室,速度变慢,静压力回升,达到输送液体的目的。

喷射泵
工作原理

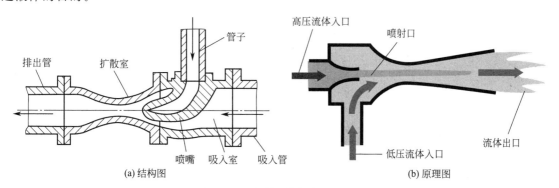

(a) 结构图　　　　　　　　　　　　　(b) 原理图

图 1-41　喷射泵结构与原理图

　　喷射泵的工作流体可以是气体,也可以是液体。常见的喷射泵有水蒸气喷射泵、空气喷射泵和水喷射泵。使用油做工作介质的喷射泵,称为油扩散泵和油增压泵,主要用来获得高真空或超高真空。

　　喷射泵在真空蒸发、真空干燥、真空制冷、真空蒸馏等领域应用较多,也用于提升液体,如碱液或含有磨料的悬浮液,由于没有机械传动和机械工作构件,所以特别适合输送易燃易爆、甚至强辐射等特殊流体。

　　化工生产中使用的泵还有很多类型,这里不再一一介绍,读者在需要时可查阅有关手册。

1.5.2.5　化工常用泵的性能比较与选用

　　泵的类型很多,在接受生产任务时,要根据任务需要与特点,做出合理选择,以节约能量,提高经济性。

　　在众多泵中,由于离心泵具有结构简单、操作方便、对基础要求不高、流量均匀、可以用耐腐蚀材料制作、适应范围广等特点而应用最为广泛。但离心泵的扬程不太高,效率不太高,又没有自吸能力。

　　往复泵流量固定,扬程高,效率也高,有自吸能力,但结构复杂、笨重、需要传动部件,调节不方便。所以近年来除计量泵外,往复泵正逐渐被其他类型的泵所代替。

　　旋转泵具有流量小、扬程高的特点,因此适于输送高黏度的液体。

　　流体动力作用泵能在一些场合代替耐腐蚀泵和液下泵使用,适于输送酸、碱等腐蚀性液体。

　　各类泵的适用范围如图1-42所示,供选泵时参考。

1.5.3　往复式压缩机

　　气体压缩与输送机械广泛应用在化工生产中,如前所述,按工作原理分也可以分为4类,而且各类的工作原理也与相应类型的泵相似。但是,由于气体的明显可压缩性,使气体的压送机械更具有自身的特点。通常,按终压或压缩比(出口压力与进口压力之比)可以将气体压送机械分为4类,见表1-9。

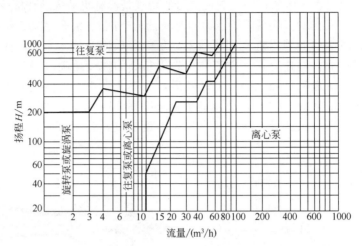

图 1-42　各种泵的适用范围

表 1-9　气体压送机械的分类

类　型	终压（表压）/kPa	压　缩　比	备　注
通风机	<15	1～1.15	用于换气通风
鼓风机	15～300	1.15～4	用于送气
压缩机	>300	>4	造成高压
真空泵	当地大气压	很大	取决于所造成的真空度

　　目前，工业生产中气体的压送机械有往复式压缩机与真空泵，离心式通风机、鼓风机与压缩机，液环式真空泵，旋片式真空泵、喷射式真空泵，罗茨风机，轴流式风机等多种形式，其中以往复式与离心式应用最广。值得一提的是，过去主要靠往复式压缩机实现高压，但随着离心式压缩技术的成熟，离心式压缩机的应用已经越来越广泛，而且，由于离心式在操作上的优势，离心式大有取代往复式的趋势，离心式压缩机在合成氨厂的推广就是很好的证明。

　　其他各类气体压送机械请参阅有关资料。

1.5.3.1　往复式压缩机的构造与工作过程

　　往复式压缩机的构造与往复泵相似，主要由汽缸、活塞、活门构成，也是通过往复运动的活塞对气体做功的，但是其工作过程与往复泵不同，这种不同是由于气体的可压缩性造成的。往复式压缩机的工作过程分为 4 个阶段。

　　（1）膨胀阶段　当活塞运动造成工作室的容积增加时，残留在工作室内的高压气体将膨胀，但吸入口活门还不会打开，只有当工作室内的压力降低到等于或略小于吸入管路的压力时，活门才会打开。

　　（2）吸气阶段　吸入口活门在压力的作用下打开，活塞继续运行，工作室容积继续增大，气体不断被吸入。

　　（3）压缩阶段　活塞反向运行，工作室容积减小，工作室内压力增加，但排出口活门仍不打开，气体被压缩。

　　（4）排气阶段　当工作室内的压力等于或略大于排出管的压力时，排出口活门打开，气体被排出。

　　显然，同离心泵相比，因为存在膨胀与压缩这两个过程，吸气量减少了，缸的利用率下降了。另外，由于气体本身没有润滑作用，因此必须使用润滑油以保持良好润滑；为了及时除去压缩过程产生的热量，缸外必须设冷却水夹套；活门要灵活、紧凑和严密。

1.5.3.2 多级压缩

气体在压缩过程中，排出气体的温度总是高于吸入气体的温度，上升幅度取决于过程性质及压缩比。如果压缩比过大，则会造成出口温度很高，有可能使润滑油变稀或着火，且造成增加功耗等。因此，当压缩比大于8时，常采用多级压缩，以提高容积系数、降低压缩机功耗及避免出口温度过高。所谓多级压缩是指气体连续并依次经过若干个汽缸压缩，达到需要的压缩比的压缩过程，每经过一次压缩，称为一级，级间设置冷却器及油水分离器。理论证明，当每级压缩比相同时，多级压缩所消耗的功最少。

1.5.3.3 往复式压缩机的主要性能

往复式压缩机的主要性能有排气量、轴功率与效率。

（1）排气量　是指在单位时间内，压缩机排出的气体体积，以入口状态计算，也称压缩机的生产能力，用 Q 表示，单位为 m^3/s。与往复泵相似，往复式压缩机的理论排气量只与汽缸的结构尺寸、活塞的往复频率及每一工作周期的吸气次数有关，但由于余隙内气体的存在、摩擦阻力、温度升高、泄漏等因素，使其实际排气量要小。往复式压缩机的流量也是脉冲式的、不均匀的。为了改善流量的不均匀性，压缩机出口均安装油水分离器，既能起缓冲作用，又能除油沫、水沫等，同时吸入口处需安装过滤器，以免吸入杂物。

（2）轴功率与效率　往复式压缩机理论上消耗的功率可以根据气体压缩的基本原理进行计算，可参阅有关书籍；实际消耗的功率要比理论功率大，两者的差别同样用效率表示，其效率范围为 0.7～0.9。

1.5.3.4 往复式压缩机的分类与选用

往复式压缩机的类型很多，按照不同的分类依据可以有不同名称。常见的方法有：①按被压缩气体的种类分类，如空压机、氧压机、氨压机等；②按气体受压缩次数分为单级、双级及多级压缩机；③按汽缸在空间的位置分为立式、卧式、角式和对称平衡式；④按一个工作周期内的吸排气次数分为单动与双动压缩机；⑤按出口压力分为低压（$<10^3\,kPa$）、中压（$10^3\sim10^4\,kPa$）、高压（$10^4\sim10^5\,kPa$）和超高压（$>10^5\,kPa$）压缩机；⑥按生产能力分为小型（$10m^3/min$）、中型（$10\sim30m^3/min$）和大型（$>30m^3/min$）往复式压缩机等。

在选用压缩机时，首先要根据被压缩气体的种类确定压缩机的类型，例如压缩氧气要选用氧压机，压缩氨气用氨压机等；再根据厂房的具体情况，确定选用压缩机的空间形式，如高大厂房可以选用立式等；最后根据生产能力与终压选定具体型号。

1.5.3.5 往复式压缩机的操作

往复式压缩机的操作要点如下。

① 开车前应检查仪表、阀门、电气开关、联锁装置、保安系统是否齐全、灵敏、准确、可靠。

② 启动润滑油泵和冷却水泵，控制在规定的压力与流量。

③ 盘车检查，确保转动构件正常运转。

④ 充氮置换。当被压缩气体易燃易爆时，必须用氮气置换汽缸及系统内的介质，以防开车时发生爆炸事故。

⑤ 在统一指挥下，按开车步骤启动主机和开关有关阀门，不得有误。

⑥ 调节排气压力时，要同时逐渐调节进、出气阀门，防止抽空和憋压现象。

⑦ 经常"看、听、摸、闻"，检查连接、润滑、压力、温度等情况，发现隐患及时处理。

⑧ 在下列情况出现时紧急停车：断水、断电和断润滑油时；填料函及轴承温度过高并冒

烟时；电动机声音异常，有烧焦味或有火星时；机身强烈振动而减振无效时；缸体、阀门及管路严重漏气时；有关岗位发生重大事故或调度命令停车时等。

⑨ 停车时，要按操作规程熟练操作，不得误操作。

1.5.4 离心压缩机

离心式气体压送机械是依靠叶轮旋转、扩压器扩压来实现气体输送的。根据排气压力的大小，可将其分为离心通风机（风压在 10～15kPa 或小于此值）、离心鼓风机（风压在 15～350kPa）和离心压缩机（风压在 350kPa 以上）。

1.5.4.1 离心压缩机的结构与工作原理

离心压缩机的结构与工作原理与离心泵是相似的，但由于气体具有明显的可压缩性，因此又具有其自身的特点，主要表现在气体压缩时体积减少而温度升高，从而能量消耗增加且效率低。离心压缩机又称透平式压缩机。

如图 1-43 所示，离心压缩机由转子、定子和轴承等组成。转子由叶轮等零件套在主轴上组成，转子支承在轴承上，由动力机械驱动而高速旋转；定子由机壳、隔板、密封、回流器、进气室和蜗壳等部件组成。隔板之间形成扩压器、弯道和回流器等固定元件。只有一个叶轮的离心压缩机称为单级离心压缩机，有两个以上叶轮的称为多级离心压缩机。"级"是指由一个叶轮及其配套固定件组成的部分。

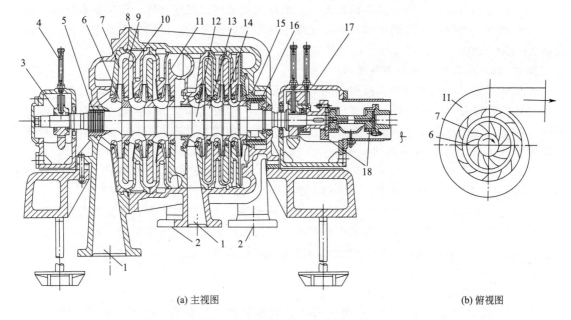

(a) 主视图   (b) 俯视图

图 1-43 离心压缩机的典型结构

1—吸气室；2—排气室；3—径向轴承；4—温度计；5—前轴封；6—叶轮；7—扩压器；8—机壳；9—弯道；10—回流器；11—蜗壳；12—主轴；13—叶轮进口密封；14—级间密封；15—后轴封；16—平衡盘；17—径向推力轴承；18—联轴器

叶轮是离心压缩机的关键部件，有闭式、半开式和开式三种。闭式叶轮由叶片、轮盖和轮盘组成。半开式叶轮没有轮盖，有轮盘。开式叶轮没有轮盖和轮盘，叶轮固定在轴上。

当叶轮高速旋转时，由于叶片与气体之间力的相互作用，主要是离心力的作用，气体从叶轮中心处吸入，沿着叶片之间的通道流向叶轮外缘。叶轮对气体作功，气体的压力和速度提高，气体流经扩压器时，速度降低，压力提高，部分动能转变为压力能。由扩压器流出的气体进入蜗壳输送出去，或者经过弯道和回流器进入下一级继续压缩。在整个压缩过程中，气体的体积比减小，温度增加。温度增加后，压缩气体需要消耗更多的能量。为了节省功率，多级离心压缩机在压缩比大于 3 时，常采用中间冷却。被中间冷却隔开的级组称为"段"。气体由上一段进入中间冷却器，经冷却降低温度后再进入下一段继续压缩。中间冷却器一般采用水冷。每个机壳所包含的部分称为"缸"。

与往复式压缩机比较，离心压缩机具有以下优点：①结构紧凑，尺寸小，质量轻；②排气连续、均匀，不需要中间罐等装置；③振动小，易损件少，不需要庞大而笨重的基础件；④除轴承外，机器内部不需润滑，省油，且不污染被压缩的气体；⑤转速高，维修量小，调节方便。但是，离心压缩机的稳定工况区较窄，流量调节的经济性相对较差，其效率一般比往复式压缩机低。

1.5.4.2 离心压缩机的性能与调节

离心压缩机的主要性能参数有体积流量 Q（以进气状态计，简称流量）、压缩比 ε（或排气压力 p）、功率 N 和效率 η。各性能参数均随进气量的变化而变化，反映这种变化关系的曲线称为离心压缩机的特性曲线（可在产品手册中查找），了解这些特性曲线的特点，是正确选用和操作离心压缩机的基础。

离心压缩机的特性曲线一般具有以下特点：①流量越小，压缩机能提供的压缩比越大，在最小流量时，压缩比最大；②存在最大流量和最小流量两个极限流量，对应的排出压力也有最小值和最大值；③效率曲线有最高效率点，离开该点的工况效率下降较快；④功率一般随流量的增加而增加。

离心压缩机的调节也是通过调节工作点（离心压缩机特性曲线与管路特性曲线的交点）来实现的，一般有以下 5 种方法：①压缩机出口节流；②压缩机进口节流；③采用可转动的进口导叶；④采用可转动的扩压器叶片；⑤改变压缩机转速。在各种调节方法中，改变压缩机转速的调节方法经济性最好且调节范围广，它适用于由蒸汽轮机、燃气轮机拖动的离心压缩机；压缩机进口节流调节，方法简单，经济性较好，并具有一定的调节范围，是目前转速固定的离心压缩机、鼓风机经常采用的方法；转动进口导叶调节，调节范围较宽，经济性较高，但结构比较复杂；转动叶片扩压器调节，能使压缩机特性曲线平移，对减小喘振流量、扩大稳定工况范围很有效，经济性较高，但结构比较复杂，适用于压力稳定、流量变化大的工况；压缩机出口节流调节方法最简单，但经济性最差，除了在小功率工况下，一般很少采用。为了获得较大的稳定工况范围，可以同时采用几种调节方法，取长补短。

离心压缩机的喘振对其有很严重的危害。喘振是离心压缩机在流量减少到一定程度时所发生的一种非正常工况下的振动，是被输送介质受到周期性吸入和排出作用而发生的周期性振动。其特点表现在：①压缩机产生强烈的振动，并发出异常的气流噪声；②压缩机的出口压力先升高，再急剧下降，并呈周期性大波动；③压缩机的流量急剧下降，并大幅波动，严重时气流甚至倒灌至吸气管道；④带动压缩机的电机的电流和功率表指示不稳定，呈大幅波动。避免喘振的一般原则是调整负荷、减小负荷量的变化率、加强进风段和出风段的风压探测和信息反馈控制，再根据现象查找可能原因并作相应处理。

1.5.4.3 离心压缩机的应用与操作

随着气体动力学研究的不断成功，离心压缩机的效率不断提高，而高压密封、小流量窄叶轮的加工，多油楔轴承等关键技术的研制成功，解决了离心压缩机向高压力、宽流量范围发展的一系列问题，使其应用范围日益增加。目前，离心压缩机在很多场合可以取代往复压缩机，已经成为各种大型化工厂、炼油厂等压缩和输送各种气体的关键机器。

离心压缩机的操作必须严格按照操作规程（操作说明书）进行，其主要操作要点如下。

启动前，应检查机组是否具备启动条件；电机、电气、仪表、灯光信号是否正常，特别是事故联锁系统是否能正确动作；润滑系统是否正常；冷却系统及冷却水情况；各种阀门是否灵活好用，是否能按照要求关闭和开启；在启动前要进行盘车操作，检查转动部件是否灵活，轴位指示器有无变化等。

启动后，要密切注意机组各部分是否有异常声响，振动是否超过允许值；检查各轴承的油温上升速度，发现油温升速过快必须及时采取措施；调整各冷却器进口水量，使介质经过冷却器后温度不超过允许值；密切观察压缩机排出压力与进口流量的变化情况，防止发生喘振。

1.5.5　流体输送机械的进展

化工生产中要输送的流体种类繁多，流体的温度、压力、流量等操作条件也有较大的差别。为了适应不同情况下输送流体的要求，需要不同结构和特性的流体输送机械。在可持续发展和环境保护的总体背景下，流体输送机械的运行环境对其设计提出了诸多要求，如泄漏减少、噪声振动降低、可靠性增加、寿命延长等，这些要求必然导致流体输送机械的多元化形式和新进展。

首先，机电一体化技术在流体输送机械的设计制造中得以充分实施。以屏蔽式泵为例，取消泵的轴封问题，必须从电机结构开始，仅局限于泵本身是没有办法实现的；解决泵的噪声问题，除解决泵的流动形态和振动外，还需要解决电机风叶的噪声和电磁场的噪声；提高潜水泵的可靠性，必须在潜水电机内加设诸如泄漏保护、过载保护等措施；提高泵的运行效率，必须借助于控制技术的运用等。

其次，新材料、新工艺在流体输送机械的设计制造中加速利用。流体输送机械所用材料从铸铁到特种金属合金，从橡胶制品、陶瓷等典型非金属材料到工程塑料，在解决耐腐蚀、耐磨损、耐高温等方面发挥了突出的作用。新工艺的运用，使新材料被运用到零部件乃至整机中。如国外有些厂商已设计并推出了全部采用工程塑料制成的泵，这类泵同一般的金属材料生产的泵相比，在强度上毫不逊色，在耐蚀、耐磨上更胜一筹。新的表面涂覆技术和表面处理技术的应用，解决了流体输送机械的抗蚀和抗磨问题。

目前，石油化工流体输送机械的发展方向主要是：大型化、高速化、机电一体化和专业化；产品成套化、标准化、系列化和通用化；多品种、性能广、寿命长及高可靠性；高效率及无泄漏等。

1.6　流量测量

流量是化工生产中需要经常测量、调节与控制的物理量，因此测量流量是化工生产的一项常规操作。工业生产中使用的流量测量方法很多，最简单的方法就是重量法与体积法。本节只介绍依据能量转化与守恒规律设计制作的流量计，在生产中，如果遇到其他类型的流量计，可以参阅产品说明书学习使用。

1.6.1　孔板流量计

1.6.1.1　构造

将带孔的金属薄板（6～12mm）用法兰连接在被测管路上，要求孔板中心线与管路中心线重叠，如图 1-44 所示。带孔的板称为孔板。

1.6.1.2　原理

当管内流体流过孔板的小孔时，由于流通截面积的突然减小，动能增加，引起静压能下降，在孔板两侧形成压差，当流量变化时，此压差也跟着变化。显然，找出压差与流量之间的关系，测出压差就可以获得流量了。这就是孔板流量计的测量原理。

流量与压差的关系可以通过伯努利方程求得，计算方法可参阅有关书籍。

1.6.1.3　主要特点与适应场合

孔板流量计结构简单，更换方便，价格低廉，但阻力损失大，不宜在流量变化很大的场合使用。安装时孔板的中心线必须与被测管路的中心线重合，而且在孔板前后都必须有稳定段。稳定段是指一段大于 50 倍管路直径的直管。

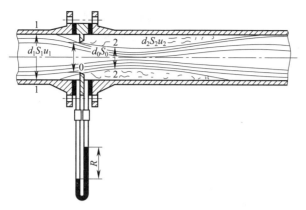

孔板流量计

图 1-44　孔板流量计

1.6.2　文丘里流量计

为了克服孔板流量计阻力损失大的缺点，可以使用文丘里管来代替孔板测量流量，其工作原理与孔板相同。

文丘里管由渐缩管和渐扩管构成的，如图 1-45 所示，图中 $\alpha_1 = 15°\sim20°$，$\alpha_2 = 5°\sim7°$。

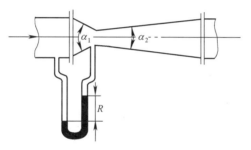

文丘里流量计
工作原理

图 1-45　文丘里流量计

同孔板流量计相比，文丘里流量计的能量损失极小，但结构精密，造价高。

1.6.3　转子流量计

1.6.3.1　构造

转子流量计由一个截面积自下而上逐渐扩大的锥形玻璃管构成，管内装有一个由金属或其他材料制作的转子，由于流体流过转子时，能推转子旋转，故有此名。如图 1-46 所示。

1.6.3.2　原理

当流体自下而上流过转子流量计时，由于受到转子与锥壁之间环隙的节流作用，在转子上下游形成压差，在压差的作用下，转子被推动上升，但随着转子的上升，环隙面积扩大使流速减小，因此转子上下游压差也减小，当压差减小到一定数值时，因压差形成的对转子的向上推力刚好等于转子的净重力，于是转子就停止上升，而留在某一高度。当流量增加时，转子又会向上运动而停在新的高度。因此，转子停留高度与流量之间有一定的对应关系。根据这种对应关系，把

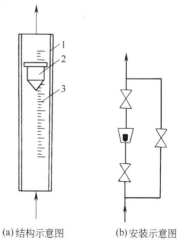

(a)结构示意图　　(b)安装示意图
图 1-46　转子流量计
1—锥形管；2—转子；3—刻度

转子流量计
工作原理

转子的停留高度做成刻度，代表一定的流量，就可以通过转子的停留高度读出流量了。

转子停留高度与流量间的关系也可以通过伯努利方程获得。

1.6.3.3　主要特点与适用场合

转子流量计的最大优点在于可以直接读出流量，而且能量损失小，不需要设置稳定段，因此，应用十分广泛。但必须垂直安装，玻璃制品不耐压，不宜在 $405\sim565kPa$ 以上的工作条件下使用。

与孔板流量计相比，转子流量计的节流面积是随流量改变的，而转子上下游的压差是不变的，因此，也称转子流量计为变截面型流量计。孔板流量计则相反，其节流面积是不变的，而孔板两侧的压差是随流量改变的，因此，也称孔板流量计为变压差型流量计。

需要说明的是，转子流量计的读数是生产厂家在一定的条件下用空气或水标定的，当条件变化或输送其他流体时，应进行标定，标定方法参阅产品手册或有关书籍。

1.7　流体输送过程的控制

随着国民经济的高速发展，电、煤、油、气四大主要能源供应出现全面紧张的局面，节约能源成为我国当今的重要任务之一。

流体输送普遍存在于化工生产过程中，能否有效地实现流体输送，不仅关系到这些生产过程能否实现，而且直接关系到能耗高低的问题。

流体输送过程的控制主要是通过控制流量、流速、压力、液位、温度等参数实现的。过去以手动操作控制为主，现在主要以自动控制为主。自动控制在实现控制目标方面具有手动操作无法相比的优势，但在减少能量消耗方面不一定有效。

例如，通过自动控制，某一化工生产过程得以正常运行，但是，有些设备可能处于过流量、低效率、高能耗的运行状态，严重偏离了最佳工况点，另外还会引起振动大、噪声高、电机过载、发热等现象，有的因过载严重，可能导致电机烧坏等。

因此，流体输送过程不仅要考虑任务能否完成，还要考虑如何高效低耗地完成。

关于流体输送过程的控制技术，读者可参考化工过程控制方面的专业书籍。

 本章小结

流体输送是化工生产中最常见的单元操作，与很多过程都有密切联系，要认识流体流动的基本规律，并能运用这些规律去观察、分析和解决工程问题。

- 气体与液体虽然都是流体，但两者并不完全相同，学习中要注意比较。例如，气体的密度与压力有关，气体的体积流量与状态有关等。

- 流量、压力、密度、黏度、液位等均是化工生产中常用的参数，要掌握有关这些参数的知识与获得方法，学会正确表示与单位换算。

- 由连续性方程可知，流通截面积最小的地方才是流动最快的地方；而伯努利方程说明，流动最快的地方为压力最小的地方。这一规律很有用。

- 伯努利方程的实质是能量守恒定律在流体中的应用，要明确其工程应用。

- 流体流动具有两种不同形态，要明确两种形态下流体的运动特点，了解边界层的存在。

- 流体阻力的存在对生产过程有着重要的影响，不仅要了解阻力产生的原因，更重要的是要明确生产中如何设法减小阻力。

- 离心泵是生产中应用最多的泵，要深入了解其性能，学会正确使用。

本章主要符号说明

英文

A ——流通截面积，m^2

d ——管路的内径，m

E_f ——直管阻力，J/kg

E_f' ——局部阻力，J/kg

$\sum E_f$ ——能量损失，J/kg

H ——外加压头，m

$\sum H_f$ ——损失压头，m

H_f ——损失压头，m

l ——直管的长度，m

l_e ——局部元件的当量长度，m

m ——流体的质量，kg

M ——流体的摩尔质量，kg/kmol

n ——转速，r/min

P，P_e ——输送机械的有效功率与轴功率，W

p ——流体的压力，kPa

q_m ——质量流量，kg/s

q_V ——体积流量，m^3/s

R ——U 形压力计的读数，m

R ——通用气体常数，8.314kJ/（kmol·K）

T ——流体的温度，K

u ——流速，m/s

V ——流体的体积，m^3

W ——外加功，J/kg

w_1，w_2，w_i，w_n ——混合物中各组分的质量分数

希文

ρ ——流体的密度，kg/m^3

φ_1，φ_2，φ_i，φ_n ——混合物中各组分的体积分数

ν ——运动黏度，m^2/s

μ ——动力黏度，Pa·s

ζ ——局部阻力系数，无量纲

λ ——摩擦系数，也称摩擦因数，无量纲

η ——效率

 思考题

1. 实际流体在静止时有无黏性？理想流体运动时有无内摩擦力？

2. 工业生产中，有时会用真空抽送的方式将水或密度比水大的流体输送到 10m 以上的高位槽中，试解释这样做的理由。

3. 在工业生产中，有时能够遇到这样的现象：某管路已经被腐蚀出小孔，但当流体流过却不泄漏。为什么？

4. 湍流与层流有何不同？

5. 某液体在如图 1-47 所示的 3 根管路中稳定流过。设 3 种情况下，液体在 1-1 截面处的流速与压力均相等，且管路的直径、粗糙度均相同。试分析 3 种情况下，2-2 截面处的流速是否相等、压力是否相等。

6. 水在如图 1-48 管路中稳定流动，设高位槽液位保持恒定，管路 ab 与 cd 的长度、直径及粗糙度均相同，水温在流动过程中保持不变。问：（1）水流过两管段的流体阻力是否相等？（2）流体经过两管段的压力差是否相等？（3）如果减小阀门开度，水的流量是增加还是减少？（4）水流过管路的全部阻力损失是多少？

7. 说明输送如下流体需要什么材质的管路，并说明输送中需要注意的问题。

（1）水　　（2）硫酸　　（3）石油产品　　（4）水蒸气

8. 转子流量计的钢质转子坏了，拟用大小相同的塑料转子替代。问替代后，同刻度下流量是增加还是减小？

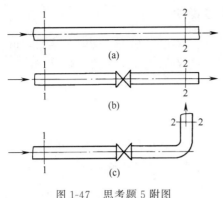

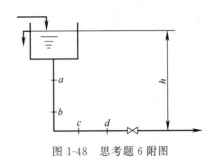

图 1-47　思考题 5 附图　　　　　　　　　　图 1-48　思考题 6 附图

9. 为了提高液体离开离心泵时的静压能，离心泵在设计制造时都采取了哪些措施？

10. 分析气缚与汽蚀、允许吸上真空高度与允许安装高度、扬程与升扬高度（液体被提升的几何高度）等的不同之处。

11. 试分析启动离心泵后，没有液体流出的可能原因。如何解决呢？

12. 比较离心泵与往复泵的异同点。

13. 设计了两种不同的流程，以实现吸收剂的循环利用。一种是用冷却器冷却吸收剂后再用泵送入吸收塔，另一种是用泵打入冷却器冷却后再送入吸收塔。试分析两种流程的特点。

14. 分析如下几种情况下，哪一种情况更容易发生汽蚀？

(1) 液体密度的大与小　　(2) 夏季与冬季　　(3) 流量大与小

(4) 泵安装的高与低　　(5) 吸入管路的长与短　　(6) 吸入液面的高与低

习题 ▶▶ ....

1-1　计算空气在 0.5MPa（表压）和 298K 下的密度。已知当地大气压力为 100kPa。

1-2　某气柜内的混合气体的表压力是 0.075MPa，温度为 295K。若混合气体的组成为

气体种类	H_2	N_2	CO	CO_2	CH_4
体积分数	0.40	0.20	0.32	0.07	0.01

试计算混合气体的密度。已知当地大气压力为 100kPa。

1-3　某真空蒸馏塔在大气压力为 100kPa 的地区工作时，塔顶真空表的读数为 90kPa。问当塔在大气压力为 86kPa 的地区工作时，如塔顶绝对压力仍要维持在原来的水平，则真空表的读数变为多少？

1-4　假设苯与甲苯混合时没有体积效应，试求两者在 293K 下等体积混合时的密度。

1-5　如图 1-49 所示，常压贮槽中盛有密度为 960kg/m³ 的重油，油面最高时深度为 9.5m，底部直径为 760mm 的人孔中心距槽底 1000mm，人孔盖板用 14mm 的钢制螺钉紧固。设每根螺钉能够承受的工作压力为 39.5×10^6 Pa，试求需要的螺钉数。

1-6　如图 1-50 所示，在某流化床反应器上装有两个 U 形水银压差计，读数分别为 $R_1 = 500$mm，$R_2 = 80$mm。为了防止水银蒸发，在右侧 U 形管通大气的支管内注入了一段高度 $R_3 = 100$mm 的水，试求图中 A、B 两处的压力差。

1-7　如图 1-51 所示，用混合式冷凝器除去真空蒸发操作产生的水蒸气，为了维持必要的真空度，用真空泵从冷凝器上部抽走不凝性气体。试求为了不使空气漏入系统中，液封必须维持的高度 h。设真空表的读数为 66kPa，当地大气压为 0.1MPa。

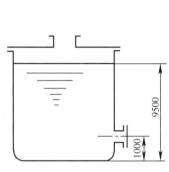

图 1-49 习题 1-5 附图

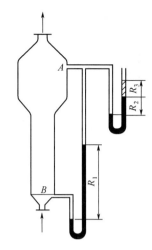

图 1-50 习题 1-6 附图

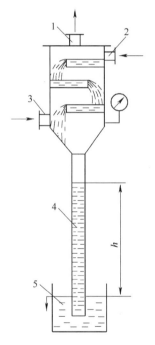

图 1-51 习题 1-7 附图

1—与真空泵相通的不凝性气体出口；

2—冷凝水进口；3—水蒸气进口；

4—气压管；5—液封槽

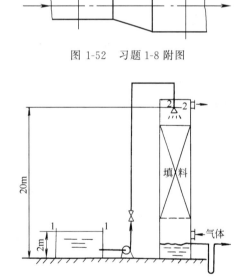

图 1-52 习题 1-8 附图

图 1-53 习题 1-9 附图

1-8 如图 1-52 所示，20℃ 的水以 2.5m/s 的流速流过直径 ϕ38mm×2.5mm 的水平管，此管通过变径与另一规格为 ϕ53mm×3mm 的水平管相接。在两管的 A、B 处分别装一垂直玻璃管，用以观察两截面处的压力。设水从截面 A 流到截面 B 处的能量损失为 1.5J/kg，试求两截面处竖直管中的水位差。

1-9 如图 1-53 所示，用水吸收混合气中的氨。已知管子的规格是 ϕ89mm×3.5mm，水的流量是 40m³/h，水池液面到塔顶管子与喷头连接处的垂直距离是 18m，管路的全部阻力损

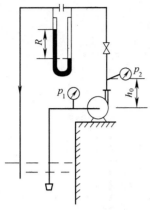

图 1-54　习题 1-10 附图

失为 40J/kg，喷头与管子连接处的压力是 120kPa（表压），泵的效率是 65％。试求泵所需的功率。

1-10　用如图 1-54 所示的实验装置，以水为介质，在 293K 和 101.3kPa 下测定某离心泵的性能参数。已知两测压截面间的垂直距离为 0.4m，泵的转速为 2900r/min，当流量是 26m³/h 时，测得泵入口处真空表的读数为 68kPa，泵排出口处压力表的读数为 190kPa，电动机功率为 3.2kW，电动机效率是 96％。试求此流量下泵的主要性能，并用表列出。

1-11　拟用离心泵从密闭油罐向反应器内输送液态烷烃，输送量为 18m³/h。已知操作条件下烷烃的密度为 740 kg/m³，饱和蒸气压为 130kPa；反应器内的压力是 225kPa，油罐液面上方为烃的饱和蒸气压；反应器内烃液出口比油罐内液面高 5.5m；吸入管路的阻力损失与排出管路的阻力损失分别是 1.5m 和 3.5m；当地大气压为 101.3kPa。试判定库中型号为 65Y—60B 型的油泵是否能满足任务要求。如果能满足要求，安装高度应为多少？

自测题 ▶▶▶ ....

1.关于黏性的说法：（1）无论是静止的流体还是运动的流体都具有黏性；（2）黏性只有在流体运动时才会表现出来。以下结论正确的是（　　）。

A.这两种说法都对　　　　　　　　　　　B.这两种说法都不对
C.第（1）种说法对，第（2）种说法不对　D.第（2）种说法对，第（1）种说法不对

2.离心泵的安装高度存在上限，原因是（　　）。

A.防止"汽蚀现象"发生　　　　　　　　　B.防止"气缚现象"发生
C.防止泵的扬程不够　　　　　　　　　　D.防止泵的功率超载

3.单级单吸式离心清水泵，系列代号为（　　）。

A.D　　　　　　　B.IS　　　　　　　C.Sh　　　　　　　D.S

4.调节离心泵流量最常用的方法是（　　）。

A.调节吸入管路中阀门开度　　　　　　　B.调节出口管路中阀门开度
C.车削离心泵的叶轮　　　　　　　　　　D.安装回流支路并改变支路阀门开度

5.关于化工管路的布置原则，以下说法正确的是（　　）。

A.尽量走直线并保持各管线平行排列
B.管路平行排列时，冷管在上，热管在下
C.并列管路上的管件和阀门应集中安装
D.采用暗线安装

6.启动往复泵前，（1）其出口阀必须关闭；（2）不需要先灌满流体。以下结论正确的是（　　）。

A.第（1）种说法对，第（2）种说法不对　B.这两种说法都不对
C.这两种说法都对　　　　　　　　　　　D.第（2）种说法对，第（1）种说法不对

7.同一种流体在同一条管路中流动时，所产生的流体阻力（　　）。

A.肯定相同　　　　　　B.肯定不同　　　　　　C.有可能不同

8.以下测量原理依据流体静力学方程式（原理）的是（　　）。

A.压力表　　　　　　B.流量计　　　　　　C.温度计　　　　　　D.泵的扬程

9. 流体的位能、动能、静压能都是机械能。在流体稳定流动时，以下关于三者的正确说法是（　　）。

A. 可以相互转化但三者之和相等　　　　　B. 不同类型的能量，不可以相互转化

C. 可以相互转化但三者之和不等　　　　　D. 不同类型的能量，但数值相等

10. 在满足化工生产工艺要求的前提下，以下关于减少阻力的错误做法是（　　）。

A. 尽量减短管路　　　　　　　　　　　　B. 少用管件和阀件

C. 适当放大管径　　　　　　　　　　　　D. 不及时消除污垢

第2章 非均相物系的分离

学习目标

- **掌握**：非均相物系分离方法的选择；板框压滤机的操作要点。
- **理解**：影响沉降、过滤的主要因素；离心沉降相对于重力沉降的优势；重力沉降设备做成多层的依据。
- **了解**：非均相物系分离的主要方法、分离过程、主要特点与工业应用；常见重力沉降设备、离心沉降设备及过滤设备的结构特点与用途；重力沉降设备的生产能力与沉降面积、沉降高度的关系；沉降速度。

2.1 概述

2.1.1 非均相物系分离在化工生产中的应用

化工生产中的原料、半成品、排放的废物等大多为混合物，为了进行加工、得到纯度较高的产品以及满足环保的需要等，常常要对混合物进行分离。混合物可分为均相（混合）物系和非均相（混合）物系。均相（混合）物系是指不同组分的物质混合形成一个相的物系，如不同组分的气体组成的混合气体、能相互溶解的液体组成的各种溶液、气体溶解于液体得到的溶液等；非均相（混合）物系是指存在两个（或两个以上）相的混合物，如雾（气相-液相）、烟尘（气相-固相）、悬浮液（液相-固相）、乳浊液（两种不同的液相）等。非均相物系中，有一相处于分散状态，称为分散相，如雾中的小水滴、烟尘中的尘粒、悬浮液中的固体颗粒、乳浊液中分散成小液滴的那个液相；另一相必然处于连续状态，称为连续相（或分散介质），如雾和烟尘中的气相、悬浮液中的液相、乳浊液中处于连续状态的那个液相。本章将介绍非均相物系的分离，即如何将非均相物系中的分散相和连续相分离开，至于均相混合物的分离，将在以后章节进行介绍。

现以碳酸氢铵的生产为例说明非均相物系分离的实际应用。图2-1为其流程示意图。氨水和二氧化碳在碳化塔中进行反应，生成含有碳酸氢铵的悬浮液，然后通过离心机和过滤机将液体和固体分离开，再通过气流干燥器将水分进一步除去，干燥后的气固混合物由旋风分离器和袋滤器进行分离，得到最终产品。在此生产过程中，有多处用到非均相物系的分离操作，包括气固分离和液固分离，离心机、过滤机、旋风分离器以及袋滤器均是常用的分离设备。

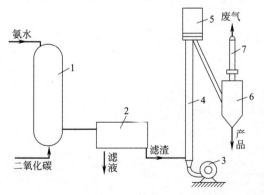

图2-1 碳酸氢铵流程示意图

1—碳化塔；2—离心机；3—风机；4—气流干燥器；
5—缓冲器；6—旋风分离器；7—袋滤器

非均相物系的分离在生产中的主要作用，概括起来有如下几个方面：

① 满足对连续相或分散相进一步加工的需要，如上例中从悬浮液中分离出碳酸氢铵；

② 回收有价值的物质，如上例中由旋风分离器分离出最终产品；

③ 除去对下一工序有害的物质，如气体在进压缩机前，必须除去其中的液滴或固体颗粒，在离开压缩机后也要除去油沫或水沫；

④ 减少对环境的污染，如上例中通过旋风分离器，已将产品基本上回收了，但为了不造成对环境的污染，在废气最终排放前，还要由袋滤器除去其中的粉尘。

在化工生产中，非均相物系的分离操作常常是从属的，但却是非常重要的，有时甚至是关键的。要正确选用非均相物系的分离方法、操作及设备，应该具备如下知识和能力：

① 常见非均相物系的分离方法及适用场合；

② 沉降、过滤分离的过程原理与影响因素；

③ 典型分离设备的结构特点、操作与选用。

本章将围绕以上几个方面，介绍非均相物系分离的内容。

2.1.2　非均相物系的常见分离方法

由于非均相物系中分散相和连续相具有不同的物理性质，故工业生产中多采用机械方法对两相进行分离。其方法是设法造成分散相和连续相之间的相对运动，其分离规律遵循流体力学基本规律。非均相物系的常见分离方法有如下几种。

（1）沉降分离法　沉降分离法是利用连续相与分散相的密度差异，借助某种机械力的作用，使颗粒和流体发生相对运动而得以分离。根据机械力的不同，可分为重力沉降、离心沉降和惯性沉降。

（2）过滤分离法　过滤分离法是利用两相对多孔介质穿透性的差异，在某种推动力的作用下，使非均相物系得以分离。根据推动力的不同，可分为重力过滤、加压（或真空）过滤和离心过滤。

（3）静电分离法　静电分离法是利用两相带电性的差异，借助于电场的作用，使两相得以分离。属于此类的操作有电除尘、电除雾等。

（4）湿洗分离法　湿洗分离法是使气固混合物穿过液体，固体颗粒黏附于液体而被分离出来。工业上常用的此类分离设备有泡沫除尘器、湍球塔、文氏管洗涤器等。

此外，还有声波除尘和热除尘等方法。声波除尘法是利用声波使含尘气流产生振动，细小颗粒相互碰撞而团聚变大，再由离心分离等方法加以分离。热除尘是使含尘气体处于一个温度场（其中存在温度差）中，颗粒在热致迁移力的作用下从高温处迁移至低温处而被分离。在实验室内，应用此原理已制成热沉降器来采样分析，但尚未运用到工业生产中。

2.2　沉降

如前所述，沉降是借助于某种外力作用，使两相发生相对运动而实现分离的操作。根据外力的不同，沉降又分为重力沉降、离心沉降和惯性沉降。本节将介绍重力沉降和离心沉降。

2.2.1　重力沉降

在重力作用下使流体与颗粒之间发生相对运动而得以分离的操作，称为重力沉降。重力沉降既可分离含尘气体，也可分离悬浮液。

2.2.1.1　重力沉降速度

（1）自由沉降与自由沉降速度　根据颗粒在沉降过程中是否受到其他粒子、流体运动及器壁的影响，可将沉降分为自由沉降和干扰沉降。颗粒在沉降过程中不受周围颗粒、流体及器壁影响的沉降称为自由沉降，否则称为干扰沉降。很显然，自由沉降是一种理

图 2-2 沉降颗粒的受力情况

想的沉降状态，实际生产中的沉降几乎都是干扰沉降。但由于自由沉降的影响因素少，为了了解沉降过程的规律，通常从自由沉降入手进行研究。

将直径为 d、密度为 ρ_s 的光滑球形颗粒置于密度为 ρ 的静止流体中，由于所受重力的差异，颗粒将在流体中降落。如图 2-2 所示，在垂直方向上，颗粒将受到 3 个力的作用，即向下的重力 F_g、向上的浮力 F_b 和与颗粒运动方向相反的阻力 F_d。对于一定的颗粒与流体，重力、浮力恒定不变，阻力则随颗粒的降落速度而变。三个力的大小为

重力 $$F_g = \frac{\pi}{6}d^3\rho_s g$$

浮力 $$F_b = \frac{\pi}{6}d^3\rho g$$

阻力 $$F_d = \zeta A\frac{\rho u^2}{2}$$

式中，ζ——阻力系数；A——颗粒在垂直于其运动方向上的平面上的投影面积，$A = (\pi/4)d^2$，m^2；u——颗粒相对于流体的降落速度，m/s。

根据牛顿第二定律，可得

$$F_g - F_b - F_d = ma$$

即

$$\frac{\pi}{6}d^3\rho_s g - \frac{\pi}{6}d^3\rho g - \zeta\frac{\pi}{4}d^2\frac{\rho u^2}{2} = ma$$

假设颗粒从静止开始沉降，在开始沉降瞬间，$u=0$，$F_d=0$，加速度 a 具有最大值。开始沉降以后，u 不断增大，F_d 增大，而加速度不断下降。当降落速度增至某一值时，三力达到平衡，即合力为零。此时，加速度等于零，颗粒便以恒定速度 u_t 继续下降。

由以上分析可知，颗粒的沉降可分为两个阶段，即加速沉降阶段和恒速沉降阶段。对于细小颗粒（非均相物系中的颗粒一般为细小颗粒），沉降的加速阶段很短，加速沉降阶段沉降的距离也很短。因此，加速沉降阶段可以忽略，近似认为颗粒始终以 u_t 恒速沉降，此速度称为颗粒的沉降速度，对于自由沉降，则称为自由沉降速度。

由前式，当 $a=0$ 时，有

$$\frac{\pi}{6}d^3\rho_s g - \frac{\pi}{6}d^3\rho g - \zeta\frac{\pi}{4}d^2\frac{\rho u_t^2}{2} = 0$$

则

$$u_t = \sqrt{\frac{4d(\rho_s-\rho)}{3\zeta\rho}g} \qquad (2\text{-}1)$$

式中，u_t——自由沉降速度，m/s。

在式(2-1)中，阻力系数是颗粒与流体相对运动时的雷诺数的函数，即

$$\zeta = f(Re_t)$$

$$Re_t = \frac{du_t\rho}{\mu} \qquad (2\text{-}2)$$

式中，μ——连续相的黏度，$Pa\cdot s$。

生产中非均相物系中的颗粒有时并非球形颗粒。由于非球形颗粒的表面积大于球形颗粒的

表面积（体积相同时），因此，沉降时非球形颗粒遇到的阻力大于球形颗粒，其沉降速度小于球形颗粒的沉降速度。非球形颗粒与球形颗粒的差异用球形度（Φ_s）表示，球形度的定义为

$$\Phi_s = \frac{\text{与实际颗粒体积相等的球形颗粒的表面积}}{\text{实际颗粒的表面积}} \qquad (2\text{-}3)$$

对于非球形颗粒，计算雷诺数时，应以当量直径 d_e（与实际颗粒具有相同体积的球形颗粒的直径）代替 d，d_e 的计算式为

$$d_e = \sqrt[3]{\frac{6V_p}{\pi}} \qquad (2\text{-}4)$$

式中，V_p——实际颗粒的体积，m^3。

由上述介绍可知，沉降速度不仅与雷诺数有关，还与颗粒的球形度有关。颗粒的球形度由实验测定。很显然，球形颗粒的球形度为1。图2-3表达了由实验测得的不同 Φ_s 下 ζ 与 Re_t 的关系。

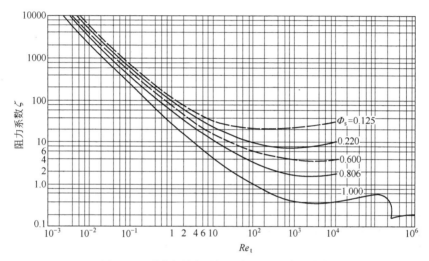

图2-3　不同球形度下的 ζ 与 Re_t 的关系曲线

对于球形颗粒（$\Phi_s=1$），曲线可分为如下3个区域。

层流区（斯托克斯区）$10^{-4}<Re_t\leqslant2$ 　　　$\zeta=\dfrac{24}{Re_t}$ 　　　　　(2-5)

过渡区（艾伦区）$2<Re_t\leqslant10^3$ 　　　　　$\zeta=\dfrac{18.5}{Re_t^{0.6}}$ 　　　　　(2-6)

湍流区（牛顿区）$10^3\leqslant Re_t<2\times10^5$ 　　　$\zeta=0.44$ 　　　　　(2-7)

将以上三式分别代入式(2-1)即可得到不同沉降区域的自由沉降速度 u_t 的计算式，分别称为斯托克斯定律、艾伦定律和牛顿定律。

层流区——斯托克斯定律 　　　$u_t=\dfrac{d^2(\rho_s-\rho)}{18\mu}g$ 　　　　　(2-8)

过渡区——艾伦定律 　　　$u_t=0.27\sqrt{\dfrac{d(\rho_s-\rho)}{\rho}Re_t^{0.6}g}$ 　　　　　(2-9)

湍流区——牛顿定律 　　　$u_t=1.74\sqrt{\dfrac{d(\rho_t-\rho)}{\rho}g}$ 　　　　　(2-10)

要计算沉降速度 u_t，必须先确定沉降区域，但由于 u_t 待求，则 Re_t 未知，沉降区域无法

确定。为此，需采用试差法，先假设颗粒处于某一沉降区域，按该区公式求得 u_t，然后算出 Re_t，如果在所设范围内，则计算结果有效；否则，需另选一区域重新计算，直至算得 Re_t 与所设范围相符为止。由于沉降操作中所处理的颗粒一般粒径较小，沉降过程大多属于层流区，因此，进行试差时，通常先假设在层流区。

例 2-1

某厂拟用重力沉降净化河水。河水中水密度为 $1000kg/m^3$，黏度为 $1.1 \times 10^{-3} Pa \cdot s$，其中颗粒可近似视为球形，密度为 $2600kg/m^3$，粒径为 $0.1mm$。求颗粒的沉降速度。

解 先假设沉降处于层流区，由斯托克斯定律，有

$$u_t = \frac{d^2(\rho_s - \rho)}{18\mu}g = \frac{(10^{-4})^2 \times (2600-1000)}{18 \times 1.1 \times 10^{-3}} \times 9.81 = 7.93 \times 10^{-3} m/s$$

校核 Re_t

$$Re_t = \frac{du_t\rho}{\mu} = \frac{10^{-4} \times 7.93 \times 10^{-3} \times 1000}{1.1 \times 10^{-3}} = 0.721 < 2$$

假设成立，所以 $u_t = 7.93 \times 10^{-3} m/s$。

---

(2) 实际沉降及其影响因素 实际沉降即为干扰沉降，如前所述，颗粒在沉降过程中将受到周围颗粒、流体、器壁等因素的影响，一般来说，实际沉降速度小于自由沉降速度。下面对各方面的影响因素加以分析，以便能够选择较优的操作条件，正确地进行操作。

① 颗粒含量的影响 实际沉降过程中，颗粒含量较大，周围颗粒的存在和运动将改变原来单个颗粒的沉降，使颗粒的沉降速度较自由沉降时小。例如，由于大量颗粒下降，将置换下方流体并使之上升，从而使沉降速度减小。颗粒含量越大，这种影响越大，达到一定沉降要求所需的沉降时间越长。

② 颗粒形状的影响 对于同种颗粒，球形颗粒的沉降速度要大于非球形颗粒的沉降速度。

③ 颗粒大小的影响 从斯托克斯定律可以看出：其他条件相同时，粒径越大，沉降速度越大，越容易分离。如果颗粒大小不一，大颗粒将对小颗粒产生撞击，其结果是大颗粒的沉降速度减小，而对沉降起控制作用的小颗粒的沉降速度加快，甚至因撞击导致颗粒聚集而进一步加快沉降。

④ 流体性质的影响 流体与颗粒的密度差越大，沉降速度越大；流体黏度越大，沉降速度越小。因此，对于高温含尘气体的沉降，通常需先散热降温，以便获得更好的沉降效果。

⑤ 流体流动的影响 流体的流动会对颗粒的沉降产生干扰，为了减少干扰，进行沉降时要尽可能控制流体流动处于稳定的低速。因此，工业上的重力沉降设备，通常尺寸很大，其目的之一就是降低流速，消除流动干扰。

⑥ 器壁的影响 器壁对沉降的干扰主要有两个方面：一是摩擦干扰，使颗粒的沉降速度下降；二是吸附干扰，使颗粒的沉降距离缩短。因此，器壁的影响是双重的。

需要指出的是，为简化计算，实际沉降可近似按自由沉降处理，由此引起的误差在工程上是可以接受的。只有当颗粒含量很大时，才需要考虑颗粒之间的相互干扰。

2.2.1.2 重力沉降设备

(1) 降尘室 凭借重力沉降以除去气体中的尘粒的设备称为降尘室，如图 2-4 所示。

如图 2-4(b) 所示，含尘气体沿水平方向缓慢通过降尘室，气流中的颗粒除了与气体一样具有水平速度 u 外，受重力作用，还具有向下的沉降速度 u_t。设含尘气体的流量为 q_V，单位为 m^3/s；降尘室的高为 H，长为 L，宽为 B，三者的单位均为 m。若气流在整个流动截面上

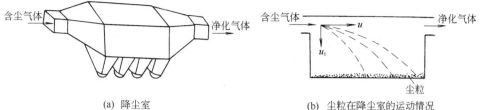

| (a) 降尘室 | (b) 尘粒在降尘室的运动情况 | 气体在降尘室
的沉降运动 |

图 2-4　降尘室示意图

分布均匀，则流体在降尘室的平均停留时间（从进入降尘室到离开降尘室的时间）为

$$\theta=\frac{L}{u}=\frac{L}{q_V/BH}=\frac{BHL}{q_V}$$

若要使气流中直径大于等于 d 的颗粒全部除去，则需在气流离开设备前，使直径为 d 的颗粒全部沉降至器底。气流中位于降尘室顶部的颗粒沉降至底部所需时间最长，因此，沉降所需时间 θ_t 应以顶部颗粒计算。

$$\theta_t=\frac{H}{u_t}$$

很显然，要达到沉降要求，停留时间必须大于或至少等于沉降时间，即 $\theta\geqslant\theta_t$，亦即

$$\frac{BLH}{q_V}\geqslant\frac{H}{u_t}$$

整理，得

$$q_V\leqslant BLu_t \tag{2-11}$$

即

$$q_{V,\max}=BLu_t \tag{2-12}$$

由上式可知，降尘室的生产能力（达到一定沉降要求时单位时间所能处理的含尘气体量）只取决于降尘室的沉降面积（BL），而与其高度（H）无关。因此，降尘室一般都设计成扁平形状；或设置多层水平隔板，称为多层降尘室。但必须注意控制气流的速度不能过大，一般应使气流速度 $<1.5\text{m/s}$，以免干扰颗粒的沉降或将已沉降的尘粒重新卷起。

降尘室结构简单，但体积大，分离效果不理想，即使采用多层结构可提高分离效果，也有清灰不便等问题。通常只能作为预除尘设备使用，一般只能除去直径大于 $50\mu\text{m}$ 的颗粒。

例 2-2

用一长 4m、宽 2.6m、高 2.5m 的降尘室处理某含尘气体，要求处理的含尘气体量为 $3\text{m}^3/\text{s}$，气体密度为 0.8kg/m^3，黏度为 $3\times10^{-5}\text{Pa·s}$，尘粒可视为球形颗粒，其密度为 2300kg/m^3。试求：①能 100% 沉降下来的最小颗粒的直径；②若将降尘室改为间距为 500mm 的多层降尘室，隔板厚度忽略不计，其余参数不变，要达到同样的分离效果，所能处理的最大气量为多少（注意防止流动的干扰和重新卷起）。

解 ① 由式(2-12) 有

$$u_t=\frac{q_{V,\max}}{BL}=\frac{3}{2.6\times4}=0.288\text{m/s}$$

假设沉降处于斯托克斯区，由式(2-8) 有

$$d=\sqrt{\frac{18\mu u_t}{(\rho_s-\rho)g}}=\sqrt{\frac{18\times3\times10^{-5}\times0.288}{(2300-0.8)\times9.81}}=8.3\times10^{-5}\text{m}$$

校核流型 $Re_t = \dfrac{du_t\rho}{\mu} = \dfrac{8.3\times10^{-5}\times0.288\times0.8}{3\times10^{-5}} = 0.637 < 2$

假设正确，即能100%沉降下来的最小颗粒的直径为8.3×10^{-5}m$=83\mu$m

② 改成多层结构后，层数为2.5/0.5=5，即降尘室的沉降面积为原来单层的5倍，先不考虑流动干扰和重新卷起，则要达到同样的分离效果，所能处理的最大气量为单层处理量的5倍。要防止流动对沉降的干扰和重新卷起，应使气流速度<1.5m/s，当处理量为原来的5倍时，气流速度为

$$u = \frac{q_V}{BH} = \frac{5\times3}{2.6\times2.5} = 2.31\text{m/s} > 1.5\text{m/s}$$

所以，应以$u = 1.5$m/s来计算此时的最大气体处理量，即

$$q_{V,\text{max}} = BHu_{\text{max}} = 2.6\times2.5\times1.5 = 9.75\text{m}^3/\text{s}$$

（2）连续沉降槽 连续沉降槽又称增稠器或澄清器，是用来处理悬浮液以提高其浓度或得到澄清液的重力沉降设备。

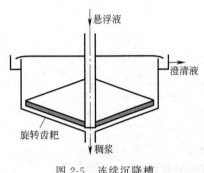

图 2-5 连续沉降槽

如图2-5所示，连续沉降槽是一个带锥形底的圆形槽，悬浮液于沉降槽中心液面下0.3～1m处连续加入，颗粒向下沉降至器底，底部缓慢旋转的齿耙将沉降颗粒收集至中心，然后从底部中心处出口连续排出；连续沉降槽上部得到澄清液体，由四周连续溢出。

为使连续沉降槽在澄清液体和增稠悬浮液两方面都有较好的效果，应保证有足够大的直径以获取清液，同时还应有一定的深度使颗粒有足够停留时间以获得指定增稠浓度的沉渣。

为加速分离，常加入聚凝剂或絮凝剂，使小颗粒相互结合成大颗粒。聚凝是通过加入电解质，改变颗粒表面的电性，使颗粒相互吸引而结合；絮凝则是加入高分子聚合物或高聚电解质，使颗粒相互团聚成絮状。常见的聚凝剂和絮凝剂有$AlCl_3$、$FeCl_3$等无机电解质，聚丙烯酰胺、聚乙胺和淀粉等高分子聚合物。

连续沉降槽一般用于大流量、低浓度、较粗颗粒悬浮液的处理。工业上大多数污水处理都采用连续沉降槽。

2.2.2 离心沉降

离心沉降是依靠惯性离心力的作用而实现的沉降。在重力沉降的讨论中已经得知，颗粒的重力沉降速度u_t与颗粒的直径d及两相的密度差$\rho_s - \rho$有关，d越大，两相密度差越大，则u_t越大。若d、ρ_s、ρ一定，则颗粒的重力沉降速度u_t一定；换言之，对一定的非均相物系，其重力沉降速度是恒定的，人们无法改变其大小。因此，在分离要求较高时，用重力沉降就很难达到要求。此时，若采用离心沉降，则可大大提高沉降速度，使分离效率提高，设备尺寸减小。

2.2.2.1 离心沉降速度

当流体围绕某一中心轴作圆周运动时，便形成惯性离心力场。现对其中一个颗粒的受力与运动情况进行分析。

设颗粒为球形颗粒，其直径为d，密度为ρ_s，旋转半径为R，圆周运动的线速度为u_T，流体密度为ρ，且$\rho_s > \rho$。颗粒在圆周运动的径向上将受到3个力的作用，即惯性离心力、向

心力和阻力。其中，惯性离心力方向从旋转中心指向外周，向心力的方向沿半径指向中心，阻力方向与颗粒运动方向相反，也沿半径指向中心。3 个力的大小分别为

$$惯性离心力 = \frac{\pi}{6}d^3\rho_s\frac{u_T^2}{R}$$

$$向心力 = \frac{\pi}{6}d^3\rho\frac{u_T^2}{R}$$

$$阻力 = \zeta\frac{\pi}{4}d^2\frac{\rho u_R^2}{2}$$

式中，u_R——径向上颗粒与流体的相对速度，m/s。

和重力沉降一样，在 3 个力作用下，颗粒将沿径向发生沉降，其沉降速度即为颗粒与流体的相对速度 u_R。在 3 个力平衡时，同样可导出其计算式，若沉降处于斯托克斯区，离心沉降速度的计算式为

$$u_R = \frac{d^2(\rho_s - \rho)u_T^2}{18\mu}\frac{u_T^2}{R} \tag{2-13}$$

比较式(2-8)和式(2-13)可知，离心沉降速度与重力沉降速度的计算式形式相同，只是将重力加速度 g（重力场强度）换成了离心加速度 u_T^2/R（离心力场强度）。但重力场强度 g 是恒定的，而离心力场强度 u_T^2/R 却随半径和切向速度而变，即可以人为控制和改变，这就是采用离心沉降的优点——选择合适的转速与半径，就能够根据分离要求完成分离任务。

前面提及，离心沉降速度远大于重力沉降速度，其原因是离心力场强度远大于重力场强度。对于离心分离设备，通常用两者的比值来表示离心分离效果，称为离心分离因数，用 K_c 表示，即

$$K_c = \frac{u_T^2/R}{g} = \frac{(2\pi R n_s)^2/R}{g} \approx \frac{Rn^2}{900} \tag{2-14}$$

式中，n_s 和 n 均表示转速，其单位分别为 r/s 和 r/min。

由上式可知，要提高 K_c，可通过增大半径 R 和转速 n_s 来实现，但出于对设备强度、制造、操作等方面的考虑，实际上，通常采用提高转速并适当缩小半径的方法来获得较大的 K_c。例如对 $R = 0.2m$ 的设备，当 $n = 800r/min$ 时，其 K_c 就可达到 142，如有必要，还可以提高其转速。目前，超高速离心机的离心分离因数已经达到 500000，甚至更高。

尽管离心分离沉降速度大、分离效率高，但离心分离设备较重力沉降设备复杂，投资费用大，且需要消耗能量，操作严格而费用高。因此，综合考虑，不能认为对任何情况采用离心沉降都优于重力沉降。例如，对分离要求不高或处理量较大的场合采用重力沉降更为经济合理，有时，先用重力沉降再进行离心分离也不失为一种行之有效的方法。

2.2.2.2 离心沉降设备

（1）旋风分离器　旋风分离器是从气流中分离出尘粒的离心沉降设备，因此，又称为旋风除尘器。标准型旋风分离器的基本结构如图 2-6 所示。主体上部为圆筒形，下部为圆锥形。各部分尺寸比例见图号说明，从中可以得知，只要确定了圆筒直径，就可以按比例确定出其他各部分的尺寸。下面简单分析旋风除尘器的除尘过程。

如图 2-7 所示，含尘气体由圆筒形上部的切向长方形入口进入筒体，在器内形成一个绕筒体中心向下作螺旋运动的外旋流，在此过程中，颗粒在离心力的作用下，被甩向器壁与气流分离，并沿器壁滑落至锥底排灰口，定期排放；外旋流到达器底后（已除尘）变成向上的内旋流，最终，内旋流（净化气）由顶部排气管排出。

旋风分离器结构简单，造价较低，没有运动部件，操作不受温度、压力的限制，因而

广泛用作工业生产中的除尘分离设备。旋风分离器一般可分离 $5\mu m$ 以上的尘粒，对 $5\mu m$ 以下的细微颗粒分离效率较低，可在其后接袋滤器和湿法除尘器来捕集。其离心分离因数为 $5\sim2500$。旋风分离器的缺点是气体在器内的流动阻力较大，对器壁的磨损比较严重，分离效率对气体流量的变化比较敏感，且不适合用于分离黏性的、湿含量高的粉尘及腐蚀性粉尘。

评价旋风分离器的主要指标是所能分离的最小颗粒直径即临界粒径和气体经过旋风分离器的压降。

临界粒径是指理论上能够完全被旋风分离器分离下来的最小颗粒直径。临界粒径 d_c 可用下式计算

$$d_c = \sqrt{\frac{9\mu B}{\pi N \rho_s u}} \tag{2-15}$$

式中，d_c——临界粒径，m；B——进口管宽度，m；N——气体在旋风分离器中的旋转圈数，对标准型旋风分离器，可取 $N=5$；u——气体作螺旋运动的切向速度，通常可取气体在进口管中的流速，m/s。

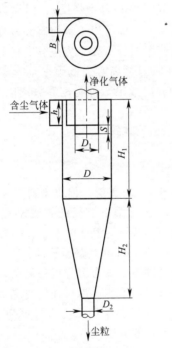
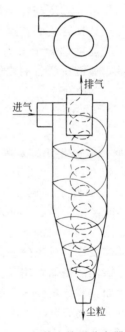

旋风分离器
结构及工作
过程

图 2-6　标准型旋风分离器
$h=D/2$；$B=D/4$；$D_1=D/2$；$H_1=2D$；
$H_2=2D$；$S=D/8$；$D_2=D/4$

图 2-7　气体在旋风分离器内
的运动情况

从式(2-15)可以看出：

① 临界粒径随气速增大而减小，表明气速增加，分离效率提高，但气速过大会将已沉降颗粒卷起而降低分离效率，同时使流动阻力急剧上升；

② 临界粒径随设备尺寸的减小而减小，因旋风分离器的各部分尺寸成一定比例，尺寸越小，则 B 越小，从而临界粒径越小，分离效率越高。

气体通过旋风分离器的压降可用下式计算

$$\Delta p = \zeta \frac{\rho u^2}{2} \tag{2-16}$$

式中，阻力系数 ζ 决定于旋风分离器的结构和各部分尺寸的比例，与筒体直径大小无关，一般由经验式计算或实验测取。对于标准型旋风分离器，可取 $\zeta = 8$。

压降大小是评价旋风分离器性能好坏的一个重要指标。受整个工艺过程对总压降的限制及节能降耗的需要，气体通过旋风分离器的压降应尽可能低。压降的大小除了与设备的结构有关外，主要决定于气体的速度。气体速度越小，压降越低，但气速过小，又会使分离效率降低。因而要选择适宜的气速以满足对分离效率和压降的要求。一般进口气速在 $10 \sim 25\text{m/s}$ 为宜，最高不超过 35m/s，同时压降应控制在 2kPa 以下。

除了前面提到的标准型旋风分离器，还有一些其他型式的旋风分离器，如 CLT、CLT/A、CLP/A、CLP/B 以及扩散式旋风分离器，其结构及主要性能可查阅有关资料。

选用旋风分离器时，一般是先确定其类型，然后根据气体的处理量和允许压降，选定具体型号。如果气体处理量较大，可以采用多个旋风分离器并联操作。

（2）其他离心沉降设备　旋风分离器是分离气态非均相物系的典型离心沉降设备，除此之外，还有分离液态非均相物系的旋液分离器、离心沉降机等，其中旋液分离器的结构和作用原理与旋风分离器相类似。限于篇幅，在此不再一一介绍，需要时可查阅有关资料。

例 2-3

用一筒体直径为 0.8m 的标准型旋风分离器处理从气流干燥器出来的含尘气体，含尘气体流量为 $2\text{m}^3/\text{s}$，气体密度为 0.65kg/m^3，黏度为 $3 \times 10^{-5}\text{Pa·s}$，尘粒可视为球形，其密度为 2500kg/m^3。求：①临界粒径；②气体通过旋风分离器的压降。

解　① 进口气速　　$u = \dfrac{q_V}{Bh} = \dfrac{2}{(0.8/4) \times (0.8/2)} = 25\text{m/s}$

临界直径　　$d_c = \sqrt{\dfrac{9\mu B}{\pi N \rho_s u}} = \sqrt{\dfrac{9 \times 3 \times 10^{-5} \times (0.8/4)}{\pi \times 5 \times 2500 \times 25}} = 7.42 \times 10^{-6}\text{m} = 7.4\mu\text{m}$

② 压降　　　　　　　$\Delta p = \zeta \dfrac{\rho u^2}{2} = 8 \times \dfrac{0.65 \times 25^2}{2} = 1625\text{Pa}$

2.3　过滤

过滤主要是用来分离液体非均相物系的一种单元操作。与沉降相比，过滤具有操作时间短、分离比较完全等特点。尤其是当液体非均相物系含液量较少时，沉降法已不大适用，而适宜采用过滤进行分离。此外，在气体净化中，若颗粒微小且浓度极低，也适宜采用过滤操作。本节主要介绍悬浮液的过滤。

2.3.1　过滤的基本知识

如前所述，过滤是利用两相对多孔介质穿透性的差异，在某种推动力的作用下，使非均相物系得以分离的操作。悬浮液的过滤是利用外力使悬浮液通过一种多孔隔层，其中的液相从隔层的小孔中流过，固体颗粒则被截留下来，从而实现液固分离。过滤过程的外力（即过滤推动力）可以是重力、惯性离心力和压差，其中在化工生产中以压差为推动力应用最广。

在过滤操作中，所处理的悬浮液称为滤浆或料浆，被截留下来的固体颗粒称为滤渣或滤饼，透过固体隔层的液体称为滤液，所用固体隔层称为过滤介质。如图2-8所示。

2.3.1.1 过滤方式

工业上过滤方式有两种：滤饼过滤（又称表面过滤）和深层过滤。

（1）滤饼过滤 滤饼过滤是利用滤饼本身作为过滤隔层的一种过滤方式。由于滤浆中固体颗粒的大小往往很不一致，其中一部分颗粒的直径可能小于所用过滤介质的孔径，因而在过滤开始阶段，会有一部分细小颗粒从介质孔道中通过而使得滤液浑浊（此部分应送回滤浆槽重新过滤）。但随着过滤的进行，颗粒便会在介质的孔道中和孔道上发生"架桥"现象，如图2-9所示，从而使得尺寸小于孔道直径的颗粒也能被拦截，随着被拦截的颗粒越来越多，在过滤介质的上游侧便形成了滤饼，同时滤液也慢慢变清。由于滤饼中的孔道通常比过滤介质的孔道要小，滤饼更能起到拦截颗粒的作用。更准确地说，只有在滤饼形成后，过滤操作才真正有效，滤饼本身起到了主要过滤介质的作用。滤饼过滤要求能够迅速形成滤饼，常用于分离固体含量较高（固体体积分数＞1%）的悬浮液。

图2-8 过滤操作示意图　　　　　过滤原理　　　　图2-9 架桥现象

（2）深层过滤 当过滤介质为很厚的床层且过滤介质直径较大时（如纯净水生产中用活性炭过滤水），固体颗粒通过在床层内部的架桥现象被截留或被吸附在介质的毛细孔中，在过滤介质的表面并不形成滤饼。在这种过滤方式中，起截留颗粒作用的是介质内部曲折而细长的通道。可以说，深层过滤是利用介质床层内部通道作为过滤介质的过滤操作。在深层过滤中，介质内部通道会因截留颗粒的增多逐渐减少和变小，因此，过滤介质必须定期更换或清洗再生。深层过滤常用于处理固体含量很少（固体体积分数＜0.1%）且颗粒直径较小（＜5μm）的悬浮液。

（3）动态过滤 在滤饼过滤中，随着过滤的进行，滤饼的厚度不断增加，导致过滤速率不断下降。为解决这一问题，1977年蒂勒（Tiller）提出了一种新的过滤方式，即让料浆沿着过滤介质平面高速流动，使大部分滤饼得以在剪切力的作用下移去，从而维持较高的过滤速率。这种过滤被称为动态过滤或无滤饼过滤。

在化工生产中得到广泛应用的是滤饼过滤，本节主要讨论滤饼过滤。

2.3.1.2 过滤介质

过滤操作是在外力作用下进行的。过滤介质必须具有足够的机械强度来支撑越来越厚的滤饼；还应具有适宜的孔径，使液体的流动阻力尽可能小并使颗粒容易被截留；此外，还应具有相应的耐热性和耐腐蚀性，以满足各种悬浮液的处理。工业上常用的过滤介质有如下几种。

（1）织物介质 织物介质又称滤布，用于滤饼过滤操作，在工业上应用最广。包括由棉、毛、丝、麻等天然纤维和由各种合成纤维制成的织物，以及由玻璃丝、金属丝等织成的网。织物介质造价低，清洗、更换方便，可截留的最小颗粒粒径为5～65μm。

（2）粒状介质　粒状介质又称堆积介质，一般由细砂、石粒、活性炭、硅藻土、玻璃渣等细小坚硬的粒状物堆积成一定厚度的床层构成。粒状介质多用于深层过滤，如城市和工厂给水的滤池中。

（3）多孔固体介质　多孔固体介质是具有很多微细孔道的固体材料，如多孔陶瓷、多孔塑料、由纤维制成的深层多孔介质、多孔金属制成的管或板。此类介质具有耐腐蚀、孔隙小、过滤效率比较高等优点，常用于处理含少量微粒的腐蚀性悬浮液及其他特殊场合。

2.3.1.3　滤饼和助滤剂

（1）滤饼　滤饼是由被截留下来的颗粒积聚而形成的固体床层。随着操作的进行，滤饼的厚度和流动阻力都逐渐增加。若构成滤饼的颗粒为不易变形的坚硬固体（如硅藻土、碳酸钙等），则当滤饼两侧的压差增大时，颗粒的形状和床层的空隙都基本不变，故单位厚度滤饼的流动阻力可以认为恒定，此类滤饼称为不可压缩滤饼。反之，若滤饼由较易变形的物质（如某些氢氧化物之类的胶体）构成，当压差增大时，颗粒的形状和床层的空隙都会有不同程度的改变，使单位厚度的滤饼的流动阻力增大，此类滤饼称为可压缩滤饼。

（2）助滤剂　对于可压缩滤饼，在过滤过程中会被压缩，使滤饼的孔道变窄、甚至堵塞，或因滤饼粘嵌在滤布中而不易卸渣，使过滤周期变长，生产效率下降，介质使用寿命缩短。为了改善滤饼结构，克服以上不足，通常需要使用助滤剂。助滤剂一般是质地坚硬的细小固体颗粒，如硅藻土、石棉、炭粉等。可将助滤剂加入悬浮液中，在形成滤饼时便能均匀地分散在滤饼中间，改善滤饼结构，使液体得以畅通，或预敷于过滤介质表面以防止介质孔道堵塞。对助滤剂的基本要求是：①在过滤操作压差范围内，具有较好的刚性，能与滤渣形成多孔床层，使滤饼具有良好的渗透性和较低的流动阻力；②具有良好的化学稳定性，不与悬浮液反应，也不溶解于液相中。助滤剂一般不宜用于滤饼需要回收的过滤过程。

2.3.1.4　过滤速率及其影响因素

（1）过滤速率与过滤速度　过滤速率是指过滤设备单位时间所能获得的滤液体积，表明了过滤设备的生产能力；过滤速度是指单位时间单位过滤面积所能获得的滤液体积，表明了过滤设备的生产强度，即设备性能的优劣。同其他过程类似，过滤速率与过滤推动力成正比，与过滤阻力成反比。在压差过滤中，推动力就是压差，阻力则与滤饼的结构、厚度以及滤液的性质等诸多因素有关，比较复杂。

（2）恒压过滤与恒速过滤　在恒定压差下进行的过滤称为恒压过滤。此时，由于随着过滤的进行，滤饼厚度逐渐增加，阻力随之上升，过滤速率则不断下降。维持过滤速率不变的过滤称为恒速过滤。为了维持过滤速率恒定，必须相应地不断增大压差，以克服由于滤饼增厚而上升的阻力。由于压差要不断变化，因而恒速过滤较难控制，所以生产中一般采用恒压过滤。有时为避免过滤初期因压差过高而引起滤布堵塞和破损，也可以采用先恒速后恒压的操作方式，过滤开始后，压差由较小值缓慢增大，过滤速率基本维持不变，当压差增大至系统允许的最大值后，维持压差不变，进行恒压过滤。

（3）影响过滤速率的因素　如上所述，过滤速率与过滤推动力和过滤阻力有关。下面具体介绍各方面的影响因素以及在实际生产中如何利用好这些影响因素。

①悬浮液的性质　悬浮液的黏度对过滤速率有较大影响。黏度越小，过滤速率越快。因此对热料浆不应在冷却后再过滤，有时还可将滤浆先适当预热。由于滤浆浓度越大，其黏度也越大，为了降低滤浆的黏度，某些情况下也可以将滤浆加以稀释再进行过滤，但这样会使过滤容积增加，同时稀释滤浆也只能在不影响滤液的前提下进行。

②过滤推动力　要使过滤操作得以进行，必须保持一定的推动力，即在滤饼和介质的两侧之间保持有一定的压差。如果压差是靠悬浮液自身重力作用形成的，则称为重力过滤，

如化学实验中常见的过滤；如果压差是通过在介质上游加压形成的，则称为加压过滤；如果压差是在过滤介质的下游抽真空形成的，则称为减压过滤（或真空抽滤）；如果压差是利用离心力的作用形成的，则称为离心过滤。重力过滤设备简单，但推动力小，过滤速率慢，一般仅用来处理固体含量少且容易过滤的悬浮液；加压过滤可获得较大的推动力，过滤速率快，并可根据需要控制压差大小，但压差越大，对设备的密封性和强度要求越高，即使设备强度允许，也还受到滤布强度、滤饼的压缩性等因素的限制，因此，加压操作的压力不能太大，以不超过 500kPa 为宜；真空过滤也能获得较大的过滤速率，但操作的真空度受到液体沸点等因素的限制，不能过高，一般在 85kPa 以下；离心过滤的过滤速率快，但设备复杂，投资费用和动力消耗都较大，多用于颗粒粒度相对较大、液体含量较少的悬浮液的分离。一般来说，对不可压缩滤饼，增大推动力可提高过滤速率，但对可压缩滤饼，加压却不能有效地提高过程的速率。

③ 过滤介质与滤饼的性质　过滤介质的影响主要表现在对过程的阻力和过滤效率上，金属网与棉毛织品的空隙大小相差很大，生产能力和滤液澄清度的差别也就很大。因此，要根据悬浮液中颗粒的大小来选择合适的过滤介质。滤饼的影响因素主要有颗粒的形状、大小、滤饼紧密度和厚度等，显然，颗粒越细，滤饼越紧密、越厚，其阻力越大。当滤饼厚度增大到一定程度时，过滤速率会变得很慢，操作再进行下去是不经济的，这时只有将滤饼卸去，进行下一个周期的操作。

2.3.1.5　过滤操作周期

过滤操作可以连续进行，但以间歇操作更为常见。不管是连续过滤还是间歇过滤，都存在一个操作周期。过滤过程的操作周期主要包括以下几个步骤：过滤、洗涤、卸渣、清理等，对于板框过滤机等需装拆的过滤设备还包括组装。有效操作步骤只是"过滤"这一步，其余均属辅助步骤，但却是必不可少的。例如，在过滤后，滤饼空隙中还存有滤液，为了回收这部分滤液，或者因为滤饼是有价值的产品、不允许被滤液所玷污时，都必须将这部分滤液从滤饼中分离出来，因此，就需要用水或其他溶剂对滤饼进行洗涤。对间歇操作，必须合理安排一个周期中各步骤的时间，尽量缩短辅助时间，以提高生产效率。

2.3.2　过滤设备

过滤设备种类繁多，结构各异，按产生压差的方式不同，可分为重力式、压（吸）滤式和离心式 3 类，其中重力过滤设备较为简单。下面主要介绍压（吸）滤设备和离心过滤设备。

2.3.2.1　压（吸）滤设备

（1）板框压滤机　板框压滤机是一种古老却仍在广泛使用的过滤设备，间歇操作，其过滤推动力为外加压力。它由多块滤板和滤框交替排列组装于机架而构成，如图 2-10 所示。滤板和滤框的数量可在机座长度内根据需要自行调整，过滤面积一般为 $2 \sim 80 m^2$。

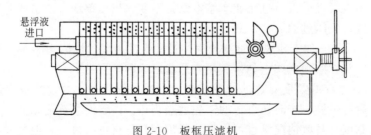

图 2-10　板框压滤机

板框压滤机结构

滤板和滤框的结构如图 2-11 所示，板和框的 4 个角端均开有圆孔，组装压紧后构成 4 个通道，可供滤浆、滤液和洗涤液流通。组装时将四角开孔的滤布置于板和框的交界面，再利用手动、电动或液压传动压紧板和框。图 2-11（b）为一滤框，中间空，起积存滤渣的作用，滤框右上角圆孔中有暗孔与框中间相通，滤浆由此进入框内。图 2-11（a）和（c）均为滤板，但结构有所不同，其中（a）称为非洗涤板，（c）称为洗涤板。洗涤板左上角圆孔中有侧孔与洗涤板两侧相通，洗涤液由此进入滤板；非洗涤板则无此暗孔，洗涤液只能从圆孔通过而不能进入滤板。滤板两面均匀地开有纵横交错的凹槽，可使滤液或洗液在其中流动。为了将三者区别，一般在板和框的外侧铸上小钮之类的记号，例如一个钮表示洗涤板，两个钮表示滤框，三个钮表示非洗涤板。组装时板和框的排列顺序为非洗涤板-框-洗涤板-框-非洗涤板……，一般两端均为非洗涤板，通常也就是两端机头。

(a) 非洗涤板

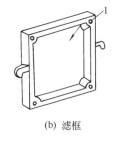
(b) 滤框

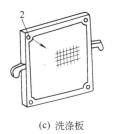
(c) 洗涤板

板框压滤机的
过滤和洗涤

图 2-11　滤板和滤框
1—滤浆通道；2—洗涤液入口通道；3—滤液通道；4—洗涤液出口通道

过滤时，悬浮液在一定压差下经滤浆通道 1 由滤框角端的暗孔进入滤框内；滤液分别穿过两侧的滤布，再经相邻板的凹槽汇集进入滤液通道 3 排走，固相则被截留于框内形成滤饼。过滤后即可进行洗涤。洗涤时，关闭进料阀和滤液排放阀，然后将洗涤液压入洗涤液入口通道 2 经洗涤板角端侧孔进入两侧板面，之后穿过一层滤布和整个滤饼层，对滤饼进行洗涤，再穿过一层滤布，由非洗涤板的凹槽汇集进入洗涤液出口通道排出。洗涤完毕后，即可旋开压紧装置，卸渣、洗布、重装，进入下一轮操作。

（2）转筒真空过滤机　转筒真空过滤机为连续操作过滤设备。如图 2-12 所示，其主体部分是一个卧式转筒，表面有一层金属网，网上覆盖滤布，筒的下部浸入滤浆中。转筒沿径向分成若干个互不相通的扇形格，每格端面上的小孔与分配头相通。凭借分配头的作用，转筒在旋转一周的过程中，每格可按顺序完成过滤、洗涤、卸渣等操作。

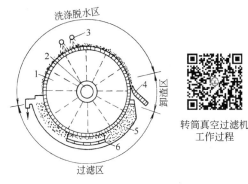

图 2-12　转筒真空过滤机操作示意图
1—转筒；2—分配头；3—洗涤液喷嘴；
4—刮刀；5—滤浆槽；6—摆式搅拌器

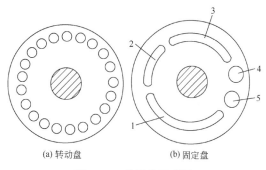
(a) 转动盘　　　　(b) 固定盘

图 2-13　分配头示意图
1，2—与真空滤液罐相通的槽；3—与真空洗涤液罐相通的槽；
4，5—与压缩空气相通的圆孔

分配头是关键部件，由固定盘和转动盘构成，如图 2-13 所示，两者借弹簧压力紧密贴合。转动盘与转筒一起旋转，其孔数、孔径均与转筒端面的小孔相一致，固定盘开有 5 个槽（或孔），槽 1 和槽 2 分别与真空滤液罐相通，槽 3 和真空洗涤液罐相通，孔 4 和孔 5 分别与压缩空气管相连。转动盘上的任一小孔旋转一周，都将与固定盘上的 5 个槽（孔）连通一次，从而完成不同的操作。

当转筒中的某一扇形格转入滤浆中时，与之相通的转动盘上的小孔也与固定盘上槽 1 相通，在真空状态下抽吸滤液，滤布外侧则形成滤饼；当转至与槽 2 相通时，该格的过滤面已离开滤浆槽，槽 2 的作用是将滤饼中的滤液进一步吸出；当转至与槽 3 相通时，该格上方有洗涤液喷淋在滤饼上，并由槽 3 抽吸至洗涤液罐；当转至与孔 4 相通时，压缩空气将由内向外吹松滤饼，迫使滤饼与滤布分离，随后由刮刀将滤饼刮下，刮刀与转筒表面的距离可调；当转至与孔 5 相通时，压缩空气吹落滤布上的颗粒，疏通滤布孔隙，使滤布再生。然后进入下一周期的操作。

转筒直径为 0.3～5m，长为 0.3～7m。滤饼层薄的为 3～6mm，厚的可达 100mm。操作连续、自动、节省人力，生产能力大，能处理浓度变化大的悬浮液，在制碱、造纸、制糖、采矿等工业中均有应用。但转筒真空过滤机结构复杂，过滤面积不大，滤饼含液量较高（10%～30%），洗涤不充分，能耗高，不适宜处理高温悬浮液。

（3）袋滤器　袋滤器是利用含尘气体穿过做成袋状而由骨架支撑起来的滤布，以滤除气体中尘粒的设备。袋滤器可除去 1μm 以下的尘粒，常用作最后一级的除尘设备。

袋滤器的型式有多种，含尘气体可以由滤袋内向外过滤，也可以由外向内过滤。图 2-14 为脉冲形式袋滤器的结构示意图。含尘气体由下部进入袋滤器，气体由外向内穿过支撑于骨架上的滤袋，洁净气体汇集于上部由出口管排出，尘粒被截留于滤袋外表面。清灰操作时，开启压缩空气以反吹系统，使尘粒落入灰斗。

袋滤器具有除尘效率高、适应性强、操作弹性大等优点，但占用空间较大，受滤布耐温、耐腐蚀的限制，不适宜于高温（>300℃）的气体，也不适宜带电荷的尘粒和黏结性、吸湿性强的尘粒的捕集。

2.3.2.2　离心过滤设备

离心过滤机的主要部件是转鼓，转鼓上开有许多小孔，鼓内壁敷以滤布，悬浮液加入鼓内并随之旋转，液体受离心力作用被甩出而固体颗粒被截留在鼓内。

离心过滤也可分为间歇操作和连续操作两种，间歇操作又分为人工卸料和自动卸料两种。

（1）三足式离心机　图 2-15 为一种常用的人工卸料的间歇式离心机，即三足式离心机。其主要部件为一篮式转鼓，整个机座和外罩借 3 根拉杆弹簧悬挂于三足支柱上，以减轻运转时的振动。操作时，先将料浆加入转鼓，然后启动，滤液穿过滤布和转鼓集中于机座底部排出，滤渣沉积于转鼓内壁，待

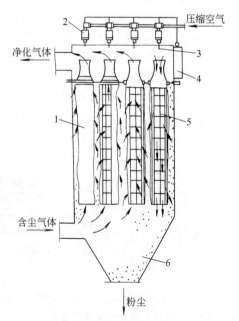

图 2-14　脉冲式袋滤器

1—滤袋；2—电磁阀；3—喷嘴；
4—自控器；5—骨架；6—灰斗

一批料液过滤完毕，或转鼓内滤渣量达到设备允许的最大值时，可不再加料，并继续运转一段时间以沥干滤液或减少滤饼中含液量。必要时也可进行洗涤，然后停车卸料，清洗设备。三足式离心过滤机的转鼓直径大多在1m左右，设备结构简单，运转周期可灵活掌握，多用于小批量物料的处理，颗粒破损较轻。缺点是卸料不方便，转动部件位于机座下部，检修不方便。

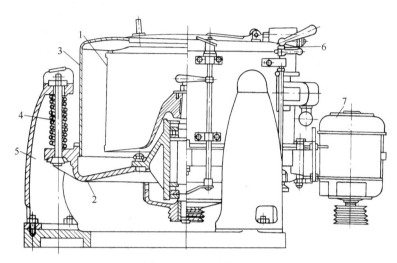

图 2-15　三足式离心机

1—转鼓；2—机座；3—外壳；4—拉杆；5—支架；6—制动器；7—电机

（2）卧式刮刀卸料离心机　这种离心机的特点是在转鼓连续全速运转下，能按序自动进行加料、分离、洗涤、甩干、卸料、洗网等工序的操作，各工序的操作时间可在一定范围内根据实际需要进行调整，且全部自动控制。

其操作原理见图 2-16，进料阀定时开启，悬浮液经加料管进入，均匀地分布在全速运转的转鼓内壁；滤液经滤网和转鼓上的小孔被甩到鼓外，固体颗粒则被截留在鼓内；当滤饼达到一定厚度时，停止加料，进行洗涤、甩干；然后刮刀在液压传动下上移，将滤饼刮入卸料斗卸出；最后清洗转鼓和滤网，完成一个操作周期。

卧式刮刀卸料离心机的每一工作周期为35～90s，连续运转，生产能力大，适用于大规模生产。但在刮刀卸料时，颗粒会有一定程度的破损。

（3）活塞往复式卸料离心机　这也是一种自动卸料连续操作的离心机。加料、过滤、洗涤、沥干、卸料等操作同时在转鼓内的不同部位进行。

其操作原理如图 2-17 所示，料液由旋转的锥形料斗连续地进入转鼓底部（图中左边），在一小段范围内进行过滤，转鼓底部有一与转鼓一起旋转的推料盘，推料盘与料斗一起做往复运动（其冲程较短，约为转鼓全长的 1/10，往复次数约为 30r/min），将底部得到的滤渣沿轴向逐步推至卸料口（图中右边）卸出。滤饼在被推移过程中，可进行洗涤、沥干。

活塞往复式卸料离心机生产能力大，颗粒破损程度小，和卧式刮刀卸料离心机相比，控制系统较为简单，但对悬浮液的浓度较为敏感。若料浆太稀，则来不及过滤，料浆直接流出转鼓；若料浆太稠，则流动性差，使滤渣分布不均，引起转鼓振动。此种离心机常用于食盐、硫铵、尿素等生产中。

卧式刮刀离心机
结构及工作过程

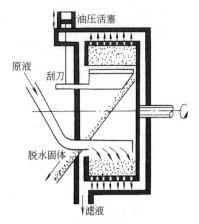

图 2-16 卧式刮刀卸料离心机示意图

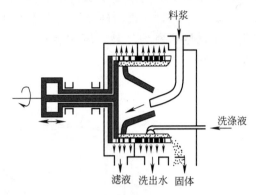

图 2-17 活塞往复式卸料离心机

2.4 气体的其他净制方法与非均相物系分离方法的选择

2.4.1 气体的其他分离方法与设备

气体的净制是化工生产过程中较为常见的分离操作。实现气体的净制除可利用前面介绍的沉降与过滤方法外，还可利用惯性、静电、洗涤等分离方法。下面将对这些分离方法与设备作概略介绍。

2.4.1.1 惯性分离器

惯性分离器是利用夹带于气流中的颗粒或液滴的惯性进行分离的。在气体流动的路径上设置障碍物，气流或液流绕过障碍物时发生突然的转折，颗粒或液滴便撞击在障碍物上被捕集下来。

惯性分离器的操作原理与旋风分离器相近，颗粒的惯性愈大，气流转折的曲率半径愈小，则其分离效率愈高。所以颗粒的密度与直径愈大，则愈易分离。适当增大气流速度及减小转折处的曲率半径也有利于提高分离效率。一般来说，惯性分离器的分离效率比降尘室略高，可作为预除尘器使用。

2.4.1.2 静电除尘器

当对气体的除尘（雾）要求极高时，可用静电除尘器进行分离。

静电除尘（雾）器的分离原理是让含有悬浮尘粒或雾滴的气体通过高压不均匀直流静电场，使气体发生电离，在电离过程中产生的离子附着于悬浮尘粒或液滴上使之带电，带电粒子或液滴在电场力的作用下，向着电性与之相反的电极运动吸附于电极并恢复中性，吸附在电极上的尘粒或液滴在振打或冲洗电极时落入灰斗，从而实现含尘或含雾气体的分离。其基本结构与工作原理见图 2-18 和图 2-19。

静电除尘器是净化含尘气体的有效设备之一，广泛应用于化工、电力、冶金、建材、环保等行业中。其主要优点是：①除尘效率高，可达到 99% 以上；②阻力损失小，一般小于 294Pa；③能处理高温烟气，一般用于处理 250℃ 以下的烟气，经特殊设计，可处理 350℃ 甚至 500℃ 以上的烟气；④能捕集腐蚀性强的物质；⑤运动部件少，电耗低，正常情况下静电除尘器的维护工作量小，日常运行费用低。但是，静电除尘设备比较复杂，对安装、调试及维护管理水平要求高；对粉尘比电阻有一定要求，对粉尘的选择性较高；受气体温度、湿度等条件影响较大。

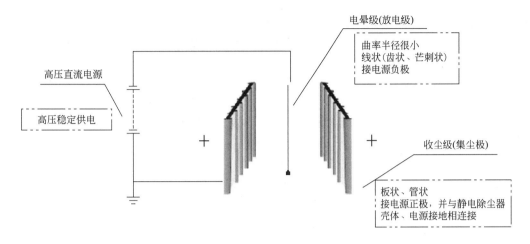

图 2-18　静电除尘器的基本结构组成

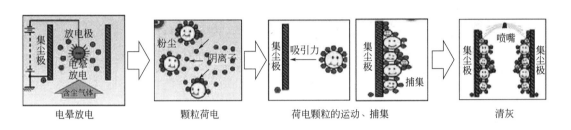

图 2-19　静电除尘器的除尘工作原理

2.4.1.3　文丘里除尘器

文丘里除尘器是一种湿法除尘设备。其结构与文丘里流量计相似，由收缩管、喉管及扩散管 3 部分组成，只是喉管四周均匀地开有若干径向小孔，有时扩散管内设置有可调锥，以适应气体负荷的变化。操作中，含尘气体以 50～100m/s 的速度通过喉管时，使液体由喉管外围夹套经径向小孔进入喉管内，并喷成很细的雾滴，促使尘粒润湿并聚结变大，随后引入旋风分离器或其他分离设备进行分离。

文丘里除尘器结构简单紧凑、造价较低、操作简便，但阻力较大，其压力降一般为 2000～5000Pa，需与其他分离设备联合使用。

2.4.1.4　泡沫除尘器

泡沫除尘器也是常用的湿法除尘设备之一，其外壳为圆形或方形筒体，中间装有水平筛板，将内部分成上下两室。液体由上室的一侧靠近筛板处进入，并水平流过筛板，气体由下室进入，穿过筛孔与板上液体接触，在筛板上形成一泡沫层，泡沫层内气液混合剧烈，泡沫不断破灭和更新，从而创造了良好的捕尘条件。气体中的尘粒一部分（较大尘粒）被从筛板泄漏下来的液体吸去，由器底排出；另一部分（微小尘粒）则在通过筛板后被泡沫层所截留，并随泡沫液经溢流板流出。

泡沫除尘器具有分离效率高、构造简单、阻力较小等优点，但对设备的安装要求严格，特别是筛板的水平度对操作影响很大。

2.4.2　非均相物系分离方法的选择

非均相物系的分离方法及设备选择，应从生产要求、物系性质以及生产成本等多方面综合考虑。

2.4.2.1 气-固非均相物系的分离方法及设备选择

下面主要从生产中要求除去的最小颗粒大小出发，简略介绍气-固非均相物系的分离设备的选择。

① 50μm 以上的颗粒：降尘室。

② 5μm 以上的颗粒：旋风分离器。

③ 5μm 以下的颗粒：湿法除尘设备、电除尘器、袋滤器等。其中文丘里除尘器可除去 1μm 以上的颗粒，袋滤器可除去 0.1μm 以上的颗粒，电除尘器可除去 0.01μm 以上的颗粒。

2.4.2.2 液-固非均相物系的分离方法及设备选择

对于液-固非均相物系的分离方法及设备选择，主要从分离目的出发，进行介绍。

（1）以获得固体产品为目的

① 颗粒含量<1%（体积分数，下同）：以连续沉降槽、旋液分离器、离心沉降机等进行浓缩，以便进一步进行分离。

② 颗粒含量>10%、粒径>50μm：离心过滤机。

③ 颗粒粒径<50μm：压差式过滤机。颗粒浓度>5%，可采用转筒真空过滤机；颗粒浓度较低时，可采用板框过滤机。

（2）以澄清液体为目的　本着节能、高效的原则，分别选用各种分离设备对不同大小的颗粒进行分离。为提高澄清效率，可在料液中加入助滤剂或絮凝剂，若澄清要求非常高，可用深层过滤作为澄清操作的最后一道工序。

 本章小结

非均相物系分离是化工生产中应用极为广泛的单元操作，特别是在环境保护方面更见优势。它主要是依靠两相物理性质的不同，借助机械方式造成两相的相对运动来实现的，因此，具有简单易行、投资少、能耗低的优点。学习中要分清不同分离方法的特点与应用场合，做到学以致用，弄清以下内容。

- 重力沉降与离心沉降的实现方式，学习中要注意两者的异同点。如何提高沉降速率。
- 如何解决重力沉降占地面积大的问题。
- 离心机与旋风分离器的工作过程，两者的异同点。
- 有效过滤概念；如何提高过滤速率。
- 板框压滤机的操作要点。
- 非均相物系分离方法的选择。

本章主要符号说明

英文

a——加速度，m/s^2

B——降尘室宽度，m

d——颗粒直径，m

d_c——旋风分离器的临界粒径，m

H——降尘室高度，m

K_c——离心分离因数

L——降尘室长度，m

n——离心分离设备的转速，r/min

q_V——体积流量，m^3/s

u——流速，m/s

u_R——径向速度或离心沉降速度，m/s

u_t——沉降速度，m/s μ——流体的黏度，Pa·s

希文

θ——停留时间，s ρ——流体的密度，kg/m^3

θ_t——沉降时间，s ρ_s——颗粒的密度，kg/m^3

Φ_s——颗粒的球形度

思考题

1.非均相物系分离在化工生产中有哪些应用？举例说明。

2.非均相物系的分离方法有哪些类型？各是如何实现两相的分离的？

3.影响实际沉降的因素有哪些？在操作中要注意哪些方面？

4.确定降尘室高度要注意哪些问题？

5.离心沉降与重力沉降有何异同？

6.如何提高离心分离因数？

7.简述板框压滤机的操作要点。

8.过滤一定要使用助滤剂吗？为什么？

9.工业生产中，提高过滤速率的方法有哪些？

10.影响过滤速率的因素有哪些？过滤操作中如何利用好这些影响因素？

11.简述转鼓真空过滤机的工作过程。

12.如何根据生产任务合理选择非均相物系的分离方法？

2-1　温度为20℃的常压含尘气体在进反应器之前必须预热至80℃，所含尘粒粒径为75μm，密度为2000kg/m^3。试求下列两种情况下的沉降速度。由此可得出以下哪个结论：①先预热后除尘；②先除尘后预热。

2-2　用一长4m、宽2m、高1.5m的降尘室处理某含尘气体，要求处理的含尘气体量为2.4m^3/s，气体密度为0.78kg/m^3，黏度为3.5×10^{-5}Pa·s，尘粒可视为球形颗粒，其密度为2200kg/m^3。试求：(1) 能100%沉降下来的最小颗粒的直径；(2)若将降尘室改为间距为500mm的三层降尘室，其余参数不变，若要达到同样的分离效果，所能处理的最大气量为多少（为防止流动的干扰和重新卷起，要求气流速度<1.5m/s）。

2-3　直径为800mm的离心机，旋转速度为1200r/min，求其离心分离因数。

2-4　黏度为2.5×10^{-5}Pa·s、密度为0.8kg/m^{3}的气体中，含有密度为2800kg/m^{3}的粉尘，先采用筒体直径为500mm的标准型旋风分离器除尘。若要求除去6μm以上的尘粒，试求其生产能力和相应的压降。

1.关于饼层过滤推动力，以下说法正确的是（　　　）。

A.液体经过过滤机的压强降 　　　　　B.滤饼两侧的压力差

C.介质两侧的压力差 　　　　　　　　D.介质两侧压力差加上滤饼两侧压力差

2.以下关于静电除尘器的正确描述是（　　　）。

A. 借助高压不均匀直流电场作用分离含尘气体

B. 借助高压均匀直流电场作用分离含尘气体

C. 借助高压不均匀交流电场作用分离含尘气体

D. 借助高压均匀交流电场作用分离含尘气体

3. 设计制造多层降尘室的依据是（　　　）。

A. 降尘室处理含尘气体的能力（处理量）与其层数无关

B. 降尘室处理含尘气体的能力（处理量）与其高度无关

C. 降尘室处理含尘气体的能力（处理量）与其直径无关

D. 降尘室处理含尘气体的能力（处理量）与其占地面积无关

4. 在其他条件相同的情况下，固体颗粒直径增加，其沉降速度（　　　）。

A. 减小　　　　　　　　B. 不变　　　　　　　C. 增加　　　　　　　D. 不能确定

5. 过滤操作中，滤液流动遇到的阻力主要是（　　　）。

A. 过滤通道壁的阻力　　　　　　　　　B. 过滤介质的阻力

C. 滤饼的阻力　　　　　　　　　　　　D. 过滤介质的阻力和滤饼阻力之和

6. 下列物系中，可用旋风分离器分离的是（　　　）。

A. 牛奶　　　　　　　B. 含有粉尘的空气　　C. 泥沙与水混合液　　D. 糖水

7. 以下关于离心分离机的描述，不正确的是（　　　）。

A. 依靠离心力作用实现分离　　　　　　B. 分为间歇和连续两种操作方式

C. 通常，转速越高分离越彻底　　　　　D. 主要用于分离气体混合物

8. 过滤速度不受（　　　）的影响。

A. 悬浮液的性质　　　B. 过滤推动力　　　　C. 过滤介质　　　　　D. 过滤时间

9. 提高离心机的分离效率的正确措施是（　　　）。

A. 采用小直径，高转速的转鼓　　　　　B. 采用小直径，低转速的转鼓

C. 采用大直径，高转速的转鼓　　　　　D. 采用大直径，高转速的转鼓

10. 采用以下四种设备分离悬浮液，分离最为彻底的通常是（　　　）。

A. 旋液分离器　　　　B. 离心沉降机　　　　C. 重力沉降槽　　　　D. 板框过滤

第3章 传 热

学习目标

● **掌握**：换热材料与隔热材料的选择；强化传热与阻碍传热的途径；工业加热与冷却方法的选择；间壁式换热器的操作要点。

● **理解**：换热过程的特点；热量衡算；传热基本方程；无相变与有相变时对流传热的特点；影响各传热方式的因素。

● **了解**：传热在化工生产中的应用；传热的基本方式、特点与基本定律；工业换热方法；稳态传热与非稳态传热；平壁导热与圆筒壁导热的特点；传热基本方程式的应用；换热器的传热速率、热负荷与热损失；常见换热器的结构特点、主要性能及应用场合。

3.1 概述

3.1.1 传热在化工生产中的应用

传热，即热量的传递，是自然界和工程技术领域中普遍存在的一种现象。无论在能源、宇航、化工、动力、冶金、机械、建筑等工业部门，还是在农业、环境保护等部门中都涉及许多传热问题。

化学工业与传热的关系尤为密切。因为无论是生产中的化学过程（化学反应操作），还是物理过程（化工单元操作），几乎都伴有热量的传递。传热在化工生产过程中的应用主要有以下方面。

(1) 创造并维持化学反应需要的温度条件　化学反应是化工生产的核心，几乎所有的化学反应都要求有一定的温度条件。例如，合成氨的操作温度为 $470\sim520℃$；氨氧化法制备硝酸过程中氨和氧的反应温度为 $800℃$ 等。为了达到要求的反应温度，先必须对原料进行加热，而这些反应若是明显的放热反应，为了保持最佳反应温度，又必须及时移走放出的热量；若是吸热反应，要保持反应温度，则需及时补充热量。

(2) 创造并维持单元操作过程需要的温度条件　在某些单元操作，如蒸发、结晶、蒸馏和干燥等中，都需要输入或输出热量才能正常进行。例如，在蒸馏操作中，为使塔釜内的液体不断汽化从而得到操作所必需的上升蒸气（汽），就需要向塔釜内的液体输入热量；同时，为了使塔顶出来的蒸气冷凝得到回流液和液体产品，就需要从塔顶冷凝器中移出热量。

(3) 热能的合理利用和余热的回收　在上述实例中，合成氨的反应气以及氨和氧的反应气温度都很高，有大量的余热需要回收，通常可设置余热锅炉生产蒸汽甚至发电。

(4) 隔热与节能　为了减少热量（或冷量）的损失，需要对设备和管道进行保温。这样做既减少了消耗，又有利于维持系统温度，还有利于劳动环境保护。

这些应用对传热提出两种要求：一种是强化传热，如各种换热设备中的传热，要求传热速率快，传热效果好，这样可使完成某一换热任务时所需的设备紧凑，从而降低设备费用；另一种是削弱传热，如高温设备及管道的保温、低温设备及管道的隔热等要求传热速率慢，以减少热量（或冷量）的损失。强化传热与削弱传热的方法和途径，将在后面进行介绍。

因此，传热设备不仅在化工厂的设备投资中占有很大的比例，而且它们所消耗的能量也是相当可观的。是否能利用好传热为化工生产服务，直接关系到化工过程经济性的高低。

由以上分析可以看出，要解决生产中的有关传热问题，正确地对传热设备进行操作，必须学习以下几个方面的内容：

① 传热的基本方式及其主要特点、影响因素和基本计算内容；

② 工业换热方法及其主要特点；

③ 换热器内传热过程的分析与基本计算；

④ 常见换热器的结构与性能特点，换热器发展趋势，典型换热器的选型原则与正确使用；

⑤ 强化传热与阻碍传热的途径与方法。

3.1.2 稳态传热与非稳态传热

化工传热过程既可连续进行也可间歇进行。对于前者，传热系统（例如换热器）中的温度仅与位置有关而与时间无关，此种传热称为稳态传热，其特点是系统中不积累热量（即输入的能量等于输出的能量），在传热方向上，传热速率（单位时间内传递的热量）为常数。对于后者，传热系统中各点的温度既与位置有关又与时间有关，此种传热称为非稳态传热。化工生产中连续操作时的传热大多可视为稳态传热，因此，本章只讨论稳态传热。

3.1.3 工业换热方法

化工生产中的热量交换通常发生在两流体之间。在换热过程中，温度较高放出热量的流体称为热流体；温度较低吸收热量的流体称为冷流体。同时，根据换热目的的不同，热流体（或冷流体）又有其他的名称。若换热的目的是为了将冷流体加热，此时热流体称为加热剂，常见的加热剂有水蒸气（一般称为加热蒸汽）等；若换热的目的是为了将热流体冷却（或冷凝），此时冷流体称为冷却剂（或冷凝剂），常见的冷却剂（或冷凝剂）有冷却水、冷冻盐水和空气等。

在工业生产中，要实现热量交换的设备称为热量交换器，简称为换热器。根据换热器换热方法的不同，通常有如下几种类型。

3.1.3.1 间壁式换热

间壁式换热是指在间壁式换热器中进行的换热，间壁式换热器又称表面式换热器或间接式换热器。在此类换热器中，需要进行热量交换的两流体被固体壁面分开，互不接触，热量由热流体（放出热量）通过壁面传给冷流体（吸收热量）。该类换热器的特点是两流体进行了换热而不混合。生产中通常要求两流体进行换热时不能有丝毫混合，因此，间壁式换热器应用最广，形式多样，各种管式和板式结构的换热器均属此类。

3.1.3.2 直接接触式换热

直接接触式换热是指在直接接触式换热器中进行的换热，直接接触式换热器又称混合式换热器。在此类换热器中，两流体直接接触，相互混合进行换热。该类型换热器结构简单，传热效率高，适用于两流体允许混合的场合。常见的这类换热器有凉水塔、洗涤塔、喷射冷凝器等。

3.1.3.3 蓄热式换热

蓄热式换热是指在蓄热式换热器中进行的换热，蓄热式换热器又称回流式换热器。这种换热器是借助于热容量较大的固体蓄热体，将热量由热流体传给冷流体。热、冷流体交替进入换热器，热流体将热量贮存在蓄热体中，然后由冷流体取走，从而达到换热的目的。此类换热器结构简单，可耐高温，常用于高温气体热量的回收或冷却。其缺点是设备体积庞大，效率低，且不能完全避免两流体的混合，如石油化工中的蓄热式裂解炉。

3.2 传热的基本方式

根据传热机理的不同，热量传递有 3 种基本方式：热传导、热对流和热辐射。传热可依靠其中的一种或几种方式进行。不管以何种方式传热，热量自发传递的方向总是由高温处向低温处传递的。

热传导又称导热，是由于物质的分子、原子或电子的热运动或振动，使热量从物体的高温部分向低温部分传递的过程。任何紧密接触的物体，不论其内部有无质点的相对运动，只要存在温度差，就必然发生热传导。可见热传导不但发生在固体中，而且也是流体内的一种传热方式。气体、液体、固体的热传导进行的机理各不相同。在气体中，热传导是由不规则的分子热运动引起的；在大部分液体和不良导体的固体中，热传导是由分子或晶格的振动传递动量来实现的；在金属固体中，热传导主要依靠自由电子的无规则运动来实现。因此，良好的导电体也是良好的导热体。热传导不能在真空中进行。

热对流是指流体中质点发生相对运动而引起的热量传递。热对流仅发生在流体中。由于引起流体质点相对运动的原因不同，对流又可分为强制对流和自然对流。由于外力（泵、风机、搅拌器等作用）而引起的质点运动，称为强制对流；由于流体内部各部分温度的不同而产生密度的差异，使流体质点发生相对运动，称为自然对流。在流体发生强制对流时，往往伴随着自然对流，但一般强制对流的强度比自然对流的强度大得多。

流体中发生对流传热时，导热是不能避免的，通常把流体与固体壁面间的热量传递称为对流传热（或给热）。以后如无说明，本章讨论的均为此种对流传热。

因热的原因物体发出辐射能的过程，称为热辐射。它是一种通过电磁波传递能量的方式。具体地说，物体将热能转变成辐射能，以电磁波的形式在空中进行传送，当遇到另一个能吸收辐射能的物体时，即被其部分或全部吸收并转变为热能。辐射传热就是不同物体间相互辐射和吸收能量的总结果。可知，辐射传热不仅是能量的传递，同时还伴有能量形式的转换。热辐射不需要任何媒介，换言之，可以在真空中传播，这是热辐射不同于其他传热方式的另一特点。应予指出，只有物体温度较高时，辐射传热才能成为主要的传热方式。

实际上，传热过程往往不是以某种传热方式单独出现，而是两种或三种传热方式的组合。例如生产中普遍使用的间壁式换热器中的传热，主要是以热对流和热传导相结合的方式进行的。下面将结合实际生产情况对传导传热、对流传热和辐射传热分别进行介绍。

3.2.1 传导传热

热传导是由于介质内存在温度差而依靠粒子的热运动或振动来传递热量的现象，其在固体、液体、气体中均可发生。但严格而言，只有固体中才是纯粹的热传导，而流体即使处于静止状态，其中也会有由于温度差产生密度差引起的自然对流，所以在流体中热对流与热传导是同时发生的。鉴于此，本节只讨论固体内的热传导问题，并结合实际情况，介绍其在工程中的应用。

3.2.1.1 傅里叶定律

在物体内部，凡在同一瞬间、温度相同的点所组成的面，称为等温面。在稳态导热时，一般来说，对于平壁导热，等温面为垂直于热流方向的平面；对于圆筒壁导热，等温面为半径相同的圆柱面。相邻两等温面之间的温度差 Δt 与这两个等温面之间的距离 Δn 的比值的极限，称为温度梯度，用 dt/dn 表示。温度梯度是向量，其方向垂直于等温面，它的正方向是温度增加的方向，与导热方向刚好相反。

理论研究和实验都证明，单位时间内的导热量（称为导热速率）与温度梯度以及垂直于热流方向的等温面面积成正比，即

$$Q = -\lambda S \frac{\mathrm{d}t}{\mathrm{d}n} \tag{3-1}$$

式中，Q——导热速率，W；λ——热导率，旧称导热系数，W/(m·K)；S——导热面积，m^2。

式(3-1) 称为傅里叶定律，负号表示热流方向与温度梯度方向相反。

3.2.1.2 热导率

热导率 λ 是物质的一种物理性质，反映物质导热能力的大小。其物理意义为：在单位温度梯度（1K/m）下，单位时间（1s）通过单位导热面积（$1m^2$）的导热面所传导的热量（J）。物理意义表明：物质的热导率越大，相同条件下，传导的热量就越多，其导热能力也越强。

物质的热导率通常由实验测定。各种物质的热导率数值差别极大，一般而言，金属的热导率最大，非金属的次之，液体的较小，而气体的最小。工程上常见物质的热导率可从有关手册中查得，本书附录也有部分摘录。

(1) 气体的热导率　与液体和固体相比，气体的热导率最小，对导热不利，但却有利于保温、绝热。工业上所使用的隔热材料，如玻璃棉等，就是因为其空隙中有大量空气，所以其热导率很小，适用于保温隔热。但只有在严格限制了空气运动的情况下，空气才能用于隔热（读者可以分析一下原因）。

理论和实验都已证明，气体的热导率随温度的升高而增大，而在相当大的压力范围内，气体的热导率随压力的变化很小，可以忽略不计，只有当压力很高（大于 200MPa）或很低（小于 2.7kPa）时，才应考虑压力的影响，此时热导率随压力升高而增大。

常压下气体混合物的热导率可用下式估算

$$\lambda_{\mathrm{m}} = \frac{\sum \lambda_i y_i M_i^{1/3}}{\sum y_i M_i^{1/3}} \tag{3-2}$$

式中，λ_{m}——气体混合物的热导率，W/(m·K)；λ_i——气体混合物中 i 组分的热导率，W/(m·K)；y_i——气体混合物中 i 组分的摩尔分数；M_i——气体混合物中 i 组分的摩尔质量，kg/kmol。

(2) 液体的热导率　液体可分为金属液体（液态金属）和非金属液体。大多数金属液体的热导率随温度的升高而降低。在非金属液体中，水的热导率最大。除水和甘油外，大多数非金属液体的热导率也随温度的升高而降低。液体的热导率基本上与压力无关。

(3) 固体的热导率　在所有固体中，金属的导热性能最好，大多数纯金属的热导率随温度升高而降低。导热性能与导电性能密切相关，一般而言，良好的导电体必然是良好的导体，反之亦然。金属的纯度对热导率的影响很大，合金的热导率比纯金属要低。

非金属固体的热导率与其组成、结构的紧密程度及温度有关，一般其热导率随密度增加而增大，也随温度升高而增大。

对大多数均质固体材料，其热导率与温度呈线性关系。

应予指出，在导热过程中，固体壁面内的温度沿传热方向发生变化，其热导率也应变化，但工程计算中，为简便起见，通常将热导率视为常数——平均热导率，可取壁面两侧温度下 λ 的平均值或平均温度下的 λ 值。在以后的导热计算中，均用平均热导率。

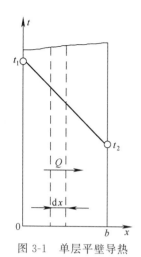

图 3-1　单层平壁导热

3.2.1.3　平壁导热

（1）单层平壁导热　如图 3-1 所示，假设平壁的热导率为常数，面积相对于厚度很大，边缘与外界的传热可以忽略，壁内温度只沿传热方向变化，即所有等温面是与传热方向垂直的平面，且壁面的温度不随时间变化。对此种平壁的稳态导热，导热速率 Q 和导热面积 S 均为常数，应用式（3-1）

$$Q = -\lambda S \frac{\mathrm{d}t}{\mathrm{d}x}$$

当 $x=0$ 时，$t=t_1$；当 $x=b$ 时，$t=t_2$；且 $t_1 > t_2$，将式（3-1）积分可得

$$Q = \frac{\lambda}{b} S (t_1 - t_2) \tag{3-3}$$

或

$$Q = \frac{t_1 - t_2}{\dfrac{b}{\lambda S}} = \frac{\Delta t}{R} \tag{3-3a}$$

或

$$q = \frac{Q}{S} = \frac{t_1 - t_2}{\dfrac{b}{\lambda}} = \frac{\Delta t}{R'} \tag{3-3b}$$

式中，q——单位面积上的传热速率，称为热通量，W/m²；b——平壁厚度，m；Δt——平壁两侧温度差，导热推动力，K，$\Delta t = t_1 - t_2$；R——导热热阻，K/W，$R = \dfrac{b}{\lambda S}$。

热阻对传热过程的分析和计算都是非常有用的。由式（3-3a）可以看出，对于导热，壁面越厚，导热面积和热导率越小，其热阻越大。

例 3-1

普通砖平壁厚度为 0.500m，一侧为 300℃，另一侧温度为 30℃，已知平壁的平均热导率为 0.9W/(m·℃)。试求：①通过平壁的热通量，W/m²；②平壁内距离高温侧 300mm 处的温度。

解　①由式（3-3b）有

$$q = \frac{Q}{S} = \frac{t_1 - t_2}{\dfrac{b}{\lambda}} = \frac{300 - 30}{\dfrac{0.500}{0.9}} = 486 \mathrm{W/m^2}$$

②由式（3-3b）可得

$$t_2 = t_1 - q\frac{b}{\lambda} = 300 - 486 \times \frac{0.3}{0.9} = 138℃$$

（2）多层平壁导热　工程上常常遇到多层不同材料组成的平壁，例如工业用的窑炉，其炉壁通常由耐火砖、保温砖以及普通建筑砖由里向外构成，这种通过多层平壁传导热量的过程称为多层平壁导热。下面以图 3-2 所示的三层平壁为例，说明多层平壁导热的计算方法。由于是平壁，各层壁面面积可视为相同，设均为 S，各层壁面厚度分别为 b_1、b_2 和 b_3，热导率分别为 λ_1、λ_2 和 λ_3，假设层与层之间接触良好，即互相接触的两表面温度相同。各表面温度分别为 t_1、t_2、t_3 和 t_4，且 $t_1 > t_2 > t_3 > t_4$，则在稳态导热时，通过各层的导热速率必定相等，即

$$Q_1 = Q_2 = Q_3 = Q$$

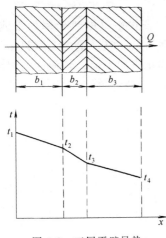

$$Q = \frac{\Delta t_1}{R_1} = \frac{\Delta t_2}{R_2} = \frac{\Delta t_3}{R_3} = \frac{\Delta t_1 + \Delta t_2 + \Delta t_3}{R_1 + R_2 + R_3} \qquad (3\text{-}4)$$

即

$$Q = \frac{t_1 - t_4}{\dfrac{b_1}{\lambda_1 S} + \dfrac{b_2}{\lambda_2 S} + \dfrac{b_3}{\lambda_3 S}} \qquad (3\text{-}5)$$

从式(3-4)可知,某层的热阻越大,该层的温度差也越大。多层平壁的导热,总推动力等于各层推动力之和,总热阻等于各层热阻之和,这一规律称为热阻叠加原理,对其他传热场合同样适用。这与串联电路的欧姆定律是相似的。即对 n 层平壁,其导热速率方程式为

图 3-2 三层平壁导热

$$Q = \frac{\sum\limits_{i=1}^{n} \Delta t_i}{\sum\limits_{i=1}^{n} R_i} = \frac{t_1 - t_{n+1}}{\sum\limits_{i=1}^{n} \dfrac{b_i}{\lambda_i S}} \qquad (3\text{-}6)$$

式中,下标 i 为平壁的序号。

例 3-2

某平壁燃烧炉由一层 0.10m 厚的耐火砖和 0.08m 厚的普通砖砌成,其热导率分别为 1.0 W/(m·℃)和 0.8 W/(m·℃)。操作稳定后,测得炉内壁温度为 700℃,外表面温度为 100℃。为减少热损失,在普通砖的外表面增加一层厚为 0.03m,热导率为 0.03 W/(m·℃)的隔热材料。等操作稳定后,又测得炉内壁温度为 800℃,外表面温度为 70℃。设原有两层材料的热导率不变。试求:①加保温层前后的热损失;②加保温层后各层的温度差。

解 ① 加保温层前,为双层平壁的导热,单位面积的热损失为

$$q = \frac{Q}{S} = \frac{t_1 - t_3}{\dfrac{b_1}{\lambda_1} + \dfrac{b_2}{\lambda_2}} = \frac{700 - 100}{\dfrac{0.10}{1.0} + \dfrac{0.08}{0.8}} = 3000 \text{W/m}^2$$

加保温层后,为三层平壁导热,单位面积的热损失为

$$q' = \frac{Q'}{S} = \frac{t_1 - t_4}{\dfrac{b_1}{\lambda_1} + \dfrac{b_2}{\lambda_2} + \dfrac{b_3}{\lambda_3}} = \frac{800 - 70}{\dfrac{0.10}{1.0} + \dfrac{0.08}{0.8} + \dfrac{0.03}{0.03}} = 608 \text{W/m}^2$$

② 已求得 $q' = Q'/S = 608 \text{W/m}^2$,则由式(3-4)得

$$\Delta t_1 = \frac{b_1}{\lambda_1}(Q'/S) = \frac{0.1}{1.0} \times 608 = 60.8 \text{℃}$$

$$\Delta t_2 = \frac{b_2}{\lambda_2}(Q'/S) = \frac{0.08}{0.8} \times 608 = 60.8 \text{℃}$$

$$\Delta t_3 = \frac{b_3}{\lambda_3}(Q'/S) = \frac{0.03}{0.03} \times 608 = 608 \text{℃}$$

3.2.1.4 圆筒壁导热

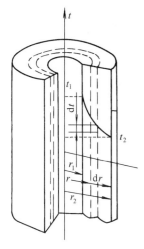

图 3-3 单层圆筒壁导热

（1）单层圆筒壁导热　化工生产中，经常遇到圆筒壁的导热问题，它与平壁导热的不同之处在于圆筒壁的传热面积和热通量不再是常量，而是随半径而变，同时温度也随半径而变，但传热速率在稳态时依然是常量。如图 3-3 所示，设圆筒壁的内、外半径分别为 r_1 和 r_2，长度为 L，内、外表面温度分别为 t_1 和 t_2，且 $t_1 > t_2$。若在圆筒壁半径 r 处沿半径方向取微元厚度 dr 的薄层圆筒，其传热面积可视为常量，等于 $2\pi rL$；同时通过该薄层的温度变化为 dt，则通过该薄层的导热速率可表示为

$$Q = -\lambda S \frac{dt}{dr} = -\lambda (2\pi rL) \frac{dt}{dr}$$

将上式分离变量积分并整理得

$$Q = \frac{2\pi L\lambda(t_1 - t_2)}{\ln\frac{r_2}{r_1}} = \frac{t_1 - t_2}{\frac{\ln(r_2/r_1)}{2\pi L\lambda}} = \frac{\Delta t}{R} \tag{3-7}$$

$$R = \frac{\ln(r_2/r_1)}{2\pi L\lambda}$$

式中，R——圆筒壁的导热热阻。

式(3-7) 即为单层圆筒壁的导热速率方程式，该式也可以写成与平壁导热速率方程式相类似的形式，即

$$Q = \frac{S_m\lambda(t_1 - t_2)}{b} = \frac{S_m\lambda(t_1 - t_2)}{r_2 - r_1} \tag{3-8}$$

将式(3-7) 和式(3-8) 对比，可知

$$S_m = 2\pi \frac{r_2 - r_1}{\ln(r_2/r_1)} L = 2\pi r_m L$$

或

$$S_m = \frac{2\pi r_2 L - 2\pi r_1 L}{\ln\frac{2\pi r_2 L}{2\pi r_1 L}} = \frac{S_2 - S_1}{\ln\frac{S_2}{S_1}}$$

式中，r_m——圆筒壁的对数平均半径，m，$r_m = \frac{r_2 - r_1}{\ln(r_2/r_1)}$；$S_m$——圆筒壁的对数平均面积，$m^2$。

当 $0.5 \leqslant r_2/r_1 \leqslant 2$ 时，上述各式中的对数平均值可用算术平均值代替。

（2）多层圆筒壁导热　在工程上，多层圆筒壁的导热情况也比较常见。例如：在高温或低温管道的外部包上一层乃至多层隔热材料，以减少热损失（或冷损失）；在反应器或其他容器内衬以工程塑料或其他材料，以减小腐蚀；在换热器内换热管的内、外表面形成污垢等。

以三层圆筒壁为例，如图 3-4 所示，假设各层之间接触良好，各层的热导率分别为 λ_1、λ_2 和 λ_3，厚度分别为 $b_1 = r_2 - r_1$，$b_2 = r_3 - r_2$ 和 $b_3 = r_4 - r_3$，根据串联过程的规律，可写出三层圆筒壁的导热速率方程式为

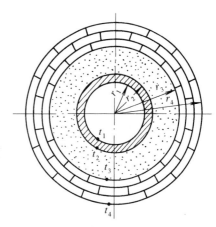

图 3-4 三层圆筒壁导热

$$Q = \frac{\Delta t_1 + \Delta t_2 + \Delta t_3}{R_1 + R_2 + R_3} = \frac{2\pi L(t_1 - t_4)}{\dfrac{\ln(r_2/r_1)}{\lambda_1} + \dfrac{\ln(r_3/r_2)}{\lambda_2} + \dfrac{\ln(r_4/r_3)}{\lambda_3}} \tag{3-9}$$

或

$$Q = \frac{t_1 - t_4}{\dfrac{b_1}{\lambda_1 S_{m1}} + \dfrac{b_2}{\lambda_2 S_{m2}} + \dfrac{b_3}{\lambda_3 S_{m3}}} \tag{3-10}$$

对 n 层圆筒壁有

$$Q = \frac{2\pi L(t_1 - t_{n+1})}{\sum\limits_{i=1}^{n} \dfrac{\ln(r_{i+1}/r_i)}{\lambda_i}} \tag{3-11}$$

或

$$Q = \frac{t_1 - t_{n+1}}{\sum\limits_{i=1}^{n} \dfrac{b_i}{\lambda_i S_{mi}}} \tag{3-12}$$

例 3-3

外径为 0.426m 的蒸汽管道，其外包上一层厚度为 0.200m 的保温层，保温层材料的热导率为 0.50W/(m·℃)。若蒸汽管道与保温层交界面处温度为 180℃，保温层的外表面温度为 40℃，试求每米管长的热损失和保温层内部的温度分布。假定层间接触良好。

解 已知 $r_2 = 0.426/2 = 0.213$m，$t_2 = 180$℃，$r_3 = 0.213 + 0.2 = 0.413$m，$t_3 = 40$℃

则

$$\frac{Q}{L} = \frac{2\pi\lambda(t_2 - t_3)}{\ln\dfrac{r_3}{r_2}} = \frac{2\pi \times 0.50 \times (180 - 40)}{\ln\dfrac{0.413}{0.213}} = 664 \text{W/m}$$

设保温层内半径为 r 处，温度为 t，代入上式，有

$$\frac{2\pi \times 0.50 \times (180 - t)}{\ln\dfrac{r}{0.213}} = 664$$

整理，得 $\quad t = -211.36\ln r - 146.86$

计算结果表明，当热导率为常数时，圆筒壁内温度分布为曲线，而平壁内温度分布为直线，这是平壁导热与圆筒壁导热的又一不同之处。

3.2.2 对流传热

3.2.2.1 对流传热分析

图 3-5 表示了壁面两侧流体的流动情况以及和流动方向垂直的某一截面上流体的温度分布情况。

在湍流主体内，由于流体质点湍动剧烈，所以在传热方向上，流体的温度差极小，各处的温度基本相同，热量传递主要依靠对流进行，传导所起作用很小。在过渡层内，流体的温度发生缓慢变化，传导和对流同时起作用。在滞流内层中，流体仅沿壁面平行流动，在传热方向上没有质点位移，所以热量传递主要依靠传导进行，由

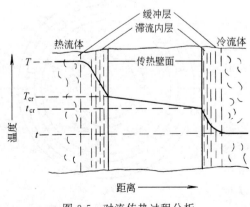

图 3-5 对流传热过程分析

于流体的热导率很小，使滞流内层中的导热热阻很大，因此在该层内流体温度差较大。

由以上分析可知，在对流传热（或称给热）时，热阻主要集中在滞流内层，因此，减薄滞流内层的厚度或破坏滞流内层是强化对流传热的重要途径。

3.2.2.2　对流传热基本方程——牛顿冷却定律

对流传热是一个相当复杂的传热过程，影响因素很多。研究表明，对流传热的速率与传热面积成正比，与流体和壁面间的温差成正比。工程上常用式(3-13)计算对流传热的速率。

$$Q = \frac{\Delta t}{\frac{1}{\alpha S}} = \alpha S \Delta t \tag{3-13}$$

或

$$\frac{Q}{S} = \frac{\Delta t}{\frac{1}{\alpha}} = \alpha \Delta t \tag{3-13a}$$

式中，Q——对流传热（或给热）速率，W；S——对流传热面积，m^2；Δt——流体与壁面（或相反）间温度差的平均值，K；α——对流传热系数（或给热系数），$W/(m^2 \cdot K)$；$1/(\alpha S)$——对流传热热阻，K/W。

式(3-13a)称为牛顿冷却定律。当流体被加热时，$\Delta t = t_w - t$；当流体被冷却时，$\Delta t = T - T_w$。

必须注意，对流传热系数一定要和传热面积及温度差相对应。例如，若热流体在换热器的管内流动，冷流体在换热器的管外流动，则它们的对流传热方程式分别为

$$Q = \alpha_i S_i (T - T_w) \tag{3-14}$$
$$Q = \alpha_o S_o (t_w - t) \tag{3-14a}$$

式中，S_i，S_o——换热器的管内表面积和管外表面积，m^2；α_i，α_o——换热器管内侧和管外侧流体的对流传热系数，$W/(m^2 \cdot K)$。

牛顿冷却定律是将复杂的对流传热问题，用一简单的关系式来表达，实质上是将矛盾集中在对流传热系数 α 上。因此，研究对流传热系数的影响因素及其求取方法，便成为解决对流传热问题的关键。

3.2.2.3　对流传热系数

牛顿冷却定律也是对流传热系数的定义式，即

$$\alpha = \frac{Q}{S \Delta t} \tag{3-15}$$

由上式可知，对流传热系数表示在单位时间内，单位对流传热面积上，流体与壁面（或相反）的温度差为 1K 时，以对流传热方式传递的热量。它反映了对流传热的强度，对流传热系数 α 越大，说明对流传热强度越大，对流传热热阻越小。

对流传热系数 α 不同于热导率 λ，它不是物性，而是受诸多因素影响的一个参数，下面将讨论有关的影响因素。表 3-1 列出了几种对流传热情况下的 α 值，从中可以看出，气体的 α 值最小，载热体发生相变时的 α 值最大，且比气体的 α 值大得多。

表 3-1　α 值的范围

对流传热类型 （无相变）	$\alpha/[W/(m^2 \cdot K)]$	对流传热类型 （有相变）	$\alpha/[W/(m^2 \cdot K)]$
气体加热或冷却	5～100	有机蒸气冷凝	500～2000
油加热或冷却	60～1700	水蒸气冷凝	5000～15000
水加热或冷却	200～15000	水沸腾	2500～25000

（1）影响对流传热系数的因素　　通过理论分析和实验证明，影响对流传热的因素有以下方面。

①　流体的种类及相变情况　　流体的状态不同，如液体、气体和蒸汽，它们的对流传热系数各不相同。流体有无相变，对传热有不同的影响，一般流体有相变时的对流传热系数较无相变时的为大。

②　流体的性质　　影响对流传热系数的因素有热导率、比热容、黏度和密度等。对同一种流体，这些物性又是温度的函数，有些还与压力有关。

③　流体的流动状态　　当流体呈湍流时，随着 Re 的增大，滞流内层的厚度减薄，对流传热系数增大。当流体呈滞流时，流体在传热方向上无质点位移，故其对流体传热系数较湍流时的为小。

④　流体流动的原因　　一般强制对流传热时的对流传热系数较自然对流传热的大，而且可以根据需要调节。

⑤　传热面的形状、位置及大小　　传热面的形状（如管内、管外、板、翅片等）、传热面的方位、布置（如水平或垂直放置、管束的排列方式等）及传热面的尺寸（如管径、管长、板高等）都对对流传热系数有直接的影响。

（2）对流传热系数特征数关联式　　由于影响对流传热系数的因素很多，要建立一个通式来求取各种条件下的对流传热系数是不可能的。目前，常采用量纲分析法，将众多的影响因素（物理量）组合成若干无量纲数群，再通过实验确定各特征数之间的关系，即得到各种条件下的 α 关联式，量纲分析法是一种重要的工程方法。有兴趣的读者可以参见有关资料学习。表3-2 列出了各特征数的名称、符号及意义，供使用 α 关联式时参考。

表 3-2　特征数的名称、符号及意义

特征数名称	符　号	定　义	意　义
努塞尔数	Nu	$\alpha l/\lambda$	对流传热系数
雷诺数	Re	$lu\rho/\mu$	确定流动状态
普朗特数	Pr	$c_p\mu/\lambda$	物性影响
格拉晓夫数	Gr	$\dfrac{gl^3\rho^2\beta\Delta t}{\mu^2}$	自然对流影响

在使用 α 关联式时应注意以下几个方面。

①　应用范围　　关联式可以使用的条件范围，如式中 Re、Pr 等特征数的数值范围等。

②　特征尺寸　　用来表征壁面影响的尺寸，即 Nu、Re 等特征数中 l 应如何取定。

③　定性温度　　决定各特征数中流体物性的温度。

每一个 α 关联式对上述 3 个方面都有明确的规定和说明。

化工生产中的对流传热大致有以下几类：

①　流体无相变时的对流传热，包括强制对流和自然对流；

②　流体有相变时的对流传热，包括蒸汽冷凝和液体沸腾。

每一种类型的对流传热的具体条件（例如流体、管内或管外、层流或湍流等）各不相同。因此，对流传热的特征数关联式数量繁多，又很复杂，在此不一一介绍，如有必要，可参阅有关资料。下面通过一个关联式来说明特征数关联式的应用。其他情况可类似处理。

对在圆形直管内作强制湍流且无相变，其黏度小于 2 倍常温水的黏度的流体，可用下式求取给热系数

$$Nu = 0.023Re^{0.8}Pr^n \tag{3-16}$$

或
$$\alpha = 0.023 \frac{\lambda}{d_i} \left(\frac{d_i u \rho}{\mu}\right)^{0.8} \left(\frac{c_p \mu}{\lambda}\right)^n \tag{3-16a}$$

式中，n 值随热流方向而异，当流体被加热时，$n=0.4$；当流体被冷却时，$n=0.3$。

应用范围：$Re>10000$，$0.7<Pr<120$，管长与管径比 $L/d_i \geqslant 60$。若 $L/d_i<60$，需将由式(3-16a)算得的 α 乘以 $[1+(d_i/L)^{0.7}]$ 加以修正。

特征尺寸：Nu、Pr 特征数中的 l 取管内径 d_i。

定性温度：取为流体进、出口温度的算术平均值。

(3) 提高对流传热系数的措施　提高对流传热系数，即减小对流传热热阻，是强化对流传热的关键。

① 无相变时的对流传热　由式(3-16a)可以看出，在流体一定、温度一定的情况下，流体的物性均为定值，此时，式(3-16a)可以写成

$$\alpha = B \frac{u^{0.8}}{d^{0.2}} = B' \frac{q_V^{0.8}}{d^{1.8}}$$

式中，B、B' 均为常数。上式表明增大流速和减小管径都能增大对流传热系数，但以增大流速更为有效。当流量一定时，管路直径的减小对流传热系数增加很快，但在工程上通过改变流量来控制传热更为方便。这一规律对流体无相变时的其他情况也基本适用。

此外，不断改变流体的流动方向，也能使 α 得到提高。如将传热面由光滑变为不光滑、管内加填料、管外加挡板等。

目前，在列管换热器中，为提高 α，通常采取如下具体措施：在管程方面，采用多程结构，可使流速成倍增加，流动方向不断改变，从而大大提高了 α，但当程数增加时，流动阻力会随之增大，故需全面权衡；在壳程方面，也可采用多程，即装设纵向隔板，但限于制造、安装及维修上的困难，工程上一般不采用多程结构，而广泛采用折流挡板，这样，不仅可以局部提高流体在壳程内的流速，而且迫使流体多次改变流向，从而强化了对流传热。

② 有相变时的对流传热　流体在换热器中进行加热或冷却时，发生相变的传热称为有相变的对流传热，包括冷凝传热和沸腾传热两种。通常，有相变时的对流传热系数比没有相变时的对流传热系数高，甚至高很多。

蒸汽冷凝的对流传热是指气态热流体经过换热器时，因失去热量而部分或全部冷凝为液体的传热过程。分为膜状冷凝和滴状冷凝两种。当冷凝液能润湿换热壁面时，就会在壁面上形成一层液膜，蒸汽在液膜表面冷凝放出潜热，再通过这层液膜传给壁面，该过程为膜状冷凝，液膜是冷凝传热的主要热阻；当冷凝液不能润湿壁面时，冷凝液以液滴的形态附着在壁面上，并在增长到一定尺寸后沿壁面滚落或滴下，蒸汽直接在壁面上冷凝放出潜热，该过程为滴状冷凝。显然，滴状冷凝时的对流传热系数比膜状冷凝时要大，通常大5~10倍或更多。但在实际换热过程中，滴状冷凝不稳定，通常是膜状冷凝，所以冷凝传热设备一般按膜状冷凝设计。必须指出，实际换热过程中，为了提高蒸汽冷凝的传热系数，必须及时排放冷凝液和不凝性气体。在换热器加工过程中，也可以将换热面做成沟槽状，以阻止液膜的形成或破坏已经形成的液膜。

液体沸腾的对流传热是指液态冷流体经过换热器时，因得到热量而部分或全部汽化为蒸汽的传热过程。分为管内沸腾和大容器内沸腾两种。管内沸腾是指液体以一定流速流经加热管时所发生的沸腾现象，此时沸腾产生的气泡不能自由上浮，只能与液体混在一起形成管内汽液两相流，如蒸发器加热管内溶液的沸腾；大容器内沸腾是指换热面相对于被加热液体来说是比较小的沸腾，沸腾产生的气泡可以自由离开换热面，如夹套加热釜中液体的沸腾。沸腾传热时，气泡的扰动加快了传热的速度，其对流传热系数较没有相变时要大，甚至大得多。实践证明，

提高换热面的粗糙度或加入适当的添加剂（比如乙醇、丙酮等）均能有效改善沸腾传热效果。

3.2.3 辐射传热

任何物体，只要其温度高于绝对零度，都会不停地向外界辐射能量，同时，又不断地吸收来自外界其他物体的辐射能。当物体向外界辐射的能量与从外界吸收的辐射能不相等时，该物体与外界就必然产生热量传递，这种传热方式称为辐射传热。

3.2.3.1 物体的辐射能力

从理论上说，物体可同时发射波长为 $0 \sim +\infty$ 的各种电磁波。但是，在工业上所遇到的温度范围内，有实际意义的热辐射波长位于 $0.38 \sim 1000\mu m$，而且大部分集中在红外线区段的 $0.76 \sim 20\mu m$ 范围内。

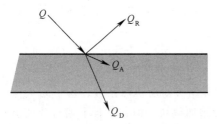

图 3-6　辐射能的吸收、反射和穿透

和可见光一样，来自外界的辐射能投射到物体表面时，也会发生吸收、反射和穿透现象，如图 3-6 所示。假设外界投射到物体表面的总能量为 Q，其中一部分 Q_A 物体被吸收，一部分 Q_R 被物体反射，其余部分 Q_D 穿透物体。根据能量守恒定律

$$Q = Q_A + Q_R + Q_D$$

或

$$\frac{Q_A}{Q} + \frac{Q_R}{Q} + \frac{Q_D}{Q} = 1$$

式中，各比值依次称为该物体对投入辐射的吸收率、反射率和穿透率，并分别用符号 A、R、D 表示。上式可写成

$$A + R + D = 1 \tag{3-17}$$

固体和液体不允许热辐射透过，$D = 0$，则 $A + R = 1$；而气体对热辐射基本没有反射能力，即 $R = 0$，所以 $A + D = 1$。

能够将外来热辐射全部吸收（$A = 1$）的物体称为黑体，黑体是一种理想物体，实际物体只是或多或少地接近于黑体，但没有绝对的黑体。引入黑体的概念是为了研究其他物体的热辐射建立一个标准。必须注意，黑体并非黑色物体。

（1）黑体的辐射能力　物体的辐射能力是指一定温度下，单位时间单位物体表面向外界发射的全部波长的总能量。黑体的辐射能力可用下式计算

$$E_b = C_0 \left(\frac{T}{100} \right)^4 \tag{3-18}$$

式中，E_b——黑体的辐射能力，W/m^2；C_0——黑体辐射系数，其值为 $5.67W/(m^2 \cdot K^4)$；T——黑体表面的温度，K。

（2）实际物体的辐射能力与吸收能力　理论研究和实验表明，相同温度下，实际物体的辐射能力恒小于黑体的辐射能力。人们把实际物体的辐射能力和同温下黑体的辐射能力的比值称为该物体的黑度，用 ε 表示。

$$\varepsilon = \frac{E}{E_b}$$

所以，实际物体的辐射能力为

$$E = \varepsilon E_b = \varepsilon C_0 \left(\frac{T}{100} \right)^4 \tag{3-19}$$

黑度表示了物体辐射能力的大小，黑度越大，物体的辐射能力也越大，黑体的黑度等于1，实际物体的黑度恒小于1。黑度不是指物体的颜色，而是表明物体接近黑体的程度，例如，雪是白色的，但其黑度却接近于1。实验表明，黑度与物体的种类、表面状况以及表面温度等

因素有关，是物体自身的一种性质，与外界无关。物体的黑度可由实验测得。一些常用材料的黑度可查阅有关书籍。

黑体能够全部吸收投入其上的辐射能，其吸收率 $A=1$。实际物体只能部分地吸收投入其上的辐射能，且物体的吸收率与辐射能的波长有关。实验表明，对于波长在 $0.76\sim20\mu m$ 范围内的辐射能，即工业上应用最多的热辐射，可以认为物体的吸收率为常数，并且等于其黑度，即

$$A=\varepsilon$$

由此可知，物体的辐射能力越大，其吸收能力也越大，即善于辐射者必善于吸收。

3.2.3.2 辐射传热速率

辐射传热实际上是物体间相互辐射和吸收能量的总结果。两固体之间的辐射传热速率可以用下式进行计算

$$Q=C_{1\text{-}2}S\varPhi\left[\left(\frac{T_1}{100}\right)^4-\left(\frac{T_2}{100}\right)^4\right] \tag{3-20}$$

式中，T_1、T_2——高温和低温物体的表面温度；$C_{1\text{-}2}$——总辐射系数；S——有效辐射面积；$\varPhi$——修正系数，称为角系数，表示一物体向外辐射的能量能够到达另一物体的分数。表3-3列出了工业上几种常见情况下的总辐射系数的计算式。

表 3-3　工业上几种常见情况下的总辐射系数的计算式

序号	物体间的相对位置	计算面积 S	角系数 $\varPhi$	总辐射系数 $C_{1\text{-}2}$
1	很大物体包住另一物体 $S_1/S_2\approx0$	S_1	1	$\varepsilon_1 C_0$
2	物体恰好包住另一物体 $S_1/S_2\approx1$	S_1	1	$\dfrac{C_0}{1/\varepsilon_1+1/\varepsilon_2-1}$
3	在1、2两情况之间	S_1	1	$\dfrac{C_0}{1/\varepsilon_1+S_1/S_2(1/\varepsilon_2-1)}$

注：下标1表示内物体，下标2表示外物体。

3.2.3.3 影响辐射传热的主要因素

(1) 温度的影响　由式(3-20)可知，辐射传热速率并不正比于温度差，而是正比于温度的4次方之差。这样，同样的温差在高温时的传热速率将远大于低温时的传热速率。例如，$T_1=800K$、$T_2=780K$ 与 $T_1=300K$、$T_2=280K$ 两者温差相等，但在其他条件相同时，其辐射传热速率相差几乎20倍。因此，在低温传热时，辐射的影响总是可以忽略；在高温传热时，热辐射不但不能忽略，有时甚至占主导地位。

(2) 几何位置的影响　同样由式(3-20)可知，辐射传热速率与角系数 $\varPhi$ 成正比。角系数的大小取决于两物体之间的方位与距离。一般来说，距离越远，角系数越小，但对两无限大的平壁或一物体包住另一物体，距离的变化不会影响辐射系数，其值总是等于1。

(3) 黑度的影响　由表3-3可知，总辐射系数 $C_{1\text{-}2}$ 与物体的表面黑度有关。工程上，可以通过改变物体表面黑度的方法来强化或削弱辐射传热。例如，为增加电气设备的散热能力，可在其表面涂上黑度很大的油漆；而为了减少辐射传热，可在物体表面镀以黑度很小的银、铝等。

(4) 物体之间介质的影响　以上对辐射传热的讨论，都假定两表面间的介质为透热体（$D=1$），实际上，某些气体也具有发射和吸收辐射能的能力，因此，气体的存在对物体的辐射传热必有影响。此外，有时为削弱物体之间的辐射传热，常在两物体之间插入反射能力强的薄板（称为遮热板）来阻挡辐射传热。

3.2.3.4 对流-辐射联合传热

在化工生产中，许多设备和管道的外壁温度往往高于周围环境温度，此时热量将以对流和

辐射两种方式散失于周围环境中。为了减少热损（失），许多设备如换热器、塔器和蒸汽管道等都必须进行保温。设备的热损应等于对流传热和辐射传热之和，若分别计算，会使得过程非常繁杂，工程上往往把对流-辐射联合作用下的总热损一并计算，计算式为

$$Q = \alpha_T S_w (t_w - t) \tag{3-21}$$

式中，α_T——对流-辐射联合传热系数，W/（$m^2 \cdot$ K）；S_w——设备或管道的外壁面积，m^2；t_w，t——设备或管道的外壁温度和周围环境温度，K。

对流-辐射联合传热系数 α_T 可用如下经验式估算。

（1）室内（$t_w < 150℃$，自然对流）

对圆筒壁（$D < 1m$） $\qquad\qquad \alpha_T = 9.42 + 0.052(t_w - t)$ $\qquad$ (3-22)

对平壁（或 $D \geq 1m$ 的圆筒壁） $\qquad \alpha_T = 9.77 + 0.07(t_w - t)$ $\qquad$ (3-23)

（2）室外

$$\alpha_T = \alpha_0 + 7\sqrt{u} \tag{3-24}$$

式中，u——风速，m/s；对于保温壁面，一般取 $\alpha_0 = 11.63$ W/（$m^2 \cdot$ K）；对于保冷壁面，一般取 $\alpha_T = 7 \sim 8$ W/（$m^2 \cdot$ K）。

例 3-4

有一室外蒸汽管道，敷上保温层后外径为 0.4m，已知其外壁温度为 33℃，周围空气的温度为 25℃，平均风速为 2m/s。试求每米管道的热损。

解 由式（3-24）可知联合传热系数为

$$\alpha_T = \alpha_0 + 7\sqrt{u} = 11.63 + 7\sqrt{2} = 21.53 \text{W/（m}^2 \cdot \text{K)}$$

由式（3-21）有

$$Q = \alpha_T S_w (t_w - t) = \alpha_T \pi d L (t_w - t)$$

即 $\quad Q/L = \alpha_T \pi d (t_w - t) = 21.53\pi \times 0.4 \times (33 - 25) = 216.44 \text{W/m}$

3.3 间壁传热

如图 3-7 所示，热、冷流体在间壁式换热器内被固体壁面（如列管换热器的管壁）隔开，它们分别在壁面的两侧流动，热量由热流体通过壁面传给冷流体的过程为：热流体以对流传热（给热）方式将热量传给壁面一侧，壁面以导热方式将热量传到壁面另一侧，再以对流传热（给热）方式传给冷流体。研究和探讨间壁式换热器内热流体与冷流体之间如何进行换热，受哪些因素的影响，怎样提高传热速率，是传热要解决的重点问题。

3.3.1 总传热速率方程及其应用

与其他传递过程类似，传热速率可表示为

$$传热速率 = \frac{传热推动力（温度差）}{传热阻力（热阻）} = \frac{\Delta t}{R}$$

传热过程的推动力即为温度差，非常直观；传热过程的热阻却受很多因素的影响。提高传热速率的关键在于减小传热热阻。因此，了解各种传热过程的热阻的意义及其计算方法是十分重要的。

间壁式换热器的传热速率与换热器的传热面积、传热推动力等有关。理论证明：传热速率与传热面积成正比，与传热推动力成正比，即

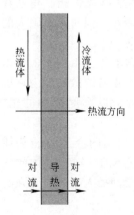

图 3-7 间壁两侧流体间的传热

$$Q \propto S \Delta t_m$$

引入比例系数，写成等式，即

$$Q = KS \Delta t_m \qquad (3-25)$$

或

$$Q = \frac{\Delta t_m}{\dfrac{1}{KS}} = \frac{\Delta t_m}{R} \qquad (3-25a)$$

$$q = \frac{Q}{S} = \frac{\Delta t_m}{\dfrac{1}{K}} = \frac{\Delta t_m}{R'} \qquad (3-25b)$$

式中，Q——传热速率，W；q——热通量，W/m²；K——传热系数，W/(m²·K)；S——传热面积，m²；Δt_m——换热器的传热推动力，或称平均传热温度差，K；R——传热热阻，K/W，$R = 1/(KS)$。

式(3-25)称为传热基本方程，又称总传热速率方程。有关传热规律、传热计算，以及强化传热等内容的学习，都将以该方程为核心和基础。

化工过程的传热问题可分为两类：一类是设计型问题，即根据生产要求，选定（或设计）换热器；另一类是操作型问题，即对于给定换热器，当操作条件变化或换热任务变化时，如何应对。下面以设计型问题为例分析解决传热问题要涉及的有关内容。

完成一定的传热任务，所需的换热面积是选择（或设计）换热器的核心。传热面积由传热基本方程确定，即

$$S = \frac{Q}{K \Delta t_m} \qquad (3-26)$$

由上式可知，要计算传热面积，必须先求得传热速率 Q、平均传热温度差 Δt_m 以及传热系数 K。

3.3.2 热量衡算

3.3.2.1 传热速率与热负荷

（1）热负荷 化工生产中，为了达到一定的生产目的，将热、冷流体在换热器内进行换热，要求换热器在单位时间内完成的传热量称为换热器的热负荷，它取决于生产任务。

（2）热负荷与传热速率的关系 传热速率是换热器单位时间内能够传递的热量，是换热器的生产能力，主要由换热器自身的性能决定；热负荷是生产上要求换热器必须完成的生产任务。为保证换热器完成传热任务，应使换热器的传热速率大于或至少等于其热负荷。

在换热器的选型（或设计）中，计算所需传热面积时，由式(3-26)可知，需要先知道传热速率，但当换热器还未选定或设计出来之前，传热速率是无法确定的。而其热负荷则可由生产任务求得。所以，在换热器的选型（或设计）中，一般按如下方式处理：先用热负荷代替传热速率，由式(3-26)求得传热面积后，再考虑一定的安全裕量。这样选择（或设计）出来的换热器，就一定能够按要求完成传热任务。

3.3.2.2 热量衡算与热负荷的确定

（1）热量衡算 对于间壁式换热器，以单位时间为基准，换热器中热流体放出的热量（或称热流体的传热量）等于冷流体吸收的热量（或称冷流体的传热量）加上散失到环境中的热量（热量损失，简称热损），即

$$Q_h = Q_c + Q_L \qquad (3-27)$$

式中，Q_h——热流体放出的热量，kJ/h 或 kW；Q_c——冷流体吸收的热量，kJ/h 或 kW；Q_L——热损，kJ/h 或 kW。

热量衡算用于确定加热剂或冷却剂的用量或确定一端的温度。

（2）热负荷的确定　当换热器保温性能良好，热损可以忽略不计时，式(3-27)可写为

$$Q_h = Q_c \tag{3-27a}$$

此时，热负荷取 Q_h 或 Q_c 均可。

当换热器的热损不能忽略时，必定有 $Q_h \neq Q_c$，此时，热负荷取 Q_h 还是 Q_c，需根据具体情况而定。

必须指出，热负荷是要求换热器传热面承担的传热量。分析下面两种情况，可以得出热负荷应如何确定的结论。

以套管换热器为例。如图 3-8(a) 所示，热流体走管程，冷流体走壳程，可以看出，此时经过传热面（间壁）传递的热量为热流体放出的热量，因此热负荷应取 Q_h；再如图 3-8(b) 所示，冷流体走管程，热流体走壳程，经过传热面传递的热量为冷流体吸收的热量，因此热负荷应取 Q_c。

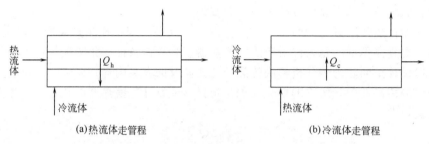

图 3-8　热负荷的确定

总之，哪种流体走管程，就应取该流体的传热量作为换热器的热负荷。

（3）传热量的计算

① 显热的计算　物质在相态不变而温度变化时吸收或放出的热量，称为显热。若流体在换热过程中没有相变化，且流体的比热容可视为常数或可取为流体进、出口平均温度下的比热容时，其传热量可按下式计算

$$Q_h = q_{mh} c_{ph} (T_1 - T_2) \tag{3-28}$$
$$Q_c = q_{mc} c_{pc} (t_2 - t_1) \tag{3-28a}$$

式中，q_{mh}，q_{mc}——热、冷流体的质量流量，kg/h；c_{ph}，c_{pc}——热、冷流体的定压比热容，kJ/(kg·K)；T_1，T_2——热流体的进、出口温度，K；t_1，t_2——冷流体的进、出口温度，K。

注意 c_p 的求取：一般由流体换热前后的平均温度（即流体进出换热器的平均温度）$(T_1 + T_2)/2$ 或 $(t_1 + t_2)/2$ 查得。

② 潜热的计算　流体温度不变而相态发生变化时吸收或放出的热量，叫潜热。若流体在换热过程中仅仅发生相变化（饱和蒸汽变为饱和液体或反之），而没有温度变化，其传热量可按下式计算

$$Q_h = q_{mh} r_h \tag{3-29}$$
$$Q_c = q_{mc} r_c \tag{3-29a}$$

式中，r_h，r_c——热、冷流体的汽化潜热，kJ/kg，可从《化学工程手册》中查得。

若流体在换热过程中既有相变化又有温度变化，则可把上述两种方法联合起来求取其传热量。例如，饱和蒸汽冷凝后，冷凝液出口温度低于饱和温度（或称冷凝温度）时，其传热量可按下式计算

$$Q_h = q_{mh}[r_h + c_{ph}(T_s - T_2)] \tag{3-30}$$

式中，T_s——冷凝液的饱和温度，K。

③ 焓差法计算传热量　若能够得知流体进、出状态时的焓，则不需考虑流体在换热过程中能否发生相变，其传热量均可按下式计算

$$Q_h = q_{mh}(I_{h1} - I_{h2}) \tag{3-31}$$

$$Q_c = q_{mc}(I_{c2} - I_{c1}) \tag{3-31a}$$

式中，I_{h1}，I_{h2}——热流体进、出状态时的焓，kJ/kg；I_{c1}，I_{c2}——冷流体进、出状态时的焓，kJ/kg。

需要注意的是，当流体为几个组分的混合物时，很难直接查到其比热容、汽化潜热和焓。此时，工程上常常采用加权平均法近似计算，即

$$B_m = \sum (B_i x_i) \tag{3-32}$$

式中，B_m——代表混合物中的 c_{pm} 或 r_m 或 I_m；B_i——代表混合物中 i 组分的 c_p 或 r 或 I；x_i——混合物中 i 组分的分数，c_p 或 r 或 I 如果是以 kg 计，用质量分数；如果是以 kmol 计，则用摩尔分数。

例 3-5

在套管换热器内用 0.16MPa 的饱和蒸汽加热空气，饱和蒸汽的消耗量为 10kg/h，冷凝后进一步冷却到 100℃，空气流量为 420kg/h，进、出口温度分别为 30℃和 80℃。空气走管程，蒸汽走壳程。试求：①热损；②换热器的热负荷。

解　① 在本题中，要求得热损，必须先求出两流体的传热量。

a. 蒸汽的传热量

对于蒸汽，既有相变，又有温度变化，可用式(3-30) 或式(3-31) 进行计算。

从附录中查得 $p = 0.16$MPa 的饱和蒸汽的有关参数：

$$T_s = 113℃, \quad r_h = 2224.2\text{kJ/kg}, \quad I_{h1} = 2698.1\text{kJ/kg}$$

已知 $T_2 = 100℃$，则其平均温度 $T_m = (113+100)/2 = 106.5℃$

从附录中查得此温度下水的比热容 $c_{ph,m} = 4.23\text{kJ/(kg·K)}$

由式(3-30) 有

$$\begin{aligned}
Q_h &= q_{mh}[r_h + c_{ph,m}(T_s - T_2)] \\
&= (10/3600) \times [2224.2 + 4.23 \times (113-100)] \\
&= 6.33\text{kW}
\end{aligned}$$

从附录中查得 100℃时水的焓 $I_{h2} = 418.68\text{kJ/kg}$

由式(3-28a) 有

$$\begin{aligned}
Q_h &= q_{mh}(I_{h1} - I_{h2}) \\
&= (10/3600) \times (2698.1 - 418.68) \\
&= 6.33\text{kW}
\end{aligned}$$

需要注意的是：有时由于物性数据来源不同，用不同方法的计算结果会略有不同，是正常的。

b. 空气的传热量

空气的进出口平均温度为 $t_m = (30+80)/2 = 55℃$

从附录中查得此温度下空气的比热容 $c_{pc,m} = 1.005\text{kJ/(kg·K)}$。由式(3-31) 有

$$Q_c = q_{mc}c_{pc,m}(t_2 - t_1)$$
$$= (420/3600) \times 1.005 \times (80 - 30)$$
$$= 5.86\text{kW}$$

热损 $Q_l = Q_h - Q_c = 6.33 - 5.86 = 0.47\text{kW}$

② 因为空气走管程，所以换热器的热负荷应为空气的传热量，即
$$Q = Q_c = 5.86\text{kW}$$

3.3.3 传热推动力的计算

在传热基本方程中，Δt_m 为换热器的传热温度差，代表整个换热器的传热推动力。但大多数情况下，换热器在传热过程中各传热截面的传热温度差各不相同，需要取某个平均值作为整个换热器的传热推动力，此平均值称为平均传热温度差（或称平均传热推动力）。

平均传热温度差的大小及计算方法与换热器中两流体的相互流动方向及温度变化情况有关。

换热器中两流体间有不同的流动形式。若两流体的流动方向相同，称为并流；若两流体的流动方向相反，称为逆流；若两流体的流动方向垂直交叉，称为错流；若一流体沿一方向流动，另一流体反复折流，称为简单折流；若两流体均作折流，或既有折流，又有错流，称为复杂折流。通常套管换热器中可实现完全的并流或逆流，如图 3-9 所示。列管换热器中则可采用以上所介绍的各种流动型式。

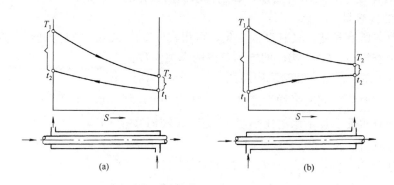

图 3-9   变温传热时的温度差变化

3.3.3.1   恒温传热时的平均传热温度差

当两流体在换热过程中均只发生相变时，热流体温度 T 和冷流体温度 t 都始终保持不变，称为恒温传热。此时，各传热截面的传热温度差完全相同，并且流体的流动方向对传热温度差也没有影响。换热器的传热推动力可取任一传热截面上的温度差，即 $\Delta t_m = T - t$。蒸发操作中，使用饱和蒸汽作为加热剂，溶液在沸点下汽化时，其传热过程可近似认为是恒温传热。还有些过程虽然没有发生相变，但由于温度变化不大，也可以近似视为恒温传热，要具体过程具体分析。

3.3.3.2   变温传热时的平均传热温度差

大多数情况下，间壁一侧或两侧的流体温度沿换热器管长而变化，称为变温传热，如图 3-9 所示。变温传热时，各传热截面的传热温度差各不相同。由于两流体的流向不同，对平均温度差的影响也不相同，故需分别讨论。

（1）并流、逆流时的平均传热温度差　如图3-9所示的套管换热器中，由热量衡算和传热基本方程联立可推导得到并流、逆流时的平均传热温度差计算式如下

$$\Delta t_m = \frac{\Delta t_1 - \Delta t_2}{\ln \dfrac{\Delta t_1}{\Delta t_2}} \tag{3-33}$$

式中，Δt_m——对数平均温度差，K；Δt_1，Δt_2——分别为换热器两端热、冷流体温度差，K。

当 $\dfrac{1}{2} \leqslant \dfrac{\Delta t_1}{\Delta t_2} \leqslant 2$ 时，可近似用算术平均值 $\dfrac{\Delta t_1 + \Delta t_2}{2}$ 代替对数平均值，其误差不超过 4%。

例 3-6

在套管换热器内，热流体温度由 90℃ 冷却到 70℃，冷流体温度由 20℃ 上升到 60℃。试分别计算：①两流体作逆流和并流时的平均温度差；②若操作条件下换热器的热负荷为 585kW，其传热系数 K 为 300W/(m²·K)，两流体作逆流和并流时所需换热器的传热面积。

解　① 平均传热推动力

逆流时　热流体温度 T　90℃ $\longrightarrow$ 70℃

　　　　冷流体温度 t　60℃ $\longleftarrow$ 20℃

　　　　两端温度差 Δt　　30℃　　　50℃

所以
$$\Delta t_m = \frac{\Delta t_1 - \Delta t_2}{\ln \dfrac{\Delta t_1}{\Delta t_2}} = \frac{50 - 30}{\ln \dfrac{50}{30}} = 39.2℃$$

由于 50/30＜2，也可近似取算术平均值法，即

$$\Delta t_m = \frac{50 + 30}{2} = 40℃$$

并流时　热流体温度 T　90℃ $\longrightarrow$ 70℃

　　　　冷流体温度 t　20℃ $\longrightarrow$ 60℃

　　　　两端温度差 Δt　　70℃　　　10℃

所以
$$\Delta t_m = \frac{\Delta t_1 - \Delta t_2}{\ln \dfrac{\Delta t_1}{\Delta t_2}} = \frac{70 - 10}{\ln \dfrac{70}{10}} = 30.8℃$$

② 所需传热面积

逆流时
$$S = \frac{Q}{K \Delta t_m} = \frac{585 \times 10^3}{300 \times 39.2} = 49.74 m^2$$

并流时
$$S = \frac{Q}{K \Delta t_m} = \frac{585 \times 10^3}{300 \times 30.8} = 63.31 m^2$$

（2）错流、折流时的平均传热温度差　在大多数换热器中，为了强化传热或加工方便等原因，两流体的流动可能是比较复杂的错流或折流，如图3-10所示。生产中还有更复杂的流动情况。

对于错流和折流时平均传热温度差的求取，由于其复杂性，不能像并流、逆流那样，直接

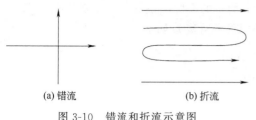

(a) 错流   (b) 折流

图 3-10 错流和折流示意图

推导出其计算式。通常的求取方法是，先按逆流计算对数平均温度差 $\Delta t_m'$，再乘以校正系数 $\varphi_{\Delta t}$，即

$$\Delta t_m = \varphi_{\Delta t} \Delta t_m' \tag{3-34}$$

式中，$\varphi_{\Delta t}$——温度差校正系数，其大小与流体的温度变化有关，可表示为两参数 R 和 P 的函数。即

$$\varphi_{\Delta t} = f(R, P)$$

$$P = \frac{t_2 - t_1}{T_1 - t_1} = \frac{\text{冷流体的温升}}{\text{两流体的最初温度差}}$$

$$R = \frac{T_1 - T_2}{t_2 - t_1} = \frac{\text{热流体的温降}}{\text{冷流体的温升}}$$

$\varphi_{\Delta t}$ 可根据 R 和 P 两参数，由图 3-11 查取。图 3-11 中(a)、(b)、(c)、(d)分别为单壳程、二壳程、三壳程、四壳程，每个壳程内的管程可以是 2、4、6、8 程，对于其他流向的 $\varphi_{\Delta t}$ 值可从有关传热手册及书籍中查得。为了提高热量传热效率，通常换热器的 $\varphi_{\Delta t}$ 必须大于 0.8。这种先按一种相对简单的情形处理问题，再校正或过渡到处理相对复杂问题的办法在工程上是常用的，值得借鉴。

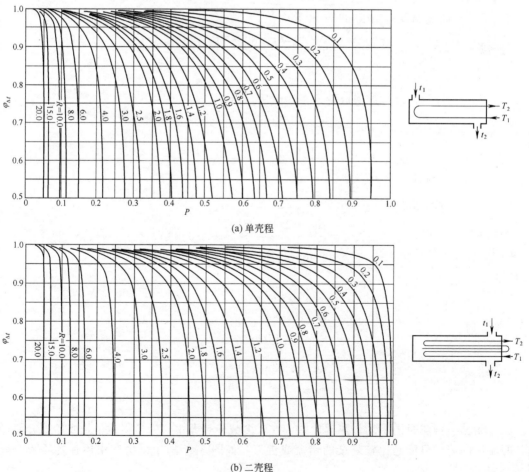

(a) 单壳程

(b) 二壳程

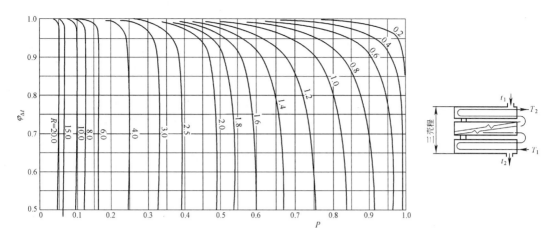

(c) 三壳程

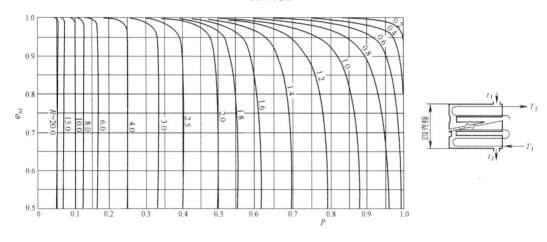

(d) 四壳程

图 3-11　温度差校正系数 $\varphi_{\Delta t}$ 值

例 3-7

　　在单壳程、二管程的列管换热器中,用水冷却热油。水走管程,进口温度为 20℃,出口温度为 40℃;热油走壳程,进口温度为 100℃,出口温度为 50℃。试求平均传热温度差。

　　解　按逆流计算,即

$$\Delta t_m{}' = \frac{\Delta t_1 - \Delta t_2}{\ln \dfrac{\Delta t_1}{\Delta t_2}} = \frac{(100-40)-(50-20)}{\ln \dfrac{100-40}{50-20}} = 43.3℃$$

按错流计算,因为

$$P = \frac{t_2 - t_1}{T_1 - t_1} = \frac{40-20}{100-20} = 0.25, \quad R = \frac{T_1 - T_2}{t_2 - t_1} = \frac{100-50}{40-20} = 2.5$$

由图 3-11(a) 查得 $\varphi_{\Delta t} = 0.89$,所以

$$\Delta t_m = \varphi_{\Delta t} \Delta t_m{}' = 0.89 \times 43.3 = 38.5℃$$

　　(3) 不同流向传热温度差的比较　在热、冷流体的进、出口温度完全相同的情况下,不同

流向的平均传热温度差可能是不一样的。

① 一侧恒温一侧变温的传热。平均温度差的大小与流向无关，即 $\Delta t_{m逆} = \Delta t_{m错,折} = \Delta t_{m并}$。

② 两侧均变温的传热。平均温度差的大小与流向有关，逆流时最大，并流时最小，$\Delta t_{m逆} > \Delta t_{m错,折} > \Delta t_{m并}$。

生产中为提高传热推动力，尽量采用逆流。例如在换热器的热负荷和传热系数一定时，若载热体的流量一定，可减小所需传热面积，从而节省设备投资费用（参见例 3-6）；若传热面积一定，则可减小加热剂（或冷却剂）用量，从而降低操作费用（参见例 3-8）。但出于某些其他方面的考虑时，则采用其他流向。例如当工艺要求被加热流体的终温不高于某一定值，或被冷却流体的终温不低于某一定值时，采用并流比较容易控制，从图 3-9 可以看出，采用并流时，进口端温差较大，对加热黏度较大的冷流体较为适宜，因为此时冷流体进入换热器后温度可迅速提高，黏度降低，有利于提高传热效果；错流或折流虽然平均温差比逆流低，但可以有效地降低传热热阻，而降低热阻往往比提高传热推动力更为有利，所以工程上错流或折流仍然是多见的。

例 3-8

在一传热面积 S 为 50m^2 的列管换热器中，采用并流操作，用冷却水将热油从 110℃ 冷却至 80℃，热油放出的热量为 400kW，冷却水的进、出口温度分别为 30℃ 和 50℃。忽略热损。①计算并流时冷却水用量和平均传热温度差；②如果采用逆流，仍然维持油的流量和进、出口温度不变，冷却水进口温度不变，试求冷却水的用量和出口温度。（假设两种情况下换热器的传热系数 K 不变）

解 ① 并流时，从附录中查得 $(30+50)/2 = 40$℃下，水的比热容为 4.174kJ/(kg·K)，则冷却水用量为

$$q_m = \frac{Q}{c_p(t_2 - t_1)} = \frac{400 \times 3600}{4.174 \times (50-30)} = 1.725 \times 10^4 \text{kg/h}$$

平均传热温度差为

$$\Delta t_m = \frac{\Delta t_1 - \Delta t_2}{\ln \dfrac{\Delta t_1}{\Delta t_2}} = \frac{(110-30)-(80-50)}{\ln \dfrac{110-30}{80-50}} = 51℃$$

② 采用逆流后，换热器的传热面积 S、传热系数 K 及热负荷 Q 均不变，则其平均传热温度差也和并流时相同，故有

$$\Delta t_m = 51℃$$

假设此时 $\Delta t_1 / \Delta t_2 \leqslant 2$，则可用算术平均值，即

$$\Delta t_m = \frac{(110-t_2)+(80-30)}{2} = 51℃$$

解得 $\qquad\qquad\qquad\qquad t_2 = 58℃$

则 $\Delta t_1 = 110-58 = 52$℃，$\Delta t_2 = 80-30 = 50$℃，$\Delta t_1 / \Delta t_2 = 52/50 < 2$，假设正确。因此，冷却水的出口温度为 $t_2 = 58$℃。

从附录五查得 $(30+58)/2 = 44$℃时，水的比热容为 4.174kJ/(kg·K)，则逆流时冷却水用量为

$$q_m = \frac{Q}{c_p(t_2 - t_1)} = \frac{400 \times 3600}{4.174 \times (58-30)} = 1.232 \times 10^4 \text{kg/h}$$

3.3.4 传热系数的获取方法

在换热器的工艺计算中，传热系数 K 的来源主要有以下 3 个方面。

3.3.4.1 取经验值

选取工艺条件相仿、设备类似而又比较成熟的经验数据。表 3-4 列出了列管换热器对于不同流体在不同情况下的传热系数的大致范围，可供参考。

表 3-4　列管换热器中 K 值的大致范围

热 流 体	冷流体	传热系数 $K/[\mathrm{W}/(\mathrm{m}^2 \cdot \mathrm{K})]$	热 流 体	冷流体	传热系数 $K/[\mathrm{W}/(\mathrm{m}^2 \cdot \mathrm{K})]$
水	水	850～1700	低沸点烃类蒸气冷凝（常压）	水	455～1140
轻油	水	340～910	高沸点烃类蒸气冷凝（减压）	水	60～170
重油	水	60～280	水蒸气冷凝	水沸腾	2000～4250
气体	水	17～280	水蒸气冷凝	轻油沸腾	455～1020
水蒸气冷凝	水	1420～4250	水蒸气冷凝	重油沸腾	140～425
水蒸气冷凝	气体	30～300			

3.3.4.2 现场测定

对于已有的换热器，可以测定有关数据，如设备的尺寸、流体的流量和进出口温度等，然后求得传热速率 Q、传热温度差 Δt 和传热面积 S，再由传热基本方程计算 K 值。这样得到的 K 值可靠性较高，但是其使用范围受到限制，只有与所测情况相一致的场合（包括设备的类型、尺寸、流体性质、流动状况等）才准确。但若使用情况与测定情况相似，所测 K 值仍有一定参考价值。

实测 K 值的意义，不仅可以为换热器计算提供依据，而且可以分析了解换热器的性能，寻求提高换热器传热能力的途径。

3.3.4.3 公式计算

传热系数 K 的计算公式可利用串联热阻叠加原理导出。前已述及，在间壁式换热器中，热量由热流体传给冷流体的过程由热流体对壁面的给热、壁面内的导热和壁面对冷流体的给热三步完成。全过程可以看成 3 个热阻串联传热，则总热阻 $1/K$ 等于 3 个分热阻之和。对于列管或套管换热器，忽略管壁内外表面积的差异，则有

$$\frac{1}{K} = \frac{1}{\alpha_{\mathrm{i}}} + \frac{b}{\lambda} + \frac{1}{\alpha_{\mathrm{o}}} \tag{3-35}$$

或

$$K = \frac{1}{\dfrac{1}{\alpha_{\mathrm{i}}} + \dfrac{b}{\lambda} + \dfrac{1}{\alpha_{\mathrm{o}}}} \tag{3-35a}$$

换热器在使用过程中，传热壁面常有污垢形成，对传热产生附加热阻，该热阻称为污垢热阻。通常，污垢热阻比传热壁面的热阻大得多，因而在传热计算中应考虑污垢热阻的影响。影响污垢热阻的因素很多，主要有流体的性质、传热壁面的材料、操作条件、清洗周期等。由于污垢的厚度及其热导率难以准确估计，因此通常选用经验值。表 3-5 列出了一些常见流体的污垢热阻的经验值。

设管内、外壁面的污垢热阻分别为 R_{si}、R_{so}，根据串联热阻叠加原理，式（3-35）写为

$$\frac{1}{K} = \frac{1}{\alpha_{\mathrm{i}}} + R_{\mathrm{si}} + \frac{b}{\lambda} + R_{\mathrm{so}} + \frac{1}{\alpha_{\mathrm{o}}} \tag{3-36}$$

或
$$K = \cfrac{1}{\cfrac{1}{\alpha_i} + R_{si} + \cfrac{b}{\lambda} + R_{so} + \cfrac{1}{\alpha_o}}$$
(3-36a)

式(3-36)表明，换热器的总热阻等于间壁两侧流体的对流热阻、污垢热阻及壁面导热热阻之和。

表 3-5　常见流体的污垢热阻 R_s 的经验值

流　　体	$R_s/(m^2 \cdot K/kW)$	流　　体	$R_s/(m^2 \cdot K/kW)$
水(>50℃)		水蒸气	
蒸馏水	0.09	优质不含油	0.052
海水	0.09	劣质不含油	0.09
清净的河水	0.21	液体	
未处理的凉水塔用水	0.58	盐水	0.172
已处理的凉水塔用水	0.26	有机物	0.172
已处理的锅炉用水	0.26	熔盐	0.086
硬水、井水	0.58	植物油	0.52
气体		燃料油	0.172~0.52
空气	0.26~0.53	重油	0.86
溶剂蒸气	0.172	焦油	1.72

3.3.5　强化传热与削弱传热

化工生产中强化传热与削弱传热都是十分重要而普遍的，掌握强化传热和削弱传热的原理与方法无论对于化工生产本身还是对于节能都是十分重要的。

3.3.5.1　强化传热

所谓强化传热，就是设法提高换热器的传热速率。从传热基本方程 $Q = KS\Delta t_m$ 可以看出，增大传热面积 S、提高传热推动力 Δt_m 以及提高传热系数 K 都可以达到强化传热的目的，但是，实际效果却因具体情况而异。下面分别予以讨论。

(1) 增大传热面积　增大传热面积，可以提高换热器的传热速率，但是增大传热面积不能靠简单地增大设备尺寸来实现，因为这样会使设备的体积增大，金属耗用量增加，设备费用相应增加。实践证明，从改进设备的结构入手，增加单位体积的传热面积，可以使设备更加紧凑，结构更加合理。目前出现的一些新型换热器，如螺旋板式、板式换热器等，其单位体积的传热面积便大大超过了列管换热器。同时，还研制出并成功使用了多种高效能传热面，如图3-12 所示的几种带翅片或异形表面的传热管，便是工程上在列管换热器中经常用到的高效能传热管，它们不仅使传热表面有所增加，而且强化了流体的湍动程度，提高了对流传热系数，

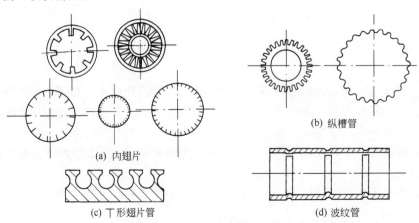

(a) 内翅片

(b) 纵槽管

(c) 丁形翅片管

(d) 波纹管

图 3-12　高效能传热管的形式

使传热速率显著提高。

（2）提高传热推动力　增大平均传热温度差，可以提高换热器的传热速率。平均传热温度差的大小取决于两流体的温度大小及流动形式。一般来说，物料的温度由工艺条件所决定，不能随意变动，而加热剂或冷却剂的温度可以通过选择不同介质和流量加以改变。例如，用饱和水蒸气作为加热剂时，增加蒸汽压力可以提高其温度；在水冷器中增大冷却水流量或以冷冻盐水代替普通冷却水，可以降低冷却剂的温度等。但需要注意的是，改变加热剂或冷却剂的温度，必须考虑到技术上的可行性和经济上的合理性。另外，采用逆流操作或增加壳程数，均可得到较大的平均传热温度差。

（3）提高传热系数　提高传热系数，可以提高换热器的传热速率。提高传热系数，实际上就是降低换热器的总热阻。由式（3-36）有

$$\frac{1}{K} = \frac{1}{\alpha_i} + R_{si} + \frac{b}{\lambda} + R_{so} + \frac{1}{\alpha_o}$$

由此可见，要降低总热阻，必须减小各项分热阻。但不同情况下，各项分热阻所占比例不同，故应具体问题具体分析，抓住主要矛盾，设法减小所占比例最大的分热阻（控制热阻）。一般来说，在金属换热器中，壁面较薄且热导率高，不会成为主要热阻；污垢热阻是一个可变因素，在换热器刚投入使用时，污垢热阻很小，可不予考虑，但随着使用时间的加长，污垢逐渐增加，便可成为阻碍传热的主要因素；对流传热热阻经常是传热过程的主要矛盾，必须重点考虑。

提高 K 值的具体途径和措施有以下几点。

① 对流传热控制　当壁面热阻（b/λ）和污垢热阻（R_{si}、R_{so}）可以忽略时，式（3-36）可简化为

$$\frac{1}{K} = \frac{1}{\alpha_i} + \frac{1}{\alpha_o} \tag{3-37}$$

若 $\alpha_i \gg \alpha_o$，则 $1/K \approx 1/\alpha_o$，此时，欲提高 K 值，关键在于提高管外侧的对流传热系数；若 $\alpha_o \gg \alpha_i$，则 $1/K \approx 1/\alpha_i$，此时，欲提高 K 值，关键在于提高管内侧的对流传热系数。总之，当两 α 相差很大时，欲提高 K 值，应该采取措施提高 α 小的那一侧的对流传热系数。

若 α_i 与 α_o 较为接近，改变两侧的对流传热系数，都改变 K 值。

提高对流传热系数的具体措施前面已经介绍，在此不再重复。

② 污垢控制　当壁面两侧对流传热系数都很大，即两侧的对流传热热阻都很小，而污垢热阻很大时，欲提高 K 值，则必须设法减缓污垢的形成，同时及时清除污垢。

减小污垢热阻的具体措施有：提高流体的流速和扰动，以减弱垢层的沉积；控制冷却水出口温度，加强水质处理，尽量采用软化水；加入阻垢剂，防止和减缓垢层形成；定期采用机械或化学的方法清除污垢。

例 3-9

有一用 $\phi 25\text{mm} \times 2\text{mm}$ 无缝钢管[$\lambda = 46.5\text{W}/(\text{m} \cdot \text{K})$]制成的列管换热器，管内通以冷却水，$\alpha_i = 400\text{W}/(\text{m}^2 \cdot \text{K})$，管外为饱和水蒸气冷凝，$\alpha_o = 10000\text{W}/(\text{m}^2 \cdot \text{K})$，由于换热器刚投入使用，污垢热阻可以忽略。试计算：①传热系数 K 及各分热阻所占总热阻的比例；②将 α_i 提高一倍（其他条件不变）后的 K 值；③将 α_o 提高一倍（其他条件不变）后的 K 值。

解　① 由于壁面较薄，可忽略管壁内外表面积的差异。根据题意有 $R_{si} = R_{so} = 0$，由式（3-36a）得

$$K = \cfrac{1}{\cfrac{1}{\alpha_i} + \cfrac{b}{\lambda} + \cfrac{1}{\alpha_o}} = \cfrac{1}{\cfrac{1}{400} + \cfrac{0.002}{46.5} + \cfrac{1}{10000}} = 378.4 \text{W/(m}^2 \cdot \text{K)}$$

各分热阻及所占比例的计算直观而简单，故省略计算过程，直接将计算结果列于下表。

热阻名称	热阻值×10³ /(m²·K/W)	比　例	热阻名称	热阻值×10³ /(m²·K/W)	比　例
总热阻 $1/K$	2.64	100%	管外对流热阻 $1/\alpha_o$	0.1	3.8%
管内对流热阻 $1/\alpha_i$	2.5	94.7%	壁面导热热阻 b/λ	0.04	1.5%

从各分热阻所占比例可以看出，管内对流热阻占主导地位，所以提高 K 值的有效途径应该是减小管内对流热阻，即提高 α_i。下面的计算结果可以印证这一结论。

② 将 α_i 提高一倍（其他条件不变），即 $\alpha_i' = 800 \text{W/(m}^2 \cdot \text{K)}$

$$K' = \cfrac{1}{\cfrac{1}{800} + \cfrac{0.002}{46.5} + \cfrac{1}{10000}} = 717.9 \text{W/(m}^2 \cdot \text{K)}$$

增幅为

$$\frac{717.9 - 378.4}{378.4} \times 100\% = 89.7\%$$

③ 将 α_o 提高一倍（其他条件不变），即 $\alpha_o' = 20000 \text{W/(m}^2 \cdot \text{K)}$

$$K'' = \cfrac{1}{\cfrac{1}{400} + \cfrac{0.002}{46.5} + \cfrac{1}{20000}} = 385.7 \text{W/(m}^2 \cdot \text{K)}$$

增幅为

$$\frac{385.7 - 378.4}{378.4} \times 100\% = 1.9\%$$

例 3-10

在例 3-9 中，当换热器使用一段时间后，形成了垢层，需要考虑污垢热阻，试计算此时的传热系数 K 值。

解　根据表 3-5 所列数据，取水的污垢热阻 $R_{si} = 0.58 \text{m}^2 \cdot \text{K/kW}$，水蒸气的污垢热阻 $R_{so} = 0.09 \text{m}^2 \cdot \text{K/kW}$。则由式(3-36a) 有

$$K''' = \cfrac{1}{\cfrac{1}{\alpha_i} + R_{si} + \cfrac{b}{\lambda} + R_{so} + \cfrac{1}{\alpha_o}}$$

$$= \cfrac{1}{\cfrac{1}{400} + 0.00058 + \cfrac{0.002}{46.5} + 0.00009 + \cfrac{1}{10000}}$$

$$= 301.8 \text{W/(m}^2 \cdot \text{K)}$$

由于垢层的产生，使传热系数下降了

$$\frac{K - K'''}{K} \times 100\% = \frac{378.4 - 301.8}{378.4} \times 100\% = 20.2\%$$

本例说明，垢层的存在大大降低了传热速率。因此在实际生产中，应该尽量减缓垢层的形成并及时清除污垢。

3.3.5.2 削弱传热

在化工生产中，只要设备（或管道）与环境（周围空气）存在温度差，就会有热损（热损失或冷损失）出现，温度差越大，热损也就越大。为了提高热能的利用率，节约能源，必须减小热损，也就是要设法降低用热设备与环境之间的传热速率，即削弱传热。我国有关部门规定：凡是表面温度在50℃以上的设备或管道以及制冷系统的设备和管道，都必须进行保温或保冷，具体方法是在设备或管道的表面敷以热导率较小的材料（称为隔热材料），以增加传热热阻，达到降低传热速率、削弱传热的目的。

通常使用的保温结构由保温层和保护层构成。保温层是由石棉、蛭石、膨胀珍珠岩、超细玻璃棉、海泡石等热导率小的材料构成，它们被覆盖在设备或管道的表面，构成保温层的主体。在它们的外面，再覆以铁丝网加油毛毡和玻璃布或石棉水泥混浆，即构成保护层。保护层的作用是为了防止外部的水蒸气及雨水进入保温层材料内，造成隔热材料变形、开裂、腐烂等，从而影响保温效果。

对保温结构的基本要求如下，保温材料的选取及施工方法可参阅相关保温手册。

① 保温绝热可靠，即保温后的热损不得超过表3-6和表3-7所规定的允许值，这是选择隔热材料和确定保温层厚度的基本依据。

表3-6 常年运行设备（或管道）的允许热损

设备或管道的表面温度/℃	50	100	150	200	250	300
允许热损/（W/m²）	58	93	116	140	163	186

表3-7 季节运行设备（或管道）的允许热损

设备或管道的表面温度/℃	50	100	150	200	250	300
允许热损/（W/m²）	116	163	203	244	279	308

② 有足够的机械强度，能承受自重及外力的冲击。在风吹、雨淋以及温度变化的条件下，仍能保证结构不被损坏。

③ 有良好的保护层，能避免外部水蒸气、雨水等进入保温层内，以确保保温层不会出现变软、腐烂等情况。

④ 结构简单，材料消耗量小、价格低、易于施工等。

近年来，我国开发出一种名为海泡石的复合硅酸盐保温涂料，它具有热导率小、质量轻、用量少、施工方便（喷涂、涂抹、粘贴均可）等优点，特别适合于异型设备和管道以及阀门等的保温绝热，并解决了热设备不停产即可施工的问题，被行家们认为是目前比较理想的高效节能隔热材料。

例 3-11

有一 $\phi325\text{mm}\times8\text{mm}$ 的钢质蒸汽管道，其内壁温度为100℃，未保温时，外壁温度仅比内壁温度低1℃，当管壁上敷以厚50mm、热导率为 $0.06\text{W}/(\text{m}\cdot\text{K})$ 的保温层后，其保温层外壁温度为30℃，试比较保温前后每米管道的热损。

解 （1）保温前的热损

由题设可知 $r_2=325/2=162.5\text{mm}$，$r_1=(325-2\times8)/2=154.5\text{mm}$

从附录中查得钢的热导率 $\lambda=46.5\text{W}/(\text{m}\cdot\text{K})$，由式(3-7)有

$$\frac{Q}{L}=\frac{2\pi\lambda(t_1-t_2)}{\ln\dfrac{r_2}{r_1}}=\frac{2\pi\times46.5\times1}{\ln\dfrac{162.5}{154.5}}=5784.4\text{W/m}$$

3.3.6　工业加热与冷却方法

前面已经提到，化工生产中的换热通常在两流体之间进行，但是换热的目的不尽相同。总括起来，主要是两种，或是将工艺流体加热（汽化），或是将工艺流体冷却（冷凝）。生产中采用的加热和冷却方法以及加热剂与冷却剂种类较多，读者有必要进行一些了解。

3.3.6.1　加热剂与加热方法

（1）水蒸气　水蒸气是最常用的加热剂。通常，使用饱和水蒸气，在蒸汽过热程度不大（过热 20～30℃）的条件下，允许使用过热蒸汽。

采用水蒸气作为加热剂的主要优点是：汽化潜热大，蒸汽消耗量相对较小；在给定压力下，冷凝温度恒定，故在有必要时，可通过改变加热蒸汽的压力来调节其温度；蒸汽冷凝时的给热系数很大 $[\alpha = 5000 \sim 15000\text{W/(m}^2 \cdot \text{K)}]$，能够在低的温度差下操作；价廉、无毒、无失火危险等。

水蒸气的主要缺点是：饱和温度与压力一一对应，且对应的压力较高，甚至中等饱和温度（200℃）就对应着相当大的压力（1.56×10^6Pa），对设备的机械强度要求高，投资费用大。

用水蒸气加热的方法有两种：直接蒸汽加热和间接蒸汽加热。

当直接蒸汽加热时，水蒸气直接引入被加热介质中，并与介质混合。这种方法适用于允许被加热介质和蒸汽的冷凝液混合的场合。直接蒸汽由鼓泡器引入，鼓泡器通常布置在设备底部，鼓泡器一般为开有许多小孔的盘管，蒸汽鼓泡时，通过并搅拌液层，与介质直接换热。

当间接蒸汽加热时，通过换热器的间壁传递热量。当蒸汽在换热器内没有完全冷凝时，一部分蒸汽将随冷凝液排出，造成蒸汽消耗量增加。为了使冷凝液能够顺利排出而不带走蒸汽，需要设置冷凝水排除器，最常用的排除器为浮球式冷凝水排除器。图 3-13 为一闭式浮球冷凝水排除器，由外壳、导向筒、浮球（带导向杆）、针形阀等构成。蒸汽和冷凝水的混合物进入外壳内，当外壳内液位上升到一定高度时，浮球上浮，针形阀开启，排出冷凝水；液面下降，浮球下落，针形阀关闭，直至下次冷凝水再积累到一定高度，阀门再次开启。在冷凝水排除器内，始终维持一定的液位，以阻止蒸汽从冷凝水排除器内漏出。

（2）热水　热水加热一般用于 100℃ 以下场合。热水通常可使用锅炉热水和从换热器或蒸发器得到的冷凝水。当要求加热到较高温度而仍然采用热水时，则要使用高压热水，但此时

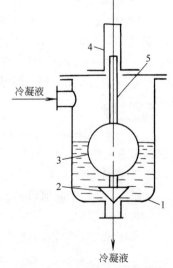

图 3-13　闭式浮球冷凝水排除器
1—外壳；2—针形阀；3—浮球；
4—导向筒；5—导向杆

对设备的强度要求和操作费用都会很高，很不经济。

用热水加热的优点是：可利用二次热源，节约能量。其缺点是：和蒸汽冷凝相比，给热系数低许多；加热过程中，温度下降，不能恒定；加热的均匀性不好。

（3）高温有机物 在将工艺流体加热到400℃的范围内，可使用液态（或气态）高温有机物作为加热剂。

常用的有机物加热剂有：甘油、萘、乙二醇、联苯与二苯醚的混合物、二甲苯基甲烷、矿物油和有机硅液体等。

最常用的是由26.5%的联苯和73.5%的二苯醚组成的混合物，称为二苯混合物。二苯混合物作为加热剂的主要优点是：①不用高压就能够得到高温，当$p=0.1MPa$时，沸点$t_b=258℃$，汽化潜热$r=285kJ/kg$；$p=0.8MPa$时，$t_b=380℃$，$r=220kJ/kg$；②热稳定性好，无爆炸危险，无腐蚀。二苯混合物可以是液态或气态，液态二苯混合物用于加热250℃范围内的场合，气态二苯混合物的加热温度可达到380℃。

甘油作为加热剂，用于加热220～250℃范围内的场合。甘油无毒、无爆炸危险、易得、价格较低（仅为二苯混合物的1/4），且加热均匀。

其他有机物作为加热剂的特点及适用场合参看有关专著。

（4）无机熔盐 当需要加热到550℃时，可用无机熔盐作为加热剂。应用最广的是含40%$NaNO_2$、7%$NaNO_3$和53%KNO_3的熔化物，其熔点是142℃。熔盐加热装置应具有高度的气密性，并用惰性气体保护。由于硝酸盐和亚硝酸盐混合物具有强氧化性，因此，应避免和有机物质接触。

此外，工业生产中，还可以利用液体金属、烟道气和电等来加热。其中，液态金属可加热到300～800℃，烟道气可加热到1100℃，电加热最高可加热到3000℃。

3.3.6.2 冷却剂和冷却方法

工业生产中，要得到10～30℃的冷却温度，使用最普遍的冷却剂是水和空气。

水的主要来源是江河和地下，江河水的温度与当地气候以及季节有关，通常为10～30℃，地下水的温度则较低，一般为4～15℃。

为了节约用水和保护环境，生产上大多使用循环水，在换热器内用过的冷却水，送至凉水塔内，与空气逆流接触，部分汽化而冷却，再重新作为冷却剂使用。冷却水可用于间壁式换热器和混合式换热器中。

值得注意的是，工业用水常常会被污染，要求在最终排放前，必须进行水质净化，达到排放标准。

空气作为冷却剂，适用于有通风机的冷却塔和有增大的传热面的换热器（如翅片式换热器）的强制冷却。空气作为冷却剂的优点是不会在传热面产生污垢。其缺点是给热系数小，比热容较低，因此其耗用量较大（达到同样的冷却效果，空气的质量流量大约是水的5倍）。

若要冷却到0℃左右，工业上通常采用冷冻盐水，由于盐的存在，使水的凝固温度大为下降（其具体数值视盐的种类和含量而定），盐水的低温由制冷系统提供（参见有关专著）。

此外，为了得到更低的冷却温度或更好的冷却效果，还可使用沸点更低的制冷剂，例如氨和氟里昂，当然，还得借助于制冷技术。

3.4 换热器

换热器是化工、石油、动力等许多工业部门的通用设备。由于生产物料的性质、传热的要求各不相同，因此换热器种类很多，它们的特点不一，选用设计时必须根据生产工艺要求进行选择。

3.4.1 换热器的分类

换热器的类型，除前面介绍的按换热方法不同分为间壁式换热器、直接接触式换热器、蓄热式换热器三种外，还可按其他方式进行分类。

3.4.1.1 按换热器的用途分类

（1）加热器　加热器用于把流体加热到所需的温度，被加热流体在加热过程中不发生相变。

（2）预热器　预热器用于流体的预热，以提高整套工艺装置的效率。

（3）过热器　过热器用于加热饱和蒸汽，使其达到过热状态。

（4）蒸发器　蒸发器用于加热液体，使之蒸发汽化。

（5）再沸器　再沸器是蒸馏过程的专用设备，用于加热已冷凝的液体，使之再受热汽化。

（6）冷却器　冷却器用于冷却流体，使之达到所需的温度。

（7）冷凝器　冷凝器用于冷凝饱和蒸汽，使之放出潜热而凝结液化。

3.4.1.2 按换热器传热面形状和结构分类

（1）管式换热器　管式换热器通过管子壁面进行传热，按传热管的结构不同，可分为列管式换热器、套管式换热器、蛇管式换热器和翅片管式换热器等几种。管式换热器应用最广。

（2）板式换热器　板式换热器通过板面进行传热，按传热板的结构形式，可分为平板式换热器、螺旋板式换热器、板翅式换热器和热板式换热器等几种。

（3）特殊形式换热器　这类换热器是指根据工艺特殊要求而设计的具有特殊结构的换热器。如回转式换热器、热管换热器、同流式换热器等。

3.4.1.3 按换热器所用材料分类

（1）金属材料换热器　金属材料换热器是由金属材料制成，常用金属材料有碳钢、合金钢、铜及铜合金、铝及铝合金、钛及钛合金等。由于金属材料的热导率较大，故该类换热器的传热效率较高，生产中用到的主要是金属材料换热器。

（2）非金属材料换热器　非金属材料换热器由非金属材料制成，常用非金属材料有石墨、玻璃、塑料以及陶瓷等。该类换热器主要用于具有腐蚀性的物料。由于非金属材料的热导率较小，所以其传热效率较低。

3.4.2 换热器的结构与性能特点

3.4.2.1 管式换热器

（1）列管（式）换热器　列管式换热器又称管壳式换热器，是一种通用的标准换热设备。它具有结构简单、单位体积换热面积大、坚固耐用、用材广泛、清洗方便、适用性强等优点，在生产中得到广泛应用，在换热设备中占主导地位。如图 3-14 所示，为一固定管板式列管换热器，主要由壳体、封头、管束、管板等部件构成。操作时一种流体由封头上的接管 3 进入器内，经封头与管板间的空间（分配室）分配至各管内，流过管束后，从另一端封头上的接管 4 流出换热器。另一种流体由壳体上的接管 3 流入，壳体内装有若干块折流挡板 7，流体在壳体内沿折流挡板作折流流动，从壳体上的接管 4 流出换热器。两流体在换热器内隔着管壁进行换热。通常将流经管内的流体称为管程（管方）流体；将流经管外的流体称为壳程（壳方）流体。由于在图 3-14 所示的换热器内，管程流体和壳程流体均只一次流过换热器，没有回头，故称为单管程单壳程列管式换热器。

为改善换热器的传热，工程上常采用多程换热器，图 3-15 为一双管程单壳程列管换热器，

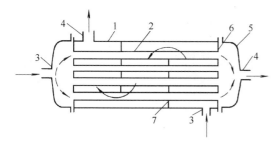

图 3-14　单管程固定管板式列管式换热器
1—壳体；2—管束；3,4—接管；
5—封头；6—管板；7—挡板

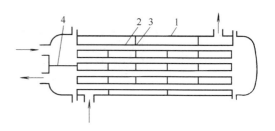

图 3-15　双管程单壳程列管式换热器
1—壳体；2—管束；3—挡板；4—隔板

封头内隔板 4 将分配室一分为二，管程流体只能先通过一半管束，流到另一端分配室后再折回流过另一半管束，然后流出换热器。由于流体在管束内流经两次，故称为双管程列管换热器。若流体在管束内来回流过多次，则称为多管程。一般除单管程外，管程数为偶数，有 2、4、6、8 程等，但随着管程数的增加，流动阻力迅速增大，因此管程数不宜过多，一般为 2、4 管程。在壳体内，也可在与管束轴线平行方向设置纵向隔板使壳程分为多程，但是由于制造、安装及维修上的困难，工程上较少使用，通常采用折流挡板，以改善壳程传热。设置多程的原因将在本章后续内容中介绍。

列管式换热器根据结构特点分为以下几种。

① 固定管板式换热器　如图 3-16 所示，此种换热器的结构特点是两块管板分别焊壳体的两端，管束两端固定在两管板上。其优点是结构简单、紧凑，管内便于清洗。其缺点是壳程不能进行机械清洗，且当壳体与换热管的温差较大（大于 50℃）时，产生的温差应力（又叫热应力）具有破坏性，需在壳体上设置膨胀节，受膨胀节强度限制壳程压力不能太高。固定管板式换热器适用于壳方流体清洁且不结垢，两流体温差不大或温差较大但壳程压力不高的场合。

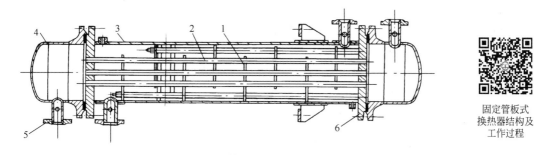

固定管板式
换热器结构及
工作过程

图 3-16　固定管板式换热器
1—折流挡板；2—管束；3—壳体；4—封头；5—接管；6—管板

② 浮头式换热器　浮头式换热器的结构如图 3-17 所示。其结构特点是两端管板之一不与壳体固定连接，可以在壳体内沿轴向自由伸缩，该端称为浮头。此种换热器的优点是当换热管与壳体有温差存在，壳体或换热管膨胀时，互不约束，不会产生温差应力；管束可以从管内抽出，便于管内和管间的清洗。其缺点是结构复杂，用材量大，造价高。浮头式换热器适用于壳体与管束温差较大或壳程流体容易结垢的场合。

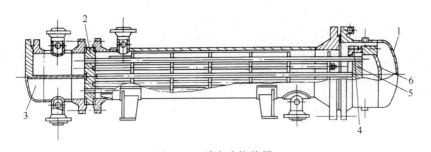

浮头式换热器
结构及工作
过程

图 3-17　浮头式换热器

1—壳盖；2—固定管板；3—隔板；4—浮头勾圈法兰；5—浮动管板；6—浮头盖

③ U 形管式换热器　U 形管式换热器的结构如图 3-18 所示。其结构特点是只有一个管板，管子呈 U 形，管子两端固定在同一管板上。管束可以自由伸缩，当壳体与管子有温差时，不会产生温差应力。U 形管式换热器的优点是结构简单，只有一个管板，密封面少，运行可靠，造价低，管间清洗较方便。其缺点是管内清洗较困难，可排管子数目较少，管束最内层管间距大，壳程易短路。U 形管式换热器适用于管程、壳程温差较大或壳程介质易结垢而管程介质不易结垢的场合。

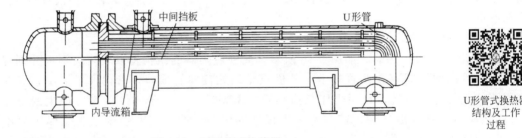

中间挡板　　　　　　　　　　　　U形管

内导流箱

图 3-18　U 形管式换热器

④ 填料函式换热器　填料函式换热器的结构如图 3-19 所示。其结构特点是管板只有一端与壳体固定，另一端采用填料函密封。管束可以自由伸缩，不会产生温差应力。该换热器的优点是结构较浮头式换热器简单，造价低；管束可以从壳体内抽出，管程、壳程均能进行清洗。其缺点是填料函耐压不高，一般小于 4.0MPa；壳程介质可能通过填料函外漏。填料函式换热器适用于管程、壳程温差较大或介质易结垢需要经常清洗且壳程压力不高的场合。

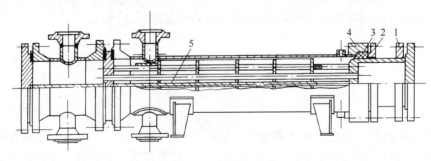

图 3-19　填料函式换热器

1—活动管板；2—填料压盖；3—填料；4—填料函；5—纵向隔板

⑤ 釜式换热器　釜式换热器的结构如图 3-20 所示。其结构特点是在壳体上部设置蒸发空间。管束可以为固定管板式、浮头式或 U 形管式。釜式换热器清洗方便，并能承受高温、高

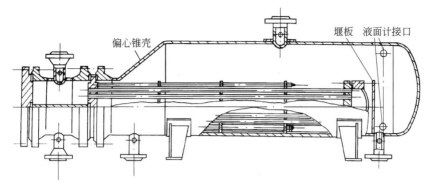

图 3-20　釜式换热器

压。它适用于液-汽（气）式换热（其中液体沸腾汽化），可作为简单的废热锅炉。

（2）套管（式）换热器　套管换热器是由两种直径不同的直管套在一起组成同心套管，然后将若干段这样的套管连接而成，其结构如图 3-21 和图 3-22 所示。一种流体在管内流动，另一种流体在环隙中流动，通过内管壁面进行热量交换，因此内管壁面面积即为传热面积。

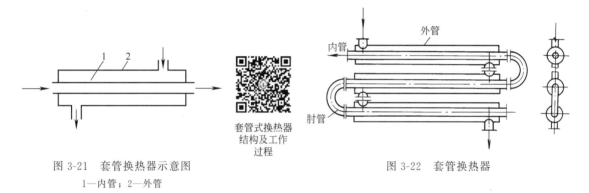

图 3-21　套管换热器示意图
1—内管；2—外管

套管式换热器
结构及工作
过程

图 3-22　套管换热器

每一段套管称为一程，程数可根据所需传热面积的多少而增减。

套管换热器的优点是结构简单，能耐高压，传热面积可根据需要增减。其缺点是单位传热面积的金属耗量大，管子接头多，检修清洗不方便。此类换热器适用于高温、高压及流量较小的场合。

（3）蛇管换热器　蛇管换热器根据操作方式不同，分为沉浸式和喷淋式两类。

① 沉浸式蛇管换热器　此种换热器通常以金属管弯绕而成，制成适应容器的形状，沉浸在容器内的液体中，管内流体与容器内液体隔着管壁进行换热。几种常用的蛇管形状如图 3-23 所示。此类换热器的优点是结构简单，造价低廉，便于防腐，能承受高压。其缺点是管外对流传热系数小，常需加搅拌装置，以提高传热系数。

② 喷淋式蛇管换热器　喷淋式蛇管换热器的结构如图 3-24 所示。此类换热器常用于用冷却水冷却管内热流体。各排蛇管均垂直地固定在支架上，蛇管的排数根据所需传热面积的多少而定。热流体自下部总管流入各排蛇管，从上部流出再

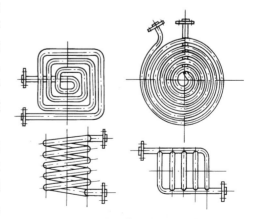

图 3-23　沉浸式蛇管换热器的蛇管形状

汇入总管。冷却水由蛇管上方的喷淋装置均匀地喷洒在各排蛇管上，并沿着管外表面淋下。该装置通常置于室外通风处，冷却水在空气中汽化时，可以带走部分热量，以提高冷却效果。与沉浸式蛇管换热器相比，喷淋式蛇管换热器具有检修清洗方便、传热效果好等优点。缺点是体积庞大，占地面积大；冷却水耗用量较大，喷淋不均匀等。

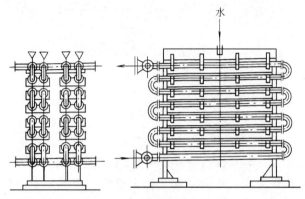

图 3-24　喷淋式蛇管换热器

（4）翅片管式换热器　翅片管式换热器又称管翅式换热器，其结构特点是在换热管的外表面或内表面或同时装有许多翅片。常用翅片有纵向和横向两类，如图 3-25 所示。

化工生产中常遇到气体的加热或冷却问题，因气体的对流传热系数较小，所以当换热的另一方为液体或发生相变时，换热器的传热热阻主要在气体一侧。此时，在气体一侧设置翅片，既可增大传热面积，又可增加气体的湍动程度，减少了气体侧的热阻，提高了传热效率。一般当两种流体的对流传热系数之比超过 3∶1 时，可采用翅片换热器。工业上常用翅片换热器作为空气冷却器，用空气代替水，不仅可在缺水地区使用，即使在水源充足的地方也较经济。

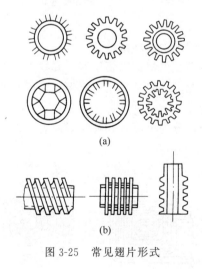

(a)

(b)

图 3-25　常见翅片形式

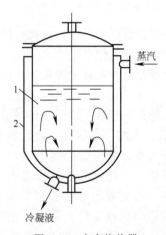

图 3-26　夹套换热器

3.4.2.2　板式换热器

（1）夹套换热器　夹套换热器的结构如图 3-26 所示。它由一个装在容器外部的夹套构成，容器内的物料和夹套内的加热剂或冷却剂隔着器壁进行换热，器壁就是换热器的传热面。其优点是结构简单，容易制造，可与反应器或容器构成一个整体。其缺点是传热面积小；器内流体处于自然对流状态，传热效率低；夹套内部清洗困难。夹套内的加热剂和冷却剂一般只能使用不易结垢的水蒸气、冷却水和氨等。夹套内通蒸汽时，应从上部进入，冷凝水从底部排出；夹套内通液体载热体时，应从底部进入，从上部流出。

(2) 平板式换热器　平板式换热器简称板式换热器，其结构如图 3-27 所示。它是由若干块长方形薄金属板叠加排列，夹紧组装于支架上构成的。两相邻板的边缘衬有垫片，压紧后板间形成流体通道。每块板的四个角上各开一个孔，借助于垫片的配合，使两个对角方向的孔与板面一侧的流道相通，另两个孔则与板面另一侧的流道相通，这样，使两流体分别在同一块板的两侧流过，通过板面进行换热。除了两端的两个板面外，每一块板面都是传热面，可根据所需传热面积的变化，增减板的数量。板片是板式换热器的核心部件。为使流体均匀流动，增大传热面积，促使流体湍动，常将板面冲压成各种凹凸的波纹状，常见的波纹形状有水平波纹、人字形波纹和圆弧形波纹等，如图 3-28 所示。

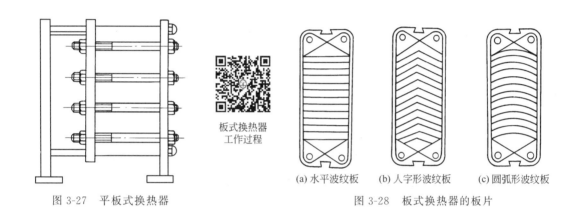

图 3-27　平板式换热器

板式换热器
工作过程

(a) 水平波纹板　(b) 人字形波纹板　(c) 圆弧形波纹板

图 3-28　板式换热器的板片

板式换热器的优点是结构紧凑，单位体积设备提供的传热面积大；组装灵活，可随时增减板数；板面波纹使流体湍动程度增强，从而具有较高的传热效率；装拆方便，有利于清洗和维修。其缺点是处理量小，受垫片材料性能的限制操作压力和温度不能过高。此类换热器适用于需要经常清洗、工作环境要求十分紧凑、操作压力在 2.5MPa 以下、温度在 −35～200℃ 的场合。

(3) 螺旋板式换热器　螺旋板式换热器的结构如图 3-29 所示。它是由焊在中心隔板上的

螺旋板式换热器
结构及工作过程

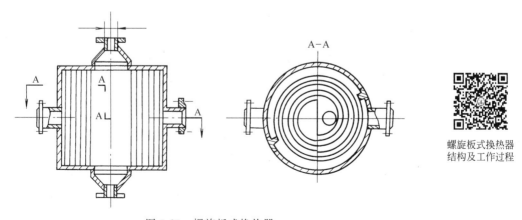

图 3-29　螺旋板式换热器

两块金属薄板卷制而成，两薄板之间形成螺旋形通道，两板之间焊有一定数量的定距撑以维持通道间距，两端用盖板焊死。两流体分别在两通道内流动，隔着薄板进行换热。其中一种流体由外层的一个通道流入，顺着螺旋通道流向中心，最后由中心的接管流出；另一种流体则由中心的另一个通道流入，沿螺旋通道反方向向外流动，最后由外层接管流出。两流体在换热器内作逆流流动。

螺旋板式换热器的优点是结构紧凑；单位体积设备提供的传热面积大，约为列管式换热器的 3 倍；流体在换热器内作严格的逆流流动，可在较小的温差下操作，能充分利用低温能源；由于流向不断改变，且允许选用较高流速，故传热系数大，约为列管式换热器的 1～2 倍；又由于流速较高，同时有惯性离心力的作用，污垢不易沉积。其缺点是制造和检修都比较困难；流动阻力大，在同样物料和流速下，其流动阻力为直管的 3～4 倍；操作压力和温度不能太高，一般压力在 2MPa 以下，温度则不超过 400℃。

（4）板翅式换热器　板翅式换热器为单元体叠加结构，其基本单元体由翅片、隔板及封条组成，如图 3-30(a) 所示。翅片上下放置隔板，两侧边缘由封条密封，并用钎焊焊牢，即构成一个翅片单元体。将一定数量的单元体组合起来，并进行适当排列，然后焊在带有进出口的集流箱上，便可构成具有逆流、错流或错逆流等多种形式的换热器，如图 3-30(b)、(c)、(d) 所示。

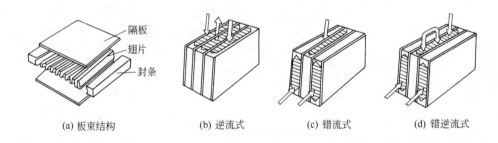

(a) 板束结构　　(b) 逆流式　　(c) 错流式　　(d) 错逆流式

图 3-30　板翅式换热器

板翅式换热器的优点是结构紧凑，单位体积设备具有的传热面积大；一般用铝合金制造，轻巧牢固；由于翅片促进了流体的湍动，其传热系数很高；由于所用铝合金材料在低温和超低温下仍具有较好的导热性和抗拉强度，故可在 -273～200℃ 范围内使用；同时因翅片对隔板有支撑作用，其允许操作压力也较高，可达 5MPa。其缺点是易堵塞，流动阻力大；清洗检修困难。故要求介质洁净，同时对铝不腐蚀。

板翅式换热器因其轻巧、传热效率高等许多优点，其应用领域已从航空、航天、电子等少数部门逐渐发展到石油化工、天然气液化、气体分离等更多的工业部门。

（5）热板式换热器　热板式换热器是一种新型高效换热器，其基本单元为热板，热板结构如图 3-31 所示。它是将两层或多层金属平板点焊或滚焊成各种图形，并将边缘焊接密封成一体。平板之间在高压下充气形成空间，得到最佳流动状态的流道形式。各层金属板道厚度可以相等，也可以不相等，板数可以为双层，也可以为多层，这样就构成了多种热板传热表面形式。热板式换热器具有流动阻力小、传热效率高、根据需要可做成各种形状等优点，可用于加热、保温、干燥、冷凝等多种场合。作为一种新型换热器，热板式换热器具有广阔的应用前景。

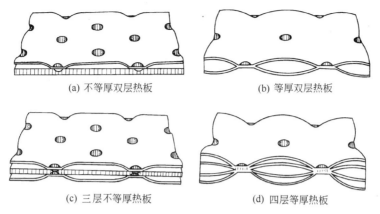

(a) 不等厚双层热板　　　　　(b) 等厚双层热板

(c) 三层不等厚热板　　　　　(d) 四层等厚热板

图 3-31　热板式换热器的热板传热表面形式

3.4.2.3　热管换热器

热管换热器是用一种称为热管的新型换热元件组合而成的换热装置。热管的种类很多，但其基本结构和工作原理基本相同。以吸液芯热管为例，如图 3-32 所示，在一根密闭的金属管内充以适量的工作液，紧靠管子内壁处装有金属丝网或纤维等多孔物质，称为吸液芯。全管沿轴向分成 3 段：蒸发段（又称热端）、绝热段（又称蒸汽输送段）和冷凝段（又称冷端）。当热流体从管外流过时，热量通过管壁传给工作液，使其汽化，蒸汽沿管子的轴向流动，在冷端向冷流体放出潜热而凝结，冷凝液在吸液芯内流回热端，再从热流体处吸收热量而汽化。如此反复循环，热量便不断地从热流体传给冷流体。

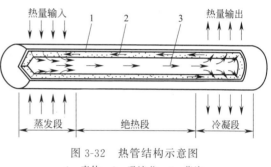

图 3-32　热管结构示意图
1—壳体；2—吸液芯；3—蒸汽

热管按冷凝液循环方式分为吸液芯热管、重力热管和离心热管 3 种。吸液芯热管的冷凝液依靠毛细管力回到热端；重力热管的冷凝液是靠重力流回热端；离心热管的冷凝液则依靠离心力流回热端。

热管按工作液的工作温度范围分为以下 4 种。

① 深冷热管　在 200K 以下工作，工作液有氮、氢、氖、氧、甲烷、乙烷等。

② 低温热管　在 200～550K 范围内工作，工作液有氟里昂、氨、丙酮、乙醇、水等。

③ 中温热管　在 550～750K 范围内工作，工作液有导热姆 A、水银、铯、水、钾钠混合液等。

④ 高温热管　在 750K 以上范围内工作，工作液有钾、钠、锂、银等。

目前使用的热管换热器多为箱式结构，如图 3-33 所示。把一组热管组合成一个箱形，中间用隔板分为热、冷两个流体通道，一般热管外壁上装有翅片，以强化传热效果。

热管换热器的传热特点是热量传递汽化、蒸汽流动和冷凝三步进行。由于汽化和冷凝的对流强度都很大，蒸汽的流动阻力又较小，因此热管的传热热阻很小，即使在两端温度差很小的情况下，也能传递很大的热流量。因此，它特别适用于低温差传热的场合。热管换热器具有传热能力大、结构简单、工作可靠等优点，展现出很广阔的应用前景。图 3-34 为热管换热器的两个应用实例。

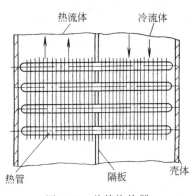

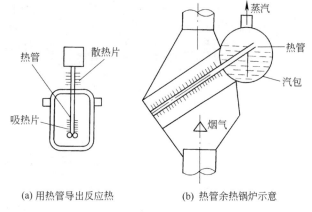

(a) 用热管导出反应热　　　　(b) 热管余热锅炉示意

图 3-33　热管换热器　　　　　　　图 3-34　热管换热器应用实例

3.4.3　列管换热器的选型原则

3.4.3.1　列管换热器的系列标准

鉴于列管换热器应用极广，为便于制造和选用，有关部门已制定了列管换热器的系列标准。

（1）基本参数　列管换热器的基本参数主要有：①公称换热面积 SN；②公称直径 DN；③公称压力 pN；④换热管规格；⑤换热管长度 L；⑥管子数量 n；⑦管程数 N_p 等。

（2）型号表示方法　列管换热器的型号由 5 部分组成

$$\underset{1}{X}\ \underset{2}{XXXX}\ \underset{3}{X}\ \underset{4}{-XX}\ \underset{5}{-XXX}$$

其中，1——换热器代号，如 G 表示固定管板式，F 表示浮头式等；2——公称直径 DN，mm；3——管程数 N_p，常见有Ⅰ、Ⅱ、Ⅳ、Ⅵ程；4——公称压力 pN，MPa；5——公称换热面积 SN，m^2。

例如，公称直径为 600mm、公称压力为 1.6MPa、公称换热面积为 55m^2、双管程固定管板式换热器的型号为 G600Ⅱ-1.6-55。其中 G 为固定管板式换热器的代号。

列管换热器由于有了系列标准，所以工程上一般只需选型即可，只有在实际要求与标准系列相差较大的时候才需要自行设计。

3.4.3.2　选用或设计时应考虑的问题

（1）流径的选择　流径的选择是指在管程和壳程分别走哪一种流体，此问题受多方面因素的制约。下面以固定管板式换热器为例，介绍一些选择的原则。

① 不洁净或易结垢的流体走管程，因为管程清洗较方便；

② 腐蚀性流体走管程，以免管子和壳体同时被腐蚀，且管子便于维修和更换；

③ 压力高的流体走管程，以免壳体受压，可节省壳体金属消耗量；

④ 被冷却的流体走壳程，便于散热，增强冷却效果；

⑤ 饱和蒸汽走壳程，便于及时排除冷凝水，且蒸汽较洁净，一般不需清洗；

⑥ 有毒流体走管程，以减少泄漏量；

⑦ 黏度大的液体或流量小的流体走壳程，因流体在有折流挡板的壳程中流动，流速与流向不断改变，在低 $Re(Re>100)$ 的情况下即可达到湍流，以提高传热效果；

⑧ 若两流体温差较大，对流传热系数较大的流体走壳程，因壁温接近于 α 较大的流体，以减小管子与壳体的温差，从而减小温差应力。

在选择流径时，上述原则往往不能同时兼顾，应视具体情况抓住主要矛盾。一般首先考虑操作压力、防腐及清洗等方面的要求。

（2）流速的选择　流体在换热器内的流速的选择涉及传热系数、流动阻力以及换热器的结构等方面。增大流速，将增大对流传热系数，减小污垢的形成，使总传热系数增加，但同时使流动阻力增大，动力消耗增加；随着流速的增大，管子数目将减小，对一定传热面积，要么增加管长，要么增加程数，但管子太长不利于清洗，单程变多程不仅使结构变得复杂，而且使平均温度差下降。因此，流速的选择，需要全面考虑，既要进行经济权衡，又要兼顾结构、清洗等其他方面的要求。需要指出的是，选择流速时应尽可能避免在层流下流动。表 3-8～表 3-10 列举了换热器内常用流速范围，供设计时参考。

表 3-8　列管换热器中常用的流速范围

流体的种类		一般流体	易结垢液体	气　体
流速/(m/s)	管程	0.5～3	>1	5～30
	壳程	0.2～1.5	>0.5	3～15

表 3-9　列管换热器中不同黏度液体的常用流速

液体黏度/(mPa·s)	<1	1～35	35～100	100～500	500～1500	>1500
最大流速/(m/s)	2.4	1.8	1.5	1.1	0.75	0.6

表 3-10　换热器中易燃、易爆液体的安全允许流速

液体名称	乙醚、二硫化碳、苯	甲醇、乙醇、汽油	丙酮
安全允许流速/(m/s)	<1	<2～3	<10

（3）冷却剂（或加热剂）终温的选择　一般冷、热流体进出换热器的温度由工艺条件决定，但是对加热剂或冷却剂，通常是已知进口温度，而出口温度则由设计者确定。例如，用冷却水冷却某种热流体，冷却水的进口温度可根据当地的气候条件作出估计，而其出口温度则要通过经济核算来确定。冷却水的出口温度取高些，可使用水量减小，动力消耗降低，但是传热面积就要增加；反之，出口温度取低些，可使传热面积减小，但会使用水量增加。一般来说，冷却水的进出口温度差可取 5～10℃。缺水地区可选用较大温差，水源丰富地区可取较小温差。若用加热剂加热冷流体，可按同样的原则确定加热剂的出口温度。

（4）管子规格与管间距的选择　管子的规格包括管径和管长。列管换热器标准系列中只采用 $\phi 25mm \times 2.5mm$（或 $\phi 25mm \times 2mm$）、$\phi 19mm \times 2mm$ 两种规格的管子。对于洁净的流体，可选择小管径；对于不洁净或易结垢的流体，可选择大管径。管长的选择是以清洗方便及合理用材为原则。长管不便于清洗，且易弯曲。一般标准钢管长度为 6m，则合理的管长应为 1.5m、2m、3m 和 6m，标准系列中也采用这 4 种长度，其中以 3m 和 6m 更为常用。此外管长和壳径的比例一般应在 4～6。

管间距是指相邻两根管子的中心距，用 a 表示。管间距小，有利于提高传热系数，且设备紧凑。但受制造上的限制，一般要求相邻两管外壁的距离不小于 6mm。另外，管间距还与管子和管板的连接方法有关：采用焊接法，取 $a = 1.25d_o$；采用胀接法，取 $a = (1.3 \sim 1.5)d_o$。

（5）管程数与管程数的确定　当换热器的换热面积较大而管子又不能很长时，必须排列较

多的管子，为了提高流体在管内的流速，需要将管束分程。但是程数过多，会使管程流动阻力加大，动力消耗增加，同时多程会使平均温度差下降，设计时应权衡考虑。列管换热器标准系列中管程数有 1、2、4、6 四种。采用多程时，通常应使各程的管子数相等。

管程数 N_p 可按下式计算，即

$$N_p = \frac{u}{u'} \tag{3-38}$$

式中，u——管程内流体的适宜流速，m/s；u'——单管程时流体的实际流速，m/s。

当温度差校正系数 $\varphi_{\Delta t} < 0.8$ 时，应采用多壳程。但如前面所述，壳体内设置纵向隔板在制造、安装和检修上有困难，故通常是将几个换热器串联，以代替多壳程。例如，当需要采用二壳程时，可将总管数等分为两部分，分别装在两个外壳中，然后将这两个换热器串联使用。

(6) 折流挡板的选用　安装折流挡板的目的是为了增加壳程流体的速度，使其湍动程度加剧，提高壳程流体的对流传热系数。如图 3-35 所示，常用折流挡板形式有弓形（或称圆缺形）、盘环形等，其中以弓形挡板应用最多。挡板的形状和间距对流体的流动和传热有着重要影响。弓形挡板的弓形缺口过大或过小都不利于传热，往往还会增加流动阻力。通常切去的弓形高度为壳体内径的 10%～40%，常用的为 20% 和 25% 两种。挡板应按等间距布置，其最小间距应不小于壳体内径的 1/5，且不小于 50mm；最大间距应不大于壳体内径。间距过小，会使流动阻力增大；间距过大，会使传热系数下降。标准系列中采用的间距为：固定管板式换热器有 150mm、300mm、600mm 三种；浮头式换热器有 150mm、200mm、300mm、480mm、600mm 五种。必须注意，当壳程流体有相变时，不宜设置折流挡板。为了使折流挡板能够固定好，通常设置一定数量的拉杆和定距杆。

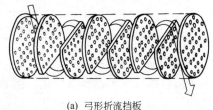 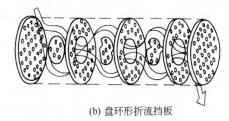

(a) 弓形折流挡板　　　　　　　　　　(b) 盘环形折流挡板

图 3-35　常用折流挡板形式

(7) 外壳直径的确定　对于非标准系列的换热器的设计，需要设计者确定壳体的直径。读者可参阅有关专业书籍。

(8) 流体通过换热器的流动阻力（压力降）的计算　流体通过换热器的流动阻力，应按管程和壳程分别计算。

① 管程流动阻力的计算　流体通过管程的阻力包括各程的直管阻力、回弯阻力以及换热器进出口阻力等。通常，进出口阻力较小，可以忽略不计。因此，管程阻力可按下式进行计算，即

$$\sum \Delta p_i = (\Delta p_1 + \Delta p_2) F_t N_s N_p \tag{3-39}$$

式中，Δp_1——因直管阻力引起的压降，Pa；Δp_2——因回弯阻力引起的压降，Pa；F_t——结垢校正系数，对 $\phi25\text{mm} \times 2.5\text{mm}$ 管子 $F_t = 1.4$，对 $\phi19\text{mm} \times 2\text{mm}$ 管子 $F_t = 1.5$；N_s——串联的壳程数；N_p——管程数。

式(3-39) 中的 Δp_1 可按直管阻力计算式进行计算；Δp_2 由下面经验式估算，即

$$\Delta p_2 = 3\left(\frac{\rho u_i^2}{2}\right) \tag{3-40}$$

② 壳程阻力的计算　壳程流体的流动状况较管程更为复杂，计算壳程阻力的公式很多，不同公式计算的结果差别较大。下面介绍较为通用的埃索公式，即

$$\sum \Delta p_{o} = (\Delta p'_1 + \Delta p'_2)F_s N_s \tag{3-41}$$

其中

$$\Delta p'_1 = F f_o n_c (N_B + 1) \frac{\rho u_o^2}{2} \tag{3-42}$$

$$\Delta p'_2 = N_B \left(3.5 - \frac{2h}{D}\right) \frac{\rho u_o^2}{2} \tag{3-43}$$

式中，$\Delta p'_1$——流体流过管束的压降，Pa；$\Delta p'_2$——流体流过折流挡板缺口的压降，Pa；F_s——壳程结垢校正系数，对液体 $F_s = 1.15$，对气体或蒸汽 $F_s = 1$；F——管子排列方式对压力降的校正系数，对正三角形排列 $F = 0.5$，对正方形斜转 45° 排列 $F = 0.4$，对正方形直列 $F = 0.3$；f_o——流体的摩擦系数，当 $Re_o > 500$ 时，$f_o = 5.0 Re_o^{-0.228}$，其中 $Re_o = d_o u_o \rho / \mu$；$N_B$——折流挡板数；$h$——折流挡板间距，m；$n_c$——通过管束中心线上的管子数；$u_o$——按壳程最大流通面积 A_o 计算的流速，m/s，$A_o = h(D - n_c d_o)$。

3.4.3.3　选型（设计）的一般步骤

① 确定基本数据。需要确定或查取的基本数据包括两流体的流量、进出口温度、定性温度下的有关物性、操作压力等。

② 确定流体在换热器内的流动途径。

③ 确定并计算热负荷。

④ 先按单壳程偶数管程计算平均温度差，根据温度差校正系数不小于 0.8 的原则，确定壳程数或调整冷却剂（或加热剂）的出口温度。

⑤ 根据两流体的温度差和设计要求，确定换热器的形式。

⑥ 选取总传热系数，根据传热基本方程初算传热面积，以此选定换热器的型号或确定换热器的基本尺寸，并确定其实际换热面积 $S_{实}$，计算在 $S_{实}$ 下所需的传热系数 $K_{需}$。

⑦ 计算压降。根据初定设备的情况，检查计算结果是否合理或满足工艺要求。若压降不符合要求，则需要重新调整管程数和折流板间距，或选择其他型号的换热器，直至压降满足要求。

⑧ 核算总传热系数。计算管程、壳程的对流传热系数，确定污垢热阻，再计算总传热系数 $K_{计}$，由传热基本方程求出所需传热面积 $S_{需}$，再与换热器的实际换热面积 $S_{实}$ 比较，若 $S_{实}/S_{需}$ 在 1.1~1.25（也可用 $K_{计}/K_{需}$），则认为合理，否则需另选 $K_{选}$，重复上述计算步骤，直至符合要求。

3.4.4　换热器的操作与保养

为了保证换热器长久正常运转，提高其生产效率，必须正确操作和使用换热器，并重视对设备的维护、保养和检修，将预防性维护摆在首位，强调安全预防，减少任何可能发生的事故。这就要求人们掌握换热器的基本操作方法、运行特点和维护经验。

3.4.4.1　换热器的基本操作

（1）换热器的正确使用

① 投产前应检查压力表、温度计、液位计以及有关阀门是否齐全好用。

② 输进蒸汽前先打开冷凝水排放阀门，排除积水和污垢；打开放空阀，排除空气和其他不凝性气体。

③ 换热器投产时，要先通入冷流体，缓慢或数次通入热流体，做到先预热后加热，切忌

骤冷骤热，以免换热器受到损坏，影响其使用寿命。

④ 进入换热器的冷热流体如果含有大颗粒固体杂质和纤维质，一定要提前过滤和清除（特别是对板式换热器），防止堵塞通道。

⑤ 经常检查两种流体的进出口温度和压力，发现温度、压力超出正常范围或有超出正常范围的趋势时，要立即查出原因，采取措施，使之恢复正常。

⑥ 定期分析流体的成分，以确定有无内漏，以便及时处理：对列管换热器进行堵管或换管，对板式换热器进行修补或更换板片。

⑦ 定期检查换热器有无渗漏、外壳有无变形以及有无振动，若有应及时处理。

⑧ 定期排放不凝性气体和冷凝液，定期进行清洗。

（2）具体操作要点　化工生产中对物料进行加热（沸腾）、冷却（冷凝），由于加热剂、冷却剂等的不同，换热器具体的操作要点也有所不同，下面分别予以介绍。

① 蒸汽加热　蒸汽加热必须不断排除冷凝水，否则积于换热器中，部分或全部变为无相变传热，传热速率下降；同时还必须及时排放不凝性气体，因为不凝性气体的存在使蒸汽冷凝的给热系数大大降低。

② 热水加热　热水加热，一般温度不高，加热速度慢，操作稳定，只要定期排放不凝性气体，就能保证正常操作。

③ 烟道气加热　烟道气一般用于生产蒸汽或加热、汽化液体，烟道气的温度较高，且温度不易调节，在操作过程中，必须时注意被加热物料的液位、流量和蒸汽产量，还必须做到定期排污。

④ 导热油加热　导热油加热的特点是温度高（可达 400℃）、黏度较大、热稳定性差、易燃、温度调节困难，操作时必须严格控制进出口温度，定期检查进出管口及介质流道是否结垢，做到定期排污，定期放空，过滤或更换导热油。

⑤ 水和空气冷却　操作时注意根据季节变化调节水和空气的用量，用水冷却时，还要注意定期清洗。

⑥ 冷冻盐水冷却　其特点是温度低、腐蚀性较大，在操作时应严格控制进出口温度，防止结晶堵塞介质通道，要定期放空和排污。

⑦ 冷凝　冷凝操作需要注意的是，定期排放蒸汽侧的不凝性气体，特别是减压条件下不凝性气体的排放。

3.4.4.2　换热器的维护和保养

（1）换热器的常见故障与维修方法

列管换热器的维护和保养要点如下：

① 保持设备外部整洁、保温层和油漆完好；

② 保持压力表、温度计、安全阀和液位计等仪表和附件的齐全、灵敏和准确；

③ 发现阀门和法兰连接处渗漏时，应及时处理；

④ 开停换热器时，不要将阀门开得太猛，否则容易造成管子和壳体受到冲击，以及局部骤然胀缩，产生热应力，使局部焊缝开裂或管子连接口松弛；

⑤ 尽可能减少换热器的开停次数，停止使用时，应将换热器内的液体清洗放净，防止冻裂和腐蚀；

⑥ 定期测量换热器的壳体厚度，一般两年一次。

列管换热器的常见故障与处理方法见表 3-11。

表 3-11　列管换热器的常见故障与处理方法

故　障	产　生　原　因	处　理　方　法
传热效率下降	① 列管结垢 ② 壳体内不凝气或冷凝液增多 ③ 列管、管路或阀门堵塞	① 清洗管子 ② 排放不凝气和冷凝液 ③ 检查清理
振动	① 壳程介质流动过快 ② 管路振动所致 ③ 管束与折流板的结构不合理 ④ 机座刚度不够	① 调节流量 ② 加固管路 ③ 改进设计 ④ 加固机座
管板与壳体连接处开裂	① 焊接质量不好 ② 外壳歪斜,连接管线拉力或推力过大 ③ 腐蚀严重,外壳壁厚减薄	① 清除补焊 ② 重新调整找正 ③ 鉴定后修补
管束、胀口渗漏	① 管子被折流板磨破 ② 壳体和管束温差过大 ③ 管口腐蚀或胀(焊)接质量差	① 堵管或换管 ② 补胀或焊接 ③ 换管或补胀(焊)

　　列管换热器的故障50%以上是由于管子引起的,下面简单介绍一下更换管子、堵塞管子和对管子进行补胀(或补焊)的具体方法。

　　当管子出现渗漏时,就必须更换管子。对胀接管,需先钻孔,除掉胀管头,拔出坏管,然后换上新管进行胀接,最好对周围不需更换的管子也能稍稍胀一下,注意换下坏管时,不能碰伤管板的管孔,同时在胀接新管时,要清除管孔的残留异物,否则可能产生渗漏;对焊接管,需用专用工具将焊缝进行清除,拔出坏管,换上新管进行焊接。

　　更换管子的工作是比较麻烦的,因此当只有个别管子损坏时,可用管堵将管子两端堵死,管堵材料的硬度不能高于管子的硬度,堵死的管子的数量不能超过换热器该管程总管数的10%。

　　管子胀口或焊口处发生渗漏时,有时不需换管,只需进行补胀或补焊。补胀时,应考虑到胀管应力对周围管子的影响,所以对周围管子也要轻轻胀一下;补焊时,一般需先清除焊缝再重新焊接,需要应急时,也可直接对渗漏处进行补焊,但只适用于低压设备。

　　板式换热器的维护和保养要点如下:

　　① 保持设备整洁、油漆完好,紧固螺栓的螺纹部分应涂防锈油并加外罩,防止生锈和黏结灰尘;

　　② 保持压力表、温度计灵敏、准确,阀门和法兰无渗漏;

　　③ 定期清理和切换过滤器,预防换热器堵塞;

　　④ 组装板式换热器时,螺栓的拧紧要对称进行,松紧适宜。

　　板式换热器的常见故障和处理方法见表 3-12。

表 3-12　板式换热器的常见故障和处理方法

故　障	产　生　原　因	处　理　方　法
密封处渗漏	① 胶垫未放正或扭曲 ② 螺栓紧固力不均匀或紧固不够 ③ 胶垫老化或有损伤	① 重新组装 ② 调整螺栓紧固度 ③ 更换新垫
内部介质渗漏	① 板片有裂缝 ② 进出口胶垫不严密 ③ 侧面压板腐蚀	① 检查更新 ② 检查修理 ③ 补焊、加工
传热效率下降	① 板片结垢严重 ② 过滤器或管路堵塞	① 解体清理 ② 清理

（2）换热器的清洗　换热器经过一段时间的运行，传热面上会产生污垢，使传热系数大大降低而影响传热效率，因此必须定期对换热器进行清洗。由于清洗的困难程度随着垢层厚度的增加而迅速增大，所以清洗间隔时间不宜过长。

换热器的清洗不外乎化学清洗和机械清洗两种方法，对清洗方法的选定应根据换热器的形式、污垢的类型等情况而定。一般化学清洗适用于结构较复杂的情况，如列管换热器管间、U形管内的清洗，由于清洗剂一般呈酸性，对设备多少会有一些腐蚀。机械清洗常用于坚硬的垢层、结焦或其他沉积物，但只能清洗清洗工具能够到达之处，如列管换热器的管内（卸下封头）、喷淋式蛇管换热器的外壁、板式换热器（拆开后）。常用的清洗工具有刮刀、竹板、钢丝刷、尼龙刷等。另外，还可以用高压水进行清洗。

① 化学清洗（酸洗法）　酸洗法常用盐酸配制酸洗溶液，由于酸能腐蚀钢铁基体，因此在酸洗溶液中需加入一定数量的缓蚀剂，以抑制对基体的腐蚀（酸洗溶液的配制方法参阅有关资料）。

酸洗法的具体操作方法有两种。一种为重力法，借助于重力，将酸洗溶液缓慢注入设备，直至灌满。这种方法的优点是简单、耗能少，但效果差、时间长。另一种为强制循环法，依靠酸泵使酸洗溶液通过换热器并不断循环。这种方法的优点是清洗效果好，时间相对较短；缺点是需要酸泵，较复杂。

进行酸洗时，要注意以下几点：a.对酸洗溶液的成分和酸洗的时间必须控制好，原则上要求既要保证清洗效果又尽量减少对设备的腐蚀；b.酸洗前检查换热器各部位是否有渗漏，如果有，应采取措施消除；c.在配制酸洗溶液和酸洗过程中，要注意安全，需戴口罩、穿防护服、戴橡胶手套，并防止酸液溅入眼中。

② 机械清洗　对列管换热器管内的清洗，通常用钢丝刷。具体做法是用一根圆棒或圆管，一端焊上与列管内径相同的圆形钢丝刷，清洗时，一边旋转一边推进。通常，用圆管比用圆棒要好，因为圆管向前推进时，清洗下来的污垢可以从圆管中退出。注意：对不锈钢管不能用钢丝刷而要用尼龙刷，对板式换热器也只能用竹板或尼龙刷，切忌用刮刀和钢丝刷。

③ 高压水清洗　采用高压泵喷出高压水进行清洗，既能清洗机械清洗不能到达的地方，又避免了化学清洗带来的腐蚀，因此，也不失为一种好的清洗方法。这种方法适用于清洗列管换热器的管间，也可用于清洗板式换热器。冲洗板式换热器中的板片时，注意将板片垫平，以防变形。

本章小结

传热是自然界最普遍的传递现象之一，这种普遍性及化工生产的特点决定了传热在化工生产中的广泛应用。作为化工领域内的高素质劳动者，应该掌握传热的基本规律，学会用工程观点分析和解决传热实际问题，寻找强化传热或削弱传热的途径，正确使用典型换热器完成指定换热任务。学习中要注意以下问题。

● 热量只能自发地由高温物体向低温物体传递，但实现的基本方式有3种。实际传热方式往往不是单一的。应该理解各种方式的异同点。

● 工业上常用的换热方式为直接接触式、蓄热式和间壁式3种，应该了解其特点，根据生产需要正确选用。

● 能弄清稳态传热与非稳态传热、恒温传热与变温传热、变温传热与稳态传热、变温传热与非稳态传热之间的关系。

● 间壁换热是由若干个过程串联构成的，能根据控制步骤的不同正确强化传热。

- 隔热的目的与手段。
- 热量衡算与传热量的计算、载热体用量计算和流体一端温度的计算。
- 传热速率与热负荷的关系。
- 正确选择流体在换热器中的流向。
- 换热器的正确使用与维护方法。

本章主要符号说明

英文

a——管间距，m

A——流通面积，m^2

B——厚度，m

c_p——定压比热容，$kJ/(kg \cdot K)$

d——管径，m

D——换热器壳径，m

f——摩擦因数

h——挡板间距，m

K——总传热系数，$W/(m^2 \cdot K)$

l——特征尺寸，m

n——指数

n——管数

N——程数

p——压力，Pa

q——热通量，W/m^2

Q——传热速率，W

q_m——质量流量，kg/s

r——半径，m

r——汽化潜热，kJ/kg

R——热阻，$m^2 \cdot K/W$

S——传热面积，m^2

t——冷流体温度，K

T——热流体温度，K

u——流速，m/s

希文

α——对流传热系数，$W/(m^2 \cdot K)$

λ——热导率，$W/(m \cdot K)$

μ——黏度，$Pa \cdot s$

φ——校正系数

下标

c——冷流体的

e——当量的

h——热流体的

i——管内的

o——管外的

s——污垢的

w——壁面的

思考题

1. 联系实际说明传热在化工生产中的应用。

2. 什么叫稳态传热？其特点是什么？生产中什么情况可视为稳态传热？

3. 由不同材质组成的两层等厚平壁，联合导热，温度变化如图3-36所示。试判断它们的热导率的大小，并说明理由。

4. 分析保温瓶的保温原理。从传热的角度看，保温瓶需要除垢吗？

5. 如何强化对流传热？

6. 工业生产中，为什么在加热炉周围要设置屏障？

7. 传热时如何选择流向才是合理的？

8. 冬季有风的日子里，为什么人们会觉得更冷？

9. 强化传热的具体措施有哪些？

10. 为什么生产中用的隔热材料必须采用防潮措施？

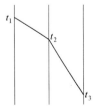

图3-36 思考题3
附图

11.水蒸气加热的特点与需要注意的问题是什么？

12.常用的加热剂和冷却剂有哪些？各自特点及适用场合是什么？

13.为什么换热器投产时不能骤然升高温度？

14.换热器在冬季与夏季操作有什么不同？

 习题 ▶▶▶ ···

3-1 有一用10mm钢板制成的平底反应器，其底面积为2m^2，内外表面温度分别为110℃和100℃。求每秒从反应器底部散失于外界的热量为多少？已知λ$_{钢}$＝46.5W/(m·K)。

3-2 某平壁工业炉的耐火砖厚度为0.213m，炉墙热导率λ＝1.038W/(m·K)。其外用热导率为0.07 W/(m·K)的绝热材料保温。炉内壁温度为980℃，绝热层外壁温度为38℃，如允许最大热损失量为950W/m^2。求：（1）绝热层的厚度；（2）耐火砖与绝热层的分界处温度。

3-3 有一φ108mm×4mm的管道，内通以200kPa的饱和蒸汽。已知其外壁温度为110℃，内壁温度以蒸汽温度计。试求每米管长的导热量。

3-4 已知一外径为75mm、内径为55mm的金属管，输送某一热的物流，此时金属管内壁温度为120℃，外壁温度为115℃，每米管长的散热速率为4545W/m。求该管材的热导率。

3-5 求下列情况下载热体的传热量：（1）1500kg/h的硝基苯从80℃冷却到20℃；（2）50kg/h、400kPa的饱和蒸汽冷凝后又冷却至60℃。

3-6 在换热器中，欲将2000kg/h的乙烯气体从100℃冷却至50℃，冷却水进口温度为30℃，进出口温度差控制在8℃以内，试求该过程冷却水的消耗量。

3-7 在一精馏塔的塔顶冷凝器中，用30℃的冷却水将100kg/h的乙醇-水蒸气（饱和状态）冷凝成饱和液体，其中乙醇含量为92%（质量分数，后同），水含量为8%，冷却水的出口温度为40℃。试求该过程的冷却水消耗量。

3-8 用一列管换热器来加热某溶液，加热剂为热水。拟定水走管程，溶液走壳程。已知溶液的平均比热容为3.05kJ/(kg·K)，进出口温度分别为35℃和60℃，其流量为600kg/h；水的进出口温度分别为90℃和70℃。若热损为热流体放出热量的5%，试求热水的消耗量和该换热器的热负荷。

3-9 在一釜式列管换热器中，用280kPa的饱和水蒸气加热并汽化某液体（水蒸气仅放出冷凝潜热）。液体的比热容为4.0kJ/(kg·K)，进口温度为50℃，其沸点为88℃，汽化潜热为2200kJ/kg，液体的流量为1000kg/h。忽略热损，试求加热蒸汽消耗量。

3-10 在一列管换热器中，两流体呈并流流动，热流体进出口温度为130℃和65℃，冷流体进出口温度为32℃和48℃，求换热器的平均温度差。若将两流体改为逆流，维持两流体的流量和进口温度不变，求此时换热器的平均温度差及两流体的出口温度。

3-11 用一单壳程四管程的列管换热器来加热某溶液，使其从30℃加热至50℃，加热剂则从120℃下降至45℃。试求换热器的平均温度差。

3-12 接触法硫酸生产中用氧化后的高温SO$_3$混合气（走管程）预热原料气（SO$_2$及空气混合物）。已知：列管换热器的传热面积为90m^2，原料气进口温度为300℃，出口温度为430℃，SO$_3$混合气进口温度为560℃，两种流体的流量均为10000kg/h，热损失为原料气所得热量的6%。设两种气体的比热容均可取为1.05kJ/(kg·K)，且两流体可近似作为逆流处理，试求：（1）SO$_3$混合气的出口温度；（2）传热系数。

3-13 水在一圆形直管内呈强制湍流时，若流量及物性均不变，现将管内径减半，则管内对流传热系数为原来的多少倍？

3-14　在某列管换热器中，管子为$\phi 25mm \times 2.5mm$的钢管，管内外流体的对流传热系数分别为$200W/(m^2 \cdot K)$和$2500W/(m^2 \cdot K)$，不计污垢热阻。试求：（1）此时的传热系数；（2）将α_i提高一倍时（其他条件不变）的传热系数；（3）将α_o提高一倍时（其他条件不变）的传热系数。

3-15　在上题中，换热器使用一段时间后，产生了污垢，两侧污垢热阻均为$1.72 \times 10^{-3} m^2 \cdot K/W$，若仍维持对流传热系数为$200W/(m^2 \cdot K)$和$2500W/(m^2 \cdot K)$不变，试求传热系数下降的百分比。

3-16　$100℃$的饱和水蒸气在列管换热器的管外冷凝，总传热系数为$2039W/(m^2 \cdot K)$，传热面积为$12.75m^2$，$15℃$的冷却水以$2.25 \times 10^3 kg/h$的流量在管内流过，设平均温差可以用算术平均值计算，试求水蒸气的冷凝量。

3-17　为了测定套管式甲苯冷却器的传热系数，测得实验数据如下：冷却器传热面积为$2.8m^2$，甲苯的流量为$2000kg/h$，由$80℃$冷却到$40℃$；冷却水从$20℃$升高到$30℃$，两流体呈逆流流动。试求所测得的传热系数为多少，水的流量为多少。

3-18　某列管换热器，用$100℃$水蒸气将物料由$20℃$加热至$80℃$，传热系数为$1500kW/(m^2 \cdot K)$。经半年运转后，由于污垢的影响，在相同操作条件下，物料出口温度仅为$70℃$，现欲使物料出口温度仍维持$80℃$，问加热蒸汽温度应提高至多少？

3-19　在并流换热器中，用水冷却油。换热管长$1.5m$。水的进出口温度为$15℃$和$40℃$；油的进出口温度为$120℃$和$90℃$。如油和水的流量及进口温度不变，需要将油的出口温度降至$70℃$，则换热器的换热管应增长为多少米才可达到要求？（不计热损失及温度变化对物性的影响）

3-20　在一传热面积为$3m^2$、由$\phi 25mm \times 2.5mm$的管子组成的单程列管换热器中，用初温为$10℃$的水将机油由$200℃$冷却至$100℃$，水走管程，油走壳程。已知水和机油的流量分别为$1000kg/h$和$1200kg/h$，机油的比热容为$2.0kJ/(kg \cdot K)$，水侧和油侧的对流传热系数分别为$2000W/(m^2 \cdot K)$和$250W/(m^2 \cdot K)$，两流体呈逆流流动，忽略管壁和污垢热阻。试求：（1）通过计算说明该换热器是否合用。（2）夏天当水的初温达到$30℃$，而油和水的流量及油的冷却程度不变时，该换热器是否合用（假设传热系数不变）。

　自测题　▶▶　..

1.（　　）不是传热基本方式。

A. 热传导　　　　　　　　B. 对流传热　　　　　　C. 辐射传热　　　　　　D. 间壁换热

2. 间壁式换热器中，当两侧流体的对流传热系数都较大时，传热速率受（　　）控制。

A. 管壁热阻　　　　　　　　　　　　　　B. 污垢热阻

C. 管内对流传热热阻　　　　　　　　　　D. 管外对流传热热阻

3. 在列管式换热器中，用水蒸气加热某盐溶液，盐溶液走管程。则以下强化传热途径中（　　）最为有效。

A. 减少传热壁面厚度　　　　　　　　　　B. 在壳程设置折流挡板

C. 改单管程为双管程　　　　　　　　　　D. 增大换热器尺寸以增大传热面积

4. 换热器的总传热系数与（　　）无关。

A. 传热间壁的厚度　　　B. 流体流动状态　　　　C. 污垢热阻　　　　　D. 传热面积

5. 在套管冷凝器中用空气（走内管）冷凝管间的饱和水蒸气，若保持蒸汽压力和空气进口温度不变，增加空气流量，则空气出口温度（　　）。

A. 增大　　　　　　　　B. 减小　　　　　　　　C. 基本不变　　　　　　　D. 无法判断

6. 以下关于设备管路保温说法不正确的是（　　　）。

A. 在设备管路外包一层或多层保温材料　　　B. 保温材料的导热系数较小

C. 保温就是维持管道设备内的高温　　　　　D. 保温是减少能量损失的重要方法

7. 在稳定变温传热中，当两流体的流向采用（　　　）时，传热的推动力最大。

A. 并流　　　　　　　　B. 逆流　　　　　　　　C. 错流　　　　　　　　D. 折流

8. 在单程列管换热器中，用 100℃的热水加热一种易生垢且超过 80℃时易分解的有机液体。则有机液体应该走（　　　），两流体应该（　　　）换热。

A. 走管程，并流　　B. 走壳程，并流　　　C. 走管程，逆流　　　D. 走壳程，逆流

9. 在蒸汽冷凝的换热中，应该及时排出冷凝液和不凝性气体，原因是（　　　）。

A. 有效换热面积及传热系数均增大　　　　　B. 有效换热面积及传热系数均减小

C. 有效换热面积增大，传热系数减小　　　　D. 有效换热面积减小，传热系数增大

10. 当壳体和管束之间温度差大于 50℃时，应进行热补偿。以下属于列管式换热器补偿方法的是（　　　）。

A. 浮头法　　　　　　　B. 加装支路法　　　　　C. 安装疏水阀法　　　　D. 折流挡板法

第4章 液体蒸馏

4.1 概述

4.1.1 蒸馏在化工生产中的应用

化工生产中常常要将混合物进行分离，以实现产品的提纯和回收或原料的精制。对于均相液体混合物，最常用的分离方法是蒸馏。如从发酵的醪液提炼饮料酒，石油的炼制分离汽油、煤油、柴油等，以及空气的液化分离制取氧气、氮气等，都是蒸馏完成的。

混合物的分离依据是混合物中各组分在某种性质上的差异。蒸馏便是以液体混合物中各组分挥发能力的不同作为依据的。对大多数溶液来说，各组分挥发能力的差别表现为组分沸点的差别。

如乙醇和水相比，常压下乙醇沸点为 78.3℃，水的沸点为 100℃，所以乙醇的挥发能力比水强。当乙醇（A）和水（B）形成的二元混合液欲进行分离时，可将此溶液加热，使之部分汽化为相互平衡的汽液两相。因乙醇易挥发，使得乙醇更多地进入到汽相，所以在汽相中乙醇的浓度要高于原来的溶液。而残留的液相中乙醇的浓度比原溶液减小了，即水的浓度增加了。这样，原混合液中的两组分得到了部分程度的分离。这种分离原理即为蒸馏分离。

由蒸馏原理可知，对于大多数混合液，各组分的沸点相差越大，其挥发能力相差越大，则用蒸馏方法分离越容易。反之，两组分的挥发能力越接近，则越难用蒸馏分离。必须注意，对于恒沸液，组分沸点的差别并不能说明溶液中组分挥发能力的差别，因为此时组分的挥发能力是一样的，这类溶液不能用普通蒸馏方式分离。

凡根据蒸馏原理进行组分分离的操作都属蒸馏操作。常见的蒸馏操作方式有闪蒸、简单蒸馏、精馏和特殊蒸馏。根据需要，蒸馏可以连续式进行，也可以间歇式进行。工业上以连续精馏的应用最为广泛，本章主要讨论这种蒸馏方式。

4.1.2 精馏原理和流程

精馏是工业生产中用以获得高纯组分的一种蒸馏方式，应用极为广泛。现以苯-甲苯混合液的精馏为例，说明精馏的原理。

由蒸馏的分离原理可知，如将苯-甲苯溶液加热，使之进行一次部分汽化，两组分便得到部分分离。汽化所得的汽相（一级）中苯浓度比原有溶液提高了，若将此汽相引出进行部分冷凝，则重新得到一呈平衡的汽液两相。其汽相（二级）中苯的浓度又将进一步提高。该汽相（二级）再一次部分冷凝所得的下一级汽相（三级），其苯浓度又可得以增加。显然，这种依次进行部分冷凝的次数（即级数）愈多，所得到的蒸气的浓度也愈高，最后可得高纯度的易挥发组分苯。

同样由蒸馏原理知，初始溶液加热部分汽化后，所残留的液相中甲苯的浓度比原溶液提高了。若将此液相引进另一加热釜再一次发生部分汽化，由于甲苯难挥发，则汽化后剩余的液相中甲苯的浓度又将进一步增加，如此继续下去，部分汽化的次数愈多，所残留的液体中甲苯的浓度就愈高，最后可得高纯度的难挥发组分甲苯。

生产中，上述过程是在精馏塔内同时进行的，温度相对较低的液体自塔顶在重力作用下从上往下流动，而温度较高的气体（蒸气）则在压力的作用下自下往上流动，当两者相遇时，汽相部分冷凝而液相部分汽化，从而同时实现多次部分汽化与多次部分冷凝。

由此可见，精馏就是多次而且同时运用部分汽化和部分冷凝的方法，使混合液得到较完全分离，以获得接近纯组分的操作。

板式精馏塔
工作过程

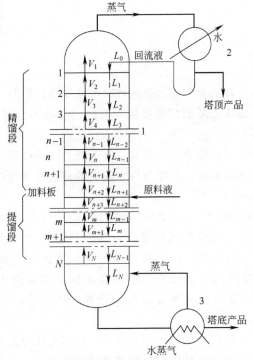

图 4-1 连续精馏过程和塔内物料流动示意图
1—精馏塔；2—冷凝器；3—再沸器

工业上精馏装置由精馏塔、再沸器、冷凝器等构成，如图 4-1 所示。在精馏塔内每隔一定高度安装一块塔板，或直接堆放填料。汽液两相在塔板上或填料的表面相接触，而发生部分汽化和部分冷凝。

图 4-1 所示为典型的连续精馏过程以及塔内的物料流动情况。原料液从塔中间的某块塔板上引入塔内，此板称为加料板。一般将精馏塔分为两段，加料板以上称为精馏段，加料板以下称为提馏段（包括加料板）。入塔原料在加料板上与塔内的汽液相汇合后，汽相上走而液相下行。为了确保塔内任一截面上都能有下降的液体和上升的蒸气，以实现多次部分汽化和多次部分冷凝，塔顶冷凝器中的冷凝液只能一部分作为产品，而一部分回流到塔内；同样，液体下降至塔底再沸器中，只能一部分作为产品，一部分需汽化后回流到塔内。

蒸气由精馏塔底部在自下而上依次通过各层塔板的过程中，与各板上液体层相接触，使液体发生部分汽化，而蒸气发生部分冷凝，从而使蒸气中易挥发组分逐板增浓，从塔顶引出时，达到规定的浓度，冷凝后即可得产品（馏出液）。同样，从塔顶经每块塔板下降的液体，由于与上升的蒸气相接触，每经一块塔板就部分汽化一次，其中易挥发组分的浓度不断下降，而难挥发组分的浓度不断增加，从再沸器出来时，达到规定的浓度而成为产品（釜残液）。

在整个精馏塔内，各板上易挥发组分的浓度由上而下逐渐降低，当某板上的浓度与原料液中浓度相等或相近时，料液就从此板加入。由于塔底部几乎是纯难挥发组分，因此塔底部温度最高，而顶部是几乎纯净的易挥发组分，因此塔顶部温度最低，整个塔内的温度，由下而上逐渐降低。

不难看出，塔顶的液体回流与塔底的蒸气回流是精馏得以稳定操作的必要条件。

精馏是应用最广的分离操作之一，通过以上对精馏过程的分析可以看出，要利用精馏进行分离，必须认识以下几方面的问题：

① 要使精馏过程能持续稳定进行，应保证精馏的物料平衡；

② 精馏塔内需要多少块塔板才能达到规定的分离要求；

③ 精馏的热量与冷量消耗，如何满足热量平衡以及如何节能；

④ 要顺利完成精馏任务，需注意精馏的操作要点；

⑤ 进行精馏时所需的装置设备；

⑥ 除精馏以外的其他蒸馏方式。

4.1.3 蒸馏在相图上的表示

蒸馏是利用各组分挥发能力的不同，通过液相的部分汽化或汽相的部分冷凝实现其分离的，因此能否分离以及分离的难易均涉及汽液两相的平衡问题。下面以双组分体系为例进行简要说明。

相是指物系中物理性质和化学性质完全相同且均匀的部分。两相之间是有明显分界线（或界面），界面处宏观性质的改变是飞跃性的。气体混合物中不论含有多少种组分，只有一相，即汽相；液体混合物中，根据各组分间的互溶程度不同，有可能呈现一相（液相）、两相（液-液相），甚至是三相（液-液-液相）。

汽液相平衡是指是在一定的温度和压力下，汽-液两相之间达到的相对稳定的共存状态。此时，各组分在汽、液相间的传质净速度为零，各组分在各相中的组成各自保持不变，保持平衡状态。但是，当温度或压力发生变化时，这种平衡状态也会随之发生变化并建立新的平衡。汽液相平衡时，温度、压力、组成等参数之间的关系称为相平衡关系，这种关系可以用公式、图表表示。在液体蒸馏中，主要使用一定压力下的温度-组成图（t-x-y 图）和汽液相组成图（x-y 图）来表示。

图 4-2、图 4-3 分别为苯-甲苯体系在 $p=101.325\text{kPa}$ 压力下的温度组成图和汽液相组成图。由图 4-2 可以看出苯-甲苯体系的蒸馏分离过程，一定温度和组成的原料液处在图

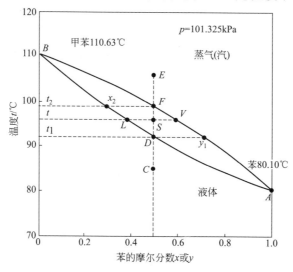

图 4-2 苯-甲苯溶液的温度-组成（t-x-y）图

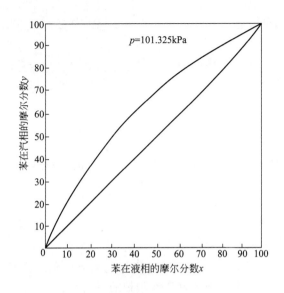

图 4-3　苯-甲苯的汽液相组成（x-y）图

中的 C 点，当加热此原料液到 D 点时，液体开始沸腾并产生第一个气泡（对应的温度称为该液体混合物的泡点温度），继续加热到 S 点，液体继续汽化，形成相互平衡的汽液两相 V 和 L，显然，苯在汽相 V 中的含量大于苯在液相 L 中的含量（这就是蒸馏分离的依据），再继续加热此液体到 F 点，液体全部汽化为蒸气（汽），只剩下最后一滴液体［对应的温度称为该蒸气（汽）混合物的露点温度］，再继续加热，则表现为蒸气（汽）的升温（如 E 点）。读者可以自行分析，将 E 点对应的蒸气（汽）逐渐冷却降温到 C 点的相态变化情况。

在 t-x-y 图中，曲线 ADB 称为泡点线，泡点线上的任何一点均代表饱和液体状态；曲线 AFB 称为露点线，露点线上的任何一点均代表饱和蒸气（汽）状态；两线之间的区域称为汽液相共存区，代表相互平衡的汽液两相；泡点线以下的区域称为液相区，代表过冷液体，露点线以上的区域称为汽相区，代表过热蒸气（汽）。

不难看出，只有液相的部分汽化和汽相的部分冷凝才对蒸馏分离具有意义。

在 x-y 图中，曲线上的任意一点均代表相互平衡的汽液两相组成。显然，曲线离对角线越远，则汽相组成比液相组成大得越多，说明该混合物用蒸馏分离越容易。

4.2　精馏的物料衡算

4.2.1　全塔物料衡算

连续精馏过程中，塔顶和塔底产品的流量与组成，是和进料的流量与组成有关的。它们之间的关系可通过全塔物料衡算求得。衡算范围见图 4-4 虚线部分。

总物料平衡 $\hspace{6em} F=D+W$ $\hspace{6em}$ (4-1)

易挥发组分的平衡 $\hspace{4em} Fx_F=Dx_D+Wx_W$ $\hspace{4em}$ (4-2)

式中，F ——原料液的摩尔流量，kmol/h；D ——馏出液的摩尔流量，kmol/h；W ——釜残液的摩尔流量，kmol/h；x_F ——原料液中易挥发组分的摩尔分数；x_D ——馏出液中易挥发组分的摩尔分数；x_W ——釜残液中易挥发组分的摩尔分数。

只要已知其中 4 个参数，就可以求出其他两个参数。一般情况下 F、x_F、x_D、x_W 由生产任务规定。式(4-1) 和式(4-2) 中 F、D、W 也可采用质量流量，相应地 x_F、x_D、x_W 用质量分数。

联立式(4-1) 和式(4-2) 求解可得

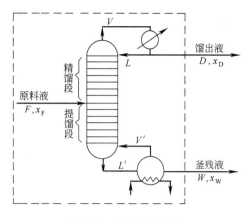

图 4-4 全塔物料衡算

$$D = \frac{F(x_F - x_W)}{x_D - x_W}, \quad W = \frac{F(x_D - x_F)}{x_D - x_W} \quad (4\text{-}3)$$

或

$$\frac{D}{F} = \frac{x_F - x_W}{x_D - x_W} \quad (4\text{-}4)$$

$$\frac{W}{F} = \frac{x_D - x_F}{x_D - x_W} = 1 - \frac{D}{F} \quad (4\text{-}5)$$

式中，D/F，W/F ——工程上分别称其为馏出液采出率和残液采出率。

精馏生产中还常用到回收率的概念。所谓回收率，是指某组分通过精馏回收的量与其在原料中的总量之比。其中，易挥发组分的回收率为 $\dfrac{Dx_D}{Fx_F}$，难挥发组分的回收率为 $\dfrac{W(1-x_W)}{F(1-x_F)}$。

全塔物料衡算方程虽然简单，但对指导精馏生产却是至关重要的。实际生产中，精馏塔的进料是由前一工序送来的，因此进料组成 x_F 为定值。式(4-4)、式(4-5) 可知，塔的产品产量和组成是相互制约的。

工业精馏分离指标一般有以下几种形式：

① 规定馏出液与釜残液组成 x_D、x_W，此种情况下 D/F、W/F 为定值，该塔的产率已经确定，不能任意选择；

② 规定馏出液组成 x_D 和采出率 D/F，此时塔底产品的采出率 W/F 和组成 x_W 也不能自由选定，反之亦然；

③ 规定某组分在馏出液中的组成及回收率，由于回收率 ≤100%，即 $Dx_D \le Fx_F$，或 $\dfrac{D}{F} \le \dfrac{x_F}{x_D}$，因此采出率 D/F 是有限制的，当 D/F 取值过大时，即使此精馏塔有足够大的分离能力，塔顶也无法获得高纯度的产品。

例 4-1

每小时将 20kmol 含乙醇 40% 的酒精水溶液进行精馏，要求馏出液中含乙醇 89%，残液中含乙醇不大于 3%（以上均为摩尔分数），试求每小时馏出液量和残液量。

解 根据题意，由式(4-1) 和式(4-2) 的全塔物料衡算式得

$$20 = D + W \quad (1)$$

$$20 \times 0.4 = D \times 0.89 + W \times 0.03 \quad (2)$$

联立方程 (1)、方程 (2)，得

馏出液量 $\qquad D = 8.6\text{kmol/h}$

残液量 $\qquad W = 11.4\text{kmol/h}$

每小时将 15000kg 含苯 40％和甲苯 60％的溶液，在连续精馏塔中进行分离，要求釜底残液中含苯不高于 2％（以上均为质量分数），塔顶轻组分的回收率为 97.1％，操作压力为 101.3kPa。试求馏出液和釜底残液的流量及组成，以摩尔流量及摩尔分数表示。

解 苯的摩尔质量为 78kg/kmol，甲苯的摩尔质量为 92kg/kmol。

$$x_F = \frac{\frac{40}{78}}{\frac{40}{78} + \frac{60}{92}} = 0.44, \quad x_W = \frac{\frac{2}{78}}{\frac{2}{78} + \frac{98}{92}} = 0.0235$$

原料液平均摩尔质量为 $M_F = 0.44 \times 78 + 0.56 \times 92 = 85.8$ kg/kmol

则
$$F = 15000/85.8 = 175 \text{kmol/h}$$

$$\frac{Dx_D}{Fx_F} = 0.971$$

$$Dx_D = 0.971 \times 175 \times 0.44$$

由全塔物料衡算式得
$$D + W = 175$$

$$Dx_D + 0.0235W = 175 \times 0.44$$

解得
$$W = 95 \text{kmol/h}, \quad D = 80 \text{kmol/h}, \quad x_D = 0.935$$

4.2.2 精馏段物料衡算

在对精馏塔的操作分析中，常常需掌握塔内相邻两层塔板间的汽、液相浓度之间的数量关系，这种关系称为操作线关系，表达这种关系的数学式叫操作线方程。由精馏段进行物料衡算可得出精馏段的操作线方程，对提馏段物料衡算可得出提馏段的操作线方程。

4.2.2.1 恒摩尔流假设

为简化计算，引入气（汽）、液恒摩尔流的基本假设如下。

(1) 恒摩尔汽化 在精馏过程中，精馏段内每层板上升的蒸气摩尔流量相等，以 V 表示。提馏段内也如此，以 V' 表示。但两段的上升蒸气摩尔流量不一定相等。

(2) 恒摩尔溢流 在精馏过程中，精馏段内每层板下降的液体摩尔流量相等，以 L 表示。提馏段内也如此，以 L' 表示。但两段的液体摩尔流量不一定相等。

若塔板上汽液两相接触时，有 1kmol 的蒸气冷凝，相应就有 1kmol 的液体汽化，恒摩尔流的假定即成立。为此，必须满足以下条件：①各组分的摩尔汽化潜热相等；②汽液两相接触时，因温度不同而交换的显热可以忽略；③精馏塔保温良好，热损失可以忽略。

在精馏操作时，恒摩尔流虽是一项假设，但很多物系，尤其是结构相似、性质相近的组分构成的物系，上述条件基本符合。本章研究的对象均可按符合假定处理。

4.2.2.2 精馏段操作线方程

精馏段操作线方程可由图 4-5 所示的虚线范围（包括精馏段第 $i+1$ 层板以上塔段及冷凝器）作物料衡算。

图 4-5 中对浓度下标的规定如下：来自哪一块塔板就用该塔板的编号作下标。塔板号码自

上面下从第 1 号开始顺序编号。浓度皆以摩尔分数表示。

总物料平衡　　　　　$V=L+D$

易挥发组分平衡　　$Vy_{i+1}=Lx_i+Dx_D$

联立二式得

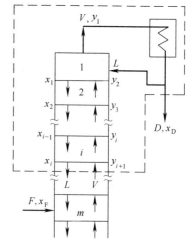

$$y_{i+1}=\frac{L}{L+D}x_i+\frac{D}{L+D}x_D \qquad (4\text{-}6)$$

或

$$y_{i+1}=\frac{\dfrac{L}{D}}{\dfrac{L}{D}+1}x_i+\frac{1}{\dfrac{L}{D}+1}x_D \qquad (4\text{-}7)$$

图 4-5　精馏段操作线方程的推导

令 $R=\dfrac{L}{D}$，R 称为回流比，是塔顶回流液量与塔顶产品量的比值，它是精馏操作中很重要的操作参数（后面将对其进行讨论）。则

$$y_{i+1}=\frac{R}{R+1}x_i+\frac{1}{R+1}x_D \qquad (4\text{-}8)$$

上式中，由于第 i 块板是任选的，只要是在精馏段部分即能满足。因此可去掉下标，得

$$y=\frac{R}{R+1}x+\frac{x_D}{R+1} \qquad (4\text{-}9)$$

式(4-6)～式(4-9) 皆称为精馏段的操作线方程，其意义表示在一定操作条件下，精馏段内任意两块相邻塔板间，从上一块塔板下降的液体组成与从下一块塔板上升蒸气组成之间的关系。其中式(4-9)用得比较普遍。

显然，精馏段操作线方程在 $x\text{-}y$ 直角坐标图上的图形为一条直线。其作法如下：以操作线上两个特殊点作连线画出操作线。在式(4-9) 中，令 $x=x_D$，则可算得 $y=x_D$，因此表明点 $a(x_D,x_D)$ 是精馏段操作线上的一个特殊点，该点可在 $y\text{-}x$ 图的对角线上由 $x=x_D$ 方便地标出。另一个特殊点 b 由操作线方程的截距求得，即点 $\left(0,\dfrac{x_D}{R+1}\right)$。图 4-6 表明由这两个特殊点连直线作出精馏段操作线的方法。

4.2.3　提馏段物料衡算

如图 4-7 所示，在提馏段第 j 层板以下，包括再沸器这一虚线范围作物料衡算。

总物料平衡　　　　　　　　　$L'=V'+W$

易挥发组分平衡　　　　　　　$L'x_j=V'y_{j+1}+Wx_W$

联立二式得　　　$y_{j+1}=\dfrac{L'}{L'-W}x_j-\dfrac{W}{L'-W}x_W \qquad (4\text{-}10)$

因第 j 块板是任意选取的，故可去掉下标，则

$$y=\frac{L'}{L'-W}x-\frac{W}{L'-W}x_W \qquad (4\text{-}11)$$

式(4-10) 和式(4-11) 称为提馏段操作线方程。其意义表明在一定操作条件下，在提馏段内任一 j 层板流到下一 $j+1$ 层板的液相组成 x_j 与从下一层 $j+1$ 板上升到 j 层板上的汽相组成 y_{j+1} 之间的关系。

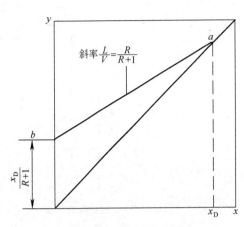

图 4-6　精馏段操作线的作法

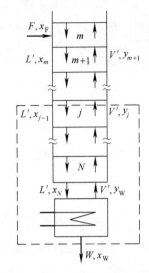

图 4-7　提馏段操作线方程的推导

根据恒摩尔流的假定，提馏段中各板的 L' 为定值，当稳态操作时 W 和 x_W 也为定值，因此，式(4-11) 在 x-y 图上的图形也是直线，并且当 $x=x_W$ 时，由式(4-11) 算得 $y=x_W$，说明该直线经过对角线上的 $(x_W，x_W)$ 点。

应予指出，提馏段液体流量 L' 除了与精馏段的回流液量 L 有关外，还受进料量及进料热状况的影响。如进料为饱和液体时，$L'=L+F$。故当考虑进料热状况后，提馏段操作线方程 [式(4-11)] 将变化为另外形式。

例 4-3

分离例 4-2 的溶液时，若进料为饱和液体 $(L'=L+F)$，所用回流比为 2，试求精馏段和提馏段操作线方程式，并写出其斜率和截距。

解 (1) 精馏段操作线方程式的通式为

$$y=\frac{R}{R+1}x+\frac{x_D}{R+1} \tag{4-9}$$

因 $R=2$，$x_D=0.935$，得方程式为

$$y=\frac{2}{2+1}x+\frac{0.935}{2+1}$$
$$=0.667x+0.312$$

则精馏段操作线的斜率为 0.667，截距为 0.312。

(2) 提馏段操作线方程的形式为

$$y=\frac{L'}{L'-W}x-\frac{W}{L'-W}x_W \tag{4-11}$$

由例 4-2 知 $F=175\text{kmol/h}$，$W=95\text{kmol/h}$，$L=RD=2\times80=160\text{kmol/h}$，$x_W=0.0235$。则有

$$L'=L+F=160+175=335\text{kmol/h}$$

代入式(4-11) 得　　　　　　　$y=1.4x-0.0093$

故提馏段操作线的斜率为 1.4，截距为 −0.0093。

4.3 塔板数的确定

4.3.1 实际塔板数与板效率

精馏任务必须在精馏塔内完成，而精馏塔内需安装一定数量的塔板来满足分离要求。有了前述的操作线以及物系的相平衡线，也就具备了对于一定操作条件及分离要求确定所需塔板数的基础条件。

考虑到实际塔板操作时传质情况的复杂性，对所需的塔板数，一般采用分两步走的方法确定。首先是将每一块塔板假设为理论板，由相平衡线和操作线确定出所需的理论塔板数 N_T，然后再考虑实际操作情况，由实际塔板与理论塔板的差别引入总板效率 E_T，以确定实际所需的塔板数 N_P。像这种先计算理论板数再由此计算实际板数的方法在工程上经常遇到，值得读者在工作中借鉴。

若操作中离开某块塔板的汽、液两相呈平衡状态，则该塔板称为理论板。将塔内每块塔板假设为理论板后，则离开各板的汽、液两相组成之间的关系就可依相平衡得出，此时就可方便地求出全塔所需的理论塔板数 N_T 了。

但理论板只是一种理想塔板，仅是作为衡量实际塔板分离效率的一个标准。实际操作时，由于塔板上汽、液两相间接触面积和接触时间是有限的，因此在任何形式的塔板上，汽、液两相间都难以达到平衡状态，所以需要有比理论塔板数更多的实际塔板才能完成规定的分离任务。理论塔板数 N_T 与实际塔板数 N_P 之比称为总板效率 E_T。

$$E_T = \frac{N_T}{N_P} \tag{4-12}$$

于是，在求得全塔理论塔板数后，只需知道总板效率，便可将理论塔板数除以总板效率算出实际塔板数。

上述总板效率亦称全塔效率，它不仅与气（汽）液体系、物性、塔板类型、结构尺寸有关，而且与操作状况有关。总板效率是个影响因素很多的综合指标，难以从理论导出，一般均由实验测得。总板效率表示全塔的平均效率，使用较为方便，故被广泛采用。但总板效率并不区分同一个塔中不同塔板的传质效率差别，所以在塔器研究与改进操作中还采用单板效率和点效率等其他表示板效率的方法，此处不再详述。

4.3.2 理论塔板数的确定原则

理论板是指在该板上汽、液两相能充分接触并达到平衡后离开的塔板。某块塔板若假设为理论板，则离开该板的汽相组成 y 与液相组成 x 即满足相平衡关系。

物系的相平衡关系可用相平衡线来表示，如苯-甲苯混合液在 $p=101.3\text{kPa}$ 下的相平衡线如图4-8 中的曲线所示。相平衡线上的任一点表示互为平衡的一组液、汽相浓度。

相平衡关系也可用汽液相平衡方程来表示。由蒸馏原理可知，蒸馏分离是根据各组分挥发能力的差异而进行的。组分挥发能力的大小可用挥发度来表示。工程上常把易挥发组分对难挥发组分的挥发度之比称为相对挥发度，以 α 表示。α 值越大，则两组分越易用蒸馏方法分离。对于理

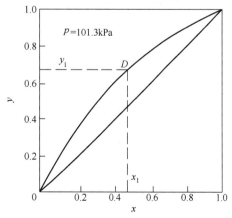

图4-8 苯-甲苯混合液的 x-y 图

想溶液而言，两组分的相对挥发度等于两组分的饱和蒸气压之比，其值随温度的变化而有所改变。若某物系精馏分离时，在整个精馏塔中的相对挥发度的平均值为已知，则相平衡方程为

$$y = \frac{\alpha x}{1 + (\alpha - 1)x} \tag{4-13}$$

下面以图 4-9 中的（a）图表示塔内既非加料，又无出料的一块普通塔板的操作，（b）图表示加料板的操作。若将精馏塔内的每一块塔板都假设为理论板，则（a）图中的 y_n 与 x_n 互为相平衡，（b）图中的 y_m 与 x_m 相互平衡。图中以弯曲线相连，表示两者互为相平衡关系。从而可依照相平衡线或相平衡方程，由汽相组成得出同一块板上的液相组成。

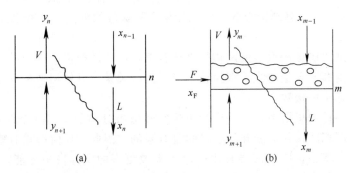

图 4-9　汽液相组成示意图

另由上一节操作线方程的意义可知，图 4-7 中的 x_{n-1} 与 y_n 之间、x_n 与 y_{n+1} 之间、x_{m-1} 与 y_m 之间、x_m 与 y_{m+1} 之间属于操作关系。因此可依照操作线或操作线方程，由上层板下降的液相组成得出下层板上升的汽相组成。

对任意第 n 层塔，有：①离开该理论板的液、汽相浓度（x_n，y_n）点必满足相平衡关系；②该板之上（或之下）的液、汽相浓度（x_n，y_{n+1}）点必符合操作线关系。这样便可从塔顶组成 x_D 开始，交替使用相平衡关系和操作线关系逐级向下进行计算，一直计算至塔底组成 x_W 为止。每使用一次相平衡关系即表明经过一块理论板，计算过程中使用相平衡的次数即代表总理论塔板数。

由此可见，理论塔板数的多少与分离任务的要求（塔顶、塔底产品的质量）、操作条件以及相平衡关系等有关。另外，还与回流比和进料的热状况以及加料位置等有关，这部分内容将在下节讨论。

4.3.3　理论塔板数的确定方法

如前所述，理论塔板数的确定主要依据相平衡关系和操作线关系。求法很多，主要介绍图解法与逐板计算法。至于其他方法，有兴趣的读者可以参阅有关书籍。

4.3.3.1　逐板计算法

如图 4-10 所示，假设塔顶采用全凝器，泡点回流，塔釜间接蒸汽加热，则求取理论板数的主要步骤如下：

（1）$y_1 = x_D$；

（2）$y_1 = \dfrac{\alpha x_1}{1 + (\alpha - 1)x_1}$，由于是理论板，因此可

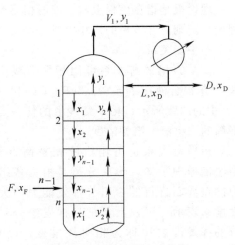

图 4-10　逐板计算法示意图

依相平衡方程由 y_1 算出 x_1；

(3) $y_2 = \dfrac{R}{R+1}x_1 + \dfrac{x_D}{R+1}$，由 x_1 按操作线方程得出 y_2；

(4) 重复第（2）、（3）步骤，直至 $x_n \leqslant x_F$；则第 n 层板为加料板，属于提馏段；

(5) 使用一次相平衡方程，即表示需要一层理论板，统计上述过程中使用相平衡方程的次数，如为 n，则精馏段所需理论塔板数为 $n-1$ 块。

用类似的方法，进一步对提馏段的理论塔板数进行计算。从加料板向下，操作线改用提馏段操作线方程，直至 $x_n \leqslant x_W$ 为止，则全塔所需总理论塔板数为 N_P 块。再沸器中液体受热部分汽化，气液相为平衡状态，因此，其作用相当于一层理论板，所以，全塔所需总理论塔板数为 N_P-1 块。提馏段所需理论板数为 N_P-n 块。

例 4-4

在常压下将含苯 0.25 的苯-甲苯混合液连续精馏分离。要求馏出液中含苯 0.98，釜残液中含苯不超过 0.085（以上组成皆为摩尔分数）。选用回流比为 5，进料为饱和液体，塔顶为全凝器，泡点回流。试用逐板计算法求所需理论板层数。已知常压下苯-甲苯混合液的平均相对挥发度 α 为 2.47。

解 （1）苯-甲苯的汽、液相平衡方程为

$$y = \frac{2.47x}{1+(2.47-1)x} \tag{a}$$

（2）操作线方程

以进料 $F = 100\text{kmol/h}$ 为基准，得

$$F = D + W = 100 \tag{b}$$

$$Fx_F = Dx_D + Wx_W$$

$$100 \times 0.25 = 0.98D + 0.085 \times (100-D) \tag{c}$$

联立式(b) 和式(c)，得

$$D = 18.43\text{kmol/h}$$

$$W = 81.57\text{kmol/h}$$

得精馏段操作线方程

$$y = \frac{R}{R+1}x + \frac{x_D}{R+1} = \frac{5}{5+1}x + \frac{0.98}{5+1} = 0.8333x + 0.1633 \tag{d}$$

提馏段操作线方程

$$y = \frac{L'}{L'-W}x - \frac{W}{L'-W}x_W$$

进料为饱和液体时 $L' = L + F = RD + F = 5 \times 18.43 + 100 = 192.15\text{kmol/h}$，代入可得

$$y = \frac{192.15}{192.15-81.57}x - \frac{81.57 \times 0.085}{192.15-81.57}$$

即

$$y = 1.737x - 0.0626 \tag{e}$$

（3）逐板计算理论板数

由于采用全凝器，泡点回流，故 $y_1 = x_D = 0.98$。

由气、液平衡方程（a）得出第 1 层板下降的液体组成 x_1

$$y_1 = \frac{2.47x_1}{1+(2.47-1)x_1} = 0.98$$

解得 $\hspace{4cm} x_1 = 0.952$

由精馏段操作线方程（d）得第2层板上升蒸气组成：

$$y_2 = 0.8333x_1 + 0.1633 = 0.8333 \times 0.952 + 0.1633 = 0.9567$$

第2层板下降的液体组成仍可由式（a）求得

$$y_2 = \frac{2.47x_2}{1+(2.47-1)x_2} = 0.9567$$

解得 $\hspace{4cm} x_2 = 0.8994$

第3层板上升蒸气组成仍由方程（d）求得

$$y_3 = 0.8333x_2 + 0.1633 = 0.8333 \times 0.8994 + 0.1633 = 0.9128$$

第3层板下降的液体组成即为

$$y_3 = \frac{2.47x_3}{1+(2.47-1)x_3} = 0.9128$$

解得 $\hspace{4cm} x_3 = 0.8091$

按以上步骤反复计算可得

$$y_4 = 0.8376 \xrightarrow[\text{操作线}]{\text{相平衡线}} x_4 = 0.6762$$
$$y_5 = 0.7268 \xrightarrow[\text{操作线}]{\text{相平衡线}} x_5 = 0.5186$$
$$y_6 = 0.5955 \xrightarrow[\text{操作线}]{\text{相平衡线}} x_6 = 0.3734$$
$$y_7 = 0.4745 \xrightarrow[\text{操作线}]{\text{相平衡线}} x_7 = 0.2677$$
$$y_8 = 0.3864 \xrightarrow[\text{操作线}]{\text{相平衡线}} x_8 = 0.2032 < 0.25(x_F)$$

因为第8层板上液相组成小于进料液组成（$x_F = 0.25$），故让进料引入此板。第9层理论板上升的汽相组成应用提馏段操作线方程（e）计算，得

$$y_9 = 1.737x_8 - 0.0626 = 1.737 \times 0.2032 - 0.0626 = 0.2903$$

第9层板下降的液体组成仍由方程（a）求得

$$y_9 = \frac{2.47x_9}{1+(2.47-1)x_9} = 0.2903$$

解得 $\hspace{4cm} x_9 = 0.1421$

第10层板上升蒸气组成仍由方程（e）求得

$$y_{10} = 1.737 \times 0.1421 - 0.0626 = 0.1842$$

第10层板下降的液体组成仍由方程（a）求得

$$y_{10} = \frac{2.47x_{10}}{1+(2.47-1)x_{10}} = 0.1842$$

解得 $\hspace{4cm} x_{10} = 0.08376 < 0.085(x_W)$

故总理论板数为10层（包括再沸器）。其中精馏段理论板为7层，提馏段理论板为3层，第8层理论板为加料板。

4.3.3.2 图解法

图解法求理论板数的基本原理与逐板计算法完全相同，只不过用图解代替方程的求解，如图 4-11 所示。其步骤如下。

(1) 在 x-y 图上作出相平衡线和对角线。

(2) 作精馏段操作线。精馏段操作线过点 $a(x_D,$ $x_D)$ 及 $b(0, \dfrac{x_D}{R+1})$，连接此两点，可作出精馏段操作线，斜率为 $\dfrac{R}{R+1}$。

(3) 作提馏段操作线。提馏段操作线由交点 c $(x_W,\ x_W)$ 和其斜率 $\dfrac{L'}{L'-W}$ 作出。提馏段操作线和精馏段操作线相交于点 d，交点 d 取决于进料的热状况（见下节）。提馏段操作线也可通过连接 d、c 两点得到。

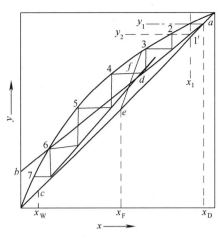

图 4-11 图解法求理论板层数

(4) 从 a 点开始在精馏段操作线和平衡线之间作水平线和垂线组成的梯级，当梯级跨过点 d，改在平衡线和提馏段操作线之间画梯级，直至梯级跨过 c 点为止；每一级水平线表示应用一次汽液相平衡关系，即代表一层理论板，每一根垂线表示应用一次操作线关系，梯级的总数即为理论板总数。由于塔釜作为一块理论板，因此，塔内需要的理论板总数为总梯级数减去 1。全塔理论板数可以表示为小数（读者可以分析原因）。越过两操作线交点 d 的那一块理论板为适宜的加料板位置。

例 4-5

需用一常压连续精馏塔分离含苯 0.40 的苯-甲苯混合液，要求塔顶产品含苯 0.97 以上。塔底产品含苯 0.02 以下（以上均为质量分数）。采用的回流比 $R=3.5$，饱和液体进料，泡点回流，间接蒸汽加热。求所需的理论塔板数。

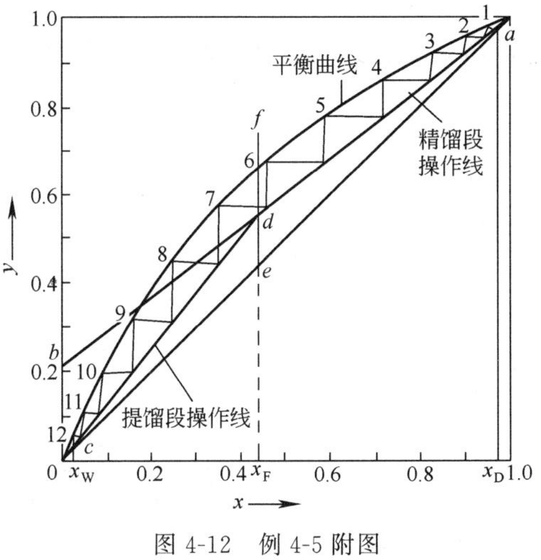

解 现应用图解法求所需的理论塔板数。

由于相平衡数据是用摩尔分数，故需将各个组成从质量分数换算成摩尔分数。换算后得到 $x_F=0.44$，$x_D \geq 0.974$，$x_W \leq 0.0235$。现按 $x_D=0.974$，$x_W=0.0235$ 进行图解。

① 在 x-y 图上作出苯-甲苯的平衡线和对角线如图 4-12 所示。相平衡数据从附录二十一查得。

② 在对角线上定点 $a(x_D, x_D)$、点 $e(x_F,$ $y_F)$ 和点 $c(x_W,\ x_W)$ 三点。

③ 绘精馏段操作线。依精馏段操作线截距 $=x_D/(R+1)=0.216$，在 y 轴上定出点 b，连 a、b 两点间的直线即得如图 4-12 中 ab 直线。

图 4-12 例 4-5 附图

④ 绘提馏段操作线。对于饱和液体进料，令式(4-11) 中 $x = x_F$，则提馏段操作线方程变成

$$y = \frac{L'}{L'-W} x_F - \frac{W}{L'-W} x_W = \frac{RD+F}{RD+F-W} x_F - \frac{W}{RD+F-W} x_W$$

$$= \frac{Rx_F + x_D}{R+1}$$

此时与精馏段操作线方程相同，说明两条操作线必相交，且其交点的横坐标为 x_F，因此提馏段操作线与精馏段操作线之交点 d 可由点 e 向上作垂线得到。由点 d 与点 c 相连即得提馏段操作线，如图 4-12 中 dc 直线。

⑤ 绘梯级线，自图 4-12 中点 a 开始在平衡线与精馏段操作线之间绘梯级，跨过点 d 后改在平衡线与提馏段操作线之间绘梯级，直到跨过点 c 为止。

由图 4-12 中的梯级数得知，全塔理论板层数共 12 层，减去相当于一层理论板的再沸器，共需 11 层，其中精馏段理论层数为 6，提馏段理论板层数为 5，自塔顶往下数第 7 层理论板为加料板。

4.4 连续精馏的操作分析

任何化工设备的性能，除了与设备自身的结构有关外，还都与操作情况有关。深入研究各种操作因素对精馏塔分离性能的影响，有助于对精馏塔进行合理的操作与调节，以保证精馏塔的连续稳定操作，并具有最佳分离能力与经济效益。

4.4.1 进料状况对精馏操作的影响

进料状况包括进料的热状况、组成和流量等方面。

4.4.1.1 进料热状况的影响

前面第 4.2 节提到 V 与 V'、L 与 L' 的关系与进料热状况有关。实际生产中送入精馏塔内的物料有以下 5 种不同的热状况：

① 过冷液体（指原料温度低于泡点温度）；
② 饱和液体（原料处于泡点温度）；
③ 气（汽）液混合物（处于泡点温度和露点温度之间）；
④ 饱和蒸气（在露点温度）；
⑤ 过热蒸气（高于露点温度）。

L 与 L' 和 V 与 V' 的关系可以根据加料板（如图 4-13 所示）的物料与热量衡算确定。

总物料衡算　　$F + L + V' = L' + V$　　　　　　(a)

热量衡算　　$Fi_F + Li_L + V'I_{V'} = L'i_{L'} + VI_V$　　(b)

式中，i_F、i_L、$i_{L'}$、I_V、$I_{V'}$ 分别为各液流和蒸气的摩尔比焓。假设 $i_L \approx i_{L'}$，$I_V \approx I_{V'}$，联立 (a)、(b) 二式得

$$\frac{L'-L}{F} = \frac{I_V - i_F}{I_V - i_L}$$

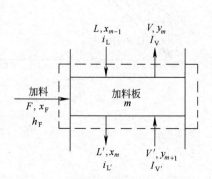

图 4-13　加料板的物料与热量衡算

令 $q = \dfrac{I_V - i_F}{I_V - i_L}$，表示 1kmol 料液变为饱和蒸气所需的热量与料液的千摩尔汽化潜热之比，q 称为进料的热状况参数。

由 $q = \dfrac{L' - L}{F}$ 可知

$$L' = L + qF \tag{4-14}$$

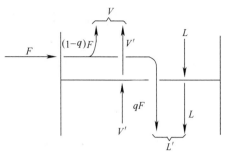

把式(4-14)代入方程(a)，得

$$V = V' + (1-q)F \tag{4-15}$$

图 4-14　精馏段与提馏段的流量关系

式(4-14)、式(4-15) 关联了 L' 与 L、V' 与 V 之间的关系。q 值即为进料中的液相分率，可简单地把进料划分为两部分，一部分是 qF，表示由于进料而增加提馏段饱和液体流量之值；另一部分是 $(1-q)F$，表示因进料而增加精馏段饱和蒸气的流量。这两部分对流量的贡献示于图 4-14 中。

例 4-6

用一常压连续精馏塔分离含苯 0.44（摩尔分数，以下同）的苯-甲苯混合液，要求塔顶产品含苯 0.97 以上，塔底产品含苯 0.0235 以下，原料流量为 10kmol/s，采用的回流比为 3.5。已知料液的泡点为 94℃，露点为 100.5℃，混合液体的平均摩尔热容为 158.2kJ/(kmol·K)，混合蒸气的平均摩尔热容为 107.9kJ/(kmol·K)，饱和液体汽化成饱和蒸气所需汽化热为 33118kJ/kmol。计算 3 种不同加料时的 q 值，以及精馏段和提馏段的液、汽相流量。①饱和液体加料；②20℃的液体加料；③180℃的蒸气加料。

解　3 种进料热状况下，精馏段的液汽流量都相同

由

$$F = D + W$$

$$Fx_F = Dx_D + Wx_W$$

解得

$$D = 4.382\text{kmol/s}$$

$$W = 5.618\text{kmol/s}$$

$$L = RD = 3.5 \times 4.382 = 16.87\text{kmol/s}$$

$$V = L + D = (16.87 + 4.832) = 21.252\text{kmol/s}$$

① 饱和液体加料。其液相分率 $q = 1$

$$L' = L + F = (16.87 + 10) = 26.87\text{kmol/s}$$

$$V' = V = 21.252\text{kmol/s}$$

② 20℃的液体加料。由 $q = \dfrac{I_V - i_F}{I_V - i_L}$ 得

$$q = \frac{158.2 \times (94 - 20) + 33118}{33118} = 1.353$$

$$L' = L + qF = 16.87 + 1.353 \times 10 = 31.4\text{kmol/s}$$

$$V' = V - (1-q)F = 21.252 + 0.353 \times 10 = 24.782\text{kmol/s}$$

③ 180℃的蒸气加料。由 $q=\dfrac{I_V-i_F}{I_V-i_L}$ 得

$$q=\frac{-(180-100.5)\times107.9}{33118}=-0.259$$

$$L'=L+qF=16.87-0.259\times10=14.28\text{kmol/s}$$

$$V'=V-(1-q)F=21.252-1.259\times10=8.662\text{kmol/s}$$

各种加料状态下的 q 值范围见表 4-1。

表 4-1　q 值范围

过冷液体进料	饱和液体进料	汽液混合进料	饱和蒸气进料	过热蒸气进料
$q>1$	$q=1$	$0<q<1$	$q=0$	$q<0$

在中间加料的连续精馏塔内，由于加料所在位置既是精馏段的最下部，又是提馏段的最上部，因此此处上升蒸气组成 y 与下降液体组成 x 之间的关系应同时满足两条操作线方程，即提馏段和精馏段相交于加料板。联立两操作线方程可得其交点轨迹方程为

$$y=\frac{q}{q-1}x-\frac{x_F}{q-1}\tag{4-16}$$

此方程称为 q 线方程（或进料线方程）。上式表明两操作线的交点，即加料板的位置取决于进料的热状况 q 和料液组成 x_F。

由式(4-16) 可知，当进料状况一定时，此式在 x-y 图上的图形为一直线，该直线称为 q 线（或进料线），过点(x_F,x_F),斜率为 $q/(q-1)$。

由于 q 线是两操作线交点的轨迹，因此说明 q 线和精馏段操作线的交点必然也在提馏段操作线上。前面所述的提馏段操作线可由 q 线作出，方法是将 q 线与精馏段操作线的交点和 $(x_W,\ x_W)$ 点相连。

5 种不同进料热状况时的 q 线以及相应的操作线可参见图 4-15。

由图 4-15 可以看出，进料 q 值不同，则 q 线不同，导致两操作线交点的位置也发生变化，从而影响提馏段操作线的位置。q 值愈大，两操作线的交点愈高，提馏段操作线离平衡线越远，完成相同分离任务所需的理论塔板数愈少。对塔板数一定的生产设备而言，产品质量将提高（x_D 增加、x_W 下降），这是有利之处。但 q 值愈大，说明原料液温度愈低，为维持全塔热量平衡，便要求热量更多地由塔釜输入，使蒸馏釜热负荷增加，操作给定设备，加热蒸气（汽）耗量

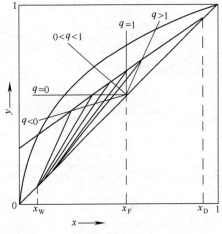

图 4-15　进料热状况对操作线的影响

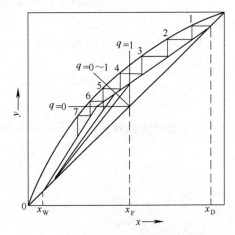

图 4-16　加料位置与加料状态的关系

增加（设计中，可增加蒸馏釜传热面积，造成蒸馏釜体积增大）。

另外进料 q 值不同，其加料位置也有所不同。图 4-16 所示为进料组成为 x_F 的 3 种不同加料状态的加料位置。由图 4-16 可见，若为饱和液体则加料应在第 4 块理论板上，汽液混合进料应加在第 5 块理论板上，而饱和蒸气加料在第 6 块理论板上。

综上所述可知，进料的热状况对精馏操作的影响是多方面的。生产中，进塔原料的热状况多与前一工序有关。若前一工序输出的是饱和蒸气，一般就直接以饱和蒸气进料；如果前一工序输出的是液体，且又有余热可供利用，则可考虑先将进料适当预热，以降低再沸器的负荷。

4.4.1.2 进料组成和流量的影响

工业生产中，送入精馏塔的物料系由上一工序引来，当上一工序的生产过程波动时，进馏塔的物料组成也将发生变化，给精馏操作带来影响。如图 4-17 所示，当进料组成由 x_F 下降至 x_F' 时，若保持回流比不变、塔板数不变，则塔顶产品组成将由 x_D 下降至 x_D'，塔底产品组成则由 x_W 下降至 x_W'。欲维持塔顶产品浓度不变，应及时通过适当增加回流比或调整进料位置等操作措施实现。当进料流量发生变化时，也将给精馏操作造成影响。进料量变化会使塔内的汽、液相负荷发生变化。在精馏操作中采用的进料量，还应严格维持全塔的总物料平衡与易挥发组分的平衡。

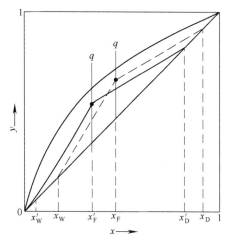

图 4-17 进料组成变化对精馏结果的影响

若总物料不平衡，例如，当进料量大于出料量时，会引起淹塔；反之，当进料量小于出料量时，则会引起塔釜蒸干。这些都将严重破坏精馏塔的正常操作。在满足总物料平衡的条件下，还应同时满足各个组分的物料平衡。例如，当进料量减少时，如不及时调低塔顶馏出液的采出率，则由于易挥发组分的物料不平衡，将使塔顶不能获得纯度很高的合格产品。但从板数的确定中可以看到，进料量的改变不会影响理论板数。

4.4.2 回流比的影响

回流是精馏过程的基本保障条件之一，回流比的大小是影响精馏操作的最重要因素，它表示塔顶回流的液体量与馏出液流量的比值，有两个极限值，即全回流与最小回流。

4.4.2.1 全回流

若塔顶蒸气全部冷凝后，不采出产品，全部流回塔内，这种情况称为全回流，此时，$D=0$，$R=\dfrac{L}{D}=+\infty$，精馏段操作线的斜率 $\lim\limits_{R\to+\infty}\dfrac{R}{R+1}=1$。因此，精馏段操作线和对角线重合，提馏段操作线也必和对角线重合，精馏塔无精馏段和提馏段之分。由于此时平衡线和操作线之间的跨度最大，因而所需的理论塔板数最少。

全回流时既不加料，也无产品出料，但对科研、稳定生产和精馏开车均具有重要意义。全回流不仅操作方便，而且是精馏开车的必要阶段，只有通过全回流使精馏操作达到稳定并且可以输出合格产品时，才能过渡到正常操作状态。当操作严重失稳时，也需要通过全回流使精馏过程稳定下来。

4.4.2.2 最小回流比

回流比 R 从全回流逐渐减小时，精馏段操作线和提馏段操作线逐渐向平衡线靠近，保持推动力逐渐减小，当操作线与平衡线出现第一个公共点时（切点或交点）时，液相和汽相处于平衡状态，传质推动力为零，不论画多少梯级都不能越过公共点，即所需理论塔板数为无数块。此时的回流比称为最小回流比，以 R_{min} 表示。

对正常的相平衡关系，如图 4-18 所示，由精馏段操作线方程可知

$$\frac{R_{min}}{R_{min}+1}=\frac{x_D-y_q}{x_D-x_q}$$

因此
$$R_{min}=\frac{x_D-y_q}{y_q-x_q} \tag{4-17}$$

由回流比 R 的两个极限值可知，全回流和最小回流都是无法正常生产的，实际操作的回流比 R 必须大于 R_{min}，R 值并无上限限制。设计时应根据经济核算确定最佳 R 值。

4.4.2.3 适宜回流比

精馏过程的费用包括操作费用和设备费用两方面。精馏过程的操作费用主要是再沸器中加热蒸汽的消耗量和冷凝器中冷却水的用量以及动力消耗。在加料量和产量一定的条件下，随着 R 的增加，V 与 V' 均增大，因此，加热蒸汽、冷却水消耗量均增加，使操作费用增加，由图 4-19 中的曲线 2 表示。

精馏装置的设备包括精馏塔、再沸器和冷凝器。当回流比为最小回流比时，需无穷多块理论板，精馏塔无限高，故费用无限大。回流比略增加，所需的理论板数便急剧下降，设备费用迅速回落，随着 R 的进一步增大，V 和 V' 加大，要求塔径增大，再沸器和冷凝器的传热面积需要增加，其关系曲线用图 4-19 中的曲线 1 表示。

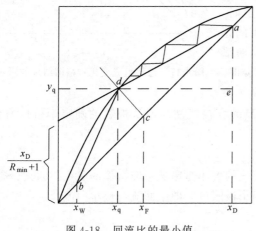

图 4-18　回流比的最小值

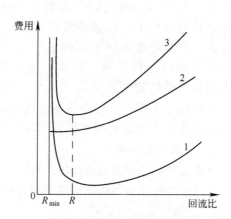

图 4-19　适宜回流比的确定

总费用为设备费和操作费之和，由图 4-19 中曲线 3 所示，其最低点对应的回流比为相应的最适宜回流比。由于最适宜回流比的影响因素很多，无精确的计算公式，一般取值范围为：$R_{宜}=(1.2\sim2)R_{min}$。

以上是从设计角度分析 R 的影响，但在生产中则是另外一种情况，因为设备已经安装好，从而精馏塔的塔板数、冷凝器和再沸器的传热面积等已固定，这时需从操作状况的角度来考虑回流比 R 的影响。若原料液的组成及其受热状况一定，则加大 R 可以提高产品的纯度，但冷凝器及再沸器的热负荷增加，从而操作费用增加，若维持热负荷不变，则加大 R 会使塔顶产品量降低，即降低塔的生产能力。回流比过大，将会造成塔内物料循环量过大，甚至破坏塔的正常操作；反之，减小回流比时情况正好相反。所以在生产中，回流比的正确控制与调节，是

优质、高产、低消耗的重要因素之一。

例 4-7

根据例 4-5 的数据求饱和液体进料时的最小回流比。若取实际回流比为最小回流比的 1.6 倍，求实际回流比。

解 依式(4-17) 计算，即

$$R_{min} = \frac{x_D - y_q}{y_q - x_q}$$

饱和液体进料时，由例 4-5 附图中查出 q 线与平衡线的交点坐标为

$$x_q = x_F = 0.44, \quad y_q = 0.66$$

所以

$$R_{min} = \frac{0.974 - 0.66}{0.66 - 0.44} = 1.43$$

得

$$R = 1.6 R_{min} = 1.6 \times 1.43 = 2.29$$

4.4.3 操作温度和操作压力的影响

精馏是汽液相间的质热传递过程，与相平衡密切相关，而对于双组分两相体系，操作温度、操作压力与两相组成中只有两个因素可以独立变化，所以当要求获得指定组成的蒸馏产品时，操作温度与操作压力也就确定了。因此，工业精馏常通过控制温度和压力来控制蒸馏过程。

4.4.3.1 灵敏板的作用

在总压一定的条件下，精馏塔内各块板上的物料组成与温度一一对应。当板上的物料组成发生变化时，其温度也就随之起变化。当精馏过程受到外界干扰（或承受调节作用）时，塔内不同塔板处的物料组成将发生变化，其相应的温度也将改变。其中，塔内某些塔板处的温度对外界干扰的反应特别明显，即当操作条件发生变化时，这些塔板上的温度将发生显著变化，这种塔板被称为灵敏板，一般取温度变化最大的那块板为灵敏板。

精馏生产中由于物料不平衡或是塔的分离能力不够等原因造成的产品不合格现象，都可及早通过灵敏板温度变化情况得到预测，从而可及早发出信号使调节系统能及时加以调节，以保证精馏产品的合格。

4.4.3.2 精馏塔的温控方法

精馏塔通过灵敏板进行温度控制的方法大致有以下几种。

（1）精馏段温控 灵敏板取在精馏段的某层塔板处，称为精馏段温控。适用于对塔顶产品质量要求高或是汽相进料的场合。调节手段是根据灵敏板温度，适当调节回流比。例如，灵敏板温度升高时，则反映塔顶产品组成 x_D 下降，故此时发出信号适当增大回流比，使 x_D 上升至合格值时，灵敏板温度降至规定值。

（2）提馏段温控 灵敏板取在提馏段的某层塔板处，称为提馏段温控。适用于对塔底产品要求高的场合或是液相进料时，其采用的调节手段是根据灵敏板温度，适当调节再沸器加热量。例如，当灵敏板温度下降时，则反映釜底液相组成 x_W 变大，釜底产品不合格，故发出信号适当增大再沸器的加热量，使釜温上升，以便保持 x_W 的规定值。

（3）温差控制 当原料液中各组成的沸点相近，而对产品的纯度要求又较高时，不宜采用一般的温控方法，而应采用温差控制方法。温差控制是根据两板的温度变化总是比单一板上的温度变化范围要相对大得多的原理来设计的，采用此法易于保证产品纯度，有利于仪表的选择和使用。

4.4.3.3 精馏塔的操作压力

压力也是影响精馏操作的重要因素。精馏塔的操作压力是由设计者根据工艺要求、经济效

益等综合论证后确定的，生产运行中不能随意变动。塔内压力波动对精馏操作的主要影响如下。

（1）操作压力波动，将使每块塔板上汽液平衡关系发生变化。压力升高，汽相中难挥发组分减少，易挥发组分浓度增加，液相中易挥发组分浓度也增加；同时，压力升高后汽化困难，液相量增加，汽相量减少，塔内汽、液相负荷发生了变化。其总的结果是，塔顶馏出液中易挥发组分浓度增加，但产量减少；釜液中易挥发组分浓度增加，釜液量也增加。严重时会造成塔内的物料平衡被破坏，影响精馏的正常进行。

（2）操作压力增加，组分间的相对挥发度降低，塔板提浓能力下降，分离效率下降。但压力增加，组分的密度增加，塔的处理能力增强。

（3）塔压的波动还将引起温度和组成间对应关系的变化。

可见，塔的操作压力变化将改变整个塔的操作状况。因此，生产运行中应尽量维持操作压力基本恒定。

4.5 精馏过程的热量平衡与节能

石油和化学工业中能耗最大者为分离操作，其中又以精馏的能耗居首位，精馏又是化工生产中广泛使用的单元操作。因此，对精馏中的能量消耗以及节能研究十分重要。

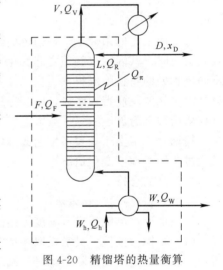

精馏装置的能耗主要由塔底再沸器中的加热剂和塔顶冷凝器中冷却介质的消耗量所决定，两者用量可以通过对精馏塔进行热量衡算得出。下面以确定再沸器内加热蒸汽消耗量为例说明精馏的热量衡算。

按图 4-20 的虚线范围内以单位时间为基准，作全塔热量衡算。

（1）加热蒸汽带入的热量 Q_h（kJ/h）

$$Q_h = W_h(I - i)$$

式中，W_h——加热蒸汽的消耗量，kg/h；I——加热蒸汽的焓，kJ/h；i——冷凝水的焓，kJ/h。

（2）原料带入的焓 Q_F（kJ/h）　此项焓值与进料热状况有关。如原料为液体（$q \geqslant 1$）时

图 4-20　精馏塔的热量衡算

$$Q_F = F c_F t_F$$

式中，F——原料液的质量流量，kg/h；c_F——原料液的比热容，kJ/(kg·℃)；t_F——原料液的温度，℃。

（3）回流液带入的焓 Q_R（kJ/h）

$$Q_R = D R c_R t_R$$

式中，D——馏出液的质量流量，kg/h；R——回流比；c_R——回流液的比热容，kJ/(kg·℃)；t_R——回流液的温度，℃。

（4）塔顶蒸气带出的焓 Q_V（kJ/h）

$$Q_V = D(R+1) I_V$$

式中，I_V——塔顶上升蒸气的焓，kJ/kg。

（5）再沸器内残液带出的焓 Q_W（kJ/h）

$$Q_W = W c_W t_W$$

式中，W ——残液的质量流量，kg/h；c_W ——残液的比热容，kJ/kg·℃；t_W ——残液的温度，℃。

（6）损失于周围的热量 Q_π(kJ/h)

故全塔热量衡算式为

$$Q_h + Q_F + Q_R = Q_V + Q_W + Q_\pi$$

将上式改写为

$$Q_h = Q_V + Q_W + Q_\pi - Q_F - Q_R$$

因为

$$Q_h = W_h (I - i)$$

所以，再沸器内加热蒸汽的消耗量为

$$W_h = \frac{Q_V + Q_W + Q_\pi - Q_F - Q_R}{I - i} \qquad (4\text{-}18)$$

由式(4-18)可见，若原料液经过预热后使其带入的热量增加，则再沸器内加热剂的消耗量将减少。至于塔顶冷凝器中冷却介质的用量可通过对冷凝器的热量衡算得出。

精馏过程中，除再沸器和冷凝器应严格符合热量平衡外，还必须注意整个精馏系统的热量平衡，即由塔器与这些换热器等组成的精馏系统是一个有机结合的整体。因此，塔内某个参数的变化必然会反映到再沸器和冷凝器中。

精馏是工业上应用最广的分离操作，消耗大量能量。减少精馏操作的能耗，一直是工业实践和科学研究的热门课题。应用高效换热设备以及高效率、低压降的新型塔板和填料，均是实现节能的重要途径。前面所述的最适宜回流比和进料热状态同样可达到节能的效果。除此之外，还开发和研究了多种节能方法，有的已取得明显节能效果，有的具有良好的应用前景，下面进行简要介绍。

（1）中间冷凝器和中间再沸器　普通精馏塔只在塔顶和塔底对塔内物料进行冷凝和蒸发，在一座精馏塔内温度自塔顶向塔底是逐渐升高的。对于顶温低于环境温度、底温高于环境温度，而且顶、底温差较大的精馏塔，如能在精馏段设置中间冷凝器，就可用此塔顶冷凝器温度稍高而价格较低的冷剂作为冷源，以代替一部分塔顶所用的价格较高的低温级冷剂来提供冷量，从而节省有效能，如图4-21所示。同理，如果在提馏段设置中间再沸器，就可用温度比塔底再沸器稍低而价格较廉的热剂作为热源，达到节能的目的。在深冷分离塔中，则可以回收温位较低的冷量。

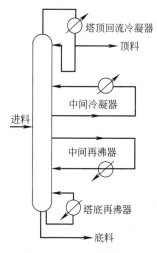

图 4-21　中间冷凝器和
中间再沸器

（2）多效精馏　多效精馏是仿照多效蒸发的原理，如图4-22所示。把一个精馏塔分成压力不同的多个塔，每个塔称为一效，前一效的压力高于后一效，并且维持相邻两效之间的压力差，足以使前一效塔顶蒸气（汽）冷凝温度略高于后一效塔釜液体的沸腾温度。各效分别进料。第1效精馏塔用外来热剂或水蒸气加热，而第一效的塔顶蒸气进入第2效的塔釜作为热剂并同时冷凝成塔顶产品 D_1。同理，在其他各效中均用前一效塔顶蒸气加热后一效塔釜液体，并在后一效塔釜液体吸热沸腾的同时，又使前一效塔顶蒸气冷凝为产品。依此类推，直到最后一效，塔顶蒸气才需要用外来冷剂进行冷凝成产品。

多效精馏适用于进料中轻重组分沸点差较大的场合。多效精馏降低了冷、热剂的消耗量，可节省能耗，但需增加设备投资，经济上是否可行需要通过经济核算决定。由于塔间需采用热耦合，所以要求更高级的控制系统。

（3）热泵精馏　热泵系统实质上是一个制冷系统，主要设备为压缩机和膨胀器。热泵精馏流程见图4-23。

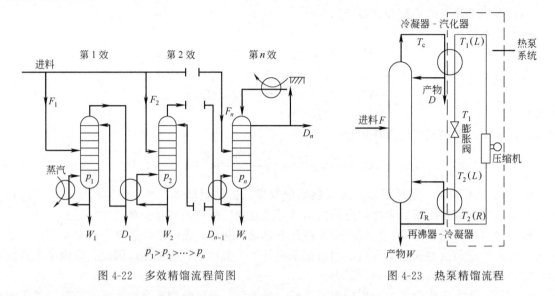

图4-22　多效精馏流程简图

图4-23　热泵精馏流程

图4-23所示热泵系统的工作原理为：工作介质（以下简称"工质"）经压缩后在较高露点下冷凝，放出的热量供再沸器中的物料汽化；被液化的工作介质经过膨胀，在低压下汽化，汽化时需要吸收热量将塔顶冷凝器的热量移去。通过压缩机和膨胀阀的作用致使工质冷凝和汽化，将塔顶的低温位热量送到塔底高温位处利用，整个系统因而得名热泵。热泵系统中压缩机消耗的能量，是唯一由外界提供的能量，它比再沸器直接加热所消耗的能量少得多，一般只相当于后者的20%～40%。

如果被分离的物料本身可以作为热泵的工作介质，可进一步提高热泵精馏的效益，如图4-24和图4-25所示的两种流程。图4-24为再沸液闪蒸的热泵系统，此系统中省去了再沸器，从塔底出来的液体经节流减压在塔顶冷凝器中汽化，再经压缩升温作为塔底上升蒸气使用。图4-25为蒸气再压缩的热泵系统，此系统省去了塔顶冷凝器，塔顶蒸气经压缩后在再沸器中冷凝，冷凝液经节流降温再回流到塔内。这两种流程不仅能减少热交换器的投资，还能进一步提高热泵的节能性能。

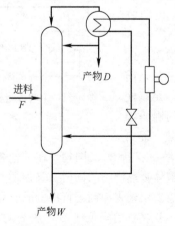

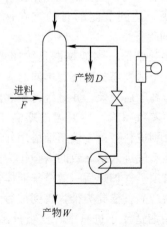

图4-24　再沸液闪蒸热泵系统

图4-25　蒸气再压缩热泵系统

由于压缩机、电能等的限制以及具体工艺条件的不同，致使不同物系采用热泵精馏的效益差别甚大，所以并非任何精馏过程都能采用热泵进行节能。通常对于下列几种系统较为合适：①塔顶与塔釜间温差小的系统；②塔内压降较小的系统；③被分离物系的组分间因沸点相近而难以分离，必须采用较大回流比，从而消耗热能较大的系统；④低温精馏过程需要制冷设备的系统。

热泵精馏是靠消耗一定量机械能达到低温热能再利用的，因此消耗单位机械能回收的热能是一项重要的经济指标。若因节能所增加的投资不能及时回收，就不宜采用。

4.6 其他蒸馏方式

生产上采用的蒸馏方式主要以连续精馏进行，但在某些场合下也可采用其他的一些蒸馏方式。

4.6.1 简单蒸馏

简单蒸馏是一种间歇操作，其设备流程如图 4-26 所示。原料液直接加入蒸馏釜至一定量后停止，蒸馏釜内料液在恒压下以间接蒸汽加热至沸腾汽化，所产生的蒸气从釜顶引出至冷凝器全部冷凝作为塔顶产品送入产品贮罐，由蒸馏原理知，其中易挥发组分的浓度将相对增加。当釜中溶液浓度下降至规定要求时，即停止加热，将釜中残液排出后，再将新料液加入釜中重复上述蒸馏过程。随着蒸馏过程的进行，釜内溶液中易挥发组分含量愈来愈低，随之产生的蒸气中易挥发组分含量也愈来愈低。生产中往往要求得到不同浓度范围的产品，可用不同的贮槽收集不同时间的产品。

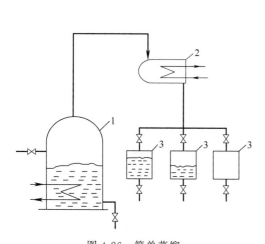

图 4-26　简单蒸馏

1—蒸馏釜；2—冷凝器；3—产品贮罐

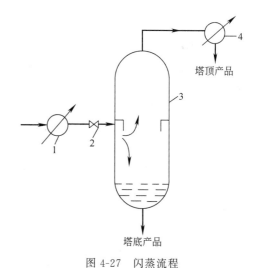

图 4-27　闪蒸流程

1—加热器；2—节流阀；3—分离室；4—冷凝器

4.6.2 闪蒸

闪蒸又称为平衡蒸馏，其流程如图 4-27 所示。混合液通过加热器升温（未沸腾）后，经节流阀减压至预定压力送入分离室，由于压力的突然降低，使得由加热器来的过热液体在减压情况下大量自蒸发，最终产生相互平衡的汽液两相。汽相中易挥发组分浓度较高，与之呈平衡的液相中易挥发组分浓度较低，在分离室内汽、液两相分离后，汽相经冷凝成为顶部产品，液相则作为底部产品。

闪蒸和简单蒸馏都是直接运用蒸馏原理进行初步组分分离的一种操作,分离程度不高,可作为精馏的预处理步骤。这两种蒸馏过程的流程、设备和操作控制都比较简单,但因其分离程度很低,不能满足高纯度的分离要求。因此,主要用来分离沸点相差较大或分离要求不高的场合。要实现混合液的高纯度分离,需采用精馏操作。

4.6.3 特殊精馏

精馏操作除了采用前面所讨论的常见的连续精馏外,还可采用间歇精馏、恒沸精馏和萃取精馏等特殊方式的精馏。

4.6.3.1 间歇精馏

间歇精馏又称分批精馏,是把原料一次性加入蒸馏釜内,在操作过程中不再加料,如图4-28所示。将釜内的液体加热至沸腾,所产生的蒸汽经过各块塔板到达塔顶外的全凝器。刚开始时,将冷凝液全部回流进塔,于是,塔板上可建立泡沫层,各塔板可正常操作,这阶段属开工全回流阶段。在全回流操作稳定后,逐渐改为部分回流操作,可从塔顶采集产品,塔顶产品中易挥发组分的浓度高于釜液浓度。随着精馏过程的进行,釜液浓度逐渐降低,各层塔板的汽、液相浓度也逐渐降低。可见,间歇精馏操作的特点是分批操作,过程非定态,只有精馏段,没有提馏段。间歇精馏因在塔顶有液体回流,有多层塔板,故属精馏,而不是简单蒸馏。间歇精馏虽操作过程非定态,但各固定位置的汽、液浓度变化是连续而缓慢的。

间歇精馏适用于处理量小、物料品种常改变的场合。对于一种缺乏有关技术资料的物系的精馏分离开发,采用间歇精馏进行小试,操作灵活,可取得有用的数据。

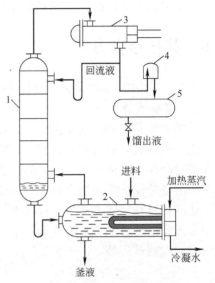

图 4-28　间歇精馏流程
1—精馏塔；2—再沸器；3—全凝器；
4—观察罩；5—产品贮槽

4.6.3.2 恒沸精馏与萃取精馏

由精馏原理可知,对于相对挥发度 $\alpha=1$ 的恒沸物,是不能用普通精馏方法分离的。此外,当物系的相对挥发度 α 值过低时,虽然可以用普通精馏方法分离,但由于此时所需的理论塔板数或回流比过大,使得设备投资及操作费用都大幅度增高。生产中遇到这些情况时,往往采用恒沸精馏和萃取精馏。

恒沸精馏和萃取精馏两种方法都是在被分离的混合液中加入第三组分,用以改变原溶液中各组分间的相对挥发度而达到分离的目的。

如果双组分溶液 A、B 的相对挥发度很小,或具有恒沸物,可加入某种添加剂(又称挟带剂)C,挟带剂 C 与原溶液中的一个或两个组分形成新的恒沸物(AC 或 ABC),新恒沸物与原组分 B(或 A)以及原来的恒沸物之间的沸点差较大,从而可较容易地通过精馏获得纯 B(或 A),这种方法便是恒沸精馏。

如分离乙醇-水恒沸物以制取无水乙醇便是一个典型的恒沸精馏过程。它是以苯作为挟带剂,苯、乙醇和水能形成三元恒沸物,其恒沸组成的摩尔分数分别为:苯 0.554、乙醇 0.230、水 0.226,此恒沸物的恒沸点为 64.6℃。由于新恒沸物与原恒沸物间的沸点相差较大,因而可用精馏分离并进而获得纯乙醇。

若在原溶液中加入某种高沸点添加剂后可以增大原溶液中两个组分间的相对挥发度,从而使原料液的分离易于进行,这种精馏操作称为萃取精馏。所加入的添加剂为挥发能力很小的溶剂，也可称为萃取剂。例如，欲分离异辛烷-甲苯混合液，因常压下甲苯的沸点为110.8℃，异辛烷的沸点为99.3℃，其相对挥发度较小，用一般精馏方法很难分离，若在溶液中加入苯酚（沸点181℃）作为萃取剂，由于苯酚与甲苯分子间作用力大，甲苯大量溶于苯酚，溶液中甲苯的蒸气压显著降低，这样，异辛烷与甲苯的相对挥发度大大增加，即可进行精馏分离了。

萃取精馏中加入的第三组分和原溶液中的各组分不形成新的恒沸物，这是萃取精馏和恒沸精馏的主要区别。

4.6.4 精馏操作的进展

精馏是应用最广的传质分离操作，其广泛应用促使技术已相当成熟，但是技术的成熟并不意味着之后不再需要发展而停滞不前。成熟技术的发展往往要花费更大的精力，但由于其广泛的应用，每一个进步，哪怕是微小的，也会带来巨大的经济效益。正因为如此，精馏的研究仍受到广泛的重视，不断取得新的进展。

首先是在设备的改进和改造上进行深入的探索与研究。板式塔是目前最主要的精馏塔塔型，具有各种特点的新型塔板不断地被开发并被使用，筛板塔和浮阀塔成功地取代泡罩塔便是效益巨大的成果。对于塔板上汽液两相流动和混合状况、雾沫夹带及它们对效率的影响研究也不断深入。特别是近年来对填料塔的研究非常热门，取得累累硕果，规整填料和第三代新型高效填料相继开发成功，并应用到工业生产中，填料塔在减压和常压精馏场合中呈现出了取代板式塔的趋势。但对于高压填料塔和大直径填料塔的研究仍是个薄弱环节，有待进一步开展。

其次是不断完善精馏技术或采用新的精馏技术及工艺。对于普通精馏难以（或不能）分离的物料，除开发恒沸精馏和萃取精馏的分离工艺外，还开发出将精馏与反应结合起来的一种反应精馏过程，拓宽了精馏的应用范围，提高了经济效益。在了解其他分离方法（例如膜分离、吸附等）的同时，将精馏与其他分离方法有机结合起来，开发出新的分离流程，这方面已进行了一些有意义的探索，例如将精馏与膜分离技术结合，分离乙醇水溶液，制取高纯度的乙醇。

在精馏过程的控制上，随着工业计算机的应用，精馏过程的控制得到飞速发展，从早期的分规仪表和计算机数字控制（DOC）到集中控制系统（DCS）以及在 DCS 的基础上实现的优化操作和高级过程控制，由目前的单变量设计原则向复变量控制与优化发展，精馏过程控制呈现出日新月异的面貌。

4.7 精馏设备

精馏装置包括精馏塔、再沸器和冷凝器等设备。主要设备是精馏塔，其基本功能是为汽液两相提供充分接触的机会，使传热和传质过程迅速而有效地进行；并且使接触后的汽液两相及时分开，互不夹带。根据塔内汽液接触部件的结构形式，精馏塔可分为板式塔和填料塔两大类型，在本节中主要讨论板式塔，填料塔将在第5章中介绍。

4.7.1 板式塔

4.7.1.1 板式塔的结构

板式塔通常是由一个呈圆柱形的壳体及沿塔高按一定的间距水平设置的若干层塔板所组成的，如图 4-29 所示。在操作时，液体靠重力作用由顶部逐板向塔底排出，并在各层塔板的板面上形成流动的液层；气体则在压力差推动下，由塔底向上经过均布在塔板上的开孔依次穿过各层塔板由塔顶排出。塔内以塔板作为汽液两相接触传质的基本构件。

工业生产中的板式塔，常根据塔板间有无降液管沟通而分为有降液管及无降液管两大类，用得最多的是有降液管式的板式塔（如图 4-29 所示），它主要由塔体、溢流装置和塔板构件等组成。

板式塔(普通浮阀塔)结构

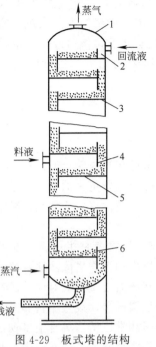

图 4-29 板式塔的结构
1—塔体；2—进口堰；3—受液盘；
4—降液管；5—塔板；6—出口堰

（1）塔体 通常为圆柱形，常用钢板焊接而成，有时也将其分成若干塔节，塔节间用法兰盘连接。

（2）溢流装置 包括出口堰、降液管、进口堰、受液盘等部件。

① 出口堰 为保证汽液两相在塔板上有充分接触的时间，塔板上必须贮有一定量的液体。为此，在塔板的出口端设有溢流堰，称出口堰。塔板上的液层厚度或持液量很大程度上由堰高决定。生产中最常用的是弓形堰，小塔中也有用圆形降液管升出板面一定高度作为出口堰的。

② 降液管 降液管是塔板间液流通道，也是溢流液中所夹带气体分离的场所。正常工作时，液体从上层塔板的降液管流出，横向流过塔板，翻越溢流堰，进入该层塔板的降液管，流向下层塔板。降液管有圆形和弓形两种，弓形降液管具有较大的降液面积，汽液分离效果好，降液能力大，因此生产上广泛采用。

为了保证液流能顺畅地流入下层塔板，并防止沉淀物堆积和堵塞液流通道，降液管与下层塔板间应有一定的间距。为保持降液管的液封，防止气体由下层塔进入降液管，此间距应小于出口堰高度。

③ 受液盘 降液管下方部分的塔板通常又称为受液盘，有凹型及平型两种，一般较大的塔采用凹型受液盘，平型则就是塔板面本身。

④ 进口堰 在塔径较大的塔中，为了减少液体自降液管下方流出的水平冲击，常设置进口堰。可用扁钢或 $\phi 8 \sim 10mm$ 的圆钢直接点焊在降液管附近的塔板上而成。为保证液流畅通，进口堰与降液管间的水平距离不应小于降液管与塔板之间距离。

（3）塔板及其构件 塔板是板式塔内汽液接触的场所，操作时汽液在塔板上接触的好坏，对传热、传质效率影响很大。在长期的生产实践中，人们不断地研究和开发出新型塔板，以改善塔板上的汽液接触状况，提高板式塔的效率。目前工业生产中使用较为广泛的塔板类型有泡罩塔板、筛孔塔板、浮阀塔板等几种，但泡罩塔板的使用已越来越少。

塔板在塔内排列

4.7.1.2 板式塔的类型

（1）泡罩塔 泡罩塔是随工业蒸馏的建立而发展起来的，是应用最早的塔型，其结构如图 4-30 所示。塔板上的主要元件为泡罩，泡罩尺寸一般为 80mm、100mm、150mm 三种，可根据塔径的大小来选择，泡罩的底部开有齿缝，泡罩安装在升气管上，从下一块塔板上升的气体经升气管从齿缝中吹出，升气管的顶部应高于泡罩齿缝的上沿，以防止液体从中漏下，由于有了升气管，泡罩塔即使在很低的气速下操作，也不至于产生严重的漏液现象。因此，该种塔操作很稳定并有完整的设计资料和部分标准。不足是结构复杂、压降大、造价高，已逐渐被其他的塔型所取代，新建塔很少再用此种塔板。

（2）筛板塔 筛板塔出现略迟于泡罩塔，与泡罩塔的差别在于取消了泡罩与升气管，直接在板上开很多的小直径的筛孔。操作时，气体高速通过小孔上升，板上的液体不能从小孔中落下，只能通过降液管流到下层板，上升蒸气使板上液层成为强烈搅动的泡沫层。筛板用不锈钢板制成，孔的直径为 $\phi 3 \sim 8mm$。筛板塔结构简单、造价低、生产能力大、板效率高、压降低，

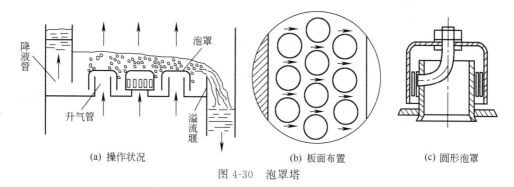

|(a) 操作状况|(b) 板面布置|(c) 圆形泡罩|

图 4-30　泡罩塔

随着对其性质的深入研究，筛板塔目前已成为应用最广泛的一种。

（3）浮阀塔　浮阀塔是在第二次世界大战后开始研究，自 20 世纪 50 年代起使用的一种新型塔板。其特点是在筛板塔基础上，在每个筛孔处安装一个可以上下浮动的阀体，当筛孔气速高时，阀片被顶起而上升，孔速低时，阀片因自重而下降。阀体可随上升气量的变化而自动调节开度，这样可使塔板上进入液层的气速不至于随气体负荷的变化而大幅度变化，同时气体从阀体下水平吹出加强了汽液接触。浮阀的形式很多，其中 F-1 型研究和推广较早，如图 4-31 所示。浮阀分轻阀和重阀两种：轻阀重 25g，由 1.5mm 薄板冲压而成；重阀重 33g，由 2mm 薄板冲压而成。浮阀阀孔直径 39mm，阀片有三条带钩的腿，插入阀孔后将其腿上的钩扳转 90°，可防止被气体吹走；此外，浮阀边沿冲压出三块向下微弯的"脚"。当气速低浮阀降至塔板时，靠这三只"脚"使阀片与塔板间保持 2.5mm 左右的

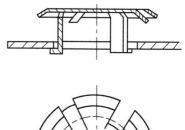

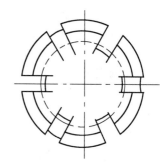

图 4-31　浮阀（F-1 型）

间隙；在浮阀再次升起时，浮阀不会被粘住，可平稳上升。浮阀塔的特点是生产能力大，操作弹性大，板效率高。

4.7.1.3　塔板上的流体力学现象

（1）塔板上的气液接触状态

① 鼓泡接触状态　当上升蒸气流量较低时，气体在液层中吹鼓泡的形式是自由浮升，塔板上存在大量的返混液，汽液比较小，汽液相接触面积不大。

② 蜂窝接触状态　气速增加，气泡的形成速度大于气泡浮升速度，上升的气泡在液层中积累，气泡之间接触，形成气泡泡沫混合物。因为气速不大，气泡的动能还不足以使气泡表面破裂，因此，是一种类似蜂窝状泡结构。因气泡直径较大，很少搅动，在这种接触状态下，板上清液会基本消失，从而形成以气体为主的汽液混合物，又由于气泡不易破裂，表面得不到更新，所以这种状态对于传质、传热不利。

③ 泡沫接触状态　气速连续增加，气泡数量急剧增加，气泡不断发生碰撞和破裂，此时，板上液体大部分均以膜的形式存在于气泡之间，形成一些直径较小、搅动十分剧烈的动态泡沫。这是一种较好的塔板工作状态。

④ 喷射接触的状态　当气速连续增加时，由于气体动能很大，把板上的液体向上喷成大小不等的液滴，直径较大的液滴受重力作用落回到塔板上，直径较小的液滴被气体带走形成液

沫夹带。这也是一种较好的工作状态。

　　泡沫接触状态与喷射接触状态均为优良的工作状态，但喷射接触状态是塔板操作的极限，液沫夹带较多，所以多数塔操作均控制在泡沫接触状态。

　　（2）塔板上的不正常现象

　　① 漏液　当气速较低时，液体从塔板上的开孔处下落，这种现象称为漏液。严重漏液会使塔板上建立不起液层，会导致分离效率的严重下降。

　　② 液沫夹带和气泡夹带　当气速增大时，某些液滴被带到上一层塔板的现象称为液沫夹带。产生液沫夹带有两种情况：一种是上升的气流将较小的液滴带走；另一种是由于气体通过开孔上的速度较大。前者与空塔气速有关，后者主要与板间距和板开孔上方的孔速有关。气泡夹带则是指在一定结构的塔板上，因液体流量过大使溢流管内液体的流量过快，导致溢流管中液体所夹带的气泡等不及从管中脱出而被夹带到下一层塔板的现象。

　　③ 液泛现象　当塔板上液体流量较大，上升气体的速度很高时，液体被气体夹带到上一层塔板上的量猛增，使塔板间充满汽液混合物，最终使整个塔内都充满液体，这种现象称为夹带液泛。还有一种是因降液管通道太小，流动阻力大，或因其他原因使降液管局部地区堵塞而变窄，液体不能顺利地通过降液管下流，使液体在塔板上积累而充满整个板间，这种液泛称为溢流液泛。液泛使整个塔内的液体不能正常下流，物料大量返混，严重影响塔的操作，在操作中需要特别注意和防止。

4.7.2　辅助设备

　　精馏装置的辅助设备主要是各种形式的换热器，包括塔底溶液再沸器、塔顶蒸气冷凝器、料液预热器、产品冷却器等，另外还需管线以及流体输送设备等。其中再沸器和冷凝器是保证精馏过程能连续进行稳定操作所必不可少的两个换热设备。

　　再沸器的作用是将塔内最下面的一块塔板流下的液体进行加热，使其中一部分液体发生汽化变成蒸气而重新回流入塔，以提供塔内上升的气流，从而保证塔板上汽液两相的稳定传质。

　　冷凝器的作用是将塔顶上升的蒸气进行冷凝，使其成为液体，之后将一部分冷凝液从塔顶回流入塔，以提供塔内下降的液流，使其与上升气流进行逆流传质接触。

　　再沸器和冷凝器在安装时应根据塔的大小及操作是否方便而确定其安装位置。对于小塔，冷凝器一般安装在塔顶，这样冷凝液可以利用位差而回流入塔；再沸器则可安装在塔底。对于大塔（处理量大或塔板数较多时），冷凝器若安装在塔顶部则不便于安装、检修和清理，此时可将冷凝器安装在较低的位置，回流液则用泵输送入塔；再沸器一般安装在塔底外部。

　　安装于塔顶或塔底的冷凝器、再沸器均可用夹套式或内装蛇管、列管的间壁式换热器，而安装在塔外的再沸器、冷凝器则多为卧式列管换热器。

4.8　精馏塔的操作

　　在化工生产中，精馏塔操作的好坏，直接关系到产品质量能否合格、收率高低及消耗定额的大小等，因此，正确操作精馏塔是非常重要的。由于生产不同产品的生产任务不同，操作条件多样，塔型也不一样，因此精馏过程的操作控制也是各不相同的。下面从共性方面简单说明精馏塔的操作步骤。

　　① 准备工作　检查仪器、仪表、阀门等是否齐全、正确、灵活，做好开车前的准备。

　　② 预进料　先打开放空阀，充氮置换系统中的空气，以防在进料时出现事故；当压力达到规定的指标后停止，再打开进料阀，打入指定液位高度的料液后停止。

③ 再沸器投入使用　打开塔顶冷凝器的冷却水（或其他介质），再沸器通蒸汽加热。

④ 建立回流　在全回流情况下继续加热，直到塔温、塔压均达到规定指标，产品质量符合要求。

⑤ 进料与出产品　打开进料阀进料，同时从塔顶和塔釜采出产品，调节到指定的回流比。

⑥ 控制调节　精馏塔控制与调节的实质是控制塔内汽、液相负荷的大小，以保持塔设备良好的质热传递，获得合格的产品。但汽、液相负荷是无法直接控制的，生产中主要通过控制温度、压力、进料量和回流比来实现。运行中，要注意各参数的变化，及时调整。

⑦ 停车　先停止进料，再停再沸器，停产品采出（如果对产品要求高也可先停），降温降压后再停冷却水。

 本章小结

液体蒸馏是化工生产中用来分离液体混合物的最常见的单元操作。要理解蒸馏特别是精馏的分离原理，明确各种蒸馏方式的分离过程与适应场所，学会根据生产任务确定和调整精馏的操作条件，并能够解决操作中出现的常见操作问题。学习中要注意如下方面。

- 精馏是如何实现的。
- 如何选取适宜的蒸馏方式，以达到既能完成任务又较为合理。
- 物料平衡与热量平衡对维持精馏操作的意义与指导作用。
- 操作中，进料状况、回流比的变化会带来怎样的影响，如何根据需要进行调节。
- 如何确保汽液接触设备功能的实现。
- 间歇精馏与连续精馏、连续精馏与特殊精馏、间歇精馏与简单蒸馏等相互间的异同。
- 连续精馏的开车与停车程序。

本章主要符号说明

英文

c_p ——比热容，kJ/(kg·K)

D ——塔顶产品（馏出液）流量，kmol/h 或 kg/h

E ——塔板效率

W ——塔底产品（残液）流量，kmol/h 或 kg/h

x ——液相中易挥发组分的摩尔分数

y ——气（汽）相中易挥发组分的摩尔分数

F ——原料液流量，kmol/h 或 kg/h

i ——液体的焓，kJ/kg

I ——蒸气的焓，kJ/kg

L ——塔内下降液体的流量，kmol/h

M ——摩尔质量，kg/kmol

N ——塔板数

p ——系统的总压或外压，kPa

q ——进料热状况参数

Q ——传热速率或热负荷，kJ/h

r ——汽化潜热，kJ/kg

R ——回流比

t ——温度，℃

T ——热力学温度，K

V ——塔内上升蒸气流量，kmol/h

希文

α ——相对挥发度

ρ ——密度，kg/m³

下标

D ——馏出液的

F ——原料液的

h ——加热蒸汽的

i, j, m ——塔板序号

L ——液相的

min ——最小

n ——精馏段塔板序号

P ——实际的 V ——气（汽）相的

R ——回流液的 W ——残液的

T ——理论的

 思考题

1. 精馏过程的基本依据是什么？精馏过程为什么必须要有回流？

2. 进料量对塔板的数目有无影响？为什么？

3. 精馏塔的操作线关系与平衡关系有何不同？有何实际意义及作用？

4. 用图解法求理论板时，为什么一个梯级代表一层理论板？

5. 如何克服精馏塔操作中的不正常操作现象？

6. 根据高产、优质、节能、降耗的原则，生产中采用何种进料热状况最为合适？

7. 若精馏塔加料偏离适宜位置（其他操作条件均不变），将会导致什么结果？

8. 塔顶温度发生变化时，说明什么问题？如何处理？

9. 在连续精馏塔的操作中，由于上工序原因使加料组成 x_F 降低，问可采取哪些措施保证塔顶产品的质量（即保持馏出液组成 x_D 不降）？与此同时，釜液的组成 x_W 将如何变化？

10. 若有 A、B、C、D 四种组分的混合液，用精馏方法将它们全部分开，四种组分的沸点依次升高，组分 D 有腐蚀性，组分 B 与 C 的含量较少，两者的沸点差小，最难分离，试问应采用怎样的精馏流程？

 ▶▶▶ ....

4-1 含乙醇 12%（质量分数）的水溶液，试求：（1）乙醇的摩尔分数；（2）乙醇水溶液的平均分子量。

4-2 某精馏塔的进料成分为丙烯 40%、丙烷 60%，进料量为 2000kg/h，塔底产品中丙烯含量为 20%（以上均为质量分数），流量 1000kg/h。试求塔顶产品的产量及组成。

4-3 某连续精馏操作的精馏塔，每小时蒸馏 5000kg 含乙醇 15%（质量分数，下同）的水溶液，塔底残液内含乙醇 1%。试求每小时可获得多少含乙醇 95% 的馏出液及残液量（kg）？乙醇的回收率是多少？

4-4 在连续精馏塔中分离由二硫化碳和四氯化碳所组成的混合液。已知原料液流量为 4000kg/h，组成为 0.3（二硫化碳的质量分数，下同）。若要求釜液组成不大于 0.05，塔顶回收率为 88%，试求馏出液的流量和组成，分别以摩尔流量和摩尔分数表示。

4-5 在连续操作的精馏塔中，每小时要求蒸馏 2000kg 含水 90%（质量分数，下同）的乙醇水溶液，馏出液含乙醇 95%，残液含水 98%。若操作回流比为 3.5，问回流量为多少？

4-6 将含 24%（摩尔分数，下同）易挥发组分的某混合液送入连续操作的精馏塔。要求馏出液中含 95% 的易挥发组分，残液中含 3% 易挥发组分。塔顶每小时送入全凝器 850kmol 蒸气，而每小时从冷凝器流入精馏塔的回流量为 670kmol。试求每小时能抽出多少残液量（kmol），回流比为多少？

4-7 用某精馏塔分离丙酮-正丁醇混合液。料液含 30% 丙酮，馏出液含 95%（以上均为质量分数）的丙酮，加料量为 1000kg/h，馏出液量为 300kg/h，进料为饱和液体，回流比为 2。求精馏段操作线方程和提馏段操作线方程。

4-8 在 x-y 图上作出上题所求的操作线，并确定两操作线交点 d 的坐标值（x_d, y_d），

比较 x_F 与 x_d，可得出什么结论？

4-9　欲设计一连续操作的精馏塔，在常压下分离含苯与甲苯各 50% 的料液。要求馏出液中含苯 96%，残液中含苯不高于 5%（以上均为摩尔分数）。饱和液体进料，操作时所用回流比为 3，物系的平均相对挥发度为 2.5。试用逐板计算法求所需的理论板层数与加料板位置。

4-10　在常压下欲用连续操作精馏塔将含甲醇 35%、含水 65% 的混合液分离，以得到含甲醇 95% 的馏出液与含甲醇 4% 的残液（以上均为摩尔分数），操作回流比为 2.5，饱和液体进料。试用图解法求理论板层数。（常压下甲醇-水的相平衡数据见附录二十一）

4-11　设上题中所述的精馏塔的总板效率为 65%，试确定其实际塔板数。

4-12　在常压操作的连续精馏塔中，分离含甲醇 0.4、含水 0.6（以上均为摩尔分数）的溶液，要求塔顶产品含甲醇 0.95 以上，塔底含甲醇 0.035 以下，物料流量 15kmol/s，采用回流比为 3。试求以下各种进料状况下的 q 值以及精馏段和提馏段的汽、液相流量。（1）进料温度为 40℃；（2）饱和液体进料；（3）饱和蒸气进料。

4-13　在某二元混合物连续精馏操作中，若进料组成及流量不变，总理论塔板数及加料板位置不变，塔顶产品采出率 D/F 不变。试定性分析在进料热状况参数 q 增大、回流比 R 不变的情况下，x_D、x_W 和塔釜蒸发量的变化趋势。

4-14　今欲在连续精馏塔中将甲醇 40% 与水 60% 的混合液在常压下加以分离，以得到含甲醇 95%（均为摩尔分数）的馏出液。若进料为饱和液体，试求最小回流比。若取回流比为最小回流比的 1.5 倍，求实际回流比 R。

4-15　在常压连续精馏塔中，每小时将 182kmol 含乙醇为 0.144（摩尔分数，以下同）的乙醇水溶液进行分离。要求塔顶产品中乙醇浓度不低于 0.86，釜中乙醇浓度不高于 0.012，进料为 20℃冷料，其 q 值为 1.135，回流比为 4，再沸器内采用 157kPa（1.6kgf/cm^2）的水蒸气加热。试求每小时蒸汽消耗量。釜液浓度很低，其物理性质可认为与水相同。

4-16　某苯与甲苯精馏塔进料量为 1000kmol/h，浓度为 0.5。要求塔顶产品浓度不低于 0.9，塔釜浓度不大于 0.1（皆为苯的摩尔分数），饱和液体进料，回流比为 2，相对挥发度为 2.46，平均板效率为 0.55。求：（1）满足以上工艺要求时，塔顶、塔底产品量各为多少？采出量为 560kmol/h 行吗？采出最大极限值是多少？当采出量为 535kmol/h 时，若仍要满足原来的产品浓度要求，可采取什么措施？（2）仍用此塔来分离苯、甲苯体系，若在操作过程中进料浓度发生波动，由 0.5 降为 0.4。①在采出率 D/F 及回流比不变的情况下，产品浓度会发生什么变化？②回流比不变，采出率降为 0.4，产品浓度如何？③若要使塔顶塔釜浓度保持 $x_D \geqslant 0.9$，$x_W \leqslant 0.1$，可采取什么措施？具体如何调节？（3）对于已确定的塔设备，在精馏操作中加热蒸汽发生波动，蒸汽量为原来的 4/5，此时会发生什么现象？如希望产品浓度不变，$x_D \geqslant 0.9$，$x_W \leqslant 0.1$，可采取哪些措施？如何调节？

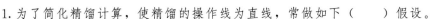
自测题 ▶▶▶ ···

1.为了简化精馏计算，使精馏的操作线为直线，常做如下（　　）假设。

A.理论板假定　　　B.理想物系　　　C.泡点进料　　　D.恒摩尔流假定

2.在其他操作条件不变的情况下，若将精馏塔顶的过冷液体回流改为泡点回流，则塔顶馏出产品的组成 x_D（　　）。

A.变大　　　　　B.变小　　　　　C.不变　　　　　D.不确定

3.在精馏塔中，以下不能引发降液管液泛现象的是（　　）。

A.塔板间距过小　　B.严重漏液　　　C.过量雾沫夹带　　D.气、液负荷过大

4.连续精馏操作稳定后，若塔釜温度指示增高（高于原操作温度），会造成（　　）。

A. 轻组分损失增加　　　　　　　　　B. 塔顶馏出物中轻组分含量下降

C 塔底产品质量不合格　　　　　　　　D. 可能造成塔板严重漏液

5.在其他条件不变的情况下，加大回流比，塔顶馏出液中轻组分含量将（　　）。

A. 不变　　　　　　B. 变小　　　　　　C. 变大　　　　　　D. 不确定

6.相对于常压精馏，采用真空精馏操作可以（　　）。

A. 提高操作温度　　　B. 降低操作温度　　　C. 减少回流比　　　D. 减少塔板数

7.以下关于精馏塔的操作，先后顺序正确的是（　　）。

A. 先启动再沸器回热，再开始进料　　　B. 先停冷却水，再停产品采产

C. 先停再沸器，再停进料　　　　　　　D. 全回流操作稳定后，再调节至适宜回流比

8.用连续精馏分离某二元混合物，已知进料量为100kmol/h，进料组成 $x_F = 0.6$，若要求塔顶馏出液组成 x_D 不小于0.9，则塔顶最大产量为（　　）。

A. 60kmol/h　　　B. 66.7kmol/h　　　C. 90kmol/h　　　D. 100kmol/h

9.对于连续精馏操作，进料热状况参数 q 的变化，将引起（　　）的变化。

A. 相平平衡线　　　B. 回流比　　　　　C. 进料量　　　　　D. 操作线

10.完成指定的精馏分离任务所需要的理论塔板数与（　　）无关。

A. 进料量　　　　　B. 进料热状态　　　C. 进料液组成　　　D. 进料位置

第5章 气体吸收

5.1 概述

5.1.1 气体吸收在化工生产中的应用

5.1.1.1 工业吸收过程

在炼焦或制取城市煤气的生产过程中，焦炉煤气内常含有少量的苯和甲苯类化合物的蒸气，应予回收利用。如图 5-1 所示为洗油脱除煤气中粗苯的吸收流程简图。图中虚线左侧为吸收过程，通常在吸收塔中进行。含苯约为 $35g/m^3$ 的常温常压煤气由吸收塔底部引入，洗油从吸收塔顶部喷淋而下与气体呈逆流流动。在煤气与洗油逆流接触中，苯系化合物蒸气便溶解于洗油中，吸收了粗苯的洗油（又称富油）由吸收塔底排出。被吸收后的煤气由吸收塔顶排出，其含苯量可降至允许值（＜$2g/m^3$）以下，从而得以净化。图中虚线右侧所示为解吸过程，一般在解吸塔中进行。从吸收塔排出的富油首先经换热器被加热后，由解吸塔顶引入，在与解吸塔底部通入的过热水蒸气逆流接触过程中，粗苯由液相释放出来，并被水蒸气带出，再经冷凝分层后即可获得粗苯产品。解吸出粗苯的洗油（也称贫油）经冷却后再送回吸收塔循环使用。

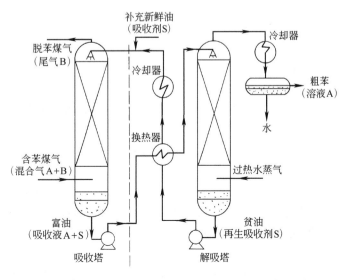

吸收与解吸流程

图 5-1　具有吸收剂再生的连续吸收流程简图

5.1.1.2 吸收操作

工业生产中的吸收操作大部分与用洗油吸收苯的操作相同，即气液两相在塔内逆流流动、直接接触，物质的传递发生在上升气流与下降液流之中。因此，气体吸收是利用气体混合物各组分在液体溶剂中溶解度的差异来分离气体混合物的单元操作，其逆过程是脱吸或解吸。混合气体中，能够溶解的组分称为吸收质或溶质，以 A 表示；不被吸收的组分称为惰性组分或载体，以 B 表示；吸收操作所用的溶剂称为吸收剂，以 S 表示；吸收操作所得的溶液称为吸收液，其成分为溶剂 S 和溶质 A；排出的气体称为吸收尾气，其主要成分为惰性气体 B，还含有残余的溶质 A。从图 5-1 分析，吸收过程是使混合气中的溶质溶解于吸收剂中而得到一种溶液，即溶质由气相转移到液相的相际传质过程。解吸过程是使溶质从吸收液中释放出来，以便得到纯净的溶质或使吸收剂再生后循环使用。

5.1.1.3 气体吸收的工业应用

在化工生产中，吸收操作广泛地应用于混合气体的分离，其具体应用大致有以下几种。

（1）回收混合气体中有价值的组分　如用硫酸处理焦炉气以回收其中的氨，用液态烃处理裂解气以回收其中的乙烯、丙烯等。

（2）除去有害组分以净化气体　如用水或碱液脱除合成氨原料气中的二氧化碳，用丙酮脱除裂解气中的乙炔等。

（3）制备某种气体的溶液　如用水吸收二氧化氮以制造硝酸，用水吸收甲醛以制取福尔马林，用水吸收氯化氢以制取盐酸等。

（4）工业废气的治理　在工业生产所排放的废气中常含有 SO_2、NO、HF 等有害的成分，其含量一般都很低，但若直接排入大气，则对人体和自然环境的危害都很大。因此，在排放之前必须加以治理，这样既得到了副产品，又保护了环境。如磷肥生产中，放出含氟的废气具有强烈的腐蚀性，即可采用水及其他盐类制成有用的氟硅酸钠、冰晶石等；又如硝酸厂尾气中含氮的氧化物，可以用碱吸收制成硝酸钠等有用物质。

采用吸收操作以实现气体混合物分离的目的，必须解决如下问题：

① 选择合适的吸收剂，使其能选择性地溶解某个（或某些）组分；

② 提供合适的设备以实现气液两相的充分接触，使被吸收组分能较完全地由气相转移到液相；

③ 确保溶剂的再生与循环使用。

5.1.2 气体吸收的分类

按照不同的分类依据，气体吸收可以作以下 3 种分类。

（1）按溶质与溶剂是否发生显著的化学反应，可分为物理吸收和化学吸收。如水吸收二氧化碳、用洗油吸收芳烃等过程属于物理吸收；用硫酸吸收氨、用碱液吸收二氧化碳属于化学吸收。

（2）按被吸收组分数目的不同，可分为单组分吸收和多组分吸收。如用碳酸丙烯酯吸收合成气（含 N_2、H_2、CO、CO_2 等）中的二氧化碳属于单组分吸收；如用洗油处理焦炉气时，气体中的苯、甲苯、二甲苯等几种组分在洗油中都有显著的溶解，则属于多组分吸收。

（3）按吸收体系（主要是液相）的温度是否显著变化，可分为等温吸收和非等温吸收。

本章重点讨论单组分低组成等温物理吸收过程。

5.1.3 吸收剂的选择

吸收过程是依靠气体溶质在吸收剂中的溶解来实现的，因此，吸收剂性能的优劣往往是决定吸收操作效果和过程经济性的关键。在选择吸收剂时，应注意以下几个问题。

（1）溶解度　吸收剂对溶质组分的溶解度要尽可能大，这样可以提高吸收速率和减少吸收剂用量。

（2）选择性　吸收剂对溶质要有良好的吸收能力，而对混合气体中的惰性组分不吸收或吸收甚微，这样才能有效地分离气体混合物。

（3）挥发度　操作温度下吸收剂的蒸气压要低，以减少吸收和再生过程中吸收剂的挥发损失。

（4）黏度　吸收剂黏度要低，这样可以改善吸收塔内的流动状况，提高吸收速率，且有利于减少吸收剂输送时的动力消耗。

（5）其他　所选用的吸收剂还应尽可能满足无毒性、无腐蚀性、不易燃易爆、不发泡、冰点低、价廉易得以及化学性质稳定等要求。

当以上要求不能同时满足时，应综合考虑后抓主要矛盾。

通过以上分析，搞好气体吸收工作，必须学习以下几方面的内容：

① 溶解相平衡与吸收过程的关系；

② 影响吸收速率的因素与提高吸收速率的方法；

③ 吸收的物料平衡；

④ 吸收操作分析；

⑤ 吸收设备。

5.2　从溶解相平衡看吸收操作

5.2.1　气液相平衡关系

5.2.1.1　气相和液相组成的表示方法

在吸收操作中，气体总量和溶液总量都随吸收的进行而改变，但惰性气体和吸收剂的量则始终保持不变，因此，常采用物质的量比表示相的组成，以简化吸收过程的计算。

物质的量比是指混合物中一组分物质的量与另一组分物质的量的比值，用 X 或 Y 表示，也称摩尔比。

吸收液中吸收质 A 对吸收剂 S 的物质的量比可以表示为

$$X_A = \frac{n_A}{n_S} \tag{5-1}$$

物质的量比与摩尔分数的换算关系为

$$X_A = \frac{x_A}{1 - x_A} \tag{5-2}$$

式中，X_A——吸收液中组分 A 对组分 S 的物质的量比；n_A，n_S——组分 A 与组分 S 的物质的量，kmol；x_A——吸收液中组分 A 的摩尔分数。

混合气体中吸收质 A 对惰性组分 B 的物质的量比可以表示为

$$Y_A = \frac{n_A}{n_B} = \frac{y_A}{1 - y_A} \tag{5-3}$$

式中，Y_A——混合气体中组分 A 对组分 B 的物质的量比；n_A，n_B——组分 A 与 B 的物质的量，kmol；y_A——混合气中组分 A 的摩尔分数。

某混合气中含有氨和空气，其总压为 100kPa，氨的体积分数为 0.1。试求氨的分压、摩尔分数和物质的量比。

解 氨的分压可用道尔顿分压定律确定，即 $p_A = py_A$，其中 p 为 100kPa，y_A 为氨在混合气中的摩尔分数，它在数值上等于其体积分数，则氨的分压为

$$p_A = py_A = 100 \times 0.1 = 10\text{kPa}$$

氨对空气的物质的量比为

$$Y_A = \frac{y_A}{1-y_A} = \frac{0.1}{1-0.1} = 0.11$$

5.2.1.2 相平衡关系

在一定温度和压力下，混合气体与液相接触时，溶质便从气相向液相转移，而溶于液相内的溶质又会从溶剂中逸出返回气相。随着溶质在液相中的浓度逐渐增加，溶质返回气相的量也逐渐增大，当单位时间内溶于液相中的溶质量与从液相返回气相的溶质量相等时，气相和液相的量及组成均不再改变，达到动态平衡。它是吸收过程的极限，它们之间的关系称为相平衡关系。

在一定温度下，当气相总压力不高（＜506.5kPa）时，稀溶液中溶质的平衡浓度和该气体的平衡分压的平衡关系可用亨利定律表示为

$$p^* = Ex \quad \text{或} \quad p = Ex^* \tag{5-4}$$

式中，p^*，p——溶质在气相中的平衡分压、实际分压，Pa；x，x^*——溶质在液相中的实际浓度、平衡浓度（均为摩尔分数）；E——亨利系数，其数值与物系及温度有关，Pa。

对于给定物系，亨利系数 E 随温度升高而增大。在同一溶剂中，易溶气体的 E 值很小，而难溶气体的 E 值很大。

由于气液两相组成各可采用不同的表示法，因而亨利定律有不同的表达形式。

$$Y^* = \frac{mX}{1+(1-m)X} \tag{5-5}$$

式中，Y^*——平衡时溶质在气相中的物质的量比；m——相平衡常数，无量纲；X——溶质在液相中的物质的量比。

对于一定的物系，相平衡常数与温度和压力有关。温度越高，m 越大；压力越高，m 越小。易溶性气体的 m 值小，难溶性气体的 m 值大。

对于极稀溶液，式(5-5) 可以简化为

$$Y^* = mX \tag{5-6}$$

例 5-2

含氨 3%（体积分数）的混合气体，在填料塔中为水吸收。试求氨溶液的最大浓度。塔内操作压力为 202.6kPa，气液平衡关系为 $p^* = 267x$。

解 氨吸收质的实际分压为

$$p = p_t y = 202.6 \times 0.03 = 6.078\text{kPa}$$

氨溶液的最大浓度选用 $p = 267x^*$ 的气液平衡关系求取

$$x^* = \frac{p}{267} = \frac{6.078}{267} = 0.0228$$

溶液中氨的最大浓度为 0.0228（摩尔分数）。

5.2.1.3 吸收平衡线

吸收平衡线是表明吸收中气液相平衡关系的图线。在吸收操作中，通常用 X-Y 图表示。将 Y^* 与 X 的关系标绘在 Y-X 图上，得通过原点的一条曲线，称为吸收平衡线，如图 5-2 所示。对于极稀溶液，式(5-6) 所表明的平衡线是一条过圆点的直线，其斜率为 m，如图 5-3 所示。

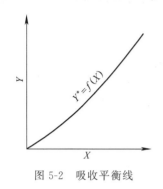

图 5-2 吸收平衡线

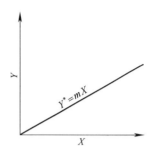

图 5-3 吸收平衡线（极稀溶液）

5.2.2 气液相平衡关系对吸收操作的意义

5.2.2.1 确定适宜的操作条件

吸收是利用各组分溶解度不同而分离气体混合物的操作，因此，气体溶解度的大小直接影响吸收操作。对于同一物系，气体的溶解度与温度和压力有关。

温度升高，气体的溶解度减小。因此，降低温度对吸收有利，但由于低于常温操作时，需要制冷系统，所以，工业吸收多在常温下操作。当吸收过程放热明显时，应该采取冷却措施。

压力增加，气体的溶解度增加。因此，增加压力对吸收有利，但在压力增高的同时，动力消耗就会随之增大，对设备的要求也会随之提高，而且总压对吸收的影响相对较弱。所以，工业吸收多在常压下操作，除非在常压下溶解度太小，或工艺本身就是高压系统，才采用加压吸收。

5.2.2.2 判明过程进行的方向和限度

当气体混合物与溶液相接触时，吸收过程能否发生，以及过程进行的限度，可由相平衡关系来判定，如图 5-4 所示。

当溶质在气相中的实际分压大于溶质的平衡分压，即 $p > p^*$ 时，发生吸收过程。从相图上看，实际状态点位于平衡曲线上方。

随着吸收过程的进行，气相中被吸收组分的含量不断降低，溶液浓度不断上升，其平衡分压也随着上升。当气相中溶质的实际分压等于溶质的平衡分压时，吸收达到平衡，表观吸收速率为零。从相图上看，实际状态点落在平衡曲线上。

读者可以类似分析解吸过程发生的条件，并比较吸收与解吸的不同。

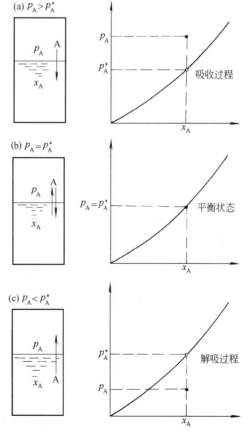

图 5-4 过程的方向与限度

在总压为 1200kPa、温度为 303K 的条件下，含二氧化碳 5％（体积分数）的气体与含二氧化碳 1.0g/L 的水溶液接触，试判断二氧化碳的传递方向。已知 $E = 1.88 \times 10^5 kPa$。

解 判断二氧化碳的传递方向（吸收还是解吸），实际上是比较溶质在气相中的实际分压与平衡分压的大小。

二氧化碳在气相中的实际分压为

$$p = p_t y = 1200 \times 0.05 = 60 kPa$$

二氧化碳在气相中的平衡分压则由亨利定律求取。由于溶液很稀，其摩尔质量及密度认为与水相同。查附录得水在 303K 时，密度为 $996 kg/m^3$，摩尔质量为 18kg/kmol，二氧化碳的摩尔质量为 44kg/kmol。

$$p^* = Ex = 1.88 \times 10^5 \times \frac{\dfrac{1}{44}}{\dfrac{996}{18}} = 77.3 kPa$$

由于 $p^* > p$，故二氧化碳必由液相传递到气相，进行解吸。

5.2.2.3 判断吸收操作的难易程度

前面的分析表明，当物系的状态点处于平衡线的上方时，发生吸收过程。显然，状态点距平衡线的距离越远，气液接触的实际状态偏离平衡状态的程度越远，吸收的推动力就越大，在其他条件相同的条件下，吸收越容易进行；反之，吸收越难进行。

5.2.2.4 确定过程的推动力

在吸收过程中，通常把气液接触的实际状态偏离平衡状态的程度称作吸收推动力。推动力常以浓度差来表示，如 $p - p^*$、$Y - Y^*$、$c^* - c$、$X^* - X$ 等。可以利用图 5-4，求取推动力 $p - p^*$，其他形式的推动力也可以由类似方法确定。

5.3 吸收速率

吸收速率是反应吸收快慢的物理量，其大小关系到设备投入的多少和过程的经济性。因此应该明确影响吸收速率的因素，以选取适宜的吸收条件。

5.3.1 传质基本方式

（1）分子扩散 物质以分子运动的方式通过静止流体或层流流体的转移称为分子扩散。如向静止的水中滴一滴蓝墨水，一会儿水就变成了均匀的蓝色，这是由于墨水中有色物质的分子扩散到水中的结果。分子扩散速率主要决定于扩散物质和静止流体的温度及其他某些物理性质。

（2）涡流扩散 通过流体质点的相对运动来传递物质的现象称为涡流扩散。涡流扩散速率通常比分子扩散速率快，主要决定于流体的流动型态。如滴一滴蓝墨水于水中，同时加以强烈的机械搅拌，可以看到水变蓝的速度比不搅拌时快得多。

应该指出，流体中的物质传递往往是两种方式的综合贡献，因为在涡流扩散时，分子扩散是不能避免的。因此常常合在一起讨论，并称为对流扩散。对流扩散时，扩散物质不仅依靠本身的分子扩散作用，更主要的是依靠湍流流体的涡流扩散作用。

在吸收操作中，常用扩散系数来表示物质在介质中的扩散能力，它是物系特性之一。其值随物系的种类和温度不同而不同，也随压力和浓度而异，对流扩散时还与湍动程度有关。

5.3.2 双膜理论

描述吸收过程是如何将溶质从气相转移至液相的假说很多，这里只介绍应用较为普遍的双膜理论，其基本要点如下。

① 气液两相间有一稳定的相界面，在相界面的两侧分别存在稳定的气膜和液膜。膜内流体作层流流动，双膜以外的区域为气相主体和液相主体，主体内流体处于湍动状态；

② 气液两相的界面上，吸收质在两相间总是处于平衡状态；

③ 主体内因湍动而浓度分布均匀，双膜内层流主要依靠分子扩散传递物质，浓度变化大。因此，阻力主要集中在双膜内，故得此名。

根据双膜理论，吸收质从气相转移到液相的过程为：吸收质从气相主体扩散（主要为涡流扩散）到气膜边界，在气膜内扩散（分子扩散）到界面，在界面上溶解，在液膜内扩散（分子扩散）到液膜边界，最后扩散（主要是涡流扩散）到液相主体中。通常把流体与界面间的物质传递称为对流扩散，于是，气体溶质从气相主体到液相主体，共经历了三个过程，即对流扩散、溶解和对流扩散。这非常类似于冷热两流体通过器壁进行的换热过程，如图 5-5 所示。

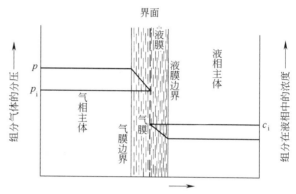

图 5-5　气体吸收的双膜模型

5.3.3 吸收速率

吸收速率是指单位时间内通过单位传质面积所吸收的溶质的量。与传热等其他传递过程一样，吸收过程的速率关系也可用"过程速率 = 过程推动力/过程阻力"的形式表示，或表示为"过程速率=系数×推动力"的形式。由于吸收的推动力可以用各种不同形式的浓度差来表示，所以，吸收速率方程式也有多种形式，以下举几例说明。

气膜吸收速率方程为

$$N_A = k_Y(Y_A - Y_i) \tag{5-7}$$

式中，N_A——吸收速率，$mol/(m^2 \cdot s)$；k_Y——气膜吸收分系数，$mol/(m^2 \cdot s)$；Y_A——气相主体吸收质的物质的量比；Y_i——相界面处气相中吸收质的物质的量比。

液膜吸收速率方程为

$$N_A = k_X(X_i - X_A) \tag{5-8}$$

式中，k_X——液膜吸收分系数，$mol/(m^2 \cdot s)$；X_i——相界面处液相中吸收质的物质的量比；X_A——液相主体内吸收质的物质的量比。

气相或液相的吸收总速率方程式为

$$N_A = K_Y(Y_A - Y_A^*) \tag{5-9}$$

$$N_A = K_X(X_A^* - X_A) \tag{5-10}$$

$$N_A = K_G(p_A - p_A^*) \tag{5-11}$$

式中，K_Y——气相吸收总系数，$mol/(m^2 \cdot s)$；K_X——液相吸收总系数，$mol/(m^2 \cdot s)$；Y_A^*——与液相浓度 X_A 成平衡的气相的物质的量比；X_A^*——与气相浓度 Y_A 成平衡的液相的物质的量比；K_G——气相吸收总系数，$mol/(m^2 \cdot s \cdot Pa)$。

膜速率方程式中的推动力为主体浓度与界面浓度之差，如 $Y_A - Y_i$ 和 $X_i - X_A$ 等，而吸收总速率方程式中的推动力为气液两相主体的浓度之差,如 $Y_A - Y_A^*$、$X_A^* - X_A$ 和 $p_A - p_A^*$ 等。

以上各式如果写成推动力除以阻力的形式,经推导可得吸收的总阻力表达式为

$$\frac{1}{K_Y} = \frac{1}{k_Y} + \frac{m}{k_X} \qquad (5-12)$$

或

$$\frac{1}{K_X} = \frac{1}{mk_Y} + \frac{1}{k_X} \qquad (5-13)$$

这表明,吸收过程的总阻力也等于各分过程阻力的叠加,与传热过程、导电过程颇为相似,工程和自然科学界都把这种现象称为相似性。具有相似性的过程呈现相似的规律,这在工程研究中能起到触类旁通的效果,值得读者借鉴。

5.3.4 影响吸收速率的因素

影响吸收速率的因素主要是气液接触面积、吸收系数、吸收推动力。

(1)提高吸收系数 吸收阻力包括气膜阻力和液膜阻力。由于膜内阻力与膜的厚度成正比,因此加大气液两流体的相对运动速度,使流体内产生强烈的搅动,都能减小膜的厚度,从而降低吸收阻力,增大吸收系数。对溶解度大的易溶气体,相平衡常数 m 很小。由式(5-12)简化可得 $K_Y \approx k_Y$,表明易溶气体的液膜阻力小,气膜阻力远大于液膜阻力,吸收过程的速率主要是受气膜阻力控制;反之,对于难溶气体,液膜阻力远大于气膜阻力,吸收阻力主要集中在液膜上,即吸收速率主要受液膜阻力控制。表5-1中列举了一些吸收过程的控制因素。

表 5-1 一些吸收过程的控制因素

气膜控制	液膜控制	气膜和液膜同时控制
用氨水或水吸收氨气	用水或弱碱吸收二氧化碳	用水吸收二氧化硫
用水或稀盐酸吸收氯化氢	用水吸收氧气或氢气	用水吸收丙酮
用碱液吸收硫化氢	用水吸收氯气	用浓硫酸吸收二氧化氮

要提高液膜控制的吸收速率,关键在于加大液体流速和湍动程度,减少液膜厚度。如当气体鼓泡穿过液体时,气泡中湍动相对较少,而液体受到强烈的搅动,因此液膜厚度减小,可以降低液膜阻力,这适用于受液膜控制的吸收过程。

要提高气膜控制的吸收速率,关键在于降低气膜阻力,增加气体总压,加大气体流速,减少气膜厚度。如当液体分散成液滴与气体接触时,液滴内湍动相对较少,而液滴与气体作相对运动,气体受到搅动,气膜变薄,适用于受气膜控制的吸收过程。

由以上讨论可知,要想提高吸收速率,应该减小起控制作用的阻力才是有效的。这与强化传热完全类似,这就是前面所说的相似性。

例 5-4

在填料塔中用清水吸收混于空气中的甲醇蒸气。若操作条件下(101.3kPa 及 293K)平衡关系符合亨利定律,相平衡常数 $m = 0.0275$。塔内某截面处的气相组成 $Y = 0.03$,液相组成 $X = 0.0065$,气膜吸收分系数 $k_Y = 0.058 \text{kmol}/(\text{m}^2 \cdot \text{h})$,液膜吸收分系数 $k_X = 0.076 \text{kmol}/(\text{m}^2 \cdot \text{h})$。试求该截面处的吸收速率,通过计算说明该吸收过程的控制因素。

解 ① 该截面处的吸收速率

$$N_A = K_Y(Y_A - Y_A^*)$$

$$Y_A = 0.03$$

$$Y_A^* = mX_A = 0.0275 \times 0.0065 = 0.00018$$

$$\frac{1}{K_Y} = \frac{1}{k_Y} + \frac{m}{k_X} = \frac{1}{0.058} + \frac{0.0275}{0.076}$$

$$K_Y = 0.048$$

$$N_A = 0.048 \times (0.03 - 0.00018) = 0.0014 \text{kmol/(m}^2 \cdot \text{h)}$$

② 气膜阻力为 $\dfrac{1}{k_Y} = \dfrac{1}{0.058} = 17.24$

总阻力为 $\dfrac{1}{K_Y} = \dfrac{1}{0.048} = 20.86$

气膜阻力占总阻力的百分数为 $\dfrac{17.24}{20.86} \times 100\% = 82.6\%$

通过计算说明该吸收过程为气膜控制。

（2）增大吸收推动力   增大吸收推动力 $p - p^*$，可以通过两种途径来实现，即提高吸收质在气相中的分压 p，或降低与液相平衡的气相中吸收质的分压 p^*。然而提高吸收质在气相中的分压常与吸收的目的不符，因此应采取降低与液相平衡的气相中吸收质的分压的措施，即选择溶解度大的吸收剂、降低吸收温度、提高系统压力都能增大吸收的推动力。

（3）增大气液接触面积   增大气液接触面积的方法有：增大气体或液体的分散度、选用比表面积大的高效填料等。

以上的讨论仅就影响吸收速率诸因素中的某一方面来考虑。由于影响因素之间还互相制约、互相影响，因此对具体问题要作综合分析，选择适宜条件。例如，降低温度可以增大推动力，但低温又会影响分子扩散速率，增大吸收阻力。又如将吸收剂喷洒成小液滴可增大气液接触面积，但液滴小，气液相对运动速度小，气膜和液膜厚度增大，也会增大吸收阻力。此外，在采取强化吸收措施时，应综合考虑技术的可行性及经济上的合理性。

5.4 吸收的物料衡算

相平衡关系描述的是气液两相接触传质的极限状态，而吸收操作时塔内气液两相的操作关系则需要通过物料衡算来分析，同时确定出塔溶液浓度和吸收剂用量以及塔截面传质推动力的变化情况。

5.4.1 全塔物料衡算

在工业生产中，吸收一般采用逆流连续操作。当进塔混合气中的溶质浓度不高（小于3%～10%）时，为低浓度气体吸收。如图5-6所示。

在稳态操作下，对全塔作物料衡算，依据进塔的吸收质量等于出塔的吸收质量，可得

$$VY_1 + LX_2 = VY_2 + LX_1 \tag{5-14}$$

式中 V——单位时间内通过吸收塔的惰性气体量，kmol/h；

L——单位时间内通过吸收塔的吸收剂量，kmol/h；

Y_1、Y_2——分别为进塔及出塔气体的组成，kmol 吸收质/kmol 惰性气；

X_1、X_2——分别为进塔及出塔液体的组成，kmol 吸收质/kmol 吸收剂。

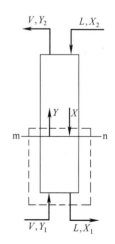

图 5-6 逆流吸收塔
操作示意图

或依据混合气体中减少的吸收质量等于溶液中增加的吸收质量，可得

$$G_A = V(Y_1 - Y_2) = L(X_1 - X_2) \tag{5-15}$$

式中，G_A——吸收塔的吸收负荷，反映了单位时间内吸收塔吸收溶质的能力。

一般情况下，进塔混合气的组成与流量是由吸收任务规定的，而吸收剂的初始组成和流量往往根据生产工艺要求确定，如果吸收任务又规定了吸收率（指经过吸收塔被吸收的吸收质的量与进塔气体中吸收质的总量之比），则气体出塔时的组成 Y_2 为

$$Y_2 = Y_1(1 - \varphi) \tag{5-16}$$

式中，φ——吸收率。

例 5-5

用纯水吸收混合气中的丙酮。如果吸收塔混合气进料为 200kg/h，丙酮的摩尔分数为 10%，纯水进料为 1000kg/h，操作在 293K 和 101.3kPa 下进行，要求得到无丙酮的气体和丙酮水溶液。设惰性气体不溶于水（$M_B = 29kg/kmol$），试问吸收塔溶液出口浓度为多少？若吸收塔混合气进料为 140m³/h，其他条件不变，则溶液出口浓度又为多少？

解 ① 进塔气体组成　　$Y_1 = \dfrac{y_1}{1 - y_1} = \dfrac{0.1}{0.9} = 0.11$

出塔气体组成　　$Y_2 = 0$（尾气中无丙酮）

进塔吸收剂组成　　$X_2 = 0$（纯水）

吸收剂水的摩尔流量　　$L = \dfrac{质量流量}{摩尔质量} = \dfrac{1000}{18} = 55.56kmol/h$

塔内惰性气体的摩尔流量

$$V = 混合气摩尔流量 - 吸收质摩尔流量$$

$$M_M = M_A y_A + M_B y_B = 58 \times 0.1 + 29 \times 0.9 = 31.9$$

$$V = \frac{200}{31.9} \times (1 - 0.1) = 5.64kmol/h$$

吸收塔溶液出口浓度由全塔物料衡算求得

$$V(Y_1 - Y_2) = L(X_1 - X_2)$$

即　　　　　　　$X_1 = \dfrac{5.64 \times (0.11 - 0)}{55.56} + 0 = 0.011$

② 由于其他条件不变，改变的只是惰性气体的摩尔流量

$$V = \frac{pV_h(1 - y_1)}{RT} = \frac{101.3 \times 140 \times (1 - 0.1)}{8.31 \times 293} = 5.24kmol/h$$

则　　　　　　　$X_1 = \dfrac{5.24 \times (0.11 - 0)}{55.56} + 0 = 0.010$

故溶液出口浓度为 0.010。

5.4.2　吸收操作线

在塔内任取 m-n 截面与塔底进行物料衡算（见图 5-6），得

$$Y = \frac{L}{V}X + \left(Y_1 - \frac{L}{V}X_1\right) \tag{5-17}$$

式(5-17) 称为吸收操作线方程式,它表明塔内任一截面上的气相组成与液相组成之间的实际接触情况,其函数关系为直线关系,直线的斜率为 L/V,且直线通过 $B(X_1, Y_1)$ 及 $T(X_2, Y_2)$ 两点。标绘在图 5-7 中的直线 BT 即为操作线。操作线上的任意一点,代表吸收塔内某一截面上的气液相组成 Y 及 X。端点 B 代表塔底情况,端点 T 代表塔顶情况。用气相浓度差表示的塔底推动力为 $Y_1 - Y_1^*$,用液相浓度差表示的推动力为 $X_1^* - X_1$;用气相浓度差表示的塔顶推动力为 $Y_2 - Y_2^*$,用液相浓度表示的推动力为 $X_2^* - X_2$。可见,在吸收塔内推动力的变化规律是由操作线与平衡线共同决定的。

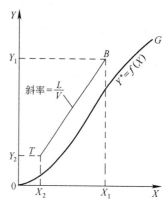

图 5-7　操作线与平衡线

操作线是由物料衡算导出的,与系统的平衡关系、吸收塔的型式、相际接触状况以及温度、压力等条件无关。由于吸收操作时溶质在气相中的实际浓度总是大于与液相平衡的气相浓度,故操作线总是位于平衡线的上方。反之,解吸过程的操作线总是位于平衡线的下方。

例 5-6

用清水吸收混合气体中的氨,进塔气体中含氨 6%(体积分数,下同),吸收后离塔气体含氨 0.4%,溶液出口含量 $X_1 = 0.012$,此系统平衡关系为 $Y^* = 2.52X$,求气体进、出口处推动力。

解　进塔气体实际含量　$Y_1 = \dfrac{y_1}{1-y_1} = \dfrac{0.06}{0.94} = 0.064$

出塔气体实际含量　$Y_2 = \dfrac{y_2}{1-y_2} = \dfrac{0.004}{0.996} = 0.004$

进塔气体平衡含量　$Y_1^* = 2.52X_1 = 2.52 \times 0.012 = 0.030$

出塔气体平衡含量　$Y_2^* = 2.52X_2 = 2.52 \times 0 = 0$

气体进口处推动力　$\Delta Y_1 = Y_1 - Y_1^* = 0.034$

气体出口处推动力　$\Delta Y_2 = Y_2 - Y_2^* = 0.004$

5.4.3　吸收剂用量

在吸收塔计算中,通常所处理的气体流量、气体的初始组成和最终组成及吸收剂的初始组成由吸收任务决定。如果吸收液的浓度也已经规定,则可以通过物料衡算求出吸收剂用量,否则,必须综合考虑吸收剂对吸收过程的影响,合理选择吸收剂用量。

(1) 液气比　操作线斜率 L/V 称为液气比,它是吸收剂与惰性气体摩尔流量之比,反映了单位气体处理量的吸收剂消耗量的大小。当气体处理量一定时,确定吸收剂用量就是确定液气比。液气比对于吸收来说,是一个重要的控制参数,见本节 (3)。

(2) 最小液气比　由于 X_2、Y_2 是给定的,所以操作线的端点 T 已固定,另一端点 B 则可在 $Y = Y_1$ 的水平线上移动。B 点的横坐标将取决于操作线的斜率,亦即随吸收剂用量的不同而变化。当 V 值一定时,吸收剂用量减少,操作线斜率将变小,点 B 便沿水平线 $Y = Y_1$ 向右移动,其结果是使出塔吸收液的组成增大,吸收的推动力相应减小,吸收将变得困难。当吸收剂用量继续减小,使 B 点移至水平线与平衡线的交点 F 时,如图 5-8(a) 所示,塔底流出液组成与刚进塔的混合气组成达到平衡,此时吸收过程的推动力为零。为达到最高组成,两相接触的时间无限长，相际接触面积无限大，吸收塔需要无限高的填料层。这在实际上是办不到的，只能用来表示一种极限情况，此种状况下吸收操作线的斜率称为最小液气比，以 $(L/V)_{min}$ 表示。即在液气比下降时，只要塔内某一截面处气液两相趋于平衡，达到指定分离要求所需的塔高为无穷大，此时的液气比即为最小液气比。

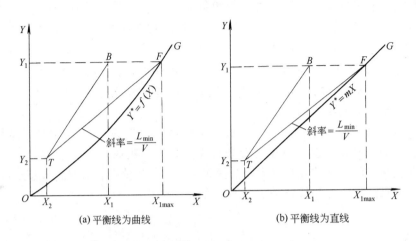

(a) 平衡线为曲线　　　　　(b) 平衡线为直线

图 5-8　操作线与平衡线相交时的最小液气比

必须注意，液气比的这一限制来自规定的分离要求，并非吸收塔不能在更低的液气比下操作。液气比小于此最低值，规定的分离要求将不能达到。

最小液气比可用图解法求得。如果平衡曲线与平衡线相交或相切，只要读出交点的横坐标，就可根据操作线斜率求得最小液气比。

若平衡关系符合亨利定律，则可直接计算最小液气比。即

$$\left(\frac{L}{V}\right)_{min} = \frac{Y_1 - Y_2}{X_1^* - X_2} \tag{5-18}$$

（3）吸收剂用量　吸收剂用量的选择是个经济上的优化问题。在 V 值一定的情况下，吸收剂用量减小，液气比减小，操作线靠近平衡线，吸收过程的推动力减小，吸收速率降低，在完成同样生产任务的情况下，吸收塔必须增高，设备费用增多；吸收剂用量增大，操作线离平衡线越远，吸收过程的推动力越大，吸收速率越大，在完成同样生产任务的情况下，设备尺寸可以减小。但吸收剂用量并不是越大越好，因为吸收剂用量越大，操作费用也越大，而且，造成塔底吸收液浓度的降低，将增加解吸的难度。

在工业生产中，吸收剂用量或液气比的选择、调节、控制主要从以下几方面考虑：

① 为了完成指定的分离任务，液气比不能低于最小液气比；

② 为了确保填料层的充分湿润，喷淋密度（单位时间内，单位塔截面积上所接受的吸收剂量）不能太小；

③ 当操作条件发生变化时，为达到预期的吸收目的，应及时调整液气比；

④ 适宜的液气比应使设备折旧费用及操作费用之和最小。根据生产实践经验，一般情况下取适宜的液气比为最小液气比的 $1.1 \sim 2.0$ 倍，即

$$\frac{L}{V} = (1.1 \sim 2.0)\left(\frac{L}{V}\right)_{min} \tag{5-19}$$

在填料吸收塔中用水洗涤某混合气，以除去其中的 SO_2。已知混合气中含 SO_2 为 9%（摩尔分数），进入吸收塔的惰性气体量为 $37.8kmol/h$，要求 SO_2 的吸收率为 90%，作为吸收剂的水不含 SO_2，取实际吸收剂用量为最小用量的 1.2 倍，操作条件下 $X_1^* = 0.0032$，试计算每小时吸收剂用量，并求溶液出口浓度。

解 气体进口组成 $\qquad Y_1 = \dfrac{y_1}{1-y_1} = \dfrac{0.09}{1-0.09} = 0.099$

气体出口组成 $\qquad Y_2 = Y_1(1-\varphi) = 0.099 \times (1-90\%) = 0.0099$

吸收剂进口组成 $\qquad X_2 = 0$

惰性气体摩尔流量 $\qquad V = 37.8kmol/h$

最小吸收剂用量 $\qquad \left(\dfrac{L}{V}\right)_{min} = \dfrac{Y_1 - Y_2}{X_1^* - X_2} = \dfrac{0.099 - 0.0099}{0.0032 - 0}$

$$L_{min} = 1052kmol/h$$

$$L = 1.2L_{min} = 1.2 \times 1052 = 1263kmol/h$$

$$= 1263 \times 18kg/h = 22734kg/h$$

实际吸收剂用量为 $22734kg/h$。

溶液出口浓度可由全塔物料衡算求得

$$V(Y_1 - Y_2) = L(X_1 - X_2)$$

即 $\qquad X_1 = \dfrac{37.8 \times (0.099 - 0.0099)}{1263} + 0 = 0.00267$

溶液出口组成为 $0.00267kmol(SO_2)/kmol(H_2O)$。

5.5 填料层高度的确定

在填料塔内，气液两相接触是在被润湿的填料表面上进行的，因此，填料的多少直接关系到传质面积的大小，完成指定的吸收任务必须有足够的填料高度。

5.5.1 填料层高度的确定原则

填料层高度的确定原则是以达到指定的分离要求为依据的。分离要求通常有两种表达方式：一是以除去气体中的有害物为目的，一般直接规定吸收后气体中有害溶质的残余摩尔比 Y_2；二是以回收有价值物质为目的，通常规定溶质的吸收率。

对于指定的吸收分离任务，所需的填料层高度主要取决于气液两相在塔内的相对流向及返混程度、吸收剂的用量、吸收质在入塔吸收剂中的含量及其最高允许含量、吸收剂是否再循环等方面。

（1）两流体的流向 在吸收塔内，气液两相既可作逆流流动也可作并流流动。当两相进、出口组成相同的情况下，逆流时的平均推动力必大于并流，故就吸收过程本身而言逆流优于并流。但是，就吸收设备而言，逆流操作时流体的下流受到上升气体的作用力，这种曳力过大时会妨碍液体的顺利流下，因而限制了吸收塔所允许的液体流量和气体流量，这是逆流的缺点。

（2）吸收剂进口含量及其最高允许含量 吸收剂进口溶质含量增加，吸收过程的推动力减小，所需的填料层高度增加。若选择的进口含量过低，则对吸收剂的再生提出了过高的要求，使

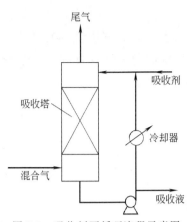
图 5-9　吸收剂再循环流程示意图

再生设备和再生费用加大。此外，吸收剂的进口含量必须低于与塔顶出口气相浓度相平衡的液相含量才有可能达到规定的分离要求，即对于规定的分离要求，吸收剂进口含量在技术上存在一个上限，在经济上存在一个最适宜的数值。

（3）吸收剂用量（前已讲述）。

（4）塔内返混　吸收塔内气液两相可因种种原因造成少量流体发生与主体方向相反的流动，这一现象称为返混。传质设备的任何形式的返混都将使传质推动力下降、效率降低或填料层高度增加。

（5）吸收剂是否再循环　当吸收剂再循环使用时，由于出塔液体的一部分返回塔顶与新鲜吸收剂相混，如图 5-9 所示，从而降低了吸收推动力，填料层高度加大。但当喷淋密度不足以保证填料的充分润湿时，必须采用溶剂再循环。

5.5.2　填料层高度的确定方法

填料层高度的确定方法有传质单元数法和等板高度法，现分别予以介绍。

5.5.2.1　传质单元数法

由单元高度确定填料层高度时，是用填料体积除以塔截面积来计算的，因此，应首先确定填料塔塔径。

（1）塔径的确定　填料塔的内径根据生产工艺上所要求的生产量及所选择气体空塔速度而定。

$$D = \sqrt{\frac{4q_V}{\pi u}} \tag{5-20}$$

式中，D ——塔内径，m；q_V ——操作条件下塔底混合气体的体积流量，m^3/s；u ——气体空塔速度，m/s。

在填料吸收塔中，当气体的体积流量一定时，塔的内径大，则空塔速度小，传质系数低。减小塔径可使气体的流速增大，提高传质系数。

计算塔径的关键在于确定适宜的空塔速度，在填料塔内适宜的空塔速度必须不使塔内发生"液泛现象"。当气体流速较低时，气液两相几乎不互相干扰。但气速较大时，随着气速的增加，填料的持液量增加，液体下降时遇到的阻力也增加。当气速增大到一定值时，气流给予液体的摩擦阻力使液体不能顺畅流下，从而在填料层顶部或内部产生积液。这时塔内气液两相间由原来气相是连续相、液相是分散相变为液相是连续相、气相是分散相，气体便以泡状通过液体，填料失去作用，两相接触面积变为气泡的表面积，这种现象称为液泛。相应的气速称为液泛速度 u_{max}。液泛速度是空塔气速的上限，所以在实际生产中，所选空塔速度必须小于液泛速度，一般取 $u = (0.6 \sim 0.8)u_{max}$。液泛速度可以从关联图查取，也可用经验公式计算。

用式(5-20)算出塔径后，还应按压力容器的公称直径标准进行圆整，详情可见有关书籍。

（2）传质单元数法计算填料层高度　传质单元数法又称传质速率模型法，该方法是依据传质速率方程来计算填料层高度的。填料层高度等于所需的填料体积除以填料塔的截面积。塔截面积已由塔径确定，填料层体积则取决于完成规定任务所需的总传质面积和每立方米所能提供的气液有效接触面积。总传质面积应等于塔的吸收负荷与塔内传质速率之比。计算塔的吸收负荷要依据物料衡算式，计算传质速率要依据吸收速率方程式，而吸收速率方程式中的推动力总是实际组成与某种平衡组成的差值，因此又要知道相平衡关系。所以填料层高度的计算将要涉及物料衡算、传质速率与相平衡这三种关系式的应用。经推导，传质单元数法计算填料层高度的通式为

填料层高度＝传质单元高度×传质单元数

式中，传质单元高度反映了吸收设备效能的高低，其大小是由过程的条件所决定的，即与设备的型式、设备的操作条件及物系性质有关。吸收过程的传质阻力越大，填料层有效比表面积越小，则每个传质单元所相当的填料层高度就越大。选用高效填料及适宜的操作条件可使传质单元高度减小。常用吸收设备的传质单元高度为 $0.15\sim1.5\mathrm{m}$。

传质单元数反映了吸收任务的难易程度，其大小只与物系的相平衡关系及分离任务有关，而与设备的型式、操作条件（如流速）等无关。生产任务所要求的气体组成变化越大、吸收过程的平均推动力越小，则吸收过程的难度越大，所需的传质单元数也就越多。

传质单元数的计算有三种方法：解析法、对数平均推动力法和图解法。

5.5.2.2 等板高度法

等板高度法又称理论级模型法，是依据理论级的概念来计算填料层高度的，即

$$填料层高度＝等板高度×理论板层数$$

等板高度是指分离效果与一个理论级（或一层理论板）的作用相当的填料层高度。等板高度与分离物系的物性、操作条件及填料的结构参数有关，一般由实验测定或由经验公式计算。理论板层数可采用直角梯级图解法，如图 5-10(b) 所示，在吸收操作线与平衡线之间画梯级，达到生产规定的要求时，所画的梯级总数即是所需的理论板数。

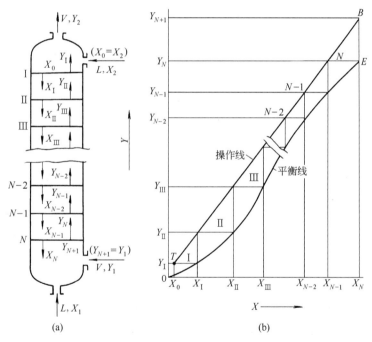

图 5-10 吸收塔的理论板数

图 5-10(a) 为逆流吸收理论级模型示意图。设填料层由 N 级组成，吸收剂从塔顶进入第Ⅰ级，逐级向下流动，最后从塔底第 N 级流出；原料气则从塔底进入第 N 级，逐级向上流动，最后从塔顶第Ⅰ级排出。在每一级上，气液两相密切接触，溶质组分由气相向液相转移。若离开某一级时，气液两相达到相平衡，则称该级为一个理论级，或称为一层理论板。

一个分离任务所需理论板数的多少，反映了这个分离过程的难易程度，所需理论板数越多，表示分离的难度越大。

5.5.3 填料层高度的计算

仅以平均推动力法说明填料层高度的计算过程。

对于相平衡线近似为一直线($Y^* = mX + b$)的物系，可采用平均推动力法计算填料层高度。当用气相组成表示时，此法计算填料层高度的计算式为

$$Z = \frac{V(Y_1 - Y_2)}{\frac{\pi}{4}D^2 a K_Y \Delta Y_m} \tag{5-21}$$

$$\Delta Y_m = \frac{\Delta Y_1 - \Delta Y_2}{\ln \frac{\Delta Y_1}{\Delta Y_2}} \tag{5-22}$$

式中，a ——单位体积填料层所提供的有效吸收面积，m^2/m^3。

当 $0.5 \leqslant \frac{\Delta Y_1}{\Delta Y_2} \leqslant 2$ 时，平均推动力可用算术平均值代替。

例 5-8

在直径为 0.8m 的填料塔中用洗油吸收焦炉气中的芳烃。混合气体进塔组成为 0.02kmol 芳烃/kmol 惰性气，要求芳烃的吸收率不低于 95%，进入吸收塔顶的洗油中不含有芳烃，每小时进入的惰性气体流量为 35.6kmol/h，实际吸收剂用量为最小用量的 1.4 倍。操作条件下的平衡关系为 $Y^* = 0.75X$，吸收总系数 $K_Y a = 0.0088$kmol/($m^2 \cdot s$)。求每小时的吸收剂用量及所需的填料层高度。

解 ① 求吸收剂用量

$$Y_1 = 0.02, \quad Y_2 = Y_1(1-\varphi) = 0.02 \times (1-0.95) = 0.001$$

$$X_2 = 0, \quad V = 35.6\text{kmol/h}, \quad X_1^* = \frac{Y_1}{m} = \frac{0.02}{0.75} = 0.0267$$

$$L_{min} = \frac{V(Y_1 - Y_2)}{X_1^* - X_2} = \frac{35.6 \times (0.02 - 0.001)}{0.0267 - 0} = 25.3\text{kmol/h}$$

$$L = 1.4 L_{min} = 1.4 \times 25.3 = 35.4\text{kmol/h}$$

每小时洗油用量为 35.4kmol。

② 求填料层高度

$$V(Y_1 - Y_2) = L(X_1 - X_2)$$

$$X_1 = \frac{35.6 \times (0.02 - 0.001)}{35.4} + 0 = 0.0191$$

$$Y_1^* = 0.75 X_1 = 0.75 \times 0.0191 = 0.0143, \quad Y_2^* = 0$$

$$\Delta Y_1 = Y_1 - Y_1^* = 0.02 - 0.0143 = 0.0057$$

$$\Delta Y_2 = Y_2 - Y_2^* = 0.001 - 0 = 0.001$$

$$\Delta Y_m = \frac{\Delta Y_1 - \Delta Y_2}{\ln \frac{\Delta Y_1}{\Delta Y_2}} = \frac{0.0057 - 0.001}{\ln \frac{0.0057}{0.001}} = 0.0027$$

$$Z = \frac{V(Y_1 - Y_2)}{\frac{\pi}{4}D^2 K_Y a \Delta Y_m} = \frac{4 \times 35.6 \times (0.02 - 0.001)}{3600 \times 3.14 \times 0.8^2 \times 0.0088 \times 0.0027} = 15.74\text{m}$$

填料层高度为 15.74m。

5.6 吸收操作分析

5.6.1 影响吸收操作的因素

在正常的化工生产中，吸收塔的结构型式、尺寸、吸收质的浓度范围、吸收剂的性质等都已确定，此时影响吸收操作的主要因素有以下几方面。

(1) 气流速度 气体吸收是一个气液两相间进行扩散的传质过程，气流速度的大小直接影响这个传质过程。气流速度小，气体湍动不充分，吸收传质系数小，不利于吸收；反之，气流速度大，有利于吸收，同时也提高了吸收塔的生产能力。但是气流速度过大时，又会造成雾沫夹带甚至液泛，使气液接触效率下降，不利于吸收。因此对每一个塔都应选择一个适宜的气流速度。

(2) 喷淋密度 单位时间内，单位塔截面积上所接受的液体喷淋量称为喷淋密度。其大小直接影响气体吸收效果的好坏。在填料塔中，若喷淋密度过小，有可能导致填料表面不能被完全湿润，从而使传质面积下降，甚至达不到预期的分离目标；若喷淋密度过大，则流体阻力增加，甚至还会引起液泛。因此，适宜的喷淋密度应该能保证填料的充分润湿和良好的气液接触状态。

(3) 温度 降低温度可增大气体在液体中的溶解度，对气体吸收有利，因此，对于放热量大的吸收过程，应采取冷却措施。但温度太低时，除了消耗大量冷介质外，还会增大吸收剂的黏度，使流体在塔内流动状况变差，输送时增加能耗。若液体太冷，有的甚至会有固体结晶析出，影响吸收操作的顺利进行。因此应综合考虑不同因素，选择一个最适宜的温度。

(4) 压力 增加吸收系统的压力，即增大了吸收质的分压，提高了吸收推动力，有利于吸收。但过高地增大系统压力，又会使动力消耗增大，设备强度要求提高，使设备投资和经常性生产费用加大。因此一般能在常压下进行的吸收操作不必在高压下进行。但对一些在吸收后需要加压的系统，可以在较高压力下进行吸收，既有利于吸收，又有利于增加吸收塔的生产能力。如合成氨生产中的二氧化碳洗涤塔就是这种情况。

(5) 吸收剂的纯度 降低入塔吸收剂中溶质的浓度，可以增加吸收的推动力。因此，对于有溶剂再循环的吸收操作来说，吸收液在解吸塔中的解吸应越完全越好，但必须注意，解吸越完全，解吸费用越高。应从整体上考虑过程的经济性，做出合理选择。

5.6.2 吸收操作的特点

(1) 吸收操作通常在常温常压下进行 气体的溶解度随压力的增加、温度的降低而增加，同时提高压力使平衡线下移，增加吸收过程的推动力。但压力太高也会使设备投资及经常操作费用增加，同样降低温度也受气温及操作费用的影响，因此大多数吸收过程都是在常温与常压下进行的。

(2) 吸收操作是变温过程 严格地说，吸收中的溶解热会造成吸收操作温度的变化，为了保持吸收操作在较低温度下进行，当溶解热较大时，必须移走溶解热。常见方式如下。

① 外循环冷却移走热量见图 5-9，即塔底流出的部分吸收液经外冷却器冷却再返回塔顶。

② 在塔中间增加冷却器见图 5-11，吸收液由塔中间抽出经外冷却器冷却后返回塔内。

③ 塔内部的冷却器见图 5-12，填料塔的塔内冷却器装在两层填料之间，其形式多为竖直的列管式冷却器，吸收液走管内，管间走冷却剂。如图 5-13 所示，板式塔内常用移动的U形管冷却器，它直接安装在塔板上并浸没于液层中，适用于热效应大且介质有腐蚀性的情况，如用硫酸吸收乙烯、用氨水吸收二氧化碳以生产碳酸氢铵等。实际生产中，吸收操

作温度控制的实质就是正确操作和使用上述各种冷却装置，以确保吸收过程在工艺要求的温度条件下进行。

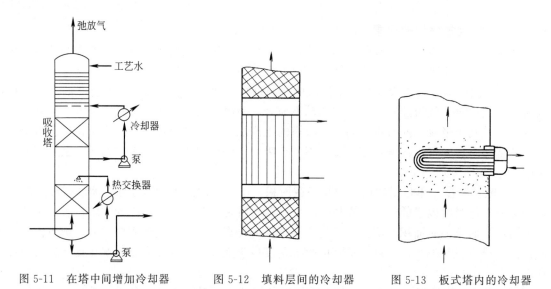

图 5-11　在塔中间增加冷却器　　　图 5-12　填料层间的冷却器　　　图 5-13　板式塔内的冷却器

（3）黏度及扩散系数影响吸收效率　吸收过程由于在低温下进行，吸收液的黏度及扩散系数都较小，故影响吸收效率。为此可采用增大液气比的手段提高效率。增加液气比改变操作线位置，有利于增加传质推动力；对液膜控制系统，增加液量则提高液体湍动程度，有利于提高传质系数；同时有足够大的液体喷淋量，可改善填料润湿状况，增加气液接触表面，有利于提高传质速率。但液量增加也会降低出塔吸收液的浓度，增加解吸操作负荷及操作费用。

（4）解吸操作在高温低压下操作　解吸过程与吸收过程相反，常常在高温低压下进行。塔底需要加热能量消耗大，为了提高解吸率，可以采用解吸剂。常用解吸剂有惰性气体、水蒸气、溶剂蒸气或贫气等。

（5）闪蒸过程　当吸收与解吸操作同时使用时，由于吸收在较高压力下进行，而解吸在常压或减压下进行，为此由吸收到解吸的减压过程中有闪蒸过程，一般在流程上需要设置闪蒸罐，或者在解吸塔的顶部要考虑闪蒸段。

5.6.3　吸收塔的操作和调节

（1）吸收操作要点

① 在溶解度对吸收系数的影响中，易溶气体属于气膜控制，难溶气体属于液膜控制。因此，在操作中辨明组分在吸收剂中溶解的难易程度，确定提高气相或液相的流速及其湍动程度，对提高吸收速率具有重要意义。

② 要根据处理的物料性质来选择有较高吸收速率的塔设备。如果选用填料塔，在装填填料时应尽可能使填料分布比较均匀，否则液体通过时会出现沟流和壁流现象，使有效传质面积减小，塔的效率降低。

③ 应注意液流量的稳定，避免操作中出现波动。吸收剂用量过小，会使吸收速率降低；过大又会造成操作费用的浪费。

④ 应掌握好气体的流速。气速太小（低于载点气速），对传质不利；若太大，达到液泛气速，液体被气体大量带出，操作不稳定。

⑤ 应经常检查出口气体的雾沫夹带情况。大量的雾沫夹带造成吸收剂浪费，而且造成管

路堵塞。

⑥ 应经常检查塔内的操作温度。低温有利于吸收，温度过高必须移走热量或进行冷却，维持塔在低温下操作。

⑦ 填料塔使用一段时间后，应对填料进行清洗，以避免填料被液体黏结和堵塞。

（2）吸收塔的调节　在 X-Y 图上，操作线与平衡线的相对位置决定了过程推动力的大小，直接影响过程进行的好坏。因此，影响操作线、平衡线位置的因素均为影响吸收过程的因素。然而，实际工业生产中，吸收塔的气体入口条件往往是由前一工序决定的，不能随意改变。因此，吸收塔在操作时的调节手段只能是改变吸收剂的入口条件。吸收剂的入口条件包括流量、温度、组成三大要素。

适当增大吸收剂用量，有利于改善两相的接触状况，并提高塔内的平均吸收推动力。降低吸收剂温度，气体溶解度增大，平衡常数减小，平衡线下移，平均推动力增大。降低吸收剂入口的溶质浓度，液相入口处推动力增大，全塔平均推动力也随之增大。

总之，适当调节上述三个变量都可强化传质过程，从而提高吸收效果，当吸收和再生操作联合进行时，吸收剂的进口条件将受到再生操作的制约。如果再生不良，吸收剂进塔含量将上升；如果再生后的吸收剂冷却不足，吸收剂温度将升高。再生操作中可能出现的这些情况，都会给吸收操作带来不良影响。

提高吸收剂流量固然能增大吸收推动力，但应同时考虑再生设备的能力。如果吸收剂循环量加大使解吸操作恶化，则吸收塔的液相进口含量将上升，甚至得不偿失，这是调节中必须注意的问题。

> **例 5-9**
>
> 某常压操作填料塔用清水吸收焦炉气中的氨，夏季操作时吸收率不低于 95%。若冬季操作，维持其他操作条件不变，氨的吸收率如何变化？在冬季操作时，若仍保持 95% 的吸收率，操作上应采取什么措施？
>
> **解**　（1）由于冬季温度下降，相平衡常数减小，平衡线下移，操作线与平衡线的距离增加，塔内各截面处推动力增加，有利于吸收，故吸收率提高。
>
> （2）冬季操作仍维持吸收率为 95%，操作上可采取的措施有：
>
> ① 减少吸收剂的用量，这样做可以使操作线向平衡线靠近，从而减小吸收的推动力；
>
> ② 增加混合气的处理量，这样做使出塔气体中溶质浓度增加，从而减小吸收的推动力。

5.7　其他吸收与解吸

5.7.1　化学吸收

5.7.1.1　化学吸收过程的特点

化学吸收是指吸收过程中吸收质与吸收剂有明显化学反应的吸收过程。对于化学吸收，溶质从气相主体到气液界面的传质机理与物理吸收完全相同，其不同之处在于液相内的传质。溶质在由界面向液相主体扩散的过程中，将与吸收剂或液相中的其他活泼组分发生化学反应。因此，溶质的组成沿扩散途径的变化不仅与其自身的扩散速率有关，而且与液相中活泼组分的反向扩散速率、化学反应速率以及反应产物的扩散速率等因素有关。

5.7.1.2　化学吸收速率加快的原因

由于溶质在液相内发生化学反应，溶质在液相中呈现物理溶解态和化合态两种形式，而溶质的平衡分压仅与液相中物理态的溶质有关。因此，化学反应消耗了进入液相中的吸收质，使吸收质的有效溶解度显著增加而平衡分压降低，从而增大了吸收过程的推动力；同时，由于部分溶质在液膜内扩散的途中即因化学反应而消耗，使过程阻力减小，吸收系数增大。所以，发生化学反应总会使吸收速率得到不同程度的提高。

5.7.1.3　化学吸收的优点

工业吸收操作多数是化学吸收，这是因为：

① 化学反应提高了吸收的选择性；

② 加快吸收速率，从而减小设备容积；

③ 反应增加了溶质在液相中的溶解度，减少吸收剂用量；

④ 反应降低了溶质在气相中的平衡分压，可较彻底地除去气相中很少量的有害气体。

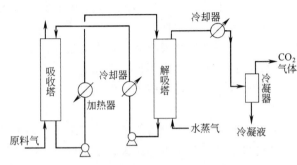

图 5-14　吸收与解吸流程

如图 5-14 所示的是合成氨原料气（含 CO_2 30%左右）的净化过程，精制过程要除去 CO_2，而得到的 CO_2 气体又是制取尿素、碳酸氢铵和干冰的原料，为此，采用醇胺法的吸收与解吸联合流程。将合成氨原料气从底部进入吸收塔，塔顶喷以乙醇胺液体，乙醇胺吸收了 CO_2 后从塔底排出，从塔顶排出的气体中含 CO_2 可降到 0.2%～0.5%。将吸收塔底排出的含乙醇胺溶液用泵送至加热器，加热（130℃左右）后从解吸塔顶喷淋下来，塔底通入水蒸气，CO_2 在高温、低压（约 300kPa）下自溶液中解吸。从解吸塔顶排出的气体经冷却、冷凝后得到可用的 CO_2。解吸塔底排出的溶液经冷却降温（约 50℃）、加压（约 1800kPa）后仍作为吸收剂。这样吸收剂可循环使用，溶质气体得到回收。

5.7.2　高含量气体吸收

当进塔混合气体中吸收质含量高于 10%时，工程上常称为高含量气体吸收。由于吸收质的含量较高，在吸收过程中吸收质从气相向液相的转移量较大，因此，高含量气体吸收有自己的特点。

（1）气液两相的摩尔流量沿塔高有较大的变化　吸收过程中，塔内不同截面处混合气摩尔流量和吸收剂摩尔流量是不相同的，沿塔高有显著变化，不能再视为常数。但惰性气摩尔流量沿塔高基本不变，若不考虑吸收剂的挥发性，纯吸收剂的摩尔流量为常数。

（2）吸收过程有显著的热效应　由于被吸收的溶质较多，产生的溶解热也较多。若吸收过程的液气比较小或者是吸收塔的散热效果不好，将会使吸收液温度明显地升高，此时气体吸收为非等温吸收。但若溶质的溶解热不大、吸收的液气比较大或吸收塔的散热效果较好，此时气体吸收仍可视为等温吸收。

（3）吸收系数不是常数　由于受气速的影响，吸收系数从塔底至塔顶是逐渐减小的。但当塔内不同截面气液相摩尔流量的变化不超过 10%时，吸收系数可取塔顶与塔底吸收系统的平均值，并视为常数进行有关计算。

如图 5-15 所示的是用于处理高含量挥发酚废水的两段填料汽提塔。废水经换热器加热到 100℃后，送到汽提段，由汽提塔顶部淋下，在汽提段内与 105℃的蒸汽逆流接触，废水中的挥发酚向气相传递，被蒸汽带到塔外，成为含酚蒸气。汽提后的废水含酚浓度可降到 400mg/L 以下，经水封管并经换热器降温后送到下一处理工序进一步处理。含酚蒸气用鼓风机送到再生段，与 102℃的含量为 10%的 NaOH 溶液进行逆流接触，经化学吸收生成酚钠盐回收其中的酚，净化后的蒸气进入汽提段循环使用。为了提高酚钠盐的含量，循环碱液往往回流到再生段，待饱和后再回收酚。

又如对裂解气中含酸性气（CO_2、H_2S）较多且要求脱除较为干净的生产过程，可先用醇胺法脱除含量较高的酸性气体，使其含量降至 $30\mu L/L$ 以下，然后再用碱洗法来进一步除净，以达到更好的效果。

5.7.3　多组分吸收

多组分吸收过程中，由于其他组分的存在使得吸收质在气液两相中的平衡关系发生了变化，所以，多组分吸收的计算较单组分吸收过程复杂。但是，对于喷淋量很大的低含量度气体吸收，可以忽略吸收质间的相互干扰，其平衡关系仍可认为服从亨利定律，因而可分别对各吸收质组分进行单独计算。不同吸收质组分的相平衡常数不相同，在进、出吸收设备的气体中各组分的含量也不相同，因此，每一吸收质组分都有平衡线和操作线。这样，按不同吸收质组分计算出的填料层高度是不相同的。为此，工程上提出了"关键组分"的概念。

关键组分是指在吸收操作中必须首先保证其吸收率达到预定指标的组分。如处理石油裂解气中的油吸收塔，其主要目的是回收裂解气中的乙烯，乙烯即为此过程的关键组分，生产上一般要求乙烯的回收率达 $98\%\sim99\%$，这是必须保证达到的。因此，此过程虽属多组分吸收，但在计算时，则可视为用油吸收混合气中乙烯的单组分吸收过程。

在多组分吸收过程中，为了提高吸收液中溶质的含量，可以采用吸收蒸出流程。如图 5-16 所示为用油吸收分离裂解气，该塔的上部是吸收塔，下部是汽提塔，裂解气由塔的中部进入，用 C_4 馏分作吸收剂，吸收裂解气中的 $C_1\sim C_3$ 馏分，吸收液通过汽提塔段蒸出甲烷、氢等气体，使塔釜得到纯度较高的 $C_2\sim C_3$ 馏分。塔釜抽出的吸收液进入 C_2、C_3 分离塔分离。

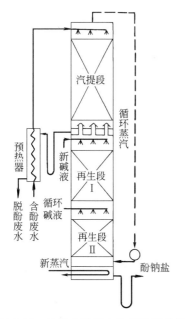

图 5-15　处理含酚废水的填料汽提塔

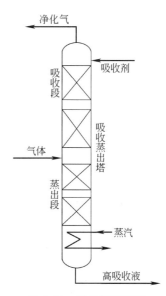

图 5-16　吸收蒸出流程

5.7.4　解吸

解吸又称脱吸，是脱除吸收剂中已被吸收的溶质，而使溶质从液相逸出到气相的过程。在生产中，解吸过程有两个目的：

① 获得所需较纯的气体溶质；

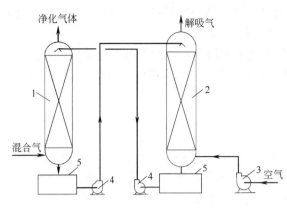

图 5-17 用空气解吸 H_2S 的吸收流程

1—吸收塔；2—解吸塔；3—风机；4—泵；5—贮槽

② 使溶剂得以再生，返回吸收塔循环使用，经济上更合理。

在工业生产中，经常采用吸收-解吸联合操作。如图 5-17 所示的是用 Na_2CO_3 水溶液净化除去气体中的 H_2S。从吸收塔底部引出的溶液用泵送入解吸塔，再用空气进行解吸。经解吸后的溶液（吸收剂）用泵回送至吸收塔顶部喷淋。此流程中，吸收与解吸均在常温下进行。

解吸是溶质从液相转入气相的过程，因此，解吸的必要条件是气相溶质的实际分压 p（或 Y）必须小于液相中溶质的平衡分压 p^*（或 Y^*），其差值即为解吸过程的推动力。工业上常采用的解吸方法有以下几种。

（1）加热解吸 加热溶液升温可增大溶液中溶质的平衡分压，减小溶质的溶解度，则必有部分溶质从液相中释放出来，从而有利于溶质与溶剂的分离。如采用"热力脱氧"法处理锅炉用水，就是通过加热使溶解氧从水中逸出。

（2）减压解吸 若将原来处于较高压力的溶液进行减压，则因总压降低后气相中溶质的分压也相应降低，溶质从吸收液中释放出来。溶质被解吸的程度取决于解吸操作的最终压力和温度。

（3）在惰性气体中解吸 将溶液加热后送至解吸塔顶使与塔底部通入的惰性气体（或水蒸气）进行逆流接触，由于入塔惰性气体中溶质的分压 $p=0$，有利于解吸过程进行。

按逆流方式操作的解吸过程类似于逆流吸收。吸收液从解吸塔的塔顶喷淋而下，惰性气体（空气、水蒸气或其他气体）从底部通入自下而上流动，气液两相在逆流接触的过程中，溶质将不断地由液相转移到气相混于惰性气体中从塔顶送出，经解吸后的溶液从塔底引出，如图 5-17 所示。若溶质为不凝性气体或溶质冷凝液不溶于水，则可通过蒸汽冷凝的方法获得纯度较高的溶质组分。如用水蒸气解吸溶解了苯与甲苯的洗油溶液，便可把苯与甲苯从冷凝液中分离出来。解吸塔的浓端在顶部，稀端在底部，正好与吸收相反。

（4）采用精馏方法 溶质溶于溶剂中，所得的溶液可通过精馏的方法将溶质与溶剂分开，达到回收溶质、又得新鲜的吸收剂循环使用的目的。

5.8 吸收设备

目前，工业生产中使用的吸收塔的主要类型有板式塔、填料塔、湍球塔、喷洒塔和喷射式吸收器等。前面已经介绍了板式塔的内容，本节主要介绍填料塔的主要结构与性能特点，其他类型只简要介绍。

5.8.1 吸收塔

完成吸收操作的设备是吸收塔。塔设备的主要作用是为气液两相提供充分接触表面，使两相间的传质与传热过程能够充分有效地进行，并能使接触之后的气液两相及时分开，互不夹带。其性能的好坏直接影响到产品质量、生产能力、吸收率及消耗定额等。因此在实际生产中选用吸收塔时，通常要求吸收塔具备生产能力大、分离效率高、操作稳定、结构简单等特点。但任何一种吸收塔都不可能同时具备这么多优点，应综合考虑具体的生产工艺进行适当选择。

5.8.1.1　填料塔

填料塔是吸收操作中使用最广泛的一种塔型。填料塔由填料、塔内件及塔体构成，它的结构如图 5-18 所示。塔体多为圆筒形，两端有封头，并装有气液体进、出口接管，塔下部装有支承栅板，板上填充一定高度的填料，填料可以乱堆，也可以整砌。塔顶有填料压板和液体喷洒装置，以保证液体均匀地喷淋到整个塔的截面上。液体自塔顶经分布装置分散后沿填料表面流下，由于填料层中的液体往往有向塔壁流动的倾向，故填料层较高时，常将其分若干段，每两段之间设有液体再分布装置，可将向塔壁流动的液体重新喷洒到截面中心，保证整个填料表面都能得到很好的湿润。

在填料塔的操作中，气体在压力差的推动下，自下而上通过填料间的间隙由塔的底部流向顶部；吸收剂则由塔顶喷淋装置喷出分布在填料层上，靠重力作用沿填料表面向下流动形成液膜，由塔底引出。气液两相在塔内互成逆流接触，两相的传质通常是在填料表面的液体与气体间的界面上进行。填料塔属于连续接触式的气液传质设备，两相组成沿塔高连续变化，在正常操作状态下，气相为连续相，液相为分散相。

填料塔的优点是生产能力大、分离效率高、阻力小、操作弹性大、结构简单、易用耐腐蚀材料制作、造价低。缺点是当塔径较大时，气液两相接触不易均匀、效率低。但近年来，随着各种性能优越的新型填料被开发出来，大塔径填料塔已经并不少见。

5.8.1.2　湍球塔

湍球塔也是吸收操作使用较多的一种塔型，其结构如图 5-19 所示。它的主要构件有支承栅板、球形填料、挡网、雾沫分离器、液体喷嘴等。操作使用时把一定数量的球形填料放在栅板上，气体由塔底引入，液体由塔顶引入经喷嘴喷洒而下。当气速达到一定值时，便使小球悬浮起来并形成湍动旋转和相互碰撞的任意方向的三相湍流运动和搅拌作用，使液膜表面不断更新，从而加强了传质作用。此外，由于小球向各个方向作无规则运动，球面相互碰撞而又起到自己清洗自己的作用。

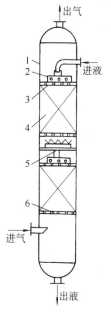

图 5-18　填料塔的结构示意图

1—塔壳体；2—液体分布器；3—填料压板；
4—填料；5—液体再分布装置；6—填料支承装置

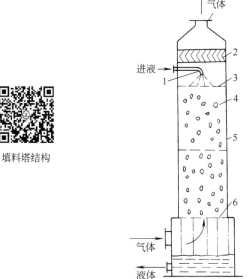

图 5-19　湍球塔的结构示意图

1—液体喷嘴；2—雾沫分离器；3—上栅板；
4—球形填料；5—塔体；6—下栅板

湍球塔的优点是结构简单，气液分布均匀，操作弹性及处理能力大，不易被固体和黏性物料堵塞，由于传质强化而使塔高可以降低。缺点是小球无规则湍动造成一定程度的返混，另外因小球常用塑料制成，操作温度受到一定限制。

5.8.1.3 喷射式吸收器

喷射式吸收器是目前工业生产中应用十分广泛的一种吸收设备。它的结构如图5-20所示。操作时吸收剂靠泵的动力送到喉头处，由喷嘴喷成细雾或极小的液滴，在喉管处由于吸收剂流速的急剧变化，使部分静压能转化为动能，在气体进口处形成真空，从而使气体吸入。喷射式吸收器的优点是吸收剂喷成雾状后与气相接触，这样两相接触面积增加，吸收速率高，处理能力大；此外吸收剂利用压力流过喉管雾化而吸气，因此不需要加设送风机，效率较高。缺点是吸收剂用量较大，但循环使用时可以节省吸收剂用量并提高吸收液中吸收质的浓度。

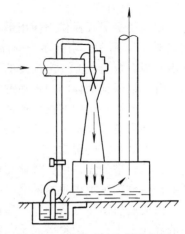

图 5-20　喷射式吸收器示意图

5.8.2　填料

5.8.2.1　选择填料的原则

填料是填料塔的核心构件，它提供了气液两相接触传质的相界面，是决定填料塔性能的主要因素。为了使填料塔高效率地操作，可按以下原则选择填料。

（1）有较大的比表面积　单位体积填料层所具有的表面积称为比表面积，用符号 a 表示，单位为 m^2/m^3。在吸收塔中，填料的表面只有被流动的液相所润湿，才可能构成有效的传质面积。填料的比表面积越大，所提供的气液传质面积越大，对吸收越有利。因此应选择比表面积大的填料，此外还要求填料有良好的润湿性能及有利于液体均匀分布的形状。

（2）有较高的空隙率　单位体积填料层具有的空隙体积称为空隙率，用符号 ε 表示，单位为 m^3/m^3。当填料的空隙率较高时，气流阻力小，气体通过的能力大，气液两相接触的机会多，对吸收有利；同时，填料层质量轻，对支承板要求低，也是有利的。

（3）具有适宜的填料尺寸和堆积密度　单位体积填料的质量为填料的堆积密度。单位体积内堆积填料的数目与填料的尺寸大小有关。对同一种填料而言，填料尺寸小，堆积的填料数目多，比表面积大，空隙率小，则气体流动阻力大；反之填料尺寸过大，在靠近塔壁处，由于填料与塔壁之间的空隙大，易造成气体由此短路通过或液体沿壁下流，使气液两相沿塔截面分布不均匀，为此，填料的尺寸不应大于塔径的 1/10～1/8。

（4）有足够的机械强度　为使填料在堆砌过程及操作中不被压碎，要求填料具有足够的机械强度。

（5）对于液体和气体均需具有化学稳定性。

（6）制造容易，价格便宜。

5.8.2.2　填料的性能评价

气液两相在填料表面进行逆流接触，填料不仅提供了气液两相接触的传质表面，而且促使气液两相分散，并使液膜不断更新。填料性能的优劣通常根据效率、流量及压降三要素衡量。在相同的操作条件下，填料的比表面积越大，气液分布越均匀，表面的润湿性能越优良，则传质效率越高；填料的空隙率越大，结构越开敞，则流量越大，压降也越低。

5.8.2.3　填料的类型

填料的种类很多，大致可以分为实体填料与网体填料两大类。实体填料包括环形填料（如拉西环、鲍尔环和阶梯环）、鞍形填料（如弧鞍形、矩鞍形）以及栅板填料和波纹填料等，由陶瓷、金属、塑料等材质制成。网体填料主要是由金属丝网制成的各种填料，如鞍形网、θ网、波纹网等。常用填料的形状见图5-21。

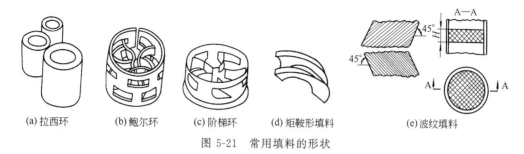

(a) 拉西环　　(b) 鲍尔环　　(c) 阶梯环　　(d) 矩鞍形填料　　　　(e) 波纹填料

图 5-21　常用填料的形状

下面分别介绍几种常见的和重点推广的填料。

（1）拉西环　拉西环是工业上最老的应用最广泛的一种填料。它的构造如图5-21（a）所示，是外径和高度相等的空心圆柱。在强度允许的情况下，其壁厚应当尽量减薄，以提高空隙率并减小堆积填料的重度。

拉西环虽然应用很广，但存在着一定的缺点。在填料塔内，由于拉西环堆放得不均匀，而使一部分填料不能和液体接触，形成沟流及壁流，减小了气液两相实际接触面，因而效率随塔径及层高的增加而显著下降；对气体流速的变化敏感、操作弹性范围较窄；气体阻力较大等。这些都不能适应当前工业发展的需要。

（2）鲍尔环　鲍尔环是针对拉西环存在的缺点加以改进而研制成功的一种填料。它的构造如图5-21（b）所示，在普通拉西环的壁上开上下两层长方形窗孔，窗孔部分的环壁形成叶片向环中心弯入，在环中心相搭，上下两层小窗位置交叉。由于鲍尔环填料在环壁上开了许多窗孔，使得填料塔内的气体和液体能够从窗孔自由通过，填料层内气体和液体分布得到改善，同时降低了气体流动阻力。

鲍尔环的优点是气体阻力小，压力降小，液体分布比较均匀，稳定操作范围比较大，操作及控制简单。

（3）阶梯环　阶梯环是对鲍尔环进一步改进的产物。阶梯环的总高为直径的5/8，圆筒一端有向外翻卷的喇叭口，如图5-21（c）所示。这种填料的空隙率大，而且填料个体之间呈点接触，可使液膜不断更新，具有压力降小和传质效率高等特点，是目前使用的环形填料中性能最为良好的一种。阶梯环多用金属及塑料制造。

（4）矩鞍形填料　如图5-21（d）所示，矩鞍形填料是一种敞开型填料，散装于塔内互相处于套接状态，不容易形成大量的局部不均匀区。

矩鞍形填料的优点是有较大的空隙率，阻力小，效率较高，且因液体流道通畅，不易被悬浮物堵塞，制造也比较容易，并能采用价格便宜又耐腐蚀的陶瓷和塑料等。实践证明，矩鞍形填料是工业上较为理想而且很有发展前途的一种填料。

（5）波纹填料与波纹网填料　波纹填料由许多层波纹薄板制成，各板高度相同但长短不等，搭配排列而成圆饼状，波纹与水平方向成45°倾角，相邻两板反向叠靠，使其波纹倾斜方向互相垂直。圆饼的直径略小于塔壳内径，各饼竖直叠放于塔内。相邻的上下两饼之间，波纹板片排列方向互成90°角，如图5-21（e）所示。波纹填料的特点是结构紧凑，比表面积大，流体阻力小，液体经过一层都得到一次再分布，故流体分布均匀，传质效果好。同时，制作方便，容易加工，可用多种材料制造，以适应各种不同腐蚀性、不同温度、不同压力的场合。

丝网波纹填料是用丝网制成一定形状的填料。这是一种高效率的填料，其形状有多种。优点是丝网细而薄，做成填料体积较小，比表面积和空隙率都比较大，因而传质效率高。

波纹填料的缺点是制造价格很高，通道较小，清理不方便，容易堵塞，不适宜于易结垢和含固体颗粒的物料，故它的应用范围受到很大限制。

5.8.2.4　填料的安装

填料的安装对保证塔的分离效率至关重要。填料在塔内的堆积形式有整砌（规整）和乱堆（散装）两种。实行整砌的主要是各种组合型填料，如实体波纹板、波纹网、平行板等，也有将几何尺寸较大的颗粒状填料进行整砌的。对于直径小于800mm的小塔，整砌填料通常做成整圆盘由法兰孔装入。对于直径大于800mm的塔，整砌填料通常分成若干块，由人孔装入塔内，在塔内组装。整砌填料装卸费工，但对气体阻力较小。尺寸小的颗粒状填料一般采用乱堆，这是一种无规则的堆积，装填方便，但所形成的填料层阻力较大，容易造成填料填充密度不均，甚至可造成金属填料变形、陶瓷填料破碎，从而引起气液分布不均匀，使分离效率下降。

5.8.3　辅助设备

填料塔的辅助设备包括填料支承装置、液体分布装置、填料压紧装置、液体收集及再分布装置、气液体进口及出口装置、除沫装置等塔内件，它与填料及塔体共同构成一个完整的填料塔。所有的塔内件的作用都是为了使气液在塔内更好地接触，以便发挥填料塔的最大效率和最大生产能力，故塔内件设计得好坏直接影响填料性能的发挥和整个填料塔的性能。

5.8.3.1　填料支承装置

填料支承装置的作用是支承塔内填料床层。对填料支承装置的要求是：①应具有足够的强度和刚度，能承受填料的质量、填料层的持液量以及操作中附加的压力等；②应具有大于填料层空隙率的开孔率，防止在此首先发生液泛，进而导致整个填料层的液泛；③结构要合理，利于气液两相均匀分布，阻力小，便于拆装。

常用的填料支承装置有栅板型、孔管型、驼峰型等，如图5-22所示。选择哪种支承装置，主要根据塔径、使用的填料种类及型号、塔体及填料的材质、气液流量等而定。

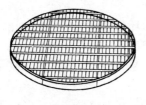　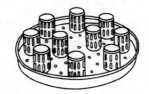　

(a) 栅板型　　　　　　　(b) 孔管型　　　　　　　(c) 驼峰型

图 5-22　填料支承装置

5.8.3.2　液体分布装置

液体分布装置对填料塔的操作影响很大，若液体分布不均匀，则填料层内的有效润湿面积会减小，并可能出现偏流和沟流现象，影响传质效果。理想的液体分布装置应具备以下条件：

① 与填料相匹配的分液点密度和均匀的分布质量，填料比表面积越大，分离要求越精密，则液体分布器分布点密度应越大；

② 操作弹性较大，适应性好；

③ 为气体提供尽可能大的自由截面，实现气体的均匀分布，且阻力小；

④ 结构合理，便于制造、安装、调整和检修。

液体分布装置的种类多样，有喷头式、盘式、管式、槽式及槽盘式等。

喷头式分布器（莲蓬式）如图 5-23(a) 所示，一般用于直径小于 600mm 的塔中。其优点是结构简单。主要缺点是小孔易于堵塞，因而不适用于处理污浊液体；操作时液体的压头必须维持恒定，否则喷淋半径改变影响液体分布的均匀性；此外，当气量较大时，会产生并夹带较多的液沫。

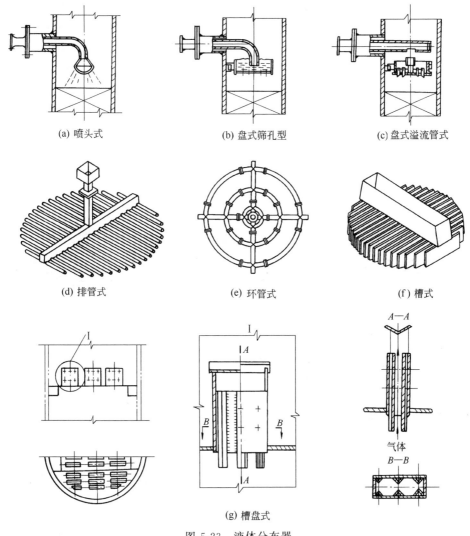

(a) 喷头式　　　　　(b) 盘式筛孔型　　　　　(c) 盘式溢流管式

(d) 排管式　　　　　(e) 环管式　　　　　(f) 槽式

(g) 槽盘式

图 5-23　液体分布器

盘式分布器如图 5-23(b)、(c) 所示。液体加至分布盘上，盘底装有许多直径及高度均相同的溢流短管，称为溢流管式。在溢流管的上端开有缺口，这些缺口位于同一水平面上，便于液体均匀地流下。盘底开有筛孔的称为筛孔式，筛孔式的分布效果较溢流管式好，但溢流管式的自由截面积较大，且不易堵塞。

管式分布器由不同结构形式的开孔管制成。其突出的特点是结构简单，供气体流过的自由截面大，阻力小。但小孔易堵塞，弹性一般较小。管式液体分布器使用十分广泛，多用于中等以下液体负荷的填料塔中。在减压精馏及丝网波纹填料塔中，由于液体负荷较小故常采用。管式分布器有排管式、环管式等不同形状，如图 5-23(d)、(e) 所示。

槽式液体分布器通常是由分流槽和分布槽构成的，如图 5-23(f) 所示。其特点是具有较大的操作弹性和极好的抗污堵性，特别适合于大气液负荷及含有固体悬浮物、黏度大的液体的分离场合，应用范围非常广泛。

槽盘式分布器是近年来开发的新型液体分布器，它将槽式及盘式分布器的优点有机地结合一体，兼有集液、分液及分气三种作用，结构紧凑，操作弹性高达 10：1。气液分布均匀，阻力较小，特别适用于易发生夹带、易堵塞的场合。槽盘式液体分布器的结构如图 5-23（g）所示。

5.8.3.3　填料压紧装置

为保持操作中填料床层为一恒定的固定床，从而必须保持均匀一致的空隙结构，使操作正常、稳定，故填料装填后在其上方要安装填料压紧装置。这样，可以防止在高压降、瞬时负荷波动等情况下填料床层发生松动和跳动。

填料压紧装置分为填料压板和床层限制板两大类，如图 5-24 中列出了几种常用的填料压紧装置。填料压板自由放置于填料层上端，靠自身重量将填料压紧，它适用于陶瓷、石墨制的散装填料。它的作用是在高气速（高压降）和负荷突然波动时，阻止填料产生相对运动，从而避免填料松动、破损。由于填料易碎，当碎屑淤积在床层填料的空隙间，使填料层的空隙率下降时，填料压板可随填料层一起下落，紧紧压住填料而不会形成填料的松动、降低填料塔的生产能力及分离效率。

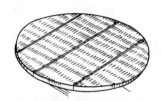

(a) 填料压紧栅板　　　　　(b) 填料压紧网板　　　　　(c) 大塔用填料压紧器

图 5-24　填料压紧装置

床层限制板用于金属散装填料、塑料散装填料及所有规整填料。它的作用是防止高气速高压降或塔的操作突然波动时填料向上移动而造成填料层出现空洞，使传质效率下降。由于金属及塑料填料不易破碎，且有弹性，在装填正确时不会使填料下沉，故床层限制板要固定在塔壁上。为不影响液体分布器的安装和使用，不能采用连续的塔圈固定，对于小塔可用螺钉固定于塔壁，而大塔则用支耳固定。

5.8.3.4　液体收集及再分布装置

液体在乱堆填料层内向下流动时，有一种逐渐向塔壁流动的趋势，即壁流现象。为改善壁流造成的液体分布不均，在填料层中每隔一定高度应设置一液体再分布器。

最简单的液体再分布装置为截锥式再分布器，如图 5-25(a) 所示。截锥式再分布器结构简单，安装方便，但它只起到将壁流向中心汇集的作用，无液体再分布的功能，一般用于直径小于 0.6m 的塔中。

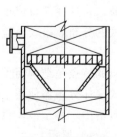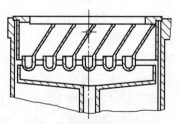

(a) 截锥式再分布器　　　　　　　(b) 斜板式液体收集器

图 5-25　液体收集及再分布装置

在通常情况下，一般将液体收集器与液体分布器同时使用，构成液体收集及再分布装置。液体收集器的作用是将上层填料流下的液体收集，然后送至液体分布器进行液体再分布。常用的液体收集器为斜板式液体收集器，如图 5-25(b) 所示。

5.8.3.5　气液体进口及出口装置

液体的出口装置既要便于塔内排液，又要防止夹带气体，常用的液体出口装置可采用水封装置。当塔的内外压差较大时，又可采用倒 U 形管密封装置。

填料塔的气体进口装置应具有防止塔内下流的液体进入管内，又能使气体在塔截面上分布均匀两个功能。对于塔径在 500mm 以下的小塔，常见的方式是使进气管伸至塔截面的中心位置，管端做成 45°向下倾斜的切口或向下弯的喇叭口，对于大塔可采用盘管式结构的进气装置。

5.8.3.6　除沫装置

除沫装置是用来除去由填料层顶部逸出的气体中的液滴，安装在液体分布器上方。当塔内气速不大，工艺过程又无严格要求时，一般可不设除沫装置。

常用的除沫装置有折板除沫器、丝网除沫器、旋流板除沫器等。折板除沫器由 50mm×50mm×3mm 的角钢制成。夹带液体的气体通过角钢通道时，由于碰撞及惯性作用达到碰撞截留及惯性分离。分离下来的液体由导液管与进料一起进入分布器。它结构简单、不易堵塞、压降小，但只能除去 50μm 以下的液滴，且金属耗用量大、造价高，小塔有时使用。丝网除沫器是用金属丝或塑料丝编结而成，由于比表面积大、空隙率大、结构简单、使用方便以及除沫效率高（可除去 5μm 的微小液滴）、压降小等优点，广泛应用于填料塔的除雾沫操作中，但造价高。旋流板除沫器是由固定的叶片组成的外向板，形如风车状。夹带液滴的气体通过叶片时产生旋转和离心运动，在离心力作用下将液滴甩至塔壁，实现气液分离，除沫效率可达 99%。其造价比丝网便宜，除沫效果比折板好。

5.9　吸收与蒸馏的比较

吸收与蒸馏都是分离均相混合物的典型操作，在工业生产中均有广泛应用。二者既有相同之处，又有不同之处。

吸收分离的依据是混合物中各组分在吸收剂中溶解度的不同，其分离对象是气体混合物。蒸馏分离的依据是混合物中各组分挥发能力的不同，其分离对象是均相液体混合物或液态气体混合物。

两种操作均涉及气（汽）、液两个相态，涉及气、液两相间的物质与能量的传递。因此，过程进行得快慢与有效性均与气液相平衡有关，并都可以在气液接触设备中进行，气液两相在设备中能否充分接触并在接触后迅速分开对分离效果有重要影响，甚至具有决定性作用。

在吸收过程中，传质可以看作是单向的，通过物理作用或化学作用，吸收质溶入吸收剂中，实现与惰性组分的分离。在这一过程中，溶解热的存在会造成吸收操作温度的改变，但对于物理吸收过程，这种改变通常是可以忽略不计的。当吸收温度发生明显变化时，应该进行温度调节，以确保吸收能够在适宜的条件下进行。

在蒸馏过程中，传质是双向的，在轻组分向气相转移的同时，重组分向液相转移，从而实现二者的分离。在这一过程中，物质传递是建立在热量传递的基础之上的，没有热量传递所造成的气液两相，蒸馏（精馏）就无法实现。

在传统的工业操作中，吸收主要在填料塔中进行，蒸馏主要在板式塔中进行。但随着技术的进步，两种类型的塔已经广泛运用于吸收和精馏操作中，随着高效填料的不断出现及使用，填料塔的用途已经越来越广泛。

 ## 本章小结

气体吸收是化工生产中用来分离气体混合物的最常见单元操作。要理解吸收分离的原理，明确吸收的工业用途，学会根据生产任务确定和调整吸收的工艺条件，并能处理操作中出现的常见操作性问题。

- 吸收与蒸馏都是传质过程，要明确两者的异同点。
- 理解相平衡关系，并能利用相平衡关系分析和判断过程进行的方向、限度和难易程度，会选择适宜的吸收条件。
- 吸收速率是由阻力大的过程控制的，要能够根据不同的控制过程选择适宜的吸收操作条件。
- 能运用操作线与平衡线的关系对吸收过程进行分析。
- 操作条件变化对塔的性能影响很大，能根据生产任务选取和控制吸收塔的操作条件。
- 明确传质与传热两过程的相似与不同。

本章主要符号说明

英文

D——塔内径，m

E——亨利系数，其数值随物系的特性及温度而异，Pa

K_G——气相吸收总系数，$mol/(m^2 \cdot s \cdot Pa)$

k_Y——气膜吸收分系数，$mol/(m^2 \cdot s)$

K_Y——气相吸收总系数，$mol/(m^2 \cdot s)$

K_X——液相吸收总系数，$mol/(m^2 \cdot s)$

k_X——液膜吸收分系数，$mol/(m^2 \cdot s)$

L——单位时间内通过吸收塔的吸收剂量，kmol 吸收剂/h

m——相平衡常数，无量纲

N_A——吸收速率，$mol/(m^2 \cdot s)$

p^*, p——溶质在气相中的平衡分压、实际分压，Pa

u——气体空塔速度，m/s

q_V——操作条件下塔底混合气体的体积流量，m^3/s

x, x^*——溶质在液相中的实际含量、平衡含量（均为摩尔分数）

X——溶质在液相中的物质的量比

X_i——相界面处液相中吸收质的物质的量比

X_A——液相主体吸收质的物质的量比

X_A^*——与气相浓度 Y_A 相平衡的液相物质的量比

X, X_1, X_2——任一截面进塔及出塔液体的组成，kmol 吸收质/kmol 吸收剂

Y^*——与液相浓度 X_A 相平衡的气相物质的量比

Y_A——气相主体吸收质的物质的量比

Y_i——相界面处气相中吸收质的物质的量比

Y, Y_1, Y_2——任一截面进塔及出塔气体的组成，kmol 吸收质/kmol 惰性气

希文

φ——吸收率

ε——空隙率，m^3/m^3

思考题

1. 吸收和蒸馏同样涉及两个相（气（汽）相和液相）间的质量传递，试分析它们的传质有何不同。

2. 实验室用硫化亚铁与稀盐酸反应制取硫化氢。硫化氢有剧毒，是一种大气污染物。试分析怎样解决这一环境污染问题。

3. 亨利系数和相平衡常数与温度、压力有何关系？如何根据它们的大小判断吸收操作的难易程度？

4. 溶解度小的气体（难溶气体）的吸收过程应在加压条件下进行，还是在减压条件下进行？为什么？

5. 试分析气体或液体的流动情况如何影响吸收速率。

6. 用水吸收混合气体中的氨，是气膜控制还是液膜控制？用什么方法增加水吸收氨的速率？

7. 从阻力叠加比较吸收过程与传热过程的相同点与不同点。

8. 温度对吸收操作有何影响？生产中调节、控制吸收操作温度的措施有哪些？

9. 吸收剂的进塔条件有哪三个要素？操作中调节这三个要素，分别对吸收结果有何影响？

10. 化学吸收与物理吸收的本质区别是什么？化学吸收有何特点？

11. 如何判断过程进行的是吸收还是解吸？解吸的目的是什么？解吸的方法有几种？

12. 试写出吸收塔并流操作时的操作线方程，并在 X-Y 坐标图上画出相应的操作线。

13. 一逆流操作的吸收塔，若气体出口浓度大于规定值，试分析其原因，提出改进措施。

14. 分析液气比对吸收过程的影响，并与回流比相比较。

15. 用填料塔处理低浓度气体混合物，现因生产要求希望气体处理量增大而吸收率不下降，有人说只要按比例增大吸收剂的流量（即液气比不变）就能达到目的，这种说法是否正确？

16. 液泛现象产生的原因是什么？有何危害？

17. 传质单元高度的物理含义是什么？常用吸收设备的传质单元高度约为多少？

18. 填料有哪些主要类型？各有什么特点？如何选择填料？

19. 填料塔由哪些主要构件组成？如何保证过程实现？

20. 液体分布装置与液体再分布装置有何不同？

 ▶▶ ···

5-1　空气和二氧化碳的混合气体中含二氧化碳 20%（体积分数），试求二氧化碳的摩尔分数。

5-2　100g 纯水中含有 2g 二氧化硫，试以摩尔分数表示该水溶液中二氧化硫的组成。

5-3　在 25℃ 及总压为 101.3kPa 的条件下，氨水溶液的相平衡关系为 $p^* = 93.9x$ kPa，试求 100g 水中溶解 1g 氨时溶液上方氨气的平衡分压和相平衡常数。

5-4　在总压为 101.3kPa、温度为 30℃ 的条件下，二氧化硫组成为 $y = 0.100$ 的混合空气与二氧化硫组成为 $x = 0.002$ 的水溶液接触，试判断二氧化硫的传递方向。已知操作条件下气液相平衡关系为 $y^* = 47.9x$。

5-5　总压 101.3kPa、含氨 5%（体积分数）的混合气体，在 298K 下与浓度为 1.71kmol/m³ 的氨水接触，试判别此传质过程进行的方向。

5-6　总压 101.3kPa、含 CO_2 5%（体积分数）的空气，在 293K 下与 CO_2 浓度为 3mol/m³

的水溶液接触，试判别其传质方向。若要改变传质方向，可采取哪些措施？

5-7　CO_2 及其水溶液的平衡关系符合亨利定律，求气相总压为 101.3kPa、温度为 293K 时的平衡线方程。

5-8　吸收塔的某一截面上，含氨 3%（体积分数）的气体与 $X_2=0.018$ 的氨水相遇，若已知气膜吸收分系数为 $k_Y=0.0005kmol/(m^2 \cdot s)$，液膜吸收分系数为 $k_X=0.00833kmol/(m^2 \cdot s)$。平衡关系可用亨利定律表示，平衡常数为 $m=0.753$。求该截面处的气相总阻力和吸收速率。

5-9　某吸收塔内用清水逆流吸收混合气中的低浓度甲醇，操作条件（101.3kPa、300K）下于塔内某截面处取样分析知，气相中甲醇分压为 5kPa，液相中甲醇组成为 $X=0.02$，该系统平衡关系为 $Y^*=2.5X$。求该截面处的吸收推动力。

5-10　某工厂欲用水洗塔吸收某混合气体中的 SO_2，原料气的流量为 100kmol/h，SO_2 的含量为 10%（体积分数），并允许尾气中 SO_2 含量大于 1%。试求吸收率和所需设备的吸收速率。

5-11　混合气中含丙酮为 10%（体积分数），其余为空气。现用清水吸收其中丙酮的 95%，已知进塔空气量为 50kmol/h。试求尾气中丙酮的含量和所需设备的吸收速率。

5-12　从矿石焙烧炉送出的气体含 9%（体积分数）SO_2，其余视为空气，冷却后送入吸收塔用清水吸收其中所含 SO_2 的 95%。吸收塔操作温度为 300K，压力为 100kPa，处理的炉气量为 $1000m^3/h$，水用量为 1000kg/h。求塔底吸收液浓度。

5-13　在一填料塔中，用洗油逆流吸收混合气体中的苯。已知混合气体的流量为 $1500m^3/h$，进塔气体中含苯 5%（体积分数），要求吸收率为 90%，洗油中不含苯。操作温度为 298K，操作压力为 101.3kPa，相平衡关系为 $Y^*=26X$，操作液气比为最小液气比的 1.5 倍。求吸收剂用量和出塔洗油中苯的含量。

5-14　在某填料吸收塔中，用清水处理含 SO_2 的混合气体。进塔气体中含 SO_2 8%（摩尔分数），吸收剂用量比最小用量大 65%，要求每小时从混合气体中吸收 1000kg 的 SO_2，在操作条件下气液平衡关系为 $Y^*=26.7X$。试计算每小时吸收剂用量为若干 m^3。

5-15　用洗油吸收焦炉气中的芳烃。焦炉气流量（标准状态）为 $5000m^3/h$，其中含芳烃的体积分数为 4%，要求芳烃的吸收率不低于 98%。进入吸收塔顶的洗油中含芳烃 $X_2=0.005$，若取吸收剂用量为最小用量的 1.8 倍，与 Y 成平衡的 $X_1^*=0.176$。求每小时送入吸收塔顶的洗油量及塔底流出的吸收液组成。

5-16　在 101.3kPa、300K 下，用清水吸收混合气中的 H_2S，将其浓度由 2% 降至 0.1%（体积分数）。该系统符合亨利定律，亨利系数 $E=55200kPa$。若吸收剂用量为理论最小用量的 1.2 倍，试计算操作液气比及出口液相组成 X_1。若操作压力改为 1013kPa，而其他条件不变，再求液气比及出口液相组成。

5-17　在填料吸收塔中，用清水吸收烟道气中的 CO_2。操作条件（101.3kPa、298K）下烟道气处理量为 $1000m^3/h$，烟道气中 CO_2 含量为 12%（体积分数），其中 90% 的 CO_2 被水吸收，塔底出口溶液的浓度为 0.2g CO_2/1000gH_2O。气体空塔速度为 0.2m/s，平衡关系为 $Y^*=1420X$，吸收总系数 $K_Ya=0.02kmol/(m^3 \cdot s)$。试求用水量、塔径及填料层高度。

自测题 ▶▶ ···

1. 对于低溶质浓度的气液平衡系统，当总压增大时，相平衡常数 m（　　）；当温度增加时，相平衡常数 m（　　）。

A. 增大，减小　　　　　　B. 减小，增大　　　　　　C. 增大，增大　　　　　　D. 减小，减小

2. 反映吸收过程进行难易程度的因数是（　　）。

A. 传质单元高度　　　　B. 液气比　　　　　　　C. 脱吸因数　　　　　　D. 传质单元数

3. 根据双膜理论，在气液接触的相界面处，气液相组成关系为（　　　）。

A. 气相组成大于液相组成　　　　　　　B. 气相组成小于液相组成

C 气相组成与液相组成达到相平衡　　　　D. 气相组成等于液相组成

4. 在填料吸收塔内，为改善液体的壁流现象而使用的装置是（　　　）。

A. 液体分布器　　　B. 液体再分布器　　　C. 除沫器　　　　　　D. 填料支承板

5. 在填料吸收塔的操作负荷范围内，若混合气体处理量增大，为保持回收率不变，可采取的措施是（　　　）。

A. 减小吸收剂用量　　　B. 减小操作压力　　　C. 增加操作温度　　　D. 增大吸收剂用量

6. 气体吸收过程中多采用逆流操作流程，主要原因是（　　　）。

A. 处理量最大　　　　　B. 操作最安全方便　　　C. 传质推动力最大　　　D. 流体阻力最小

7. 以下关于最小液气比的描述正确的是（　　　）。

A. 液气比小于此值，不能达到规定的分离要求

B. 吸收操作难以进行

C. 不可用公式计算其数值

D. 是最经济的液气比

8. 要减小完成指定的生产任务所需要的填料层高度，可以采取的措施是（　　　）。

A. 减少吸收剂中溶质的含量　　　　　　B. 采用并流操作

C 减少吸收剂用量　　　　　　　　　　　D. 采用大粒径填料

9. 影响传质单元数的因素是（　　　）。

A. 填料塔的直径　　　　　　　　　　　B. 吸收塔的类型

C. 气体的流速　　　　　　　　　　　　D. 物系的相平衡关系和分离要求

10. 选择吸收剂时不需要考虑的是（　　　）。

A. 吸收剂对溶质的溶解度　　　　　　　B. 吸收剂对溶质的选择性

C. 吸收剂操作条件下的挥发度　　　　　D. 吸收剂的凝固点

第6章 固体干燥

学习目标

- **掌握**：干、湿球温度计确定空气的湿度；平衡水分、自由水分、结合水分和非结合水分的关系与确定；物料衡算及其作用。
- **理解**：湿空气的性质及其在干燥中的作用；干燥介质的作用；操作条件变化对干燥的影响。
- **了解**：工业干燥类型、特点及应用；干燥速率；不同干燥方式与干燥设备的特点及适用场合；对干燥器的要求。

6.1 概述

6.1.1 干燥在工业生产中的应用及干燥方法

化工生产中的固体物料，总是或多或少含有湿分（水或其他液体），为了便于加工、使用、运输和贮藏，往往需要将其中的湿分除去。除去湿分的方法有多种，如机械去湿、吸附去湿、供热去湿，其中用加热的方法使固体物料中的湿分汽化并除去的方法称为干燥，干燥能将湿分去除得比较彻底。

干燥在化工、轻工、食品、医药等工业中的应用非常广泛，其在生产过程中的作用主要有以下两个方面。

① 对原料或中间产品进行干燥，以满足工艺要求。如以湿矿（俗称尾砂）生产硫酸时，为满足反应要求，先要对尾砂进行干燥，尽可能除去其水分；再如涤纶切片的干燥，是为了防止后期纺丝出现气泡而影响丝的质量。

② 对产品进行干燥，以提高产品中的有效成分，同时满足运输、贮藏和使用的需要。如化工生产中的聚氯乙烯、碳酸氢铵、尿素，食品加工中的奶粉、饼干，药品制造中的很多药剂，其生产的最后一道工序都是干燥。

干燥按其热量供给湿物料的方式，可分为以下几种。

（1）传导干燥 湿物料与加热介质不直接接触，热量以传导方式通过固体壁面传给湿物料。此法热能利用率高，但物料温度不易控制，容易过热变质。

（2）对流干燥 热量通过干燥介质（某种热气流）以对流方式传给湿物料。干燥过程中，干燥介质与湿物料直接接触，干燥介质供给湿物料汽化所需要的热量，并带走汽化后的湿分蒸汽。所以，干燥介质在干燥过程中既是载热体又是载湿体。在对流干燥中，干燥介质的温度容易调控，被干燥的物料不易过热，但干燥介质离开干燥设备时，还带有相当一部分热能，故对流干燥的热能利用程度较差。另外，对流干燥容易造成二次污染。

（3）辐射干燥 热能以电磁波的形式由辐射器发射至湿物料表面，被湿物料吸收后再转变为热能将湿物料中的湿分汽化并除去，如红外线干燥器。辐射干燥生产强度大，产品洁净且干燥均匀，但能耗高。

（4）介电加热干燥 将湿物料置于高频电场内，在高频电场的作用下，物料内部分子因振动而发热，从而达到干燥目的。电场频率在 300MHz 以下的称为高频加热，频率在 $300 \sim 300 \times 10^5$ MHz 的称为微波加热。

在上述四种干燥方法中，以对流干燥在工业生产中的应用最为广泛。在对流干燥过程中，最常用的干燥介质是空气，湿物料中的湿分大多为水。因此，本章主要讨论以湿空气为干燥介质、以含水湿物料为干燥对象的对流干燥过程。

干燥按操作压力可分为常压干燥和真空干燥；按操作方式可分为连续干燥和间歇干燥。其中真空干燥主要用于处理热敏性、易氧化或要求干燥产品中湿分含量很低的物料；间歇干燥用于小批量、多品种或要求干燥时间很长的场合。

6.1.2　对流干燥的条件和流程

6.1.2.1　对流干燥原理

图 6-1 所示为用热空气除去湿物料中水分的干燥过程。它表达了对流干燥过程中干燥介质与湿物料之间传热与传质的一般规律。在对流干燥过程中，温度较高的热空气将热量传给湿物料表面，大部分在此供水分汽化，还有一部分再由物料表面传至物料内部，这是一个热量传递过程；与此同时，由于物料表面水分受热汽化，使得水在物料内部与表面之间出现了浓度差，在此浓度差作用下，水分从物料内部扩散至表面并汽化，汽化后的蒸汽再通过湿物料与空气之间的气膜扩散到空气主体内，这是一个质量传递过程。由此可见，对流干燥过程是一个传热和传质同时进行的过程，两者传递方向相反、相互制约、相互影响。因此，干燥过程进行得快慢与好坏，与湿物料和热空气之间的传热、传质速率有关。

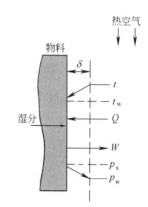

图 6-1　热空气与湿物料之间的传热和传质

δ—气膜有效厚度；t—空气主体温度；t_w—物料表面温度；Q—由空气传给物料的热量；W—由物料中汽化的水分量；p_s—物料表面的水蒸气压；p_w—空气中的水汽分压

6.1.2.2　对流干燥的条件

要使上述干燥过程得以进行，其必要条件是：物料表面产生的水汽分压必须大于空气中所含的水汽分压（注意：空气中总是或多或少含有水汽，因此，在干燥中往往将空气称为湿空气）。要保证此条件，生产过程中，需要不断地提供热量使湿物料表面水分汽化，同时将汽化后的水汽移走，这一任务由湿空气来承担。所以，正如前面所述，湿空气既是载热体又是载湿体。

6.1.2.3　对流干燥流程

图 6-2 所示为对流干燥流程示意图，空气由预热器加热至一定温度后进入干燥器，与进入干燥器的湿物料相接触，空气将热量以对流传热的方式传给湿物料，湿物料表面水分被加热汽化成蒸汽，然后扩散进入空气，最后由干燥器的另一端排出。空气与湿物料在干燥器内的接触可以是并流、逆流或其他方式。

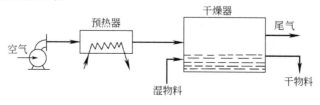

图 6-2　对流干燥流程

6.2　湿空气的性质

为了满足载热、载湿的要求，湿空气的温度应高于被干燥物料的温度，同时必须未被水汽饱和。所谓未被水汽饱和是指其中的水汽分压小于同温下水的饱和蒸气压。由于干燥操作的压力通常都较低（常压或真空），故可将湿空气按理想气体处理。在干燥过程中，湿空气中的水汽量是不断增加的，但其中的干空气量是始终不变的，因此，表征湿空气的各项性质的参数，常以单位质量的干空气为基准，使用时应特别注意。

6.2.1　湿度（湿含量）

在湿空气中，单位质量干空气所带有的水汽质量，称为湿空气的湿含量或绝对湿度，简称湿度，用符号 H 表示，其单位为 kg 水汽/kg 干气。

若以 n_g、n_w 分别表示湿空气中干空气及水汽的物质的量，M_g、M_w 分别表示干空气和水汽的摩尔质量，根据湿度的定义，其计算式为

$$H = \frac{n_w M_w}{n_g M_g} \tag{6-1}$$

设湿空气的总压为 p，其中的水汽分压为 p_w，则干空气的分压为 $p_g = p - p_w$。水汽与干空气的物质的量比，在数值上应等于其分压之比，即

$$\frac{n_w}{n_g} = \frac{p_w}{p - p_w}$$

将水汽的摩尔质量 $M_w = 18\text{kg/kmol}$，干空气的摩尔质量 $M_g = 28.96\text{kg/kmol}$ 代入式(6-1)，整理得

$$H = 0.622 \times \frac{p_w}{p - p_w} \tag{6-2}$$

式(6-2)为常用的湿度计算式。此式表示，湿度 H 与湿空气的总压以及其中水汽的分压 p_w 有关，当总压 p 一定时，湿度 H 随水汽分压 p_w 的增大而增大。

6.2.2　相对湿度

在一定总压下，湿空气中水汽的分压 p_w 与同温下水的饱和蒸气压 p_s 之比称为湿空气的相对湿度，用 φ 表示。其计算式为

$$\varphi = \frac{p_w}{p_s} \times 100\% \tag{6-3}$$

相对湿度可以用来衡量湿空气的不饱和程度。当 $p_w = p_s$，即湿空气中水汽的分压等于同温下水的饱和蒸气压时，$\varphi = 100\%$，表明该湿空气已被水汽所饱和，已不能再吸收水汽。对未被水汽饱和的湿空气，其 $p_w < p_s$，$\varphi < 100\%$。显然，只有不饱和空气才能作为干燥介质，而且，其相对湿度越小，吸收水汽的能力越强。

由此可见，湿度只能表示湿空气中水汽含量的多少，而相对湿度则能反映空气吸水能力的大小。

水的饱和蒸气压 p_s 随温度的升高而增大，对于具有一定水汽分压 p_w 的湿空气，温度升高，相对湿度 φ 必然下降。因此，在干燥操作中，为提高湿空气的吸湿能力和传热的推动力，通常将湿空气先进行预热再送入干燥器。

由式(6-2)和式(6-3)可得

$$H = 0.622 \times \frac{\varphi p_s}{p - \varphi p_s} \tag{6-4}$$

或
$$\varphi = \frac{p_s H}{(0.622 + H)p_s} \tag{6-4a}$$

由上式可知，在一定总压 p 下，相对湿度 φ 与湿度 H 和饱和蒸气压 p_s 有关，而饱和蒸气压 p_s 又是温度 t 的函数，所以当总压 p 一定时，相对湿度 φ 是湿度 H 和温度 t 的函数。

如上所述，当 $\varphi = 100\%$ 时，湿空气已达到饱和，此时所对应的湿度称为饱和湿度，用 H_s 表示，其计算式为

$$H_s = 0.622 \times \frac{p_s}{p - p_s} \tag{6-5}$$

在一定总压下，饱和湿度随温度的变化而变化，对一定温度的湿空气，饱和湿度是湿空气的最大含水量。

例 6-1

当总压为 100kPa 时，湿空气的温度为 30℃，水汽分压为 4kPa。试求该湿空气的湿度、相对湿度和饱和湿度。如将该湿空气加热至 80℃，再求其相对湿度。

解 空气的湿度 $H = 0.622 \times \dfrac{p_w}{p - p_w} = 0.622 \times \dfrac{4}{100 - 4} = 0.02651$ kg 水汽/kg 干气

查得 30℃ 时水的饱和蒸气压 $p_{s1} = 4.246$ kPa，则相对湿度为

$$\varphi = \frac{p_w}{p_{s1}} \times 100\% = \frac{4}{4.246} \times 100\% = 94.21\%$$

饱和湿度为 $H_s = 0.622 \times \dfrac{p_s}{p - p_s} = 0.622 \times \dfrac{4.246}{100 - 4.246} = 0.0276$ kg 水汽/kg 干气

计算可知，此时湿空气吸湿能力不高。

又查得 80℃ 时水的饱和蒸气压 $p_{s2} = 47.37$ kPa，则该温度下的相对湿度为

$$\varphi = \frac{p_w}{p_{s2}} \times 100\% = \frac{4}{47.37} \times 100\% = 8.44\%$$

由此说明，加热至 80℃ 后，湿空气的相对湿度显著下降，其吸湿能力大大增加。

6.2.3 湿空气的比体积

1kg 干空气及其所带有水汽的总体积称为湿空气的比体积或湿容积，用符号 v_H 表示，单位为 m^3/kg 干气。

常压下，干空气在温度为 t℃ 时的比体积 v_g 为

$$v_g = \frac{22.4}{28.96} \times \frac{t + 273}{273} = 0.773 \times \frac{t + 273}{273}$$

水汽的比体积 v_w 为

$$v_w = \frac{22.4}{18} \times \frac{t + 273}{273} = 1.244 \times \frac{t + 273}{273}$$

根据湿空气比体积的定义，其计算式应为

$$v_H = v_g + H v_w = (0.773 + 1.244H)\frac{t + 273}{273} \tag{6-6}$$

由式(6-6)可知，湿空气的比体积与湿空气的温度及湿度有关，温度越高，湿度越大，比体积越大。

试求常压（100kPa）、50℃下，相对湿度为 60% 的 500kg 湿空气所具有的体积。

解 查得 50℃下，水的饱和蒸气压为 12.34kPa，则空气的湿度为

$$H = 0.622 \times \frac{\varphi p_s}{p - \varphi p_s} = 0.622 \times \frac{0.6 \times 12.34}{100 - 0.6 \times 12.34} = 0.0497 \text{kg 水汽/kg 干气}$$

该湿空气的比体积为

$$v_H = (0.773 + 1.244H)\frac{t + 273}{273} = (0.733 + 1.244 \times 0.0497) \times \frac{50 + 273}{273} = 0.94 \text{m}^3/\text{kg 干气}$$

500kg 湿空气中干空气的质量为

$$L = \frac{500}{1 + H} = \frac{500}{1 + 0.0497} = 476.33 \text{kg}$$

则 500kg 湿空气的体积为

$$V = Lv_H = 476.33 \times 0.94 = 447.75 \text{m}^3$$

6.2.4 湿空气的比热容

常压下，将 1kg 干空气和所含有的 Hkg 水汽的温度升高 1K 所需要的热量，称为湿空气的比热容，用符号 c_H 表示，单位为 kJ/(kg 干气·K)。

若以 c_g、c_w 分别表示干空气和水汽的比热容，根据湿空气比热容的定义，其计算式为

$$c_H = c_g + c_w H$$

工程计算中，常取 $c_g = 1.01$kJ/(kg 干气·K)，$c_w = 1.88$kJ/(kg 干气·K)，代入上式，得

$$c_H = 1.01 + 1.88H \tag{6-7}$$

由式(6-7)可知，湿空气的比热容仅与湿度有关。

6.2.5 湿空气的焓

1kg 干空气的焓和其所含有的 Hkg 水汽共同具有的焓，称为湿空气的焓，简称为湿焓，用符号 I_H 表示，单位为 kJ/kg 干气。

若以 I_g、I_w 分别表示干空气和水汽的焓，根据湿空气的焓的定义，其计算式为

$$I_H = I_g + I_w H$$

若上式中的焓值以干空气和水（液态）在 0℃时的焓等于 0 为基准（工程计算中，常用此基准），又水在 0℃时的汽化潜热 $r_0 = 2490$kJ/(kg·K)，则

$$I_g = c_g t = 1.01t \qquad I_w = c_w t + r_0 = 1.88t + 2490$$

代入上式，整理得

$$I_H = (1.01 + 1.88H)t + 2490H = c_H t + 2490H \tag{6-8}$$

由式(6-8)可知，湿空气的焓与其温度和湿度有关，温度越高，湿度越大，焓值越大。

用预热器将 5000kg/h 常压、20℃、湿含量为 0.01kg 水汽/kg 干气的空气加热至 80℃ 再送干燥器，求所需供给的热量。

解 5000kg/h 湿空气中干空气的量为

$$L = \frac{5000}{1 + H} = \frac{5000}{1 + 0.01} = 4950.5 \text{kg/h}$$

用比热容进行计算：将 5000kg/h 的湿空气（含有 4950.5kg/h 干气）从 20℃ 加热至 80℃ 所需热量为

$$Q = L c_H \Delta t = L(1.01 + 1.88H)(t_2 - t_1) = \frac{4950.5}{3600}(1.01 + 1.88 \times 0.01)(80 - 20) = 84.88 \text{kW}$$

也可以用湿空气的焓进行计算，读者可尝试一下。

6.2.6　干球温度

用干球温度计（即普通温度计）测得的湿空气的温度称为湿空气的干球温度，用符号 t 表示，单位为℃或 K。干球温度为湿空气的真实温度。

6.2.7　露点

将未饱和的湿空气在总压 p 和湿度 H 不变的情况下冷却降温至饱和状态时（$\varphi = 100\%$）的温度称为该空气的露点，用符号 t_d 表示，单位为℃或 K。

露点时空气的湿度为饱和湿度，其数值等于原空气的湿度。湿空气中的水汽分压 p_w 应等于露点温度下水的饱和蒸气压 p_{std}。由式(6-2) 有

$$p_{std} = \frac{Hp}{0.622 + H} \tag{6-9}$$

在确定露点温度时，只需将湿空气的总压 p 和湿度 H 代入式(6-9) 求得，然后查饱和水蒸气表，查出对应的温度，即为该湿空气的露点 t_d。由式(6-9) 可知，在总压一定时，湿空气的露点只与其湿度有关。

若将已达到露点的湿空气继续冷却，则湿空气会析出水分，湿空气中的湿含量开始减少。冷却停止后，每千克干空气析出的水分量等于湿空气原来的湿度与终温下的饱和湿度之差。

例 6-4

某湿空气的总压为 100kPa，温度为 40℃，相对湿度为 85%，试求其露点温度。若将该湿空气冷却至 30℃，是否有水析出？若有，每千克干空气析出的水分为多少？

解　查得 40℃ 时水的饱和蒸气压 $p_s = 7.375 \text{kPa}$，则该湿空气的水汽分压为

$$p_w = \varphi p_s = 0.85 \times 7.375 = 6.269 \text{kPa}$$

此分压即为露点下的饱和蒸气压，即 $p_{std} = 6.269 \text{kPa}$。由此蒸气压查得对应的饱和温度为 36.5℃，即该湿空气的露点为 $t_d = 36.5$℃。

如将该湿空气冷却至 30℃，与其露点比较，已低于露点温度，必然有水分析出。

湿空气原来的湿度为

$$H_1 = 0.622 \times \frac{p_w}{p - p_w} = 0.622 \times \frac{6.269}{100 - 6.269} = 0.0416 \text{kg 水汽/kg 干气}$$

冷却到 30℃ 时，湿空气中的水汽分压为此温度下的饱和蒸气压，查得 30℃ 下水的饱和蒸气压 $p_s = 4.246 \text{kPa}$，则此时湿空气湿度为

$$H_2 = 0.622 \times \frac{p_s}{p - p_s} = 0.622 \times \frac{4.246}{100 - 4.246} = 0.0276 \text{kg 水汽/kg 干气}$$

故每千克干空气析出的水分量为

$$\Delta H = H_1 - H_2 = 0.0416 - 0.0276 = 0.014 \text{kg 水/kg 干气}$$

6.2.8　湿球温度

湿球温度是由湿球温度计置于湿空气中测得的温度，如图 6-3 所示，左侧为干球温度计，

右侧为湿球温度计。湿球温度计的感温球用湿纱布包裹，湿纱布的下端浸在水中（注意感温球不能与水接触），使湿纱布始终保持湿润。将它们同时置于空气中，干球温度计测得的温度为该空气的干球温度，湿球温度计测得的温度为该空气的湿球温度，湿球温度用 t_w 表示，单位为℃或K。

湿球温度实质上是湿空气与湿纱布中水之间传质和传热达到稳定时，湿纱布中水的温度。湿球温度决定于湿空气的干球温度和湿度，因此是湿空气的性质。饱和湿空气的湿球温度等于其干球温度，不饱和湿空气的湿球温度总是小于其干球温度；而且，湿空气的相对湿度越小，两温度的差距越大。

6.2.9 绝热饱和温度

在绝热条件下，使湿空气绝热增湿达到饱和时的温度称为绝热饱和温度，用符号 t_{as} 表示，单位℃为或K。

图6-4为空气绝热饱和器。温度为 t、湿度为 H 的未饱和的湿空气由器底进入，与塔顶循环喷淋水逆流接触，使部分水汽化进入空气，湿空气从器顶排出。由于饱和器是绝热的，因此，汽化水分所需的热量只能来自空气的显热，故空气的温度下降，同时湿度增加，但焓值基本不变。当空气绝热增湿达到饱和时，湿空气的温度不再变化，与循环水温度相等，该温度即为湿空气的绝热饱和温度。

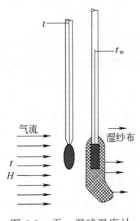

图6-3　干、湿球温度计

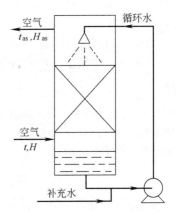

图6-4　空气绝热饱和器

在上述过程中，湿空气放出的显热又被汽化的水汽带回，其焓值不变。因此，绝热增湿过程是一个等焓过程。

绝热饱和温度同样决定于湿空气的状态，因此，也是湿空气的性质。对空气-水系统，实验证明，湿空气的绝热饱和温度与其湿球温度基本相同。工程计算中，常取 $t_w = t_{as}$。

湿空气的干球温度 t、湿球温度 t_w 和露点 t_d 之间的关系为

未饱和湿空气　　　　　　　　　　　　$t > t_w > t_d$

饱和湿空气　　　　　　　　　　　　　$t = t_w = t_d$

湿空气的状态可由湿空气的任意两个独立的性质参数确定。例如，干球温度和湿球温度、干球温度和露点温度、干球温度与相对湿度等。由于干、湿球温度易于测量，所以常用其确定湿空气的状态。湿空气的状态一旦确定，湿空气的各项性质均可用计算或查图的方法求出。但必须注意，湿空气的 t_d-H、t_d-p_w、t_w-I_H 等性质不是彼此独立的，知道这三对性质中的任何一对，都不足以确定湿空气的状态。

6.3 湿物料中水分的性质

干燥操作是在湿空气和湿物料之间进行的，干燥速率的大小和干燥效果，不仅取决于湿空气的性质和流动状态，而且与湿物料的性质有关。在相同干燥条件下，有的物料很容易干燥，有的物料则很难干燥，就是这个原因。根据物料中水分能否除去或除去的难易程度，可确定湿物料中水分的性质。

6.3.1 物料中含水量的表示方式

物料中含水量的表示方式通常有两种：湿基含水量和干基含水量。

6.3.1.1 湿基含水量

单位质量湿物料所含水分的质量，即湿物料中水分的质量分数，称为湿物料的湿基含水量，用符号 w 表示，其单位为 kg 水/kg 湿物料。根据其定义，可写成

$$w = \frac{湿物料中水分的质量}{湿物料的总质量}$$

6.3.1.2 干基含水量

湿物料在干燥过程中，水分不断被汽化移走，湿物料的总质量在不断变化，用湿基含水量有时很不方便。考虑到湿物料中的绝干物料量在干燥过程中始终不变（不计漏损），以绝干物料量为基准的干基含水量，使用起来较为方便。所谓干基含水量，是指单位绝干物料中所含水分的质量，用符号 X 表示，单位为 kg 水/kg 干料。根据其定义，可写成

$$X = \frac{湿物料中水分的质量}{湿物料的总质量 - 湿物料中水分的质量}$$

两种含水量之间的换算关系为

$$X = \frac{w}{1-w} \quad 或 \quad w = \frac{X}{1+X} \tag{6-10}$$

6.3.2 平衡水分与自由水分

在一定干燥条件下，能用干燥方法除去的水分称为自由水分，不能除的水分称为平衡水分。

当湿物料与一定状态的湿空气接触时，若湿物料表面所产生的水汽分压大于空气中的水分分压，湿物料中的水分将向空气中转移，干燥可以顺利进行；若湿物料表面所产生的水汽分压小于空气中的水汽分压，则物料将吸收空气中的水分，产生所谓"返潮"现象；若湿物料表面所产生的水汽分压等于空气中的水汽分压时，两者处于平衡状态，湿物料中的水分不会因为与湿空气接触时间的延长而有增减，湿物料中水分含量为一定值，该含水量就称为该物料在此空气状态下的平衡含水量，又称平衡水分，用 X^* 表示，单位为 kg 水/kg 干料。湿物料中的水分含量大于平衡水分时，则其含水量与平衡水分之差称为自由水分。

湿物料的平衡水分，可由实验测得，通常是测定在一定温度下，物料的平衡水分与空气的相对湿度之间的关系。图 6-5 为实验测得的几种物料在 25℃时的平衡水分 X^* 与湿空气相对湿度 φ 之间的关系——干燥平衡曲线。从图

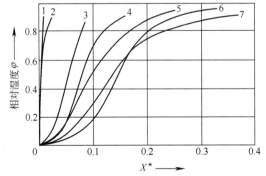

图 6-5 某些物料的干燥平衡曲线（25℃）

1—石棉纤维板；2—聚氯乙烯粉（50℃）；3—木炭；

4—牛皮纸；5—黄麻；6—小麦；7—土豆

中可以看出，不同的湿物料在相同的空气的相对湿度下，其平衡水分不同；同一种湿物料的平衡水分随着空气的相对湿度的减小而降低，当空气的相对湿度减小为零时，各种物料的平衡水分均为零。也就是说，要想获得一个绝干物料，就必须有一个绝干的空气（$\varphi=0$）与湿物料进行长时间的充分接触，实际生产中是很难达到这一要求的。反之，若使湿物料与具有一定湿度的空气进行接触，则湿物料中总有一部分水分不能被除去，平衡水分是在一定空气状态下，湿物料可能达到的最大干燥限度，但在实际干燥操作中，干燥往往不能进行到干燥的最大限度，因此自由水分也只能有一部分被除去。

6.3.3 结合水分与非结合水分

根据湿物料中所含水分被除去的难易程度，可将物料中的水分分为结合水分和非结合水分两大类。

结合水分是指以化学力、物理化学力或生物化学力等与物料结合的水分，其饱和蒸气压低于同温下纯水的饱和蒸气压。通常，存在于物料中毛细管内的水分、细胞壁内的水分、结晶水以及物料内可溶固体物溶液中的水分，都是结合水分。

非结合水分是指机械地附着在物料表面或积存于大孔中的水分，其饱和蒸气压等于同温下纯水的饱和蒸气压。

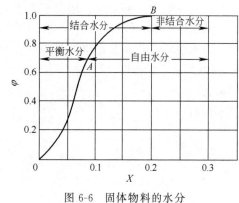

图 6-6 固体物料的水分

在干燥过程中，除去结合水分比除去非结合水分难。

在一定温度下，平衡水分与自由水分的划分是根据湿物料的性质以及与之接触的空气的状态而定，而结合水分与非结合水分的划分则完全由湿物料自身的性质而定，与空气的状态无关。对于一定温度下的一定湿物料，结合水分不会因空气的相对湿度不同而发生变化，它是一个固定值。分析可知，同温下 $\varphi=100\%$ 时的平衡水分即为湿物料的结合水分。

物料中几种水分的关系可通过图 6-6 来说明，从图中可以看出，平衡水分随湿空气的相对湿度的变化而变化，结合水分则为常数。

例 6-5

某物料在 25℃时的平衡曲线如图 6-6 所示，已知物料的总含水量 $X=0.30\text{kg}$ 水/kg 干料，若与 $\varphi=70\%$ 时的湿空气接触，试划分该物料的平衡水分和自由水分、结合水分和非结合水分。

解 由 $\varphi=70\%$ 作水平线交平衡线于 A 点，读出平衡水分为 0.08kg 水/kg 干料，则自由水分为 $0.30-0.08=0.22$ kg 水/kg 干料。

由图中读出 $\varphi=100\%$ 时的平衡水分为 0.20kg 水/kg 干料，则物料的结合水分为 0.20kg 水/kg 干料，非结合水分为 $0.30-0.20=0.10$ kg 水/kg 干料。

6.4 干燥过程的物料衡算

物料衡算要解决的问题是：①将湿物料干燥到指定的含水量所需蒸发的水分量；②干燥过程需要消耗的空气量。这为进一步进行热量衡算、选用通风机和确定干燥器的尺寸提供了有关数据。

6.4.1 水分蒸发量

图 6-7 所示为干燥系统物料衡算示意图。设进入干燥器的湿物料量为 $G_1 \mathrm{kg/s}$，湿基含水量为 w_1，干基含水量为 X_1；出干燥器的干燥产品量为 $G_2 \mathrm{kg/s}$，湿基含水量为 w_2，干基含水量为 X_2；湿物料中绝干物料量为 $G_c \mathrm{kg/s}$，水分蒸发量为 $W \mathrm{kg/s}$。

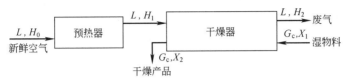

图 6-7　干燥系统物料衡算示意图

在干燥过程中，湿物料的含水量不断减少，但若无物料损失，则在干燥前后，物料中的绝干物料的质量是不变的。因此，绝干物料的物料衡算式为

$$G_c = G_1(1-w_1) = G_2(1-w_2)$$

干燥器的总物料衡算式为

$$G_1 = G_2 + W$$

综合以上二式，可得水分蒸发量的计算式为

$$W = G_1 \frac{w_1-w_2}{1-w_2} = G_2 \frac{w_1-w_2}{1-w_1} \tag{6-11}$$

若已知湿物料进出干燥器的干基含水量 X_1 和 X_2，则水分蒸发量也可用下式计算，即

$$W = G_c(X_1-X_2) \tag{6-12}$$

6.4.2 空气消耗量

如图 6-7 所示，经预热后的湿空气（湿度为 H_1）进入干燥器，在干燥过程中，湿空气不断吸收湿物料所蒸发的水分，湿度不断增加，出口时的湿度为 H_2。干燥的结果是湿物料蒸发的水分全部被湿空气所吸收，但湿空气中绝干空气的质量保持不变。设干燥所需绝干空气消耗量为 L，则有

$$W = L(H_2-H_1)$$

绝干空气消耗量为

$$L = \frac{W}{H_2-H_1} \tag{6-13}$$

每蒸发 1kg 水分所需的绝干空气消耗量称为单位空气消耗量，用符号 l 表示，单位为 kg 干气/kg 水。其计算式为

$$l = \frac{1}{H_2-H_1} \tag{6-14}$$

由于进出预热器的湿空气的湿度不变，H_1 与进预热器时的湿度 H_0 相等同，即 $H_1 = H_0$，则式(6-13)和式(6-14)又可写为

$$L = \frac{W}{H_2-H_0} \qquad l = \frac{1}{H_2-H_0}$$

由此可见，对于一定的水分蒸发量而言，空气的消耗量只与空气的最初湿度 H_0 和最终湿度 H_2 有关，而与经历的过程无关。当要求空气出干燥器的湿度 H_2 不变时，空气的消耗量取决于空气的最初湿度 H_0，H_0 越大，空气消耗量越大。空气的最初湿度 H_0 与气候条件有关，通常情况下，同一地区夏季空气的湿度大于冬季空气的湿度，也就是说，干燥过程中空气消耗量在夏季要比在冬季为大。因此，在干燥过程中，选择输送空气所需鼓风机等装置时，应以全

年中所需最大空气消耗量为依据。

鼓风机所需风量根据湿空气的体积流量 V 而定，湿空气的体积流量可由干空气的质量流量 L 与湿空气的比体积的乘积来确定，即

$$V = Lv_H = L(0.773 + 1.244H)\frac{t+273}{273} \tag{6-15}$$

式中，空气的湿度 H 和温度 t 与鼓风机所安装的位置有关。例如，鼓风机安装在干燥器的出口，H 和 t 就应取干燥器出口空气的湿度和温度。

例 6-6

用空气干燥某含水量为 40%（湿基）的湿物料，每小时处理湿物料量 1000kg，干燥后产品含水量为 5%（湿基）。空气的初温为 20℃，相对湿度为 60%，经预热至 120℃ 后进入干燥器，离开干燥器时的温度为 40℃，相对湿度为 80%。试求：①水分蒸发量；②绝干空气消耗量和单位空气消耗量；③如鼓风机装在预热器进口处，风机的风量；④干燥产品量。

解 ① 水分蒸发量

已知 $G_1 = 1000$kg/h，$w_1 = 0.4$，$w_2 = 0.05$，则水分蒸发量为

$$W = G_1 \frac{w_1 - w_2}{1 - w_2} = 1000 \times \frac{0.4 - 0.05}{1 - 0.05} = 368.42\text{kg/h}$$

② 又知 $\varphi_0 = 60\%$，$t_0 = 20℃$；$\varphi_2 = 80\%$，$t_2 = 40℃$。查饱和水蒸气表得：20℃ 时，$p_{s0} = 2.334$kPa；40℃ 时，$p_{s2} = 7.375$kPa。则

$$H_0 = 0.622 \times \frac{\varphi p_{s0}}{p - \varphi p_{s0}} = 0.622 \times \frac{0.60 \times 2.334}{100 - 0.60 \times 2.334} = 0.009\text{kg 水/kg 绝干气}$$

$$H_2 = 0.622 \times \frac{\varphi p_{s2}}{p - \varphi p_{s2}} = 0.622 \times \frac{0.80 \times 7.375}{100 - 0.80 \times 7.375} = 0.039\text{kg 水/kg 绝干气}$$

故

$$L = \frac{W}{H_2 - H_0} = \frac{368.42}{0.039 - 0.009} = 12280.67\text{kg 绝干气/h}$$

$$l = \frac{1}{H_2 - H_0} = \frac{1}{0.039 - 0.009} = 33.33\text{kg 绝干气/kg 水}$$

③ 鼓风机风量

因风机装在预热器进口处，输送的是新鲜空气，其温度 $t_0 = 20℃$，湿度 $H_0 = 0.009$kg 水/kg 绝干气，则湿空气的体积流量为

$$V = L(0.773 + 1.244H)\frac{t+273}{273} = 12280.67 \times (0.773 + 1.244 \times 0.009) \times \frac{20+273}{273}$$

$$= 10335.98\text{m}^3/\text{h}$$

④ 干燥产品量

$$G_2 = G_1 \frac{1 - w_1}{1 - w_2} = 1000 \times \frac{1 - 0.40}{1 - 0.05} = 631.58\text{kg/h}$$

6.5 干燥速率

6.5.1 干燥速率概述

干燥速率是指单位时间内单位干燥面积上汽化的水分质量，用符号 U 表示，单位为

kg 水/(m² · s)。则

$$U = \frac{\mathrm{d}W'}{S\mathrm{d}\tau} \tag{6-16}$$

因 $\mathrm{d}W' = -G'_c\mathrm{d}X$，故

$$U = -\frac{G'_c\mathrm{d}X}{S\mathrm{d}\tau} \tag{6-17}$$

式中，W'——水分汽化量，kg；S——干燥面积，m²，既非物料表面积，也非干燥器几何面积；τ——干燥时间，s；G'_c——绝干物料量，kg。

式中的负号表示物料含水量 X 随时间增加而减少。

干燥速率由实验测定。干燥实验是采用大量空气干燥少量湿物料。因此，空气进出干燥器的状态、流速以及与湿物料的接触方式均可视为恒定，即实验是在恒定的干燥条件下进行的。

图 6-8 为恒定干燥条件下典型的干燥速率曲线，由实验测得有关数据绘制。干燥速率曲线表明，在一定干燥条件下干燥速率 U 与物料含水量 X 之间的关系。从干燥速率曲线可以看出，干燥过程明显地分为两个阶段——恒速干燥阶段和降速干燥阶段。

（1）恒速干燥阶段　如图 6-8 中 BC 段所表示的阶段。在这个阶段中，干燥速率保持恒定值，且为最大值，干燥速率不随物料含水量的减少而变化。

若物料最初含水量较高，其表面必然有一层水分，这层水分可以认为是非结合水分。当物料在恒定干燥条件下进行干燥时，物料表面与空气之间的传热和传质情况与测定湿球温度时相同。

在恒速干燥阶段，由于物料内部水分的扩散速率大于表面水分汽化速率，物料表面始终被水分所湿润。表面水分的蒸气压与空气中水蒸气分压之差，即表面汽化推动力保持不变。空气传给物料的热量等于水分汽化所需热量。此时，干燥速率主要决定于表面汽化速率，决定于湿空气的性质，而与湿物料的性质关系很小，因此恒速干燥阶段又称为表面汽化控制阶段或干燥第一阶段。

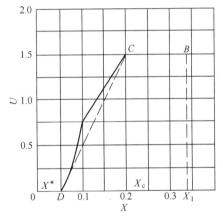

图 6-8　干燥速率曲线

在恒速干燥阶段中，物料表面温度基本保持为空气的湿球温度。

（2）降速干燥阶段　如图 6-8 中 CD 段所表示的阶段。在这个阶段内，物料的干燥速率不断下降，并近似地与湿物料中的自由水分成正比。

在降速干燥阶段，物料内部水分的扩散速率小于表面水分汽化速率，物料表面的湿润程度不断减小，干燥速率不断下降。此时，干燥速率主要决定于物料本身的结构、形状和大小等性质，而与空气的性质关系很小。因此，降速干燥阶段也称为内部水分扩散控制阶段或干燥第二阶段。

在降速干燥阶段，由于空气传给湿物料的热量大于水分汽化所需的热量，湿物料温度不断上升，与空气的温度之差逐渐减小，最终接近于空气的温度。

干燥速率曲线由恒速干燥阶段转为降速干燥阶段的转折点（C 点）称为临界点，与该点对应的湿物料含水量称为临界含水量（或临界水分），用 X_c 表示。临界含水量由实验测定。

干燥速率曲线与横轴的交点 D 点所表示的物料含水量为该空气条件下的平衡含水量（平

衡水分)X^*。

综上所述,当物料的含水量大于临界含水量X_c时,属于恒速干燥阶段;当物料含水量小于临界含水量X_c时,属于降速干燥阶段;当物料含水量为平衡含水量X^*时,干燥速率等于零。在工业生产中,物料不会被干燥到X^*,而是在X_c和X^*之间,视生产要求和经济核算而定。

6.5.2 影响干燥速率的因素

影响干燥速率的因素主要有三个方面:湿物料、干燥介质和干燥设备。这三者又是相互关联的。现就其中较为重要的方面讨论如下。

(1)物料的性质和形状 湿物料的化学组成、物理结构、形状和大小、物料层的厚薄,以及与物料的结合方式等,都会影响干燥速率。在干燥第一阶段,尽管物料的性质对干燥速率影响很小,但物料的形状、大小、物料层的厚薄等将影响物料的临界含水量。在干燥第二阶段,物料的性质和形状对干燥速率有决定性的影响。

(2)物料的温度 物料的温度越高,干燥速率越大。但干燥过程中,物料的温度与干燥介质的温度和湿度有关。

(3)物料的含水量 物料的最初、最终和临界含水量决定干燥各阶段所需时间的长短。

(4)干燥介质的温度和湿度 干燥介质温度越高、湿度越低,则干燥第一阶段的干燥速率越大,但应以不损坏物料为原则,特别是对热敏性物料,更应注意控制干燥介质的温度。有些干燥设备采用分段中间加热的方式,可以避免介质温度过高。

(5)干燥介质的流速与流向 在干燥第一阶段,提高气速可以提高干燥速率。介质的流动方向垂直于物料表面时的干燥速率比平行时要大。在干燥第二阶段,气速和流向对干燥速率影响很小。

(6)干燥器的构造 上述各项因素很多都与干燥器的构造有关。许多新型干燥器就是针对某些因素而设计的。

由于影响干燥速率的因素很复杂,目前还没有统一而较准确的计算方法来求取干燥速率和确定干燥器的尺寸大小,通常是在小型实验装置中测定有关数据作为设计和生产的依据。

6.5.3 干燥速率的选择

如前所述,干燥速率是指单位时间内单位物料表面所汽化的溶剂(水)量,其大小反映了干燥进行得快慢。像其他过程一样,速率越大,完成同样的任务所需要的时间越少(间歇过程)或所需要的设备越小(连续过程)。

但对于干燥过程来说,只追求干燥时间短或干燥设备小有时是不适宜的。干燥产物是固体,固体产品是有外观要求的。而干燥速率对干燥产品的外观是有一定影响的。因此,在选择干燥速率时,速率和外观两方面的要求均要考虑,并以产品外观保持作为首要条件。

在实际生产中,为了保持产品良好的外观及特性,有时不仅不能提高干燥速率,还要设法降低干燥速率。

6.6 干燥设备

6.6.1 对干燥器的基本要求

工业上由于被干燥物料的性质、干燥程度的要求、生产能力的大小等各不相同,因此,所采用的干燥器的型式和干燥操作的组织也就多种多样。为确保优化生产、提高效益，对干燥器有如下一些基本要求。

① 能满足生产的工艺要求。工艺要求主要指：达到规定的干燥程度；干燥均匀；保证产品具有一定的形状和大小等。由于不同物料的物理、化学性质以及外观形状等差异很大，对干燥设备的要求也就各不相同，干燥器必须根据物料的这些不同特征而确定不同的结构。一般而言，除了干燥小批量、多品种的产品，工业上并不要求一个干燥器能处理多种物料。也就是说，干燥过程中通用设备不一定符合优化、经济的原则。这与其他单元操作过程有很大区别。

② 生产能力要大。干燥器的生产能力取决于物料达到规定干燥程度所需的时间。干燥速率越快，所需的干燥时间越短，同样大小设备的生产能力越大。许多干燥器，如气流干燥器、流化床干燥器、喷雾干燥器就能够使物料在干燥过程中处于分散、悬浮状态，增大气固接触面积并不断更新，加快了干燥速率，缩短了干燥时间，因而具有较大的生产能力。

③ 热效率要高。在对流干燥中，提高热效率的主要途径是减少废气带走的热量。干燥器的结构应有利于气固接触、有较大的传热和传质推动力，以提高热能的利用率。

④ 干燥系统的流动阻力要小，以降低动力消耗。

⑤ 操作控制方便，劳动条件良好，附属设备简单。

⑥ 废气排放对环境的影响小。

6.6.2 工业上常用的干燥器

工业上使用的干燥器种类很多，下面介绍几种常用的对流干燥器。

6.6.2.1 厢式干燥器

图 6-9 为厢式干燥器结构示意图。它主要由外壁为砖坯或包以绝热材料的钢板所构成的厢形干燥室和放在小车支架上的物料盘等组成。厢式干燥器为间歇式干燥设备。图 6-9 中物料盘分为上、中、下三组，每组有若干层，盘中物料层厚度一般为 10～100mm。空气加热至一定程度后，由风机送入干燥器，沿图中箭头指示方向进入下部几层物料盘，再经中间加热器加热后进入中部几层物料盘，最

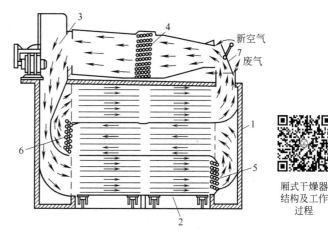

图 6-9 厢式干燥器结构示意图
1—干燥室；2—小车；3—风机；
4，5，6—加热器；7—蝶形阀

厢式干燥器结构及工作过程

后经另一中间加热器加热后进入上部几层物料盘，废气一部分排出，另一部分则经上部加热器加热后循环使用。空气分段加热和废气部分循环使用，可使厢内空气温度均匀，提高热量利用率。

厢式干燥器结构简单，适应性强，可用于干燥小批量的粒状、片状、膏状、不允许粉碎和较贵重的物料。干燥程度可以通过改变干燥时间和干燥介质的状态来调节。但厢式干燥器具有物料不能翻动、干燥不均匀、装卸劳动强度大、操作条件差等缺点。厢式干燥器主要用于实验室和小规模生产。

6.6.2.2 转筒干燥器

如图 6-10 所示，转筒干燥器主体是一个与水平面稍成倾角的钢制圆筒。转筒外壁装有两个滚圈，整个转筒的重量通过这两个滚圈由托轮支承。转筒由腰齿轮带动缓缓转动，转速一般为 1～8r/min。转筒干燥器是一种连续式干燥设备。

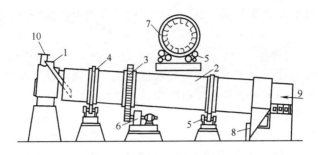

图 6-10　转筒干燥器

1—进料口；2—转筒；3—腰齿轮；4—滚圈；5—托轮；6—变速箱；
7—抄板；8—出料口；9—干燥介质进口；10—废气出口

　　湿物料由转筒较高的一端加入，随着转筒的转动，不断被其中的抄板抄起并均匀地撒下，以便湿物料与干燥介质能够均匀地接触，同时物料在重力作用下不断地向出口端移动。干燥介质由出口端进入（也可以从物料进口端进入），与物料呈逆流接触，废气从进料端排出。

　　转筒干燥器的生产能力大，气体阻力小，操作方便，操作弹性大，可用于干燥粒状和块状物料。其缺点是钢材耗用量大，设备笨重，基建费用高。转筒干燥器主要用于干燥硫酸铵、硝酸铵、复合肥以及碳酸钙等物料。

6.6.2.3　气流干燥器

　　其结构如图 6-11 所示。它是利用高速流动的热空气，使物料悬浮于空气中，在气力输送状态下完成干燥过程。操作时，热空气由风机送入气流管下部，以 20～40m/s 的速度向上流动，湿物料由加料器加入，悬浮在高速气流中，并与热空气一起向上流动，由于物料与空气的接触非常充分，且两者都处于运动状态，因此，气固之间的传热和传质系数都很大，使物料中的水分很快被除去。被干燥后的物料和废气一起进入气流管出口处的旋风分离器，废气由分离器的升气管上部排出，干燥产品则由分离器的下部引出。

　　气流干燥器是一种干燥速率很高的干燥器，具有结构简单、造价低、占地面积小、干燥时间短（通常不超过 5～10s）、操作稳定、便于实现自动化控制等优点。由于干燥速率快，干燥时间短，对某些热敏性物料在较高温度下干燥也不会变质。其缺点是气流阻力大，动力消耗多，设备太高（气流管通常在 10m 以上），产品易磨碎，旋风分离器负荷大。气流干燥器广泛用于化肥、塑料、制药、食品和染料等工业部门，干燥粒径在 10mm 以下含非结合水分较多的物料。

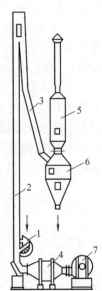

图 6-11　气流干燥器

1—加料器；2—气流管；
3—物料下降管；4—空
气预热器；5—袋滤器；
6—旋风分离器；
7—风机

6.6.2.4　沸腾床干燥器

　　沸腾床干燥器又称流化床干燥器，是固体流态化技术在干燥中的应用。

　　图 6-12 为卧式沸腾床干燥器结构示意图。干燥器内用垂直挡板分隔成 4～8 室，挡板与水平空气分布板之间留有一定间隙（一般为几十毫米），使物料能够逐室通过。湿物料由第一室加入，依次流过各室，最后越过溢流堰板排出。热空气通过空气分布板进入前面几个室，通过物料层，并使物料处于流态化，由于物料上下翻滚，互相混合，与热空气接触充分，从而使物料能够得到快速干燥。当物料通过最后一室时，与下部通入的冷空气接触，产品得到迅速冷却，以便包装、收藏。

气流干燥器
结构及工作
过程

沸腾床干燥器结构简单，造价和维修费用较低；物料在干燥器内的停留时间的长短可以调节；气固接触好，干燥速率快，热能利用率高，能得到较低的最终含水量；空气的流速较小，物料与设备的磨损较轻，压降较小。多用于干燥粒径在 $0.003～6mm$ 的物料。由于沸腾床干燥器优点较多，适应性较广，在生产中得到广泛应用。

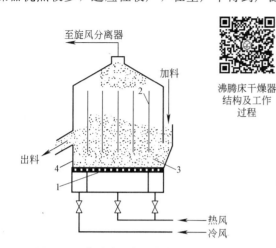

图 6-12　沸腾床干燥器结构示意图
1—空气分布板；2—挡板；3—物料通道
（间隙）；4—出口堰板

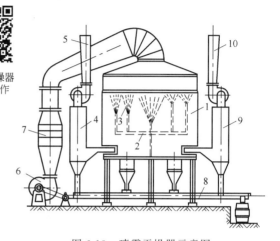

图 6-13　喷雾干燥器示意图
1—干燥室；2—旋转十字管；3—喷嘴；
4，9—袋滤器；5，10—废气排出管；6—风机；
7—空气预热器；8—螺旋卸料斗

6.6.2.5　喷雾干燥器

喷雾干燥器是直接将溶液、悬浮液、浆状物料或熔融液干燥成固体产品的一种干燥设备。它将物料喷成细微的雾滴分散在热气流中，使水分迅速汽化而达到干燥目的。

图 6-13 为喷雾干燥器示意图。操作时，高压溶液从喷嘴呈雾状喷出，由于喷嘴能随旋转十字管一起转动，雾状的液滴能均匀地分布在热空气中。热空气从干燥器上端进入，废气从干燥器下端送出，通过袋滤器回收其中带出的物料，再排入大气。干燥产品从干燥器底部引出。

喷雾干燥器的干燥过程进行得很快，一般只需 $3～5s$，适用于热敏性物料；可以从料浆直接得到粉末产品；能够避免粉尘飞扬，从而改善了劳动条件；操作稳定，便于实现连续化和自动化生产。其缺点是设备庞大，能量消耗大，热效率较低。喷雾干燥器常用于牛奶、蛋品、血浆、洗涤剂、抗生素、染料等的干燥。

6.6.3　干燥器的选择

由于工业生产中待干的物料种类繁多，对产品质量的要求又各不相同，因此选择合适的干燥器非常重要。若选择不当，将导致产品质量达不到要求，或是热量利用率低、动力消耗高，甚至设备不能正常运行。

通常，可根据被干燥物料的性质和工业要求选择几种适用的干燥器，然后对所选干燥器的设备费用和操作费用进行技术经济核算，最终确定干燥器的类型。具体地说，选择干燥器类型时需要考虑以下几个方面的问题。

（1）物料的形态　选择干燥器时，首先要考虑对产品形态的要求。例如，陶瓷制品和饼干等食品，若在干燥过程中，失去了应有的几何形状，也就失去了其商品价值。物料的形态要求不同，适用的干燥器也不同。

（2）物料的干燥特性　达到要求的干燥程度，需要一定的干燥时间，物料不同，所需的干燥时间可能相差很大。对于吸湿性物料或临界含水量很高的物料应选择干燥时间长的干燥器。对于干燥时间很短的干燥器，例如气流干燥器，仅适用于干燥临界含水量很低的易于干燥的物料。

（3）物料的热敏性　物料对热的敏感性决定了干燥过程中物料的温度上限，但物料承受温度的能力还与干燥时间的长短有关。对于某些热敏性物料，如果干燥时间很短，即使在较高温度下进行干燥，产品也不会因此而变质。气流干燥器和喷雾干燥器就比较适合于热敏性物料的干燥。

（4）物料的黏附性　物料的黏附性关系到干燥器内物料的流动以及传热与传质的进行。应充分了解物料从湿状态到干燥状态黏附性的变化，以便选择合适的干燥器。

（5）产品的特定质量要求　干燥食品、药品等不能受污染的物料，所用干燥介质必须纯净，或采用间接加热方式干燥。有的产品不仅要求有一定的几何形状，而且要求有良好的外观，这些物料在干燥过程中，若干燥速率太快，可能会使产品表面硬化或严重收缩发皱，直接影响到产品的价值。因此，应选择适当的干燥器，确定适宜的干燥条件，缓和其干燥速率。对于易氧化的物料，可考虑采用间接加热的干燥器。

（6）处理量的大小　处理量的大小也是选择干燥器时需要考虑的主要问题。一般来说，间歇式干燥器，例如厢式干燥器的生产能力较小；连续操作的干燥器，生产能力较大。因此，处理量小的物料，宜采用间歇式干燥器。

（7）热量的利用率　干燥的热效率是干燥装置的重要经济指标。不同类型的干燥器，其热效率不同。选择干燥器时，在满足干燥基本要求的条件下，应尽量选择热效率高的干燥器。

（8）对环境的影响　若废气中含有污染环境的粉尘甚至有毒成分时，必须对废气进行处理，使废气达到排放要求。

（9）其他方面　选择干燥器时还应考虑劳动强度，设备的制造、操作、维修等因素。

总之，首先要考虑湿物料的形态、特性、对产品的要求、处理量，然后再结合环境要求、热源及热效率，才能选择出合适的干燥器。

6.6.4　干燥过程的操作分析

有了合适的干燥器，还必须确定最佳的工艺条件，在操作中注意控制和调节，才能完成干燥任务，同时做到优质、高产、低耗。

工业生产中的对流干燥，由于所采用的干燥介质不一，所干燥的物料多种多样，且干燥设备类型很多，加之干燥机理复杂，因此，至今仍主要依靠实验手段和经验来确定干燥过程的最佳条件。在此仅介绍人们通过长期生产实践总结出来的对干燥过程进行调节和控制的一般原则。

对于一个特定的干燥过程，干燥器一定，干燥介质一定，同时湿物料的含水量、水分性质、温度以及要求的干燥质量也一定。这样，能调节的参数只有干燥介质的流量 L、进出干燥器的温度 t_1 和 t_2、出干燥器时废气的湿度 H_2。但这 4 个参数是相互关联和影响的，当任意规定其中的两个参数时，另外两个参数也就确定了，即在对流干燥操作中，只有两个参数可以作为自变量而加以调节。在实际操作中，主要调节的参数是进入干燥器的干燥介质的温度 t_1 和流量 L。

6.6.4.1　干燥介质的进口温度和流量

为强化干燥过程，提高其经济性，干燥介质预热后的温度应尽可能高一些，但要注意保持在物料允许的最高温度范围内，以避免物料发生质变。

同一物料在不同类型的干燥器中干燥时，允许的介质进口温度不同。例如，在厢式干燥器中，由于物料静止，只与物料表面直接接触，容易过热，因此，应控制介质的进口温度不能太高；而在转筒、沸腾、气流等干燥器中，由于物料在不断翻动，表面更新快，干燥过程均匀、速率快、时间短，因此，介质的进口温度可较高。

增加空气的流量可以增加干燥过程的推动力，提高干燥速率。但空气流量的增加，会造成热损失增加，热量利用率下降，同时还会使动力消耗增加；气速的增加，会造成产品回收负荷增加。生产中，要综合考虑温度和流量的影响，合理选择。

6.6.4.2 干燥介质的出口温度和湿度

当干燥介质的出口温度增加时，废气带走的热量多，热损失大；如果介质的出口温度太低，则含有相当多水汽的废气可能在出口处或后面的设备中析出水滴（达到露点），这将破坏正常的干燥操作。实践证明，对于气流干燥器，要求介质的出口温度较物料的出口温度高10～30℃或较其进口时的绝热饱和温度高20～50℃，否则，可能会导致干燥产品的返潮，并造成设备的堵塞和腐蚀。

干燥介质出口时的相对湿度增加，可使一定量的干燥介质带走的水汽量增加，降低操作费用。但相对湿度增加，会导致过程推动力减小，完成相同干燥任务所需的干燥时间增加或干燥器尺寸增大，可能使总的费用增加。因此，必须全面考虑，并根据具体情况，分别对待。对气流干燥器，由于物料在设备内的停留时间短，为完成干燥任务，要求有较大的推动力以提高干燥速率，因此，一般控制出口介质中的水汽分压低于出口物料表面水汽分压的50%；对转筒干燥器，则出口介质中的水汽分压可高些，可达与之接触的物料表面水汽分压的50%～80%。

对于一台干燥设备，干燥介质的最佳出口温度和湿度应通过操作实践来确定，并根据生产实际情况及时进行调节。生产上控制、调节介质的出口温度和湿度主要通过控制、调节介质的预热温度和流量来实现。例如，对同样的干燥任务，加大介质的流量或提高其预热温度，可使介质的相对湿度降低，出口温度上升。

在有废气循环使用的干燥装置中，通常将循环的废气与新鲜空气混合后进入预热器加热后，再送入干燥器，以提高传热和传质系数，减少热损失，提高热能的利用率。但循环气的加入，使进入干燥器的湿度增加，将使过程的传质推动力下降。因此，采用循环废气操作时，应根据实际情况，在保证产品质量和产量的前提下，调节适宜的循环比。

干燥操作的目的是将物料中的含水量降至规定的指标以下，且不出现龟裂、焦化、变色、氧化和分解等物理和化学性质上的变化；干燥过程的经济性主要取决于热能消耗及热能的利用率。因此，生产中应从实际出发，综合考虑，选择适宜的操作条件，以达到优质、高产、低耗的目标。

6.7　干燥技术及设备的进展

干燥操作涉及的领域极为广泛，在化工、医药、食品、造纸、木材、粮食与农副产品加工、建材、环保等领域均有广泛应用，在国民经济中占有重要地位。近年来干燥操作在全球范围内备受关注，人们对干燥的研究越来越广泛和深入。干燥理论、模拟、模型等基础研究，以设备为对象的工艺、控制、测试等应用研究，对微波、冷冻、喷雾、过热蒸汽干燥等方法的研究，对中间体、医药、食品、农产品、纸张、木材等干燥产品的研究均取得了一定的进展；在环境保护、能源节约、质量管理及软件等方面的研究也得到了越来越多的重视。

近几年来，我国工农业和科学技术的迅速发展带动了干燥操作技术的发展，为我国干燥设备制造行业提供了良好的发展机遇。但挑战与机遇同在，随着经济全球化进程的加快，世界著名的干燥设备制造商，如丹麦的尼鲁公司、日本的大川原株式会社等纷纷在我国设立分公司，抢夺我国市场，我国干燥设备制造行业面临着更为激烈的竞争。目前我国干燥设备制造行业已进入较成熟的发展阶段，能够较好地满足各个领域用户的实际需要，而在价格上只有国外相同产品的1/3，这使我国干燥设备在市场竞争中比进口设备具有明显的价格优势；此外，由于干燥设备体积较大，大多数还涉及现场安装、调试和售后服务等，因此对国内用户而言，选用国产设备较选用进口设备更有吸引力。当然，目前国内在同类产品技术上与国外还存在着差距。

在生产过程中，干燥操作常常成为主要耗能环节，同时，干燥过程对环境的污染也相当严重。我国干燥行业应提高自主创新能力，按照"高效、节能、绿色、环保"和"大型干燥装备国产化"的指导思想，走绿色可持续发展的道路。

化工生产中，需要干燥处理的物料种类繁多，涉及成千上万种无机物、有机物。就形态而言，有溶液、悬浮液、淤浆、黏膏、粉体、颗粒、大块、纤维、不定形的散乱物料等；就性质而言，有松散的、黏结性的、耐热的、热敏性的，受热脱水时有不变形的和易开裂变形的等；就干燥产物的质量而言，除对产品的湿含量有要求外，还对化学、生化，甚至电、磁等性质也有要求，另外，许多产品还对堆积密度、粒度和色泽等物理性质有特定的要求，某些物料还要求干燥过程中不发生变形、断裂等。不同类型的物料及不同的质量，要求采用不同的技术和设备来解决其干燥问题。

在化工生产中，常用的干燥设备有十几种，有近百个规格。主要类型有：厢式、洞道式、带式、气流、喷雾、流化床及振动流化床、内加热流化床、流化床喷雾造粒、回转、滚筒、真空耙式、真空双锥回转、桨叶式、闪蒸、微波及远红外干燥设备等，以及其中两种的有机组合。

目前，化工行业的干燥设备正在向大型化发展。例如，我国生产的闪蒸干燥设备直径可达到 2.4m；桨叶干燥设备的传热面积可达到 $160m^2$；盘式干燥设备的最大传热面积已达到 $180m^2$；机械离心式喷雾干燥设备的处理量可达到 45t/h；机电一体的离心雾化器也达到处理量 5t/h 的规模，较好地解决了雾化器的机械问题，离心喷雾干燥设备直径已达到 10m 以上；压力式喷雾干燥设备可以达到直径 8m，总高 50m，处理能力 4t/h；回转圆筒干燥设备直径可达到 3m，长度达 30m；带式干燥设备面积也达到 $140m^2$；蒸汽回转干燥设备直径可以达到 4m，长度达 48m；换热面积达 $2400m^2$ 的内加热流化床干燥设备、$24m^2$ 的普通流化床干燥设备也实现了工业化应用。总的来说，成套装备是化工行业中干燥操作的发展目标，即以干燥为核心，向上下游发展，形成成套技术，从而实现行业突破。

当前干燥理论和技术的研究与开发主要集中在以下几方面：提高效率、降低能耗；提高干燥速率，使设备紧凑；提高控制水平，优化干燥设备性能，改善产品产量；安全操作和减少环境污染；增强灵活性，开发可用于多种产品的干燥系统；开发多目标加工系统，使干燥与化学反应、烧结、加热或冷却、涂覆、混合、分级等过程中的一种或几种结合在同一装置中进行。

在制药行业中，干燥的应用已经历了相当长的时间，从 20 世纪六七十年代就大量使用的厢式烘房或热风循环烘房到 80 年代的真空干燥设备，再到 90 年代沸腾床与喷雾干燥、包衣、造粒设备的广泛应用，特别是 20 世纪末期，真空冷冻干燥设备、微波干燥设备在国内也能自己生产，基本满足了制药行业的要求。进入 21 世纪，医药行业的 GMP 认证也促进了医药干燥设备的发展。20 世纪 90 年代，沸腾制粒干燥和喷雾沸腾制粒干燥开始在国内制药业应用。目前，传统的多单元干燥装置已完全被符合 GMP 要求的一步制粒干燥设备所取代，在一台设备中可同时完成混合、制粒和干燥操作，此种制粒干燥技术装备已接近国际先进水平。

冷冻干燥技术是将湿物料冻结到冰点以下，然后使水分由固态直接升华成气态水蒸气，从而使物料中的水分含量降低到规定水平的一种干燥技术。其生产流程包括前处理、速冻、脱水和后处理四步。医药用冻干机主要用于血清、血浆、疫苗、酶、抗生素等的生产和药品的保存。在保证产品质量的前提下，如何提高冻干效率、缩短干燥时间、节约能源，尚需进一步研究。

微波干燥技术是利用微波具有穿透非金属、被金属反射、被水或含水物质吸收的特性来进行干燥的一种技术。微波能量直接辐射到物料层内部，使物料层内部温度升高，湿分蒸发向表面转移并被热气带走。干燥时间可缩短 2/3，同时具有消毒功能。微波干燥技术特别有利于含水物料的干燥，其干燥速率快，能源利用率高，干燥灭菌效果好，产品质量高，且可以进行连续化、自动化生产，工作效率高，操作环境好，符合 GMP 要求，目前主要用于中药干燥，值得推广应用。

热泵是利用一定量的低温热能来获得较高温度，可供利用热能的热力系统。热泵与常规的干燥设备一起组成的热泵系统称为热泵干燥机或除湿干燥机。其干燥机理主要涉及多孔性物质内的热量与水分的组合传导现象。热泵系统主要是由压缩机、蒸发器、冷凝器和膨胀阀等组成的闭路循环系统。其种类很多，按工作原理可分为压缩式、吸收式、半导体式和化学式等，目前应用最广的是压缩式热泵，在干燥领域应用的基本上都是这类热泵。由于热泵干燥的干燥条件温和，干燥参数易于控制，能够得到与冷冻干燥品质相近的产品，因此在化学工业、造纸、木材工业、纺织等工业生产以及食品、药品和其他热敏性物料的干燥方面得到了越来越广泛的应用。美中不足的是，热泵干燥技术的干燥温度过低，因而限制了干燥速率；且大部分热泵干燥装置使用的制冷剂 CFCs 会破坏大气臭氧层，另外制冷工质的泄漏也会对热泵系统的工作性能造成很大的影响，因此，完善热泵干燥技术有着广泛的发展前景。

当前，世界上关于过热蒸汽（气）干燥、超临界干燥、生物干燥和联合干燥等干燥新技术均已经具有生产应用的成功经验，值得我国研究和探索。未来干燥技术的发展总趋势是：在同等能耗下，提高产品的产量和质量；在同等产品产量和质量的前提下，降低能量消耗；各种干燥技术组合和优化，以降低干燥过程对环境的危害，促进可持续发展。

本章小结

固体干燥是化工生产中对固体物料去湿的重要手段，属于气固相之间的传质与传热过程。干燥的主要目的是：①对原料或中间产品进行干燥，以满足工艺要求。②对产品进行干燥，以提高产品中的有效成分，同时满足运输、贮藏和使用的需要。学习中要注意的问题有以下几点。

- 对流干燥的过程特点和干燥介质的作用。
- 湿空气、饱和湿空气、绝干空气的概念及相互关系。
- 湿物料中水分的划分。平衡水分和自由水分的划分与物料性质及干燥条件都有关系，结合水分和非结合水分的划分则完全由湿物料自身的性质而定，与空气的状态无关。
- 水分蒸发量、空气消耗量间的关系。
- 影响干燥速率的操作条件，根据控制步骤确定适宜的干燥条件。

本章主要符号说明

英文

c ——比热容，kJ/(kg·K)

G ——湿物料的质量流量，kg/s

G_c ——绝干物料的质量流量，kg/s

G'_c ——绝干物料量，kg

H ——湿空气的湿度，kg 水汽/kg 干气

I ——焓，kJ/kg

l ——单位空气消耗量，kg 干气/kg 水

L ——空气消耗量，kg 干气/s

M ——摩尔质量，kg/kmol

n ——物质的量，mol

r ——汽化潜热，kJ/kg

t ——温度，℃

U ——干燥速率，kg/(m²·s)

v ——比体积，m³/kg

V ——体积流量，m³/s

w ——湿基含水量，kg 水/kg 湿物料

W ——水分蒸发量，kg/s

X ——干基含水量，kg 水/kg 干料

希文

φ ——相对湿度

 思考题

1. 干燥方法有哪几种？对流干燥的实质是什么？

2. 湿空气的性质有哪些？在干燥中各有什么作用？

3. 为什么湿空气要经预热后再送入干燥器？

4. 对同样的干燥要求，夏季与冬季哪一个季节空气消耗量大？为什么？

5. 要想获得绝干物料，干燥介质应具备什么条件？实际生产中能否实现？为什么？

6. 对干燥设备的基本要求是什么？常用对流干燥器有哪些？各有什么特点？

7. 影响干燥操作的主要因素有哪些？调节、控制应注意哪些问题？

8. 采用废气循环的目的是什么？废气循环对干燥操作会带来什么影响？

 习题 ▶▶ ....

6-1 已知湿空气的总压为 100kPa，温度为 45℃，相对湿度为 50%。试求：①湿空气中水汽的分压；②湿度；③湿空气的密度。

6-2 湿空气的总压为 101.3kPa，温度为 30℃，其中水汽分压为 2.5kPa。试求湿空气的比体积、焓和相对湿度。

6-3 已知湿空气的总压为 100kPa，温度为 40℃，相对湿度为 50%。试求：①水汽分压、湿度、焓和露点；②将 500kg/h 的湿空气加热至 80℃时所需的热量；③加热后的体积流量。

6-4 将 100m³ 温度为 150℃、湿度为 0.2kg 水汽/kg 干气的湿空气在 100kPa 下恒压冷却。试分别计算冷却至以下温度时，空气析出的水量：①100℃；②60℃；③30℃。

6-5 干球温度为 60℃和相对湿度为 20% 的空气在逆流列管换热器内，用冷却水冷却至露点。冷却水温度从 15℃上升至 20℃。若换热器的传热面积为 20m²，传热系数为 50W/(m²·℃)。试求：①被冷却的空气量；②空气中的水汽分压。

6-6 用一干燥器干燥湿物料，已知湿物料的处理量为 2000kg/h，含水量由 20% 降至 4%（均为湿基）。试求水分汽化量和干燥产品量。

6-7 用常压（100kPa）干燥器干燥湿物料，已知湿物料的处理量为 2200kg/h，含水量由

40%降至5%（湿基）。湿空气的初温为30℃，相对湿度为40%，经预热后温度升至90℃后送入干燥器，出口废气的相对湿度为70%，温度为55℃。试求：①绝干空气消耗量；②风机安装在预热器入口时的风量。

6-8　室温下，含水量为0.02kg(水)/kg(干木炭)的木炭长期置于湿度为40%的空气中，试求最终木炭的含水量。木炭是吸湿还是被干燥？吸收（或去除）了多少水分（用图6-5解答）？

自测题 ▶▶▶

1. 在一定的干燥条件下，根据物料中所含水分能否用干燥的方除去，可将其水分分为（　　）。

A. 结合水分和非结合水分　　　　　　　　B. 结合水分和平衡水分

C. 平衡水分和自由水分　　　　　　　　　D. 自由水分和非结合水分

2. 100kg 湿物料中含水 20kg，则该湿物料的干基含水量为（　　）。

A. 15%　　　　　　B. 20%　　　　　　C. 25%　　　　　　D. 40%

3. 在一定压力下，将某不饱和湿空气由温度 t_1 冷却至 t_2，则其相对湿度 ϕ（　　），绝对湿度 H（　　），露点 t_d（　　）。

A. 增加，减小，不变　　　　　　　　　　B. 增加，不变，不变

B. 降低，增加，不变　　　　　　　　　　D. 增加，增加，增加

4. 在对流干燥过程中，使用预热器的目的是（　　）。

A. 提高传热速率和空气的载湿能力　　　　B. 减少热量损失

B. 降低传热速率和空气的载湿能力　　　　D. 避免被干燥物料过热

5. 工业生产中，若需将溶液直接干燥得到颗粒（或粉状）产品，则可以选用（　　）。

A. 沸腾床干燥器　　B. 气流干燥器　　C. 转筒干燥器　　D. 喷雾干燥器

6. 对于同一干燥物系，恒速阶段的干燥速率越快，则其湿物料的临界含水量（　　）。

A. 不变　　　　　　B. 越少　　　　　　C. 越大　　　　　　D. 以上三点都不对

7. 用湿空气干燥某一湿物料时，若湿空气的流速增加，则湿物料的平衡含水量（　　）。

A. 增大　　　　　　　　　　　　　　　　B. 减小

C. 不变　　　　　　　　　　　　　　　　D. 不确定

8. 以下各因素中，非影响干燥速率的因素是（　　）。

A. 湿物料的特性　　B 干燥设备　　　　C. 平衡水分　　　　D. 干燥介质特性

9. 在总压不变的条件下，将湿空气与不断降温的冷壁相接触，直至空气在光滑的冷壁面上析出水雾，此时的冷壁温度称为（　　）。

A. 露点　　　　　　B. 湿球温度　　　　C. 干球温度　　　　D. 绝对饱和温度

10. 为了保证被干燥物料表面不干裂、不起皱等，通常采用以下措施（　　）。

A. 降低干燥速率　　B. 提高干燥速率　　C. 加大物料粒度　　D. 减小物料粒度

第7章 蒸 发

学习目标

- **掌握**：工艺条件变化对蒸发操作的影响；标准蒸发器的操作要点。
- **理解**：蒸发的实质、特点；单效蒸发的流程；多效蒸发对节能的意义。
- **了解**：蒸发的工业应用及其相关概念；蒸发的类型；多效蒸发流程的特点与适应性；蒸发设备的结构及其各部分的作用。

7.1 概述

7.1.1 蒸发在工业生产中的应用

在化工、医药和食品加工等工业生产中，常常需要将溶有固体溶质的稀溶液加以浓缩，以得到高浓度溶液或析出固体产品，此时应采用蒸发操作。

蒸发就是通过加热的方法将稀溶液中的一部分溶剂汽化并除去，从而使溶液浓度提高的一种单元操作，其目的是为了得到高浓度的溶液。

例如，在化工生产中，用电解法制得的烧碱（NaOH溶液）的质量浓度一般只在10%左右，要得到42%左右的符合工艺要求的浓碱液则需通过蒸发操作。由于稀碱液中的溶质NaOH不具有挥发性，而溶剂水具有挥发性，因此生产上可将稀碱液加热至沸腾状态，使其中大量的水分发生汽化并除去，这样原碱液中的溶质NaOH的浓度就得到了提高。又如，食品工业中利用蒸发操作将一些果汁加热，使一部分水分汽化并除去，以得到浓缩的果汁产品。

除此之外，蒸发操作还常常用来先将原料液中的溶剂汽化，然后加以冷却以得到固体产品，如食糖的生产、医药工业中固体药物的生产等都属此类。

在工业生产中应用蒸发操作时，需认识蒸发如下几方面的特点。

① 蒸发的目的是为了使溶剂汽化，因此被蒸发的溶液应由具有挥发性的溶剂和不挥发性的溶质组成，这一点与蒸馏操作中的溶液是不同的。整个蒸发过程中溶质数量不变，这是本章物料衡算的基本依据。

② 溶剂的汽化可分别在低于沸点和沸点时进行。在低于沸点时进行，称为自然蒸发。如海水制盐用太阳晒，此时溶剂的汽化只能在溶液的表面进行，蒸发速率缓慢，生产效率较低，故该法在其他工业生产中较少采用。若溶剂的汽化在沸点温度下进行，则称为沸腾蒸发，溶剂不仅在溶液的表面汽化，而且在溶液内部的各个部分同时汽化，蒸发速率大大提高。本章只讨论工业生产中普遍采用的沸腾汽化。

③ 蒸发操作是一个传热和传质同时进行的过程，蒸发速率取决于过程中较慢的那一步过程的速率，即热量传递速率，因此工程上通常把它归类为传热过程。

④ 由于溶液中溶质的存在，在溶剂汽化过程中溶质易在加热表面析出而形成污垢，影响传热效果。当该溶质为热敏性物质时，还有可能因此而分解变质。

⑤ 蒸发操作需在蒸发器中进行。沸腾时，由于液沫的夹带而可能造成物料的损失，因此蒸发器在结构上与一般加热器是有区别的。

⑥ 蒸发操作中要将大量溶剂汽化，需要消耗大量的热能，因此，蒸发操作的节能问题将比一般传热过程更为突出。由于目前工业上常用水蒸气作为加热热源，而被蒸发的物料大多为水溶液，汽化出来的蒸气仍然是水蒸气，为区别起见，将用来加热的蒸汽称为生蒸汽，将从蒸发器中蒸发出的蒸汽称为二次蒸汽。充分利用二次蒸汽是蒸发操作中节能的主要途径。如果将二次蒸汽引至另一蒸发器作为加热蒸汽之用，则称为多效蒸发；如果二次蒸汽不再被利用，而是冷凝后直接放掉，则称为单效蒸发。

7.1.2 单效蒸发的流程与计算

7.1.2.1 单效蒸发的流程

如图 7-1 所示是一套典型的单效蒸发操作装置流程。左面的设备是用来进行蒸发操作的主体设备蒸发器，它的下部分是由若干加热管组成的加热室 1，加热蒸汽在管间（壳方）被冷凝，它所释放出来的冷凝潜热通过管壁传给被加热的料液，使溶液沸腾汽化。在沸腾汽化过程中，将不可避免地要夹带一部分液体，为此，在蒸发器的上部设置了一个称为分离室的分离空间，并在其出口处装有除沫装置，以便将夹带的液体分离开，蒸汽则进入混合冷凝器 4 内，被冷却水冷凝后排出。在加热室管内的溶液中，随着溶剂的汽化，溶液浓度得到提高，浓缩以后的完成液从蒸发器的底部出料口排出。

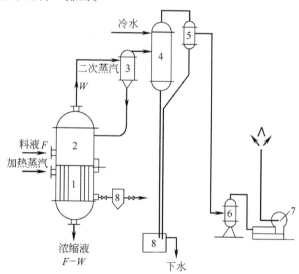

图 7-1 单效真空蒸发流程

1—加热室；2—分离室；3—二次分离器；4—混合冷凝器；
5—汽液分离器；6—缓冲罐；7—真空泵；8—冷凝水排除器

蒸发操作可以在常压、加压或减压下进行，上述流程是采用减压蒸发操作的。减压蒸发是指在低于大气压的条件下进行的蒸发，具有如下优点：

① 在加热蒸汽压力相同的情况下，减压蒸发时溶液的沸点低，传热温差可以增大，当传热量一定时，蒸发器的传热面积可以相应地减小；

② 可以蒸发不耐高温的溶液；

③ 可以利用低压蒸汽或废汽作为加热剂；

④ 操作温度低，损失于外界的热量也相应地减小。

但是，减压蒸发也有一定的缺点，这主要是由于溶液沸点降低，黏度增大，导致总的传热系数下降，同时还要有减压装置，需配置如图 7-1 中所示的真空泵、缓冲罐、汽液分离器等辅助设备，使基建费用和操作费用相应增加。

在单效蒸发过程中，由于所产生的二次蒸汽直接被冷凝而除去，使其携带的能量没有被充分利用，因此能量消耗大，只在小批量生产或间歇生产的场合下使用。

7.1.2.2 单效蒸发的计算

虽然大多数工程采用多效蒸发操作，但多效蒸发计算较为复杂，可将多效蒸发视为若干个单效蒸发的组合。本章只讨论单效蒸发的有关计算。

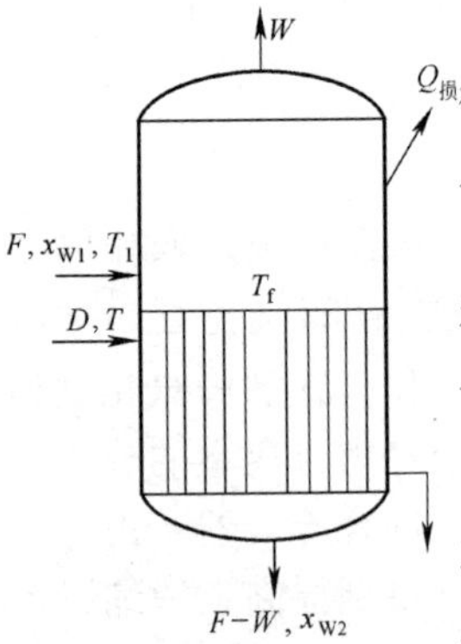

对于单效蒸发，在给定生产任务和确定了操作条件后，则可用物料衡算和热量衡算来计算溶剂的蒸发量以及加热蒸汽的消耗量。下面以蒸发水溶液为例讨论有关计算的内容。

（1）溶剂的蒸发量 如图 7-2 所示，单位时间内从溶液中蒸发出来的水分量，可以通过物料衡算得出，在稳定连续的蒸发过程中，单位时间进入和离开蒸发器的溶质数量应相等。即

$$Fx_{W1} = (F-W)x_{W2} \tag{7-1}$$

式中，F——单位时间内原料液的耗用量，kg/h；W——单位时间内蒸发出的水分量，kg/h；x_{W1}——原料液的质量分数；x_{W2}——完成液的质量分数。

图 7-2　单效蒸发的物料衡算和热量衡算

由式（7-1）可求得水分蒸发量为

$$W = F\left(1 - \frac{x_{W1}}{x_{W2}}\right) \tag{7-2}$$

例 7-1

用一单效蒸发器将流量为 10t/h、含量为 10% 的 NaOH 溶液浓缩到 20%，求每小时需要蒸发的水分量。

解 已知 $F = 10\text{t/h} = 10000\text{kg/h}$；$x_{W1} = 10\%$；$x_{W2} = 20\%$。

代入式（7-2），得

$$W = 10000 \times \left(1 - \frac{10\%}{20\%}\right) = 5000\text{kg/h}$$

（2）加热蒸汽的消耗量 蒸发计算中，加热蒸汽消耗量可以通过热量衡算来确定。现对图 7-2 所示的单效蒸发作热量衡算。在稳定连续的蒸发操作中，当加热蒸汽的冷凝液在饱和温度下排出时，单位时间内加热蒸汽提供的热量为

$$Q = DR \tag{7-3}$$

蒸汽所提供的热量主要用于以下三方面。

① 将原料从进料温度 t_1 加热到沸点温度 t_f，此项所需要的显热为 Q_1。

$$Q_1 = Fc_1(t_f - t_1) \tag{7-4}$$

② 在沸点温度 t_f 下使溶剂汽化，其所需要的潜热为 Q_2。

$$Q_2 = Wr \tag{7-5}$$

③ 补偿蒸发过程中的热量损失 Q_L。根据热量衡算的原则，有

$$Q = Q_1 + Q_2 + Q_L$$

即

$$DR = Fc_1(t_f - t_1) + Wr + Q_L$$

$$D = \frac{Fc_1(t_f - t_1) + Wr + Q_L}{R} \qquad (7\text{-}6)$$

式中，D ——单位时间内加热蒸汽的消耗量，kg/h；t_f ——操作压力下溶液的平均沸点温度，℃；t_1 ——原料液的初始温度，℃；r ——二次蒸汽的汽化潜热，kJ/kg，可根据操作压力和温度从有关附表中查取；R ——加热蒸汽的汽化潜热，kJ/kg；c_1 ——原料液在操作条件下的比热容，kJ/(kg·K)。其数值随溶液的性质和浓度不同而变化，可由有关手册中查取，在缺少可靠数据时，可参照下式估算

$$c_1 = c_S x_{W1} + c_W(1 - x_{W1}) \qquad (7\text{-}7)$$

式中，c_S，c_W ——分别为溶质、溶剂的比热容，kJ/(kg·K)。

表 7-1 中列出了几种常用无机盐的比热容数据，供读者使用时参考。

表 7-1　几种常用无机盐的比热容

物质	$CaCl_2$	KCl	NH_4Cl	NaCl	KNO_3
比热容/[kJ/(kg·K)]	0.687	0.679	1.52	0.838	0.926
物质	$NaNO_3$	Na_2CO_3	$(NH_3)_2SO_4$	糖	甘油
比热容/[kJ/(kg·K)]	1.09	1.09	1.42	1.295	2.42

当溶液为稀溶液（质量分数在 20％以下）时，比热容可近似地按下式估算

$$c_1 = c_W(1 - x_{W1}) \qquad (7\text{-}8)$$

例 7-2

求 25％食盐水溶液的比热容。

解　查得 NaCl 的比热容为 0.838kJ/(kg·K)，水的比热容为 4.187kJ/(kg·K)，则 25％食盐水溶液的比热容为

$$\begin{aligned}c_1 &= c_S x_{W1} + c_W(1 - x_{W1})\\&= 0.838 \times 0.25 + 4.187 \times (1 - 0.25)\\&= 3.35 \text{kJ/(kg·K)}\end{aligned}$$

例 7-3

今欲将操作条件下比热容为 3.7kJ/(kg·K) 的质量分数为 11.6％的 NaOH 溶液浓缩到 18.3％，已知溶液的初始温度为 293K，溶液的沸点为 337.2K，加热蒸汽的压力约为 0.2MPa，每小时处理的原料量为 1t，设备的热损失按热负荷的 5％计算。试求加热蒸汽消耗量。

解　已知 $F = 1000$kg/h；$c_1 = 3.7$kJ/(kg·K)；$t_f = 337.2$K；$t_1 = 293$K；$Q_L = 0.05DR$。

从附录中可查得：加热蒸汽压力为 0.2MPa 时的汽化潜热 $R = 2202.7$kJ/kg，温度为 337.2K 时的二次蒸汽的汽化潜热 $r = 2344.7$kJ/kg。

根据式（7-2）得

$$W = 1000 \times \left(1 - \frac{0.116}{0.183}\right) = 366 \text{kg/h}$$

根据式（7-6）得

$$D = \frac{Fc_1(t_f-t_1)+Wr+Q_L}{R} = \frac{1.05 \times [Fc_1(t_f-t_1)+Wr]}{R}$$
$$= \frac{1.05 \times [1000 \times 3.7 \times (337.2-293)+366 \times 2344.7]}{2202.7} = 487\text{kg/h}$$

对式(7-6)进行分析可以看出,加料温度不同,将影响操作中加热蒸汽的消耗量。

① 溶液预热到沸点时进料 此时即 $t_1 = t_f$,代入式(7-6)得

$$D = \frac{Wr+Q_L}{R} \tag{7-9}$$

若将热损失 Q_L 忽略不计,则上式可以近似地表示为

$$\frac{D}{W} = \frac{r}{R} \tag{7-10}$$

式中,D/W 称为单位蒸汽消耗量,即每蒸发 1kg 水所消耗的加热蒸汽量。它是衡量蒸发操作经济性的一个重要指标。由于工业生产中蒸发量很大,尽可能减小单位蒸汽消耗量 D/W 的值,对降低能耗、提高效益起重要作用。

② 原料液在低于沸点下进料 即冷液进料,$t_1 < t_f$,由于一部分热量用来预热原料液,致使单位蒸汽消耗量增加。

③ 原料液高于沸点进料 即 $t_1 > t_f$,此时,当溶液进入蒸发器后,温度迅速降到沸点,放出多余热量而使一部分溶剂汽化。对于溶液的进料温度高于蒸发器内溶液沸点的情况,在减压蒸发中是完全可能的。它所放出的热量使部分溶剂自动汽化的现象称为自蒸发。

7.2 多效蒸发

7.2.1 多效蒸发对节能的意义

多效蒸发即是将几个蒸发器按一定的方法组合起来,将前一个蒸发器所产生的二次蒸汽引到后一个蒸发器中作为加热热源使用。大规模、连续生产的场合均采用多效蒸发。

在多效蒸发中,每一个蒸发器称为一效。凡通入加热蒸汽的蒸发器称为第Ⅰ效,用第Ⅰ效的二次蒸汽作为加热蒸汽的蒸发器称为第Ⅱ效,并依次类推。

由单效蒸发中加热蒸汽消耗量的计算式(7-6)可看出,蒸发操作中的操作费用主要是用在将溶剂汽化所需要提供的热能上,对于拥有大规模蒸发操作的工厂来说,该项热量的消耗在全厂蒸汽动力费用中占有相当大的比重。显然,如果每蒸发 1kg 溶剂所消耗的加热蒸汽量 D/W 越小,则该蒸发操作的经济性就越好。

依前述的单效蒸发知,如果所处理的物料为水溶液,且是沸点进料以及忽略热损失的理想情况下,则由式(7-6)得出 $D/W = r/R \approx 1$,即每千克的加热蒸汽可以蒸发出约 1kg 的二次蒸汽。倘若采用多效蒸发,把蒸发出的这 1kg 的二次蒸汽作为加热剂引入另一蒸发器中,便可以又蒸发出 1kg 的水,这样,1kg 的原加热蒸汽实际可以蒸发出共 2kg 的水,或者说,平均起来每蒸发 1kg 的水只需要消耗 0.5kg 的加热蒸汽,即可使单位蒸汽消耗量降为 0.5,从而大大提高了蒸发操作的经济性;并且采用多效蒸发的效数越多,D/W 越小,即能量消耗就更少。

由此可见,采用多效蒸发时因充分利用了二次蒸汽的余热,从而大大节省了能量的消耗。不过,在实际蒸发过程中,每千克加热蒸汽所能蒸发的水分量要少于 1kg,即 $D/W > 1$。同样,在Ⅱ效蒸发中,其 $D/W > 0.5$。表 7-2 列出了从单效(Ⅰ效)到Ⅴ效时的单位蒸汽消耗量的大致情况。

表 7-2　单位蒸汽消耗量概况

效数	Ⅰ效	Ⅱ效	Ⅲ效	Ⅳ效	Ⅴ效
D/W	1.1	0.57	0.4	0.3	0.27

从表 7-2 中可以看出，随着效数的增加，单位蒸汽消耗量减小，因此所能节省的加热蒸汽费用增多，但效数增加，设备费用也相应增加。目前工业生产中多效蒸发的效数一般都是Ⅱ～Ⅲ效。

7.2.2　多效蒸发的流程

根据加料方式的不同，多效蒸发操作的流程可分为 3 种，即并流、逆流和平流。下面以三效蒸发为例，分别介绍这 3 种流程。

（1）并流（顺流）加料流程　如图 7-3 所示，这是工业上最常用的一种方法。原料液和加热蒸汽都加入第Ⅰ效，溶液顺序流过第Ⅰ、Ⅱ、Ⅲ效，从第Ⅲ效取出完成液。加热蒸汽在第Ⅰ效加热室中被冷凝后，经冷凝水排除器排出。从第Ⅰ效出来的二次蒸汽进入第Ⅱ效加热室供加热用；第Ⅱ效的二次蒸汽进入第Ⅲ效加热室；第Ⅲ效的二次蒸汽进入冷凝器中冷凝后排出。

顺流加料流程的优点是：各效的压力依次降低，溶液可以自动地从前一效流入后一效，不需用泵输送；各效溶液的沸点依次降低，前一效的溶液进入后一效时将发生自蒸发而蒸发出更多的二次蒸汽。缺点是：随着溶液的逐效增浓，温度逐效降低，溶液的黏度则逐效增高，使传热系数逐效降低。因此，顺流加料不宜处理黏度随浓度的增加而迅速加大的溶液。

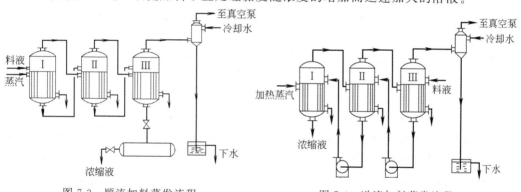

图 7-3　顺流加料蒸发流程　　　　　　图 7-4　逆流加料蒸发流程

（2）逆流加料蒸发流程　图 7-4 是逆流加料的蒸发流程。原料液从末效加入，然后用泵送入前一效，最后从第Ⅰ效取出完成液。蒸汽的流向则顺序流过第Ⅰ、Ⅱ、Ⅲ效，料液的流向与蒸汽的流向相反。

逆流加料的优点是：最浓的溶液在最高的温度下蒸发，各效溶液的黏度相差不致太大，传热系数不致太小，有利于提高整个系统的生产能力；末效的蒸发量比顺流加料时少，减少了冷凝器的负荷。缺点是效与效之间必须用泵输送溶液，增加了电能消耗，使装置复杂化。

（3）平流加料蒸发流程　图 7-5 是平流加料的蒸发流程。每一效中都送入原料液，放出完成液。这种加料法主要用在蒸发过程中有晶体析出的场合。

多效蒸发的计算与单效蒸发相似，但由于效数较多，计算过程比较复杂，此处从略。

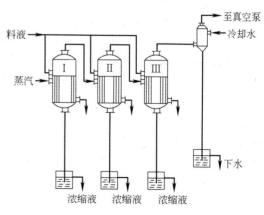

图 7-5　平流加料蒸发流程

7.3 蒸发设备

7.3.1 常见蒸发设备

蒸发过程是一个传热过程，蒸发时还需要不断地除去过程中所产生的二次蒸汽。因此，它除了需要传热的加热室之外，还需要有一个进行汽液分离的分离室，蒸发所用的主体设备蒸发器，就是由加热室和分离室这两个基本部分组成。由于加热室的结构形式和溶液在加热室中运动情况不同，因此蒸发器可采用多种形式，分为自然循环型蒸发器、强制循环型蒸发器、膜式蒸发器以及浸没燃烧蒸发器等。此外，蒸发设备还包括使液沫进一步分离的除沫器，排除二次蒸汽的冷凝器，以及减压蒸发时采用的真空泵等辅助装置。

7.3.1.1 自然循环型蒸发器

这类蒸发器的特点是：溶液在加热室被加热的过程中因密度差而形成自然循环。其加热室有横卧式和竖式两种，竖式应用最广，它包括以下几种主要结构型式。

（1）中央循环管式（标准式）蒸发器　这种蒸发器目前在工业上应用最广泛，其结构如图7-6所示，加热室如同列管式换热器一样，为 $1 \sim 2m$ 长的竖式管束组成，称为沸腾管，但中间有一个直径较大的管子，称为中央循环管，它的截面积等于其余加热管总截面积的 $40\% \sim 100\%$，由于它的截面积较大，管内的液体量比小管中要多；而小管的传热面积相对较大，使小管内的液体的温度比大管中高，因而造成两种管内液体存在密度差，再加上二次蒸汽在上升时的抽吸作用，使得溶液从沸腾管上升，从中央循环管下降，构成一个自然对流的循环过程。

蒸发器的上部为分离室，也称蒸发室。加热室内沸腾溶液所产生的蒸汽带有大量的液沫，到了蒸发室的较大空间内，液沫相互碰撞结成较大的液滴而落回到加热室的列管内，这样，二次蒸汽和液沫分开，蒸汽从蒸发器上部排出，经浓缩以后的完成液从下部排出。

中央循环管式蒸发器的优点是：构造简单、制造方便、操作可靠。缺点是：检修麻烦，溶液循环速度低，一般在 $0.4 \sim 0.5m/s$ 以下，故传热系数较小。它不适用于黏度较大及容易结垢的溶液。

（2）悬筐式蒸发器　其结构如图7-7所示，它的加热室像个篮筐，悬挂在蒸发器壳体的下部，作用原理与中央循环管式相同。加热蒸汽从蒸发器的上部进入到加热管的管隙之间，溶液仍然从管内通过，并经外壳的内壁与悬筐外壁之间的环隙中循环，环隙截面积一般为加热管总面积的 $100\% \sim 150\%$。这种蒸发器的优点是溶液循环速度比中央循环管式要大（一般在 $1 \sim 1.5m/s$），而且加热器被液流所包围，热损失也比较小；此外，加热室可以由上方取出，清洗和检修比较方便。缺点是结构复杂，金属耗量大。它适用于容易结晶的溶液的蒸发，这时可增设析盐器，以利于析出的晶体与溶液分离。

（3）外加热式蒸发器　其结构如图7-8所示，它的特点是把管束较长的加热室装在蒸发器的外面，即将加热室与蒸发室分开。这样，一方面降低了整个设备的高度，另一方面由于循环管没有受到蒸汽加热，增大了循环管内与加热管内溶液的密度差，从而加快了溶液的自然循环速度，同时还便于检修和更换。

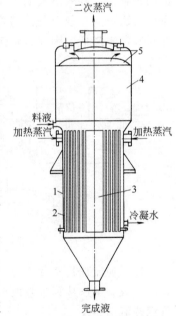

图 7-6　中央循环管式蒸发器
1—外壳；2—加热室；
3—中央循环管；4—蒸发室；
5—除沫器

中央循环管式
蒸发器结构及
工作过程

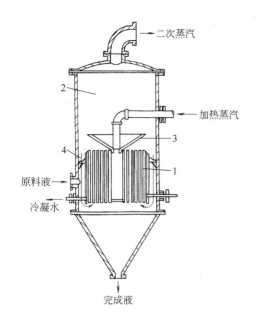

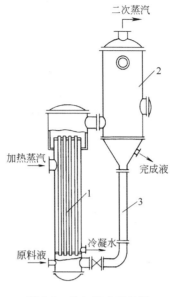

外加热式蒸发器
结构及工作过程

图 7-7　悬筐式蒸发器
1—加热室；2—分离室；
3—除沫器；4—环形循环通道

图 7-8　外加热式蒸发器
1—加热室；2—蒸发室；3—循环管

（4）列文蒸发器　列文蒸发器如图 7-9 所示，是自然循环型蒸发器中比较先进的一种型式，主要部件为加热室、沸腾室、循环管和分离室。它的主要特点是在加热室的上部有一段大管子，即在加热管的上面增加了一段液柱。这样，使加热管内的溶液所受的压力增大，因此溶液在加热管内不至达到沸腾状态。随着溶液的循环上升，溶液所受的压力逐步减小，通过工艺条件的控制，使溶液在脱离加热管时开始沸腾，这样，溶液的沸腾层移到了加热室外进行，从而减少了溶液在加热管壁上因沸腾浓缩而析出结晶或结垢的机会。由于列文蒸发器具有这种特点，所以又称为管外沸腾式蒸发器。

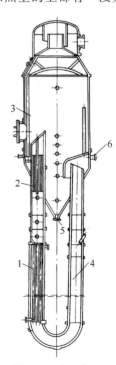

列文蒸发器中循环管的截面积比一般自然循环型蒸发器的截面积都要大，通常为加热管总截面积的 2～3.5 倍，这样，溶液循环时的阻力减小；而且加热管和循环管都相当长，通常可达 7～8m，循环管不受热，因此，两个管段中溶液的温差较高，密度差较大，从而造成了比一般自然循环型蒸发器要大的循环推动力，溶液的循环速度可以达到 2～3m/s，整个蒸发器的传热系数可以接近于强制循环型蒸发器的数值，而不必付出额外的动力。因此，这种蒸发器在国内化工企业中，特别是一些大中型电化厂的烧碱生产中应用较广。列文蒸发器的主要缺点是设备相当庞大，金属消耗量大，需要高大的厂房；另外，为了保证较高的溶液循环速度，要求有较大的温度差，因而要使用压力较高的加热蒸汽等。

7.3.1.2　强制循环型蒸发器

在一般自然循环型蒸发器中，循环速度比较低，一般都小于 1m/s。为了处理黏度大或容易析出结晶与结垢的溶液，必须加大溶液的循环速度，以提高传热系数，为此，采用了强制循环型蒸发器，其结构如图 7-10 所示。蒸发器内的溶液依靠泵的作用沿着一定的方向循环，其速度一般可达 1.5～3.5m/s，因此，其传热速率和生产能力都较高。溶液的

图 7-9　列文蒸发器
1—加热室；2—沸腾室；3—分离室；4—循环管；5—完成液出口；6—加料口

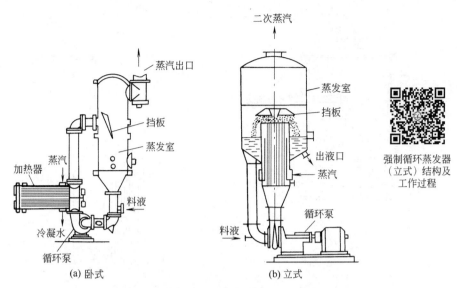

图 7-10　强制循环型蒸发器

循环过程是这样进行的：溶液由泵自下而上地送入加热室内，并在此流动过程中因受热而沸腾，沸腾的汽液混合物以较高的速度进入蒸发室内，室内的除沫器（挡板）促使其进行汽液分离，蒸汽自上部排出，液体沿循环管下降被泵再次送入加热室而循环。

这种蒸发器的传热系数比一般自然循环型蒸发器大得多，因此，在相同的生产任务下，蒸发器的传热面积比较小。缺点是动力消耗比较大，每平方米加热面积大约需要 0.4～0.8kW。

7.3.1.3　膜式蒸发器

上述几种蒸发器，溶液在器内停留的时间都比较长，对于热敏性物料的蒸发，容易造成物料的分解或变质。膜式蒸发器的特点是溶液仅通过加热管一次，不作循环，溶液在加热管壁上呈薄膜状，蒸发速率快（数秒至数十秒），传热效率高，对处理热敏性物料的蒸发特别适宜，对于黏度较大、容易产生泡沫的物料的蒸发也比较适用，目前已成为国内外广泛应用的先进蒸发设备。膜式蒸发器的结构型式比较多，其中比较常用的有升膜式、降膜式、升降膜式和回转式薄膜蒸发器等。

（1）升膜式蒸发器　其结构如图 7-11 所示，它也是一种将加热室与蒸发室（分离室）分离的蒸发器。加热室实际上就是一个加热管很长的立式列管换热器，料液由底部进入加热管，受热沸腾后迅速汽化；蒸汽在管内高速上升，料液受到高速上升蒸汽的带动，沿管壁呈膜状上升，并继续蒸发；汽液在顶部分离室内分离，二次蒸汽从顶部逸出，完成液则由底部排走。

这种蒸发器适用于蒸发量较大、有热敏性和易产生泡沫的溶液，而不适用于有结晶析出或易结垢的物料。

（2）降膜式蒸发器　降膜式蒸发器的加热室可以是单根套管，也可由管束及外壳组成，其结构如图 7-12 所示。原料液从加热室的顶部加入，在重力作用下沿管内壁呈膜状下降并进行蒸发，浓缩后的液体从加热室的底部进入到分离器内，并从底部排出，二次蒸汽由顶部逸出。在该蒸发器中，每根加热管的顶部必须装有降膜分布器，以保证每根管子的内壁都能为料液所润湿，并不断有液体缓缓流过；否则，一部分管壁出现干壁现象，不能达到最大生产能力，甚至不能保证产品质量。

降膜式蒸发器同样适用于热敏性物料，而不适用于易结晶、结垢或黏度很大的物料。

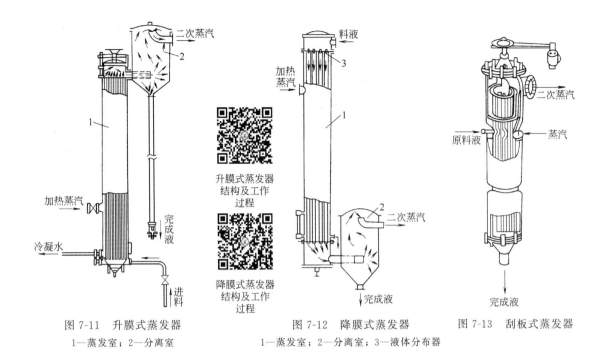

图 7-11　升膜式蒸发器　　　　　　图 7-12　降膜式蒸发器　　　图 7-13　刮板式蒸发器
1—蒸发室；2—分离室　　　　1—蒸发室；2—分离室；3—液体分布器

（3）回转式薄膜蒸发器　回转式薄膜蒸发器具有一个装有加热夹套的壳体，在壳体内的转动轴上装有旋转的搅拌桨。搅拌桨的形式很多，常用的有刮板、甩盘等，这里介绍一种刮板式蒸发器，其结构如图 7-13 所示。刮板紧贴壳体内壁，其间隙只有 0.5～1.5mm。原料液从蒸发器上部沿切线方向进入，在重力和旋转刮板的作用下，溶液在壳体内壁上形成旋转下降的薄膜，并不断被蒸发，在底部成为符合工艺要求的完成液。

这种蒸发器的突出优点在于对物料的适应性强，对容易结晶、结垢的物料以及高黏度的热敏性物料都能适用。其缺点是结构比较复杂，动力消耗大，因受夹套加热面积的限制（一般为 $3\sim4m^2$，最大也不超过 $20m^2$），只能用在处理量较小的场合。

从上述的介绍可以看出，蒸发器的结构形式是很多的，实际选型时，除了要求结构简单、易于制造、金属消耗量小、维修方便、传热效果好等因素外，更主要的还是看它能否适用于所蒸发物料的工艺特性，包括物料的黏性、热敏性、腐蚀性、结晶或结垢性等，然后再全面综合地加以考虑。

7.3.2　蒸发操作的要点

蒸发器的类型是多种多样的，必须严格按照操作规程进行操作。开车前要做好准备工作，检查仪器仪表阀门是否完好，运转设备是否能够正常运转；日常运行中要经常对设备、管路进行严格检查、探伤，特别是要经常检查视镜玻璃、适时更换，以防因腐蚀造成事故；在蒸发容易析出结晶的物料时，易发生管路、阀门等结垢堵塞现象，需定期冲洗保持畅通；检修设备前，要泄压泄料，并用水冲洗降温，除去设备内残存的腐蚀性液体。

蒸发操作的最终目的是将溶液中大量的水分蒸发出来，使溶液得到浓缩，而要提高蒸发器在单位时间内蒸出的水分，必须做到以下几点。

（1）合理选择蒸发器　蒸发器的选择应考虑蒸发溶液的性质，如溶液的黏度、发泡性、腐蚀性、热敏性，以及是否容易结垢、结晶等情况。如热敏性的食品物料蒸发，由于物料所承受的最高温度有一定极限，因此应尽量降低溶液在蒸发器中的沸点，缩短物料在蒸发器中的滞留时间，可选用膜式蒸发器。对于腐蚀性溶液的蒸发，蒸发器的材料应耐腐蚀。例如，氯碱厂为了将电解后所得的 10% 左右的 NaOH 稀溶液浓缩到 42%，浓缩过程中溶液的腐蚀性增强，溶液黏度又不断增加，因此当溶液中 NaOH 的浓度大于 40％时，无缝钢管的加热管要改用不锈钢管。溶液浓度在 10％～30％一段蒸发可采用自然循环型蒸发器，浓度在 30％～40％一段蒸发，由于晶体析出和结垢严重，而且溶液的黏度又较大，应采用强制循环型蒸发器，这样可提高传热系数，并节约钢材。

（2）提高蒸汽压力　为了提高蒸发器的生产能力，提高加热蒸汽的压力和降低冷凝器中二次蒸汽压力，有助于提高传热温度差（蒸发器的传热温度差是加热蒸汽的饱和温度与溶液沸点温度之差）。因为加热蒸汽的压力提高，饱和蒸汽的温度也相应提高。冷凝器中的二次蒸汽压力降低，蒸发室的压力变低，溶液沸点温度也就降低。由于加热蒸汽的压力常受工厂锅炉的限制，所以通常加热蒸汽压力控制在 300～500kPa；冷凝器中二次蒸汽的绝对压力控制在 10～20kPa。假如压力再降低，势必增大真空泵的负荷，增加真空泵的功率消耗，且随着真空度的提高，溶液的黏度增大，使传热系数下降，反而影响蒸发器的传热量。

（3）提高传热系数 K　提高蒸发器蒸发能力的主要途径是提高传热系数 K。通常情况下，管壁热阻很小，可忽略不计。加热蒸汽冷凝膜系数一般很大，若在蒸汽中含有少量不凝性气体，则加热蒸汽冷凝膜系数下降。据测试，蒸汽中含 1％不凝性气体，传热总系数下降 60％，所以在操作中，必须密切注意和及时排除不凝性气体。

在蒸发操作中，管内壁出现结垢现象是不可避免的，尤其当处理易结晶和腐蚀性物料时，此时传热总系数 K 变小，使传热量下降。在这些蒸发操作中，一方面应定期停车清洗、除垢；另一方面改进蒸发器的结构，如把蒸发器的加热管加工光滑些，使污垢不易生成，即使生成污垢也易清洗，这就可以提高溶液循环的速度，从而可降低污垢生成的速度。

对于不易结晶、不易结垢的物料蒸发，影响传热总系数 K 的主要因素是管内溶液沸腾的传热膜系数。在此类蒸发操作中，应提高溶液的循环速度和湍动程度，从而提高蒸发器的蒸发能力。

（4）提高传热量　提高蒸发器的传热量，必须增加它的传热面积。在操作中，应密切注意蒸发器内液面高低。如在膜式蒸发器中，液面应维持在管长的 1/5～1/4 处，才能保证正常的操作。在自然循环式蒸发器中，液面在管长 1/3～1/2 处时，溶液循环良好，这时汽液混合物从加热管顶端涌出，达到循环的目的。液面过高，加热管下部所受的静压力过大，溶液达不到沸腾；液面过低则不能造成溶液循环。

蒸发器的类型多种多样，操作时，必须严格按照操作规程执行。开车前要做好准备工作，检查仪器、仪表、阀门是否完好，运转设备是否能够正常运转；日常运行中要经常对设备、管路进行严格检查、探伤，特别是视镜玻璃要经常检查、适时更换，以防因腐蚀造成事故；在蒸发容易析出结晶的物料时，易发生管路、阀门等结垢堵塞现象，需定期冲洗保持管路、阀门等的畅通；检修设备前，要泄压泄料，并用水冲洗降温，去除设备内残存的腐蚀性液体。

 本章小结

蒸发是用来提浓溶液的一种操作，主要用于处理挥发性溶剂与不挥发性溶质所构成的溶液。蒸发的实质是通过传热实现传质的操作，但又与传热不同。学习中应该注意比较：

- 蒸发与传热的不同；
- 蒸发与蒸馏的不同；
- 单效蒸发与多效蒸发的异同；
- 生蒸汽与二次蒸汽的不同；
- 真空蒸发与常温蒸发的不同。

英文

c——溶液的比热容，kJ/(kg·K)

c_s——溶质的比热容，kJ/(kg·K)

c_w——溶剂（水）的比热容，kJ/(kg·K)

D——加热蒸汽消耗量，kg/h

F——进料量，kg/h

h——蒸发器中的溶液高度，m

K——蒸发器加热室的传热（总）系数，W/(m²·K)

Q——传热速率或热负荷，kW

Q_L——热损失，kW

R——加热蒸汽的汽化潜热，kJ/kg

r——溶剂的汽化潜热，kJ/kg

T——加热蒸汽的温度，K

t——溶液的温度，K

t_f——溶液的沸点，K

W——蒸发的溶剂（二次蒸汽）量，kg/h

x_w——质量分数

希文

ρ——密度，kg/m³

下标

1——原料液

2——完成液

m——平均值

思考题

1.进行蒸发操作必备的条件是什么？何种溶液才能用蒸发操作进行提浓？

2.单效蒸发与多效蒸发的主要区别在哪里？它们各适用于什么场合？效数越多越经济吗？

3.蒸发器也是一种换热器，但它与一般的换热器在选用设备和热源方面有何差异？

4.蒸发操作中应注意哪些问题？怎样强化蒸发器的传热速率？

5.为什么说单位蒸汽消耗量是衡量蒸发操作经济性的重要指标？加料温度对它有何影响？

6.在蒸发操作的流程中，一般在最后都配备有真空泵，其作用是什么？

 习题 ▶▶ ......

7-1 今欲利用一单效蒸发器将某溶液从5％浓缩至25％（均为质量分数，下同），每小时处理的原料量为2000kg。试求：（1）每小时应蒸发的溶剂量；（2）如实际蒸发出的溶剂为1800kg/h，求浓缩后溶液的浓度。

7-2 设固体 NaOH 的比热容为1.31kJ/（kg·K），试分别估算10％和30％的 NaOH 水溶液在293K 时的比热容。

7-3 今欲将10t/h的 NH_4Cl 水溶液从10％浓缩至25％，设溶液的进料温度为290K，沸点为400K，所使用的加热蒸汽压力为174.16kPa，热损失估计为理论热量消耗的10％，求加热蒸汽的消耗量和单位蒸汽消耗量。

 自测题 ▶▶ ......

1.在蒸发操作中，被蒸发溶液的沸点与纯溶剂在同一压力下的沸点关系是（ ）。

A.高于纯溶剂的沸点 B.低于纯溶剂的沸点 C.两者相等 D.不确定

2.采用多效蒸发处理伴有晶体析出溶液，应该选（ ）加料流程。

A.逆流 B.并流 C.平流 D.以上三者都可以

3. 自然循环型蒸发器中，溶液的循环动力源自溶液的（　　）。

A. 黏度差　　　　　　B. 密度差　　　　　　C. 速度差　　　　　　D. 沸点差

4. 蒸发操作通常适用于处理（　　）。

A. 乳浊液　　　　　　　　　　　　　B. 溶有不挥发性溶质的溶液

C. 均相液体混合物（各组分均有挥发性）　　D 含水湿固体物料

5. 采用多效蒸发的目的是（　　）。

A. 增加蒸发器的处理能力　　　　　　B. 节省加热蒸汽消耗量

C. 减少设备投资　　　　　　　　　　D. 使工艺流程更简单

6. 蒸发处理热敏感性溶液时，可以采用的蒸发器是（　　）

A. 中央循环管式　　　B. 强制循环式　　　C. 升膜式　　　　　　D. 列文式

7. 逆流加料多效蒸发流程适用于（　　）的溶液蒸发。

A. 黏度较小　　　　　　　　　　　　B 黏度随温度和浓度变化大

C. 有结晶析出　　　　　　　　　　　D. 黏度随温度和浓度变化小

8. 下列蒸发器中，溶液循环速度最快的通常是（　　）蒸发器。

A. 强制循环式　　　B. 标准式　　　　　　C. 悬框式　　　　　D. 列文式

9. 蒸发过程中，除沫器的作用主要是（　　）。

A. 除去不凝性气体　　　　　　　　　B. 除去蒸汽中的液体

C. 增加蒸发器的强度　　　　　　　　D. 提高二次蒸汽的利用率

10. 用单效蒸发器将 1t/h 的电解质水溶液由 11% 浓缩至 25%（均为质量分数），所需蒸发的水分量为（　　）kg/h。

A. 280　　　　　　　B. 1120　　　　　　　C. 1210　　　　　　　D. 2000

第8章 结　晶

学习目标

- **掌握**：根据生产任务选择适宜的结晶方法与条件。
- **理解**：结晶实质、结晶过程的推动力、晶核的形成和影响晶核成长的因素。
- **了解**：结晶操作相关基本概念；工业应用；结晶设备的类型、结构特点。

8.1　概述

8.1.1　结晶及其工业应用

8.1.1.1　工业应用

结晶是固体物质以晶体状态从蒸气、溶液或熔融物中析出的过程。在化学工业中，常遇到的情况是固体物质从溶液及熔融物中结晶出来，如糖、食盐、各种盐类、染料及其中间体、肥料及药品、味精、蛋白质的分离与提纯等。

结晶是一个重要的化工单元操作，主要用于以下两方面。

（1）制备产品与中间产品　许多化工产品常以晶体形态出现，在生产过程中都与结晶过程有关。结晶产品易于包装、运输、贮存和使用。

（2）获得高纯度的纯净固体物料　工业生产中，即使原溶液中含有杂质，经过结晶所得的产品都能达到相当高的纯净度，故结晶是获得纯净固体物质的重要方法之一。

工业结晶过程不但要求产品有较高的纯度和较大的产率，而且对晶形、晶粒大小及粒度范围（即晶粒大小分布）等也常加以规定。颗粒大且粒度均匀的晶体不仅易于过滤和洗涤，而且贮存时胶结现象（即 n 粒体互相胶黏成块）大为减少。

随着精细化率的提高，结晶在化工、医药生产中的应用将更加广泛。

8.1.1.2　操作特点

与其他单元操作相比，结晶操作的特点是：

① 能从杂质含量较多的混合液中分离出高纯度的晶体；

② 高熔点混合物、相对挥发度小的物系及共沸物、热敏性物质等难分离物系，可考虑采用结晶操作加以分离，这是因为沸点相近的组分其熔点可能有显著差别；

③ 结晶操作能耗低，对设备材质要求不高，一般很少有"三废"排放。

8.1.1.3　基本概念

（1）结晶　在固体物质溶解的同时，溶液中还进行着一个相反的过程，即已溶解的溶质粒子撞击到固体溶质表面时，又重新变成固体而从溶剂中析出，这个过程称为结晶。

（2）晶体　晶体是化学组成均一的固体，组成它的分子（原子或离子）在空间格架的结点上对称排列，形成有规则的结构。

（3）晶系和晶习　构成晶体的微观粒子（分子、原子或离子）按一定的几何规则排列，由此形成的最小单元称为晶格。晶体可按晶格空间结构的区别分为不同的晶系。同一种物质在不同的条件下可形成不同的晶系，或为两种晶系的混合物。例如，熔融的硝酸铵在冷却过程中可由立方晶系变成斜棱晶系、长方晶系等。

微观粒子的规则排列可以按不同方向发展，即各晶面以不同的速率生长，从而形成不同外形的晶体，这种习性以及最终形成的晶体外形称为晶习。同一晶系的晶体在不同结晶条件下的晶习不同，改变结晶温度、溶剂种类、pH 值以及少量杂质或添加剂的存在往往因改变晶习而得到不同的晶体外形。例如，因结晶温度不同，碘化汞的晶体可以是黄色或红色；NaCl 从纯水溶液中结晶时为立方晶体，但若水溶液中含有少许尿素，则 NaCl 形成八面体的结晶。

控制结晶操作的条件以改善晶习，获得理想的晶体外形，是结晶操作区别于其他分离操作的重要特点。

（4）晶核　溶质从溶液中结晶出来的初期，首先要产生微观的晶粒作为结晶的核心，这些核心称为晶核。即晶核是过饱和溶液中首先生成的微小晶体粒子，是晶体生长过程必不可少的核心。

（5）晶浆和母液　溶液在结晶器中结晶出来的晶体和剩余的溶液构成的悬混物称为晶浆，去除晶体后所剩的溶液称为母液。结晶过程中，含有杂质的母液会以表面黏附或晶间包藏的方式夹带在固体产品中。工业上，通常在对晶浆进行固液分离以后，再用适当的溶剂对固体进行洗涤，以尽量除去由于黏附和包藏母液所带来的杂质。

8.1.2　固液体系相平衡

8.1.2.1　相平衡与溶解度

在一定温度下，任何固体溶质与溶液接触时，如溶液尚未饱和，则溶质溶解；当溶解过程进行到溶液恰好达到饱和时，固体与溶液互相处于相平衡状态，这时的溶液称为饱和溶液，其浓度即是在此温度条件下该物质的溶解度（平衡浓度）；如溶液超过了可以溶解的极限（过饱和），此时，溶液中所含溶质的量超过该物质的溶解度，超过溶解度的那部分过量物质要从溶液中结晶析出。

结晶过程的产量，取决于固体与溶液之间的平衡关系，这种平衡关系通常可用固体在溶剂中的溶解度来表示，即在 100g 水或其他溶剂中最多能溶解无水盐溶质的质量。物质的溶解度与其化学性质、溶剂的性质及温度有关。一定物质在一定溶剂中的溶解度主要随温度变化，而随压力的变化很小，常可忽略不计。

溶解度曲线表示溶质在溶剂中的溶解度随温度变化而变化的关系，如图 8-1 所示。许多物质的溶解度曲线是连续的，中间无断折，且物质的溶解度随温度升高而明显增加，如 $NaNO_3$、KNO_3 等；但也有一些水合盐（含有结晶水的物质）的溶解度曲线有明显的转折点（变态点），它表示其组成有所改变，如 $Na_2SO_4 \cdot 10H_2O$ 转变为 Na_2SO_4（变态点温度为 32.4℃）；另外还有一些物质，其溶解度随温度升高反而减小，例如 Na_2SO_4；至于 NaCl，温度对其溶解度的影响很小。

了解物质的溶解度特性有助于结晶方法的选择。对于溶解度随温度变化敏感的物质，可选用变温方法结晶分离；对于溶解度随温度变化缓慢的物质，可用蒸发结晶的方法（移除一部分溶剂）分离。

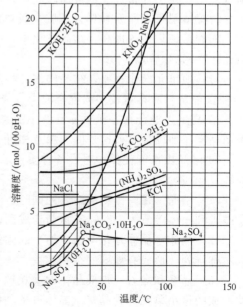

图 8-1　某些无机盐在水中的溶解度曲线

8.1.2.2　过饱和度

溶液质量浓度等于溶解度的溶液称为饱和溶

液；低于溶质的溶解度时，称为不饱和溶液；大于溶解度时，称为过饱和溶液。同一温度下，过饱和溶液与饱和溶液间的浓度差称为过饱和度。各种物系的结晶都不同程度地存在过饱和度，过饱和度是结晶过程必不可少的推动力。

过饱和溶液性质很不稳定，只要稍加振动或向它投入一小粒溶质，那些处在过饱和溶液中的"多余"溶质便会从溶液中分离出来，直到溶液变成饱和溶液为止。

在适当的条件下，可制备过饱和溶液。其条件为：溶液要纯洁，未被杂质或灰尘所污染；装溶液的容器要干净；溶液要缓慢降温；不使溶液受到搅拌、振荡、超声波的振动或刺激。某些溶液降到饱和温度时，不会有晶体析出，要降低到更低的温度，甚至要降到饱和温度以下才有晶体析出。这种低于饱和温度的温度差称为过冷度。如硫酸镁水溶液可以维持到饱和温度以下 17℃ 而不结晶。

8.1.2.3　溶液过饱和度与结晶的关系

根据大量的实验，溶液的过饱和度与结晶的关系可用图 8-2 表示。图中 AB 线为普通的溶解度曲线（即溶解度随温度升高而增大），线上任意一点，表示溶液刚达到饱和状况，理论上可以结晶，但实际上不能结晶，溶液必须具有一定的过饱和度，才能析出晶体。CD 线表示溶液达到过饱和，其溶质能自发地结晶析出的浓度曲线，称为超溶解度曲线，它与溶解度曲线大致平行。超溶解度曲线与溶解度曲线有所不同：一个特定的物系只有一条明确的溶解度曲线，但超溶解度曲线的位置却要受到许多因素的影响，例如有无搅拌、搅拌强度的大小、有无晶种（在过饱和溶液中加入少量小颗粒的溶质晶体，称为晶种）、晶种的大小与多少、冷却速率快慢等。

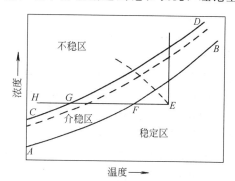

图 8-2　溶液的过饱和度与超溶解度曲线

超溶解度曲线和溶解度曲线将浓度-温度图分割为 3 个区域：在 AB 线以下的区域为稳定区，在此区域溶液尚未达到饱和，因此没有结晶的可能；CD 线以上为不稳区，即在此区域中，溶液能自发地产生晶核；AB 和 CD 线之间的区域称为介稳区，在此区域中，溶液虽处于过饱和状态，但不会自发地产生晶核，如果在溶液中加入晶种，晶种会逐渐增大，促使溶液结晶，故可视为介稳区决定了诱导结晶时的浓度和温度间的关系。

超溶解度曲线、介稳区及不稳区这些概念，对结晶操作具有重要的实际意义。例如，在结晶过程中，将溶液控制在介稳区且在较低的过饱和度内，则在较长时间内只能有少量的晶核产生，而且主要是加入晶种的长大，于是可得到粒度大而均匀的结晶产品；反之，将溶液控制在不稳区且在较高的过饱和度内，则会有大量的晶核产生，于是所得产品中晶粒必然很小。

8.1.3　晶核的形成及影响因素

8.1.3.1　晶核的形成

晶体主要是溶质在过饱和度的推动力下结晶析出的，结晶作用实质上是使质点从不规则排列到规则排列而形成晶格。溶质从溶液中结晶出来经历两个步骤：首先是要产生称为晶核的微观晶粒作为结晶的核心，其次是晶核长大成为宏观的晶粒，即晶核的形成和晶体成长过程。

晶核的形成过程可能是：在成核之初溶液中快速运动的溶质元素（原子、离子或分子）相互碰撞首先结合成线体单元；当线体单元增长到一定限度后成为晶胚；晶胚极不稳定，有可能继续长大，也可能重新分解为线体单元或单一元素；当晶胚进一步长大即成为稳定的晶核。成核的机理有 3 种：初级均相成核、初级非均相成核和二次成核。初级均相成核是指溶液在较高过饱和度下自发生成晶核的过程；初级非均相成核是溶液在外来物的诱导下生成晶核的过程，它可以在较低的过饱和度下发生；二次成核是含有晶体的溶液在晶体相互碰撞或晶体与搅拌桨（或器壁）碰撞时所产生的微小晶体的诱导下发生的。由于初级均相成核速率受溶液过饱和度的影响非常敏感，因而操作时对溶液过饱和度的控制要求过高而不宜采用。初级非均相成核因需引入诱导物而增加操作步骤。因此，一般工业结晶主要采用二次成核。

目前人们普遍认为二次成核的机理是接触成核和流体剪切成核。接触成核系指当晶体之间或晶体与搅拌桨叶、器壁或挡板之间的碰撞以及晶体与晶体之间的碰撞都有可能产生接触成核；流体剪切成核指由于过饱和液体与正在成长的晶体之间的相对运动，在晶体表面产生的剪切力将附着于晶体之上的微粒子扫落，而成为新的晶核。

8.1.3.2 影响因素

成核速率的大小，取决于溶液的过饱和度、温度、杂质及其他因素，其中起重要作用的是溶液的化学组成和晶体的结构特点。

（1）过饱和度（溶液推动力）的影响 成核速率随过饱和度的增加而增大，由于生产工艺要求控制结晶产品中的晶粒大小，不希望产生过量的晶核，因此过饱和度的增加有一定的限度。晶核的形成速率也与溶液的过冷度有关。

（2）机械作用的影响 对均相成核来说，在过饱和溶液中发生轻微振动或搅拌，成核速率明显增加。对二次成核，搅拌时碰撞的次数与冲击能的增加，成核速率也有很大的影响。此外，超声波、电场、磁场、放射性射线对成核速率均有影响。

（3）杂质的影响 过饱和溶液形成时，杂质的存在导致两个结果。当杂质存在时，物质的溶解度发生变化，因而导致溶液的过饱和度发生变化，也就是对溶液的极限过饱和度有影响。故杂质的存在对成核过程可能加快，也可能减慢。

结晶的速度和晶体颗粒的大小受溶液的性质、纯度、温度及操作条件的影响，同时也受溶液过饱和程度大小的影响。一般来说，对不加晶种的结晶有如下影响：

① 若溶液过饱和度大，冷却速度快，强烈地搅拌，则晶核形成的速度快，数量多，但晶粒小；

② 若过饱和度小，使其静止不动和缓慢冷却，则晶核形成速度慢，得到的晶体颗粒较大；

③ 对于等量的结晶产物，若在结晶过程中，晶核形成的速度大于晶体成长的速度，则产品的晶体颗粒大而少；若此两速度相近，则产品的晶体颗粒大小参差不齐。

8.1.3.3 在结晶过程中控制成核的条件

在结晶过程中应控制如下成核条件：

① 维持稳定的过饱和度，防止结晶器在局部范围内（如蒸发面、冷却表面、不同浓度的两流体的混合区内）产生过大的过饱和度；

② 尽可能减少晶体的机械碰撞能量或概率；

③ 结晶器液面应保持一定的高度，如果液面太低，会破坏悬浮液床层，使过饱和度越过介稳区，产生大量晶核；

④ 应防止系统带气，否则会破坏晶浆床层，使液面翻腾，溢流带料严重；

⑤ 应限制晶体的生长速率，即不以盲目提高过饱和度的方法来达到提高产量的目的；

⑥ 对溶液进行加热、过滤等预处理，以消除溶液中可能成为过多晶核的微粒；

⑦ 从结晶器中及时移除过量的微晶，产品按粒度分级排出，使符合粒度要求的晶粒能作为产品及时排出，而不使其在器内继续参与循环；

⑧ 含有过量细晶的母液取出后加热或稀释，使细晶溶解，然后送回结晶器；

⑨ 母液温度不宜相差过大，避免过饱和度过大，晶核增多；

⑩ 调节原料溶液的 pH 值或加入某些具有选择性的添加剂以改变成核速率；

⑪ 操作工应认真负责，在结晶操作上要勤检查、稳定工艺，保证生产在最佳条件下进行。

8.1.4　晶体的成长

8.1.4.1　晶体的成长过程

晶体成长系指过饱和溶液中的溶质质点在过饱和度推动力作用下，向晶核或加入的晶种运动并在其表面上层层有序排列，使晶核或晶种微粒不断长大的过程。晶体的成长可用液相扩散理论描述。按此理论，晶体的成长过程有如下 3 个步骤，如图 8-3 所示。

（1）扩散过程　溶质质点以扩散方式由液相主体穿过靠近晶体表面的层流液层（边界层）转移至晶体表面。

（2）表面反应过程　到达晶体表面的溶质质点按一定排列方式嵌入晶面，使晶体长大并放出结晶热。

（3）传热过程　放出的结晶热传导至液相主体中。

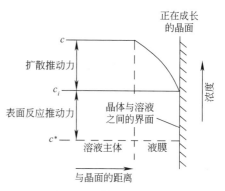

图 8-3　晶体成长示意图

8.1.4.2　影响因素

（1）过饱和度的影响　过饱和度是产生结晶的先决条件，是结晶过程的根本动力。它的大小直接影响着晶核的形成和晶体成长过程的快慢，而这两个过程的快慢又影响着结晶的粒度及粒度分布，因此，过饱和度是结晶操作中一个极其重要的参数。

（2）温度的影响　温度是影响晶体生长速率的重要参数之一。在其他所有条件相同时，生长速率应随温度的提高而加快，但实际并非如此。这是由于不仅粒子的扩散速度和相界面上的穿透过程速度与温度有关，而且许多其他的数值和特性也与温度有关（如液相的黏度），更重要的是溶解度及过冷度均取决于温度，而过饱和度或过冷度通常是随温度的提高而降低的。因此，晶体生长速率一方面由于粒子相互作用的过程加速，应随温度的提高而加快，另一方面则由于伴随着温度提高，过饱和度或过冷度降低而减慢。

（3）搅拌强度的影响　搅拌是影响结晶粒度分布的重要因素。适当地增加搅拌强度，可以降低过饱和度，从而减少了大量晶核析出的可能。但搅拌强度过大，将使"介稳区"缩小，容易超越"介稳区"而产生细晶，同时使大粒晶体摩擦、撞击而破碎。

（4）冷却速度的影响　冷却是使溶液产生过饱和度的重要手段之一。冷却速度快，过饱和度增大就快。在结晶操作中，太大的过饱和度容易超越"介稳区"极限，将析出大量晶核，影响结晶粒度。因此，结晶过程的冷却速度不宜太快。

（5）杂质的影响　物系中杂质的存在对晶体的生长往往有很大的影响，而成为结晶过程的重要问题之一。溶液中杂质对晶体成长速率的影响颇为复杂，有的能抑制晶体的成长；有的能促进成长；还有的能对同一种晶体的不同晶面产生选择性的影响，从而改变晶形；有的杂质能在极低的浓度下产生影响；有的却需在相当高的浓度下才能起作用。

杂质影响晶体生长速率的途径也各不相同，有的是通过改变溶液的结构或溶液的平衡饱和浓度；有的是通过改变晶体与溶液界面处液层的特性而影响溶质质点嵌入晶面；有的是通过本身吸附在晶面上而发生阻挡作用；如果晶格类似，则杂质能嵌入晶体内部而产生影响等。

杂质对晶体形状的影响，对于工业结晶操作有重要意义。在结晶溶液中，杂质的存在或有意识地加入某些物质，就会起到改变晶习的效果。

（6）晶种的影响　加入一定大小和数量的晶种，并使其均匀地悬浮于溶液中，溶液中溶质质点便会在晶种的各晶面上排列，使晶体长大。晶种可使晶核形成的速度加快，晶种粒子大，长出的结晶颗粒也大，所以，比较容易控制产品晶粒的大小和均匀程度。

8.2　结晶方法

8.2.1　冷却结晶

冷却结晶法基本上不去除溶剂，溶液的过饱和度系借助冷却获得，故适用于溶解度随温度降低而显著下降的物系，如 KNO_3、$NaNO_3$、$MgSO_4$ 等。

冷却的方法可分为自然冷却、间壁冷却或直接接触冷却 3 种。自然冷却是使溶液在大气中冷却而结晶，其设备构造及操作均较简单，但由于冷却缓慢，生产能力低，不易控制产品质量，在较大规模的生产中已不被采用。间壁冷却是广泛应用的工业结晶方法，与其他结晶方法相比所消耗的能量较少，但由于冷却传热面上常有晶体析出（晶垢），使传热系数下降，冷却传热速率较低，甚至影响生产的正常进行，故一般多用在产量较小的场合，或生产规模虽较大但用其他结晶方法不经济的场合。直接接触冷却法是以空气或与溶液不互溶的碳氢化合物或专用的液态物质为冷却剂与溶液直接接触而冷却，冷却剂在冷却过程中则被汽化的方法。直接接触冷却法有效地克服了间壁冷却的缺点，传热效率高，没有晶垢问题，但设备体积较大。

8.2.2　蒸发结晶

蒸发结晶是使溶液在常压（沸点温度下）或减压（低于正常沸点）下蒸发，部分溶剂汽化，从而获得过饱和溶液。此法主要适用于溶解度随温度的降低而变化不大的物系或具有逆溶解度变化的物系，如 NaCl 及无水硫酸钠等。蒸发结晶法消耗的热能最多，加热面的结垢问题也会使操作遇到困难，故除了对以上两类物系外，其他场合一般不采用。

8.2.3　真空冷却结晶

真空冷却结晶是使溶液在较高真空度下绝热蒸发，一部分溶剂被除去，溶液则因为溶剂汽化带走了一部分潜热而降低了温度。此法实质上是冷却与蒸发两种效应联合来产生过饱和度，适用于具有中等溶解度物系的结晶，如 KCl、$MgBr_2$ 等。该法所用的主体设备较简单，操作稳定。最突出之处是器内无换热面，因而不存在晶垢妨碍传热而需经常清洗的问题，且设备的防腐蚀问题也比较容易解决，操作人员的劳动条件好，劳动生产率高，是大规模生产中首先考虑采用的结晶方法。

8.2.4　盐析结晶

盐析结晶是在混合液中加入盐类或其他物质以降低溶质的溶解度从而析出溶质的方法。所加入的物质叫作稀释剂，它可以是固体、液体或气体，但加入的物质要能与原来的溶剂互溶，又不能溶解要结晶的物质，且和原溶剂要易于分离。一个典型例子是从硫酸钠盐水中生产 $Na_2SO_4 \cdot H_2O$，通过向硫酸钠盐水中加入 NaCl 可降低 $Na_2SO_4 \cdot H_2O$ 的溶解度，从而提高 $Na_2SO_4 \cdot H_2O$ 的结晶产量。又如，向氯化铵母液中加盐（氯化钠），母液中的氯化铵因溶解度降低而结晶析出。还有，向有机混合液中加水，使其中不溶于水的有机溶质析出，这种盐析方法又称水析。

盐析的优点是直接改变固液相平衡，降低溶解度，从而提高溶质的回收率；结晶过程的温度比较低，可以避免加热浓缩对热敏物的破坏；在某些情况下，杂质在溶剂与稀释剂的混合物中有较高的溶解度，较多地保留在母液中，这有利于晶体的提纯。

此法最大的缺点是需配置回收设备，以处理母液、分离溶剂和稀释剂。

8.2.5　反应沉淀结晶

反应沉淀结晶是液相中因化学反应生成的产物以结晶或无定形物析出的过程。例如，用硫酸吸收焦炉气中的氨生成硫酸铵、由盐水及窑炉气生产碳酸氢铵等并以结晶析出，经进一步固液分离、干燥后获得产品。

沉淀过程首先是反应形成过饱和，然后成核、晶体成长。与此同时，还往往包含了微小晶粒的成簇及熟化现象。显然，沉淀必须以反应产物在液相中的浓度超过溶解度为条件，此时的过饱和度取决于反应速率。因此，反应条件（包括反应物浓度、温度、pH 值及混合方式等）对最终产物晶粒的粒度和晶形有很大影响。

8.2.6　升华结晶

物质由固态直接相变而成为气态的过程称为升华，其逆过程是蒸气的骤冷直接凝结成固态晶体，这就是工业上升华结晶的全部过程。工业上有许多含量要求较高的产品，如碘、萘、蒽醌、氯化铁、水杨酸等都是通过这一方法生产的。

8.2.7　熔融结晶

熔融结晶是在接近析出物熔点温度下，从熔融液体中析出组成不同于原混合物的晶体的操作，过程原理与精馏中因部分冷凝（或部分汽化）而形成组成不同于原混合物的液相相类似。熔融结晶过程中，固液两相需经多级（或连续逆流）接触后才能获得高纯度的分离。

熔融结晶主要用于有机物的提纯、分离，以获得高纯度的产品。如将萘与杂质（甲基萘等）分离可制得纯度达 99.9％的精萘，从混合二甲苯中提取纯对二甲苯，从混合二氯苯中分离获取纯对二氯苯等。熔融结晶的产物往往是液体或整体固相，而非颗粒。

8.3　结晶设备与操作

8.3.1　常见结晶设备

8.3.1.1　结晶设备的类型、特点及选择

结晶设备一般按改变溶液浓度的方法分为移除部分溶剂（浓缩）的结晶器、不移除溶剂（冷却）的结晶器及其他结晶器。

移除部分溶剂的结晶器主要是借助于一部分溶剂在沸点时的蒸发或在低于沸点时的汽化而达到溶液的过饱和析出结晶的设备，适用于溶解度随温度的降低变化不大的物质的结晶，如 NaCl、KCl 等。

不移除溶剂的结晶器，则是采用冷却降温的方法使溶液达到过饱和而结晶（自然结晶或晶种结晶）的，并不断降温，以维持溶液一定的过饱和度进行育晶。此类设备用于温度对溶解度影响比较大的物质结晶，如 KNO_3、NH_4Cl 等。

结晶设备按操作方式不同，可分为间歇式结晶设备和连续式结晶设备两种。间歇式结晶设备结构比较简单，结晶质量好，结晶收率高，操作控制比较方便，但设备利用率较低，操作劳动强度大。连续式结晶设备结构比较复杂，所得的晶体颗粒较细小，操作控制比较困难，消耗动力大，但设备利用率高，生产能力大。

结晶设备通常都装有搅拌器，搅拌作用会使晶体颗粒保持悬浮和均匀分布于溶液中，同时又能提高溶质质点的扩散速度，以加速晶体长大。

总之，在结晶操作中应根据所处理物系的性质、杂质的影响、产品的粒度和粒度分布要求、处理量的大小、能耗、设备费用和操作费用等多种因素来考虑选择哪种结晶设备。

首先考虑的是溶解度与温度的关系。对于溶解度随温度降低而大幅度降低的物系，可选用冷却结晶器或真空结晶器；而对于溶解度随温度降低而降低很小、不变或少量上升的物系，则可选择蒸发结晶器。

其次考虑的是结晶产品的形状、粒度及粒度分布的要求。要想获得颗粒较大而且均匀的晶

体，可选用具有粒度分级作用的结晶器。这类结晶器生产的晶体颗粒也便于过滤、洗涤、干燥等后处理，从而获得较纯的结晶产品。

8.3.1.2 常见结晶设备

（1）移除部分溶剂的结晶器

① 蒸发结晶器　蒸发结晶器与用于溶液浓缩的普通蒸发器在设备结构及操作上完全相同。它靠加热使溶液沸腾，溶剂蒸发汽化使溶液浓缩达到过饱和状态而结晶析出。

这种结晶器由于是在减压下操作，故可维持较低的温度，使溶液产生较大的过饱和度；此外在局部（加热面）附近溶剂汽化较快，溶液的过饱和度不易控制，因而也难以控制晶体颗粒的大小。它适用于对产品晶粒大小要求不严格的结晶。

图 8-4 所示的是 Krystal-Oslo 型（强制循环型）蒸发结晶器。结晶器由蒸发室与结晶室两部分组成。原料液经外部加热器预热之后，在蒸发器内迅速被蒸发，溶剂被抽走，同时起到了制冷作用，使溶液迅速进入介稳区之内并析出结晶。其操作方式是典型的母液循环式，优点是循环液中基本不含晶体颗粒，从而避免发生泵的叶轮与晶粒之间的碰撞而造成的过多二次成核，加上结晶室的粒度分级作用，使该结晶器产生的结晶产品颗粒大而均匀。其缺点是操作弹性较小，因母液的循环量受到了产品颗粒在饱和溶液中沉降速度的限制；此外，加热器内容易出现结晶层而导致传热系数降低。

图 8-5 所示的是 DTB（导流管与挡板）型蒸发式结晶器。它的特点是蒸发室内有一个导流管，管内装有带螺旋桨的搅拌器，它把带有细小晶体的饱和溶液快速推升到蒸发表面，由于系统处在真空状态，溶剂产生闪蒸而造成了轻度的过饱和，然后过饱和液沿环形面流向下部时释放其过饱和度，使晶体得以长大。在器底部设有一个分级腿，这些晶浆又与原料液混合，再经中心导流管而循环。当结晶长大到一定大小后就沉淀在分级腿内，同时对产品也进行洗涤，保证了结晶产品的质量和粒径均匀，不夹杂细晶。

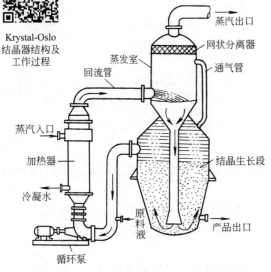

Krystal-Oslo
结晶器结构及
工作过程

图 8-4　Krystal-Oslo 型蒸发结晶器

DTB 型结晶器属于典型的晶浆内循环器，性能优良，生产强度大，产生大粒结晶产品，器内不易结垢，已成为连续结晶器的最主要形式之一。

② 真空结晶器　真空结晶器可以是间歇操作，也可以是连续操作。图 8-6 所示为一连续真空结晶器。热的料液自进料口连续加入，晶浆（晶体与母液的悬混物）用泵连续排出，结晶器底部管路上的循环泵使溶液作强制循环流动，以促进溶液均匀混合，维持有利的结晶条件。蒸出的溶剂（气体）由器顶部逸出，至高位混合冷凝器中冷凝。双级蒸汽喷射泵的作用是使冷凝器和结晶器整个系统造成真空，不断抽出不凝性气体。通常，真空结晶器内的操作温度都很低，所产生的溶剂蒸汽不能在冷凝器中被水冷凝，此时可用蒸汽喷射泵喷射加压，将溶剂蒸汽在冷凝之前加以压缩，以提高它的冷凝温度。

真空结晶器结构简单、无运动部件，当处理腐蚀性溶液时，器内可加衬里或用耐腐蚀材料制造；溶液是绝热蒸发而冷却，不需要传热面，因此在操作时不会出现晶体结垢现象；操作易控制和调节，生产能力大。但该设备操作时必须使用蒸汽，且蒸汽、冷却水消耗量较大。

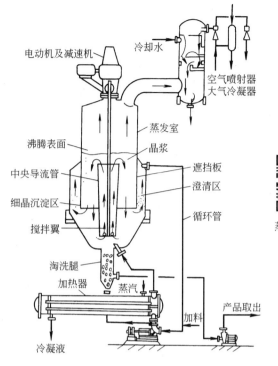

图 8-5 DTB 型蒸发式结晶装置简图

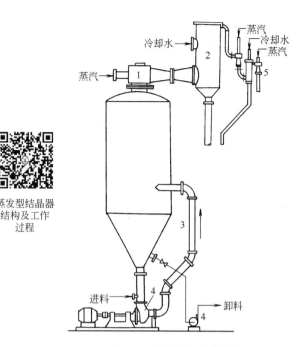

图 8-6 连续真空结晶器

1—蒸汽喷射泵；2—冷凝器；3—循环管；
4—泵；5—双级蒸汽喷射泵

③ 喷雾结晶器 喷雾结晶器主要由加热系统、结晶塔、气固分离器等组成。溶液由塔顶或塔中部的喷布器喷入塔中，其液滴向塔底降落过程中与自塔底部通入的热空气逆向接触，液滴中的部分溶剂被汽化并及时被上升气流带走。同时，液滴因部分溶剂汽化吸热而冷却，使溶液达到过饱和而产生结晶。

喷雾结晶的关键在于喷嘴能保证将溶液高度分散开。一般可得到细小粉末状的结晶产品，适用于不宜长时间加热的物料结晶，但设备庞大，装置复杂，动力消耗多。

（2）不移除溶剂的结晶器

① 间接换热釜式结晶器 间接换热釜式结晶器是目前应用较广的冷却结晶器，图 8-7 为内循环釜式，图 8-8 为外循环釜式。冷却结晶过程所需冷量由夹套或外部换热器提供。内循环

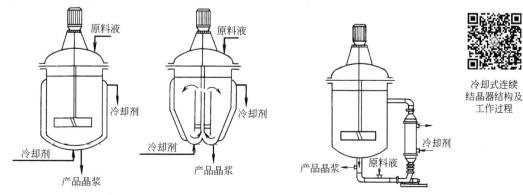

图 8-7 内循环釜式冷却结晶器   图 8-8 外循环釜式冷却结晶器

式结晶器由于换热面积的限制，换热量不能太大。而外循环式结晶器通过外部换热器传热，由于溶液的强制循环，传热系数较大，还可根据需要加大换热面积。但必须选用合适的循环泵，以避免悬浮晶体的磨损破碎。这两种结晶器可连续操作，也可间歇操作。

② 桶管式结晶器　图 8-9 所示的是一种最简单的桶管式结晶器，它实质上就是一个普通的夹套式换热器，可连续操作也可间歇操作。此类结晶器的生产能力小，换热面易结垢。当结垢严重影响传热能力时，必须进行切换、清洗，势必带来清洗液中溶质的损失。为了减少清洗损失，突出轮流切换清洗刷，在夹套冷却的内壁装有多组毛刷，既起到搅拌作用，又能减缓结垢的速度，延长使用时间。但由于过饱和度没有得到控制，未从根本上解决结垢问题，所以效果不理想。

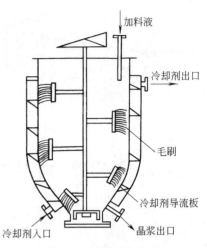

图 8-9　桶管式结晶器

③ 连续式敞口搅拌结晶器　连续式敞口搅拌结晶器是半圆底的卧式敞口长槽，槽外装有通冷却水的夹套，槽内装有搅拌器，如图 8-10 所示。热而浓的溶液由结晶器的一端进入，并沿槽流动，夹套中的冷却水则与之作逆流流动。由于冷却作用，若控制得当，溶液在进口处附近产生晶核，这些晶核随溶液在结晶器中慢慢移动而长大成为晶体，最后由槽的另一端排出。

连续式敞口搅拌结晶器的特点是：因对溶液加以搅拌，故晶粒不易在冷却面上聚结，且使晶粒能更好地悬浮于溶液中，有利于均匀成长；所得产品颗粒较细小，但大小匀称且完整。缺点是结晶器的体积较大。

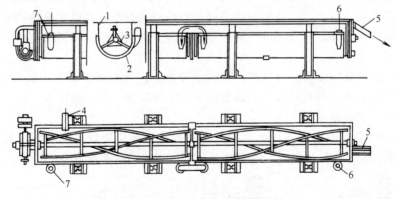

图 8-10　连续式敞口搅拌结晶器

1—槽；2—水夹套；3—搅拌器；4—溶液进口；5—溶液出口；6，7—冷却水进出口

④ 盐析结晶器　如图 8-11 所示的联碱盐析结晶器，其工作原理与 Oslo 结晶器类似，溶液通过循环泵从中央降液管流出，与此同时，从套筒中不断地加入食盐，由于 NaCl 浓度的变化，NH_4Cl 的溶解度减小，形成了一定的过饱和度并析出结晶。在此过程中，加入盐量的大小将成为影响产品质量的关键。

8.3.2　间歇结晶操作

在中小规模的结晶过程中广泛采用间歇操作，其优点是操作简单，易于控制。其结晶过程借助计算机辅助控制与操作手段实现最佳操作时间，即按一定的操作程序不断地调节其操作参数，控制结晶器内的过饱和度，使结晶的成核与结垢降低到最少。

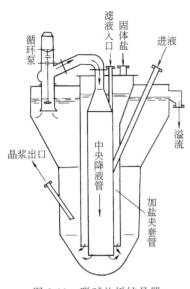

图 8-11 联碱盐析结晶器

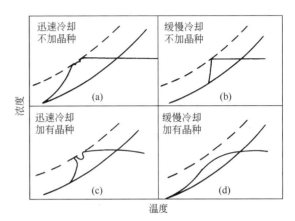

图 8-12 冷却速率及加晶种对结晶操作的影响

间歇结晶操作有加晶种和不加晶种两种结晶情况，其结果可用溶解度-超溶解度曲线表示。图 8-12(a) 表示不加晶种而迅速冷却的情况，此时溶液的状态很快穿过介稳区而到达超溶解度曲线上的某一点，出现初级成核现象，溶液中有大量微小的晶核陡然产生出来，属于无控制结晶。图 8-12(b) 表示不加晶种而缓慢冷却的情形，此时溶液的状态也会穿过介稳区而到达超溶解度曲线，产生较多的晶核，过饱和度因成核有所消耗后，溶液的状态立即离开超溶解度曲线，不再有晶核生成，由于晶体生长，过饱和度迅速降低。此法对结晶过程的控制有限，因初级成核速率随过饱和度的加大而显著增大，其晶核的生成量不可能正好适应需要，故所得的晶体粒度范围往往很宽。图 8-12(c) 表示加有晶种而迅速冷却的情形，溶液的状态一旦越过溶解度曲线，晶种便开始长大，而由于溶质结晶出来，在介稳区中溶液的浓度有所降低；但由于冷却迅速，溶液仍可很快地到达不稳区，因而不可避免地会有细小的晶核产生。图 8-12(d) 表示加有晶种而缓慢冷却的情形，由于溶液中有晶种存在，且降温速率得到控制，在操作过程中溶液始终保持在介稳状态，不进入不稳区，不会发生初级成核现象，而且晶体的生长速率完全由冷却速率加以控制。这种"控制结晶"操作方法能够产生预定粒度的、合乎质量要求的均匀晶体。

许多工业规模的间歇结晶操作采用加晶种的控制结晶操作方式。晶种的加入量取决于整个结晶过程中可被结晶出来的溶质量、晶种的粒度和产品粒度。如制糖工业，在蔗糖的结晶过程中，可以使用小至 $5\mu m$ 的微晶作为晶种，每 $50m^3$ 的糖浆中加 $500g$ 这样的晶种就足够了。

间歇结晶操作在获得良好质量的晶体产品前提下，也要求能尽量缩短操作所需时间，以得到尽可能多的产品。对于不同的结晶物系，应能确定一个适宜的操作程序，使得在整个间歇结晶过程中，能维持一个恒定的最大允许的过饱和度，使晶体能在指定的速率下生长。若过饱和度超过此值，会影响产品质量；若低于此值，又会降低设备的生产能力。虽然物系中只有为数很小的由晶种提供的晶体表面，但不高的能量传递速率（溶剂的蒸发速率或溶液的冷却速率）就足以使溶液中形成巨大的过饱和度，使操作偏离正常状态。随着晶体的长大，晶体表面积增大，则可相应地逐步提高能量传递速率。

本章小结

　　结晶是工业生产中从流体中析出固体的过程，主要工业应用在于从溶液中获得固体产品。随着精细化工在化工领域内比重的日益增大，结晶的应用也越来越广泛，特别是在中间体的制备中有着很大的优势，读者应给予足够重视。

- 理解结晶与溶解度、过饱和度、超溶解度曲线、介稳区、不稳区等概念的关系。
- 明确晶核形成与晶体成长的条件，学会选择适当的结晶方法。

思考题

1. 解释下列现象：
   (1) 食盐水加热煮沸，时间久了有食盐结晶析出；
   (2) 鱼在煮沸过的冷水里不能生存。
2. 解释人工降雨的过程原理。
3. 结晶过程中控制成核有哪些条件？
4. 过饱和度与结晶有何关系？
5. 影响晶体的成长和结晶粒度的因素有哪些？
6. 结晶设备有几种操作方式？各有什么特点？结晶设备按改变溶液浓度的方法分几大类？
7. 选择结晶设备时要考虑哪些因素？
8. 蒸发结晶器与普通蒸发器在设备结构及操作上有何区别？工作原理有何区别？
9. 工业上有哪些常用的结晶方法？它们各适用于什么场合？
10. 含水的湿空气骤冷形成雪属于什么过程？

 自测题 ▶▶▶

　　1. 通过控制结晶的操作条件，可以改变晶习以获得理想的晶体外形。以下改变，不能获得理想晶体外形的条件是（　　　）。

A. 结晶温度　　　　　　B. 冷却速度　　　　　　C. 溶剂种类　　　　　　D. pH 值

　　2. 构成晶体的微观粒子（分子、原子或离子）按一定的几何规则排列，由此形成的最小单元称为（　　　）。

A. 晶格　　　　　　　　B. 晶体　　　　　　　　C. 晶系　　　　　　　　D. 晶习

　　3. 结晶操作中，溶液实际浓度与溶解度（均用质量浓度表示）之差称为（　　　）。

A. 溶液的过饱和度　　　　　　　　　　　　B. 溶液的饱和度

C 溶液的结晶度　　　　　　　　　　　　　D. 溶液的真空度

　　4. 结晶能够发生的必要条件是（　　　）。

A. 溶液处在饱和状态　　　　　　　　　　B. 溶液处在不饱和状态

C. 溶液处在过饱和状态　　　　　　　　　D. 溶液处在沸腾状态

　　5. 结晶操作的根本推动力是（　　　）。

A. 过饱和度　　　　　　B. 溶解度　　　　　　　C. 温度　　　　　　　　D. 浓度

　　6. 要得到颗粒相对较大的结晶，通常应该控制的条件是（　　　）。

A. 较大的过饱和度　　　B. 较小的过饱和度　　　C. 加强搅拌　　　　　　D. 快速冷却

　　7. 为了控制结晶产品大小和均匀程度，最简单易行的方法是（　　　）。

A. 增强搅拌强度　　　B. 加入杂质　　　　　C. 改变冷却速度　　　D. 加入晶种

8. 以下方法不是结晶方法的是（　　　）。

A. 冷却　　　　　　　B. 加热　　　　　　　C. 盐析　　　　　　　D. 反应沉淀

9. 以下关于结晶器的描述不正确的是（　　　）。

A. 分为移除溶剂和不移除溶剂两种

B. 分为间歇操作和连续操作两种

C. 结晶器是冷却器

D. 结晶器选用首先考虑的因素是溶解度与温度的关系

10. 以下不是真空结晶器优点的是（　　　）。

A. 蒸汽和冷却水用量少　　　　　　　B. 结构简单无动件

C. 可以处理腐蚀性溶液　　　　　　　D. 不会出现晶体结垢现象

第9章　液-液萃取

![学习目标]

- **掌握**：萃取剂选择；在三角形相图上正确表示单级萃取过程。
- **理解**：萃取操作的依据；部分互溶物系的相平衡；单级萃取的流程特点。
- **了解**：萃取的特点及工业应用；多级萃取流程的特点；萃取设备的结构特点。

9.1　概述

9.1.1　萃取在工业生产中的应用

工业上对液体混合物的分离，除了采用蒸馏的方法外，还广泛采用液-液萃取。例如，为防止工业废水中的苯酚污染环境，往往将苯加到废水中，使它们混合和接触，此时，由于苯酚在苯中的溶解度比在水中大，大部分苯酚从水相转移到苯相，再将苯相与水相分离，并进一步回收溶剂苯，从而达到回收苯酚的目的。再如，石油炼制工业的重整装置和石油化学工业的乙烯装置都离不开抽提芳烃的过程，因为芳香族与链烷烃类化合物共存于石油馏分中，它们的沸点非常接近或成为共沸混合物，故用一般的蒸馏方法不能达到分离的目的，但可以采用液-液萃取的方法提取出其中的芳烃，然后再将芳烃中各组分加以分离。

液-液萃取也称溶剂萃取，简称萃取。这种操作是指在欲分离的液体混合物中加入一种适宜的溶剂，使其形成两液相系统，利用液体混合物中各组分在两相中分配差异的性质，易溶组分较多地进入溶剂相，从而实现混合液的分离。在萃取过程中，所用的溶剂称为萃取剂，混合液体为原料液，原料液中欲分离的组分称为溶质，其余组分称为稀释剂（或称原溶剂）。萃取操作中所得到的溶液称为萃取相，其成分主要是萃取剂和溶质，剩余的溶液称为萃余相，其成分主要是稀释剂，还含有残余的溶质等组分。

需要指出的是，萃取后得到的萃取相往往还要用精馏或反萃取等方法进行分离，得到含溶质的产品和萃取剂，萃取剂供循环使用。萃余相通常含有少量萃取剂，也需应用适当的分离方法回收其中的萃取剂，因此，生产上萃取与精馏这两种分离混合液的常用方法是密切联系、互相补充的，常配合使用。另外，有些混合液的分离（如稀乙酸水溶液的去水、从植物油中分离脂肪酸等）既可采用精馏，也可采用萃取。选择何种方法合适，主要是由经济性来确定。与蒸馏比较，整个萃取过程的流程比较复杂，且萃取相中萃取剂的回收往往还要应用精馏操作，但是萃取过程具有在常温下操作、无相变化以及选择适当溶剂可以获得较好的分离效果等优点，在很多情况下仍显示出技术经济上的优势。

一般而言，以下几种情况采用萃取操作较为有利：①混合液中各组分之间的相对挥发度接近于1，或形成恒沸物，用一般的蒸馏方法难以达到或不能达到分离要求的纯度；②需分离的组分浓度很低且沸点比稀释剂高，用精馏方法需蒸出大量稀释剂，消耗能量很多；③溶液要分离的组分是热敏性物质，受热易于分解、聚合或发生其他化学变化。

目前萃取操作仍是分离液体混合物的常用单元操作之一，在石油化工、精细化工、湿法冶金（如稀有元素的提炼）、原子能化工和环境保护等方面已被广泛地应用。

9.1.2 萃取剂的选择

萃取时溶剂的选择是萃取操作的关键，它直接影响到萃取操作能否进行，对萃取产品的产量、质量和过程的经济性也有重要的影响。因此，当准备采用萃取操作时，首要的问题就是萃取溶剂的选择。一个溶剂要能用于萃取操作，首要的条件是它与料液混合后，要能分成两个液相。但要选择一个经济有效的溶剂，还必须从以下几个方面作分析、比较。

(1) 萃取剂的选择性　萃取时所采用的萃取剂，必须对原溶液中欲萃取出来的溶质有显著的溶解能力，而对其他组分（稀释剂）应不溶或少溶，即萃取剂应有较好的选择性。

(2) 萃取剂的物理性质　萃取剂的某些物理性质也对萃取操作产生一定的影响。

① 密度的影响　萃取剂必须在操作条件下能使萃取相与萃余相之间保持一定的密度差，以利于两液相在萃取器中能以较快的相对速度逆流后分层，从而可以提高萃取设备的生产能力。

② 界面张力的影响　萃取物系的界面张力较大时，细小的液滴比较容易聚结，有利于两相的分离，但界面张力过大，液体不易分散，难以使两相混合良好，需要较多的外加能量。界面张力小，液体易分散，但易产生乳化现象使两相难以分离。因此应从界面张力对两液相混合与分层的影响综合考虑，选择适当的界面张力，一般说不宜选用界面张力过小的萃取剂。常用体系的界面张力数值可在文献中找到。有人建议，将溶剂和料液加入分液漏斗中，经充分剧烈摇动后，两液相最多在 5min 以内要能分层，以此作为溶剂界面张力 σ 适当与否的大致判别标准。

③ 黏度的影响　萃取剂的黏度低，有利于两相的混合与分层，也有利于流动与传质，因而黏度小对萃取有利。有的萃取剂黏度大，往往需加入其他溶剂来调节其黏度。

(3) 萃取剂的化学性质　萃取剂需有良好的化学稳定性，不易分解、聚合，并应有足够的热稳定性和抗氧化稳定性，对设备的腐蚀性要小。

(4) 萃取剂回收的难易　通常萃取相和萃余相中的萃取剂需回收后重复使用，以减少溶剂的消耗量。回收费用取决于回收萃取剂的难易程度。有的溶剂虽然具有以上很多良好的性能，但往往由于回收困难而不被采用。

最常用的回收方法是蒸馏，因而要求萃取剂与被分离组分 A 之间的相对挥发度 α 要大，如果 α 接近于 1，不宜用蒸馏，可以考虑用反萃取、结晶分离等方法。

(5) 其他指标　如萃取剂的价格、来源、毒性以及是否易燃、易爆等，均为选择萃取剂时需要考虑的问题。

萃取剂的选择范围一般很宽，但若要求选用的溶剂具备以上各种期望的特性，往往也是难以达到的，最后的选择仍应按经济效果进行权衡，以定取舍。

工业生产中常用的萃取剂可分为三大类：①有机酸及其盐，如脂肪族的一元羧酸、磺酸、苯酚等；②有机碱的盐，如伯胺盐、仲胺盐、叔胺盐、季铵盐等；③中性溶剂，如水、醇类、酯、醛、酮等。

9.1.3 萃取操作流程

萃取操作过程系由混合、分层、萃取相分离、萃余相分离等所需的一系列设备共同完成，这些设备的合理组合就构成了萃取操作流程。根据分离的工艺要求、原溶液与萃取剂的性质等具体条件，工业生产中所采用的萃取流程有多种，主要有单级和多级之分。

为便于理解，下面在介绍单级或多级萃取操作流程时，均假设离开每一级萃取器的萃取相与萃余相互成平衡，这样的一级称为一个理论级。这里的理论级类似于蒸馏中的理论板，是萃取器操作效率比较的标准。实际生产中的萃取过程，当原料液与萃取剂充分混合接触、静置分层后所得萃取相与萃余相可视为达到互为平衡。

9.1.3.1 单级萃取流程

单级接触萃取的流程较简单，如图 9-1 所示。原料液 F 与萃取剂 S 一起加入到混合器 1

内，借助搅拌器的搅拌作用，使其充分混合接触，经过一定时间的萃取后（假设萃取达到平衡），将混合液 M 送入澄清器 2，经静置分离为萃取相 E 和萃取相 R 两层，再将萃取相与萃余相分别送入溶剂回收设备以回收溶剂（萃取剂），相应地得到萃取液 E′ 和萃余液 R′，回收得的萃取剂可循环使用。

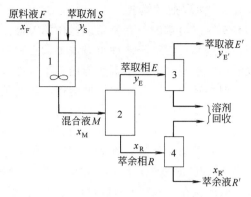

图 9-1　单级萃取流程示意图

1—混合器；2—澄清器；3，4—溶剂回收设备

由图 9-1 可知，单级萃取流程不能获得浓度很高的萃取液 E′，而且萃余液 R′ 中仍将含有较多的溶质 A，即单级萃取不能对原料液进行较完全的分离。但因其流程简单，既可用于间歇操作，也可用于连续生产，所以，在工业生产中仍广泛采用，特别是当萃取剂的分离能力大、分离效果好或工艺分离要求不高时，采用此种流程更为合适。

9.1.3.2　多级萃取流程

若要使原料液进行较完全的分离，可采用多个萃取器进行多级萃取。多级萃取时因其料液与萃取剂在各级间可以错流或逆流方式接触，所以其流程包括多级错流流程和多级逆流流程。无论何种多级萃取，每一级都应满足如下要求：①为萃取剂与原料液提供充分接触的机会，以利于相际间的传质；②静置后混合液能较完全地分为轻、重两个液层（E 相与 R 相），以便进一步处理；③流程中必须包括溶剂回收设备，以得到所需分离的产品，并使萃取剂能够循环使用。

（1）多级错流萃取流程　由单级接触式萃取器中所得到的萃余相 R 中往往还含有较多的溶质，为了进一步萃取出其中的溶质，工业生产中常采用多级错流萃取流程，即将若干个单级接触萃取器串联使用，并在每一级中加入新鲜萃取剂，如图 9-2 所示为 n 级错流接触萃取流程示意图。

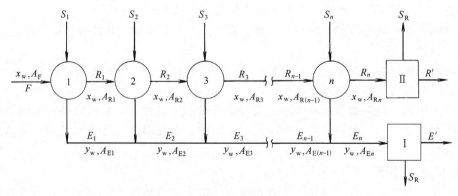

图 9-2　多级错流萃取流程示意图

图 9-2 中每个圆圈表示一个理论级，它包括使原料液与萃取剂充分混合接触的混合器及使混合液进行机械分离的澄清分层器。萃取剂 S 分别加入每一级，原料液 F 则从第一级加入，经第一级萃取后的萃余相 R_1 又送入第二级中，被从此级加入的新鲜萃取剂萃取，第二级的萃余相 R_2 又加入第三级进行萃取。依此，直到第 n 级的萃余相 R_n 中溶质 A 的浓度等于或低于工艺要求为止。最后一级萃余相送溶剂回收设备Ⅱ中脱除萃取剂 S，得到萃余液 R′，作为产品或送入下一工序处理。从每一级所得的萃取相 E_1，E_2，…，E_n，汇总后全部送入溶剂回收设备Ⅰ，得到萃取液 E′ 作为产品或送下一工序处理。由溶剂回收设备Ⅰ、Ⅱ两处所回收的萃取

剂 S 循环使用。

显然，只要采用的级数足够，应用此流程可获得含溶质组分 A 很少的萃余液 R′，萃取效果好。但此流程萃取剂耗用量大，回收费用高，使其在工业上的应用受到限制，当萃取剂为水而无须回收时较为适用。

（2）多级逆流萃取流程　多级逆流接触式萃取是指被萃取的原料液 F 和所用的萃取剂 S 以相反方向流过各级，如图 9-3 所示。

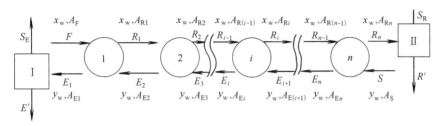

图 9-3　多级逆流萃取流程示意图

原料液 F 仍从第一级加入，依次通过 2，3，…，n 级，由最后一级排出的萃余相 R_n 送溶剂回收设备 Ⅱ，所得萃余液 R′ 作为产品或送入下一工序处理。萃取剂 S 则从最后一级加入，与原料液反方向地顺次通过各级，最后由第一级排出的萃取相 E_1 送溶剂回收设备 Ⅰ，所得萃取液 E′ 作为产品或送下一工序处理。两溶剂回收设备所回收的萃取剂 S 均循环使用。

由图 9-3 可知，在此流程中进入最后一级的萃余相 R_{n-1} 中的溶质浓度虽然已经较低，但与之混合接触的为新鲜萃取剂 S，因此，仍可进行萃取，使得由第 n 级引出的萃余相 R_n 中所含溶质浓度将会更低；另外，由第一级排出的萃取相 E_1 是由含溶质浓度很高的原料液与 E_2 混合接触后所得，所含溶质 A 的浓度可以提到相当高。由此可知，多级逆流流程可获得含溶质浓度很高的萃取液 E′ 和含溶质浓度很低的萃余液 R′，其萃取剂的耗用量也比错流流程大为减少，因而在工业生产中得到广泛应用。特别是当原料液中两组分均为过程的产物，而且工艺要求需将其进行较彻底的分离时，一般均采用多级逆流萃取。

9.2　液液相平衡

9.2.1　部分互溶物系的相平衡

萃取过程是发生在两相际间的物质传递，其物化基础与蒸馏、吸收相似，也是相平衡关系，不同的是前两者是气液相间的平衡，而萃取是液液相间的平衡。

在萃取过程中至少要涉及 3 个组分，即原料液中的两个组分（溶质 A 和稀释剂 B）以及加入的溶剂（萃取剂 S）。对于较为简单的三元物系，若所选择的萃取剂和稀释剂两相不互溶或基本上不互溶，则萃取相和萃余相中都只含有两个组分，其相平衡关系就类似于吸收操作中的溶解度曲线，可在直角坐标上标绘，但这种情况工业生产中少见。最常见的情况是萃取剂与稀释剂部分互溶，于是在萃取相和萃余相中都含有 3 个组分，此时为了既可以表示出被萃取组分在两相间的平衡分配关系，又可以表示出萃取剂和稀释剂两相的相对数量关系和互溶状况，通常采用在三角形坐标图上表示其相平衡关系，即三角形相图。

9.2.1.1　三角形相图

在三角形相图中均以 A 表示溶质，以 B 表示稀释剂，以 S 表示萃取剂。相组成通常用质量分数或体积分数表示。三角形相图一般采用等边三角形或直角三角形，三角形的三个顶点分别表示某一种纯物质，如 A 点表示只有纯溶质，B 点则表示纯稀释剂，S 点则为纯溶剂。三角形各边上的任一点代表一个二元混合物的组成，其中不含有第三组分，二元混合物的组分的含量可以直接由图上读出。如图 9-4 中 AB 边上的 E 点所表达的混合物中含 A（溶质）40%，含 B（稀释剂）60%。

$$x_{wA}=\overline{BE}=0.4 \qquad x_{wB}=\overline{AE}=0.6 \qquad x_{wA}+x_{wB}=0.4+0.6=1.0$$

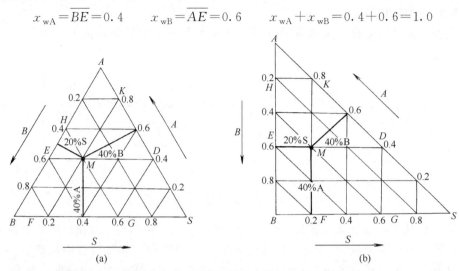

(a)   (b)

图 9-4　三元物系（三元混合液）的组成在三角形相图中的表示方法

在三角形内的任一点代表某三元混合物的组成。如图 9-4 中 M 点所代表的混合物中含有 40% 的组分 A，含有 40% 的组分 B，含有 20% 的组分 S。其查取方法是由点 M 至 AB 边的垂直距离代表组分 S 在 M 中的质量分数 $x_{wS}=20\%$，由点 M 至 BS 边的垂直距离代表组分 A 在 M 中的质量分数 $x_{wA}=40\%$，同样由点 M 至 AS 边的垂直距离代表组分 B 在 M 中的质量分数 $x_{wB}=40\%$。所以 $x_{wA}+x_{wB}+x_{wS}=0.4+0.4+0.2=1.0$。若已知 3 个组分中的任意两组分的浓度，则另一组分的浓度也就相应得出。

9.2.1.2　溶解度曲线与联结线

在萃取操作中，按 A、B、S 三组分间的互溶度的不同，可以将混合液分为以下几种类型：①溶质 A 可完全溶解于稀释剂 B 和萃取剂 S 中，但稀释剂与萃取剂不互溶；②溶质 A 可完全溶解于稀释剂 B 和萃取剂 S 中，但稀释剂与萃取剂为部分互溶，如图 9-5 所示；③溶质 A 与稀释剂 B 完全互溶，但稀释剂与萃取剂部分互溶，同时溶质 A 与萃取剂 S 也是部分互溶，如图 9-6 所示。

其中第②类物系在萃取操作中较为普遍，故下面主要以第②类物系为例说明三元混合液相平衡的基本知识。

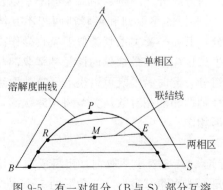 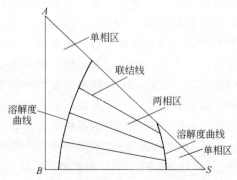

图 9-5　有一对组分（B 与 S）部分互溶　　　图 9-6　两对组分（B 与 S、A 与 S）均为部分
　　　　的溶解度曲线与联结线　　　　　　　　　　　互溶的溶解度曲线及联结线

图 9-5 是第②类物系的典型相平衡图。图中曲线是溶解度曲线，它将三角形相图分为两个区：曲线上部为均相区（单相区）；曲线与三角形底边所围成的区域为两相区或分层区，它是萃取过程的可操作范围。某物系的溶解度曲线可以在恒定温度时通过实验的方法测出。

若在恒温下，将一定量的稀释剂 B 和萃取剂 S 加到试验瓶中，此混合物组成如图 9-7 上的 M 点所示，将其充分混合，两相达平衡后静置分层，两层的组成可分别由图中的点 R 和点 E 表示。在此混合液 M 中滴加少量溶质 A 后，此时瓶中总物料的状态点将沿 MA 的连线移至 M_1 点，经充分混合，两相达到平衡后静置分层，分析两层的组成，得到 E_1 和 R_1 两液相的组成，E_1 和 R_1 为一对呈平衡的两相称为共轭相（或平衡液），E_1 和 R_1 两点联结的直线称为联结线。然后在上述两相混合液中继续加入少量溶质 A，进行同样的操作可以得到 E_2、R_2、E_3、R_3 等若干对共轭相。当 A 的加入量增加到某一程度时，混合液的组成抵达图 9-7 中 N 点处，分层现象就完全消失。将诸平衡液层的状态点 R、R_1、R_2、R_3、N、E_3、E_2、E_1、E 等连接起来的曲线即为此体系在该温度下的溶解度曲线。

通常联结线都不互相平行，各条联结线的斜率随混合液的组成而异。一般情况下各联结线是按同一方向缓慢地改变其斜率，但有少数体系当混合液组成改变时，联结线斜率改变较大，能从正到负，在某一组成联结线为水平线，例如吡啶-氯苯-水体系就是这种情况，如图 9-8 所示。

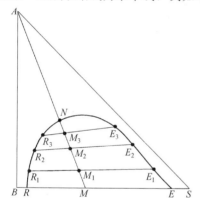 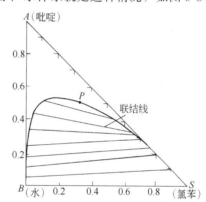

图 9-7　溶解度曲线和联结线绘制　　　　图 9-8　吡啶-氯苯-水体系的联结线

不同物系有不同形状的溶解度曲线，对于同一物系，在不同温度下由于物质在溶剂中的溶解度不同，因而分层区的大小也相应地改变，而使溶解度曲线形状发生变化。图 9-9 所示为甲基环戊烷（A）-正己烷（B）-苯胺（S）系统在温度 $t_1 = 20℃$、$t_2 = 34.5℃$、$t_3 = 45℃$ 条件时的溶解度曲线。一般情况下，当温度升高时，溶质在溶剂中的溶解度增加，温度降低时溶质的溶解度减小。

在溶解度数据表中，三元混合物组成有时也省略掉稀释剂的组成数据，因为它可以由 $x_{wB} = 1 - x_{wA} - x_{wS}$ 计算得出。

9.2.1.3　辅助曲线与临界混溶点

在一定温度下测得的溶解度平衡数据是由实验的次数决定的，它是有限的。为了得到其他组成的液-液平衡数据，可以应用内插法进行图解求得。通常，这种内插法是利用若干对已知平衡数据绘制出一条辅助曲线进行。

辅助曲线的作法如图 9-10 所示。已知联结线 E_1R_1、E_2R_2、E_3R_3。从 E_1 点作 AB 轴的平行线，从 R_1 点作 BS 轴的平行线，得一交点 H。同样从 E_2、E_3 分别作 AB 轴的平行线，从 R_2、R_3 分别作 BS 轴的平行线，分别得到交点 K、J，联结各交点，所得的曲线 HKJ 即为该溶解度曲线的辅助曲线。

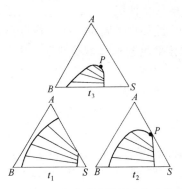

图 9-9　溶解度曲线形状随温度的变化情况

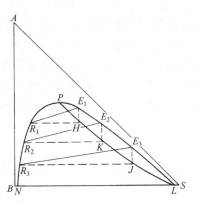

图 9-10　三元物系的辅助曲线

利用辅助曲线可求任一平衡液相的共轭相。如求液相 R_1 的共轭相，如图 9-10 所示，自 R_1 作 BS 轴的平行线交辅助曲线于 H 点，再由 H 点作 AB 轴的平行线，交溶解度曲线于 E_1 点，则 E_1 是 R_1 的共轭相。

在作辅助线时，将辅助线延长与溶解度曲线相交在 P 点，该点称为临界混溶点，它将溶解度曲线分为两部分，靠溶剂 S 一侧为萃取相即 E 相，含溶剂较多；靠稀释剂 B 一侧为萃余相即 R 相，含稀释剂较多。临界混溶点一般不在溶解度曲线的最高点，其准确位置的确定较为困难，只有当已知的共轭相接近临界混溶点时才较准确。

9.2.1.4　分配曲线与分配系数

（1）分配曲线　将三角形相图上各相对应的平衡液层中溶质 A 的浓度转移到 x-y 直角坐标上，所得的曲线称为分配曲线。对第②类物系即有一对组分部分互溶时的分配曲线如图 9-11 所示，对第③类物系即有两对组分部分互溶时的分配曲线如图 9-12 所示。

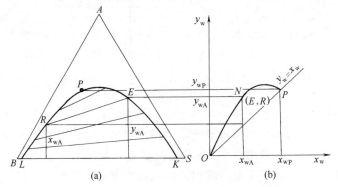

图 9-11　有一对组分部分互溶时的分配曲线

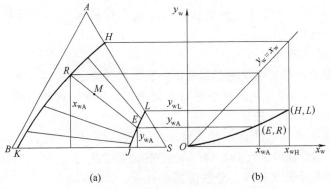

图 9-12　有两对组分部分互溶时的分配曲线

分配曲线表达了溶质 A 在相互平衡的 R 相与 E 相中的分配关系。图 9-11 中 x_{wA} 表示溶质 A 在 R 相（萃余相）中的质量分数，y_{wA} 表示溶质 A 在 E 相（萃取相）中的质量分数。

（2）分配系数　工程上为衡量萃取剂的萃取效果，常用到分配系数的概念。在三元萃取物系中，分配系数是表达溶质 A 在两平衡相中的分配关系的参数。在一定温度条件下，溶质 A 在萃取相 E 中的浓度 y_{wA} 与它在萃余相 R 中的浓度 x_{wA} 之比，称为分配系数，以 k_A 表示，即

$$k_A = \frac{溶质\ A\ 在萃取相\ E\ 中的浓度}{溶质\ A\ 在萃余相\ R\ 中的浓度} = \frac{y_{wA}}{x_{wA}} \tag{9-1}$$

式(9-1) 表达了平衡时两液层中溶质 A 的分配关系，故又称为平衡关系式。分配系数 k_A 值愈大，说明每次萃取所能取得的分离效果愈好。当浓度变化不大时，恒温下的 k_A 值可视为常数。

当 S 与 B 互不相溶时，分配系数 k_A 相当于吸收中的气液相平衡常数 m。

对于 S 与 B 部分互溶的物系，k_A 与联结线的斜率有关。当 $k_A = 1$ 时，联结线与三角形底边平行，其斜率为零；当 $k_A > 1$ 时，联结线斜率大于零；$k_A < 1$ 时，联结线斜率小于零。显然，联结线斜率愈大，愈有利于萃取分离。

9.2.1.5　杠杆规则（混合规则）

杠杆规则也适用于萃取物系的三元相图中。

图 9-13 中点 R 代表某已知三元混合物的组成点，其质量为 R kg。若向 R 中加入另一已知三元混合物 E kg（其组成由 E 点表示），所得新混合液为 M kg，其组成点 M 必在 RE 连线上，具体位置（M 点的组成）由 R、E 的量与图中线段长度之间的关系决定，即

$$\frac{R}{E} = \frac{ME\ 线段长（以\ \overline{ME}\ 表示）}{RM\ 线段长（以\ \overline{RM}\ 表示）} \tag{9-2}$$

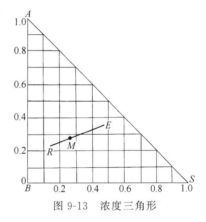

图 9-13　浓度三角形

上式称为杠杆规则，它是萃取过程物料衡算的基本依据。根据相似三角形的比例关系，由图 9-13 得

$$\frac{\overline{ME}}{\overline{RM}} = \frac{x_{wE} - x_{wM}}{x_{wM} - x_{wR}}$$

所以得到

$$\frac{R}{E} = \frac{\overline{ME}}{\overline{RM}} = \frac{x_{wE} - x_{wM}}{x_{wM} - x_{wR}} \tag{9-3}$$

式中，x_{wE}——溶质 A 在 E 相中的质量分数；x_{wR}——溶质 A 在 R 相中的质量分数；x_{wM}——溶质 A 在混合液 M 中的质量分数。

由总物料衡算可得

$$R + E = M \tag{9-4}$$

即 M 点是 R 和 E 两溶液相混合时的和点，反之 R 点称为三元混合物 M 与移出溶液 E 的差点。凡是符合和点或差点的这三个三元混合液的组成及量均符合杠杆规则，且这三点的位置必在同一条直线上，即三点共线。

9.2.2 单级萃取在相平衡图上的表示

图 9-1 所示的单级萃取过程可以在三角形相图上非常直观地表达出来。

若原料液 F 是由溶质 A 和稀释剂 B 所组成的二元混合液，则表示该原料液的组成点 F 必在三角形相图的 AB 边上，如图 9-14 所示。现向此原料液中加入适量的萃取剂 S，其量足以使混合液的总组成落在两相区的某点 M 处，则此 M 点依杠杆规则可知必在 FS 的连线上，且 S 与 F 的数量关系依杠杆规则可表达为

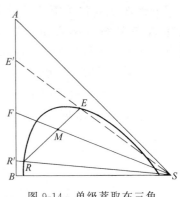

图 9-14 单级萃取在三角形相图上的表示

$$\frac{S}{F} = \frac{\overline{MF}}{\overline{MS}}$$

经过充分混合接触后，使溶质 A 进行重新分配，随后静置，形成两个液层。倘若两相已达到平衡，则其组成可分别由图 9-14 中 R、E 两点所表示，而其间的数量关系同样由杠杆规则确定，即

$$\frac{E}{R} = \frac{\overline{MR}}{\overline{ME}}$$

在萃取操作终了时，经澄清器分离液层可得到萃取相与萃余相，然后分别回收其中的溶剂以循环使用。若从萃取相 E 中完全脱除溶剂 S，则由图 9-14 可以看出，其脱除过程将沿 SE′ 直线进行，其组成由 E 点逐渐变化到 E′ 点。此 E′ 点中溶质 A 的含量比原料液 F 点中为高。同样，从萃余相 R 中完全脱除溶剂 S 后，可以得到二组分混合液的组成为 R′ 点，此 R′ 点中含稀释剂 B 的量比原料液 F 点中为高。

由上可知，原料液经过萃取并脱除溶剂以后，其所含有的 A、B 两组分已得到了部分分离。E′ 与 R′ 间的数量关系也可以用杠杆规则来确定，即

$$\frac{E'}{R'} = \frac{\overline{FR'}}{\overline{FE'}}$$

若从 S 点作溶解度曲线的切线，则切线与 AB 边的交点即代表在一定操作条件下，可能获得的含组分 A 最高的萃取液的组成点，亦即萃取液中组分 A 所能达到的极限浓度。

例 9-1

以水为萃取剂，从乙酸-氯仿原料液中萃取出乙酸。25℃时两液相（萃取相 E 和萃余相 R）以质量分数表示的三元平衡数据列于本例附表 9-1 中。已知原料液的量为 1000kg，乙酸质量分数为 35%，用纯水作萃取剂。要求萃取后萃余相中含乙酸不超过 7.0%。试计算：①萃取剂水的用量；②萃取后的水层和氯仿层的量以及水层中乙酸的质量分数；③若水完全脱除后所得的萃取液、萃余液的量及乙酸的质量分数。

表 9-1　例 9-1 附表　　　　　　　　　　　　单位：%

氯仿层（R 相）		水层（E 相）		氯仿层（R 相）		水层（E 相）	
乙　酸	水	乙　酸	水	乙　酸	水	乙　酸	水
0.00	0.99	0.00	99.16	27.65	5.20	50.56	31.11
6.77	1.38	25.10	73.69	32.08	7.93	49.41	25.39
17.22	2.24	44.12	48.58	34.16	10.03	47.87	23.28
25.72	4.15	50.18	34.71	42.5	16.5	42.50	16.50

解 ① 根据附表中的平衡数据，在直角三角形坐标图中绘出溶解度曲线并作出辅助曲线，如附图（见图9-15）所示。在 AB 坐标轴上根据原料液中乙酸的组成35%确定出 F 点。因萃取剂是纯水，则萃取剂的点在三角形的右顶点上，连接 F、S 两点得直线 FS。再由萃余相中含乙酸质量分数为7.0%，在临界点左边的溶解度曲线上确定 R 点，从 R 点作平行于三角形 BS 边的直线，交辅助线于 L 点，再从 L 点作平行于三角形 AB 边的直线，交溶解度曲线于 E 点，连接 R、E 两点的直线与 FS 直线交于 M 点，并在图中分别量出线段 MF 和 MS 的长度为5.3cm及5.3cm。由杠杆规则得

$$\frac{S}{F} = \frac{\overline{MF}}{\overline{MS}}$$

则萃取剂水的用量为

$$S = \frac{5.3}{5.3} \times 1000 = 1000\text{kg}$$

② 由图9-15量得 $\overline{MR} = 5.0\text{cm}$，$\overline{ME} = 2.7\text{cm}$，代入式(9-2)得

$$\frac{R}{E} = \frac{2.7}{5.0} \qquad (a)$$

由式(9-4)得

$$R + E = F + S = 1000 + 1000 = 2000\text{kg} \quad (b)$$

联解方程 (a)、(b)，得

$$R = 701.3\text{kg}, \qquad E = 1298.7\text{kg}$$

由图中 E 点查得

$$x_{wE} = 24.0\%$$

③ 过 E、S 两点及 R、S 两点分别作直线，交 AB 边得两点 E' 和 R'，并在图中量得 $\overline{ES}$ 和 $\overline{EE'}$ 的线段长度分别为 3.5cm 和 10.0cm，由杠杆规则得

$$E' = \frac{\overline{ES}}{\overline{EE'}} S = \frac{3.5}{10.0} \times 1000 = 350\text{kg}$$

由物料衡算得

$$R' = F - E' = 1000 - 350 = 650\text{kg}$$

由图查得

$$x_{wE'} = 92.3\%, \qquad x_{wR'} = 7.1\%$$

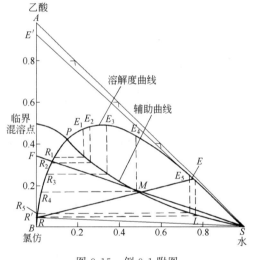

图 9-15　例 9-1 附图

9.3　萃取设备

9.3.1　塔式萃取设备

液-液萃取设备的种类很多，但目前尚不存在各种性能都比较完美的设备，萃取设备的研究还不够成熟，尚待进一步开发与改善。

萃取设备应有的主要性能是能为两液相提供充分混合与充分分离的条件，使两液相之间具有很大的接触面积，这种界面通常是将一种液相分散在另一种液相中所形成。分散成滴状的液相称为分散相，另一个呈连续的液相称为连续相。显然，分散的液滴越小，两相的接触面积越

大，传质越快。为此，在萃取设备内装有喷嘴、筛孔板、填料或机械搅拌装置等。为使萃取过程获得较大的传质推动力，两相流体在萃取设备内以逆流流动方式进行操作。

在工业生产中由于塔式萃取设备有较大的生产能力，设备投资不大，萃取分离效果较好，两相可实现连续逆流操作，所以生产上大多采用各种类型的萃取塔进行萃取操作。本节重点介绍几种常用萃取塔。

9.3.1.1 填料萃取塔

填料萃取塔的结构与吸收和精馏使用的填料塔基本相同。在塔内装填充物，连续相充满整个塔中，分散相以滴状通过连续相。填料可以是拉西环、鲍尔环、鞍形填料、丝网填料等，材料有陶瓷、金属或塑料。为了有利于液滴的形成和液滴的稳定性，所用的填料材料应被连续相优先润湿。一般瓷质填料易被水优先润湿，石墨和塑料填料则易被大部分有机液优先润湿，金属填料易被水溶液优先润湿，这均应由试验确定。在应用丝网填料时，为了防止转相，应被分散相所润湿。为了减少壁流，填料尺寸应小于塔径的 1/8～1/10。由于塔径增大后轴向混合增加，填料塔很高时液体易发生沟流，因此为减少液体的轴向混合与沟流，通常在塔高 3～5m 的间距设置液体再分布装置。为防止过早的液泛，喷料嘴必须穿过填料支持器 25～50mm，而填料支持器必须具有尽可能大的自由截面，以尽量减少压力降及沟流。

填料塔结构简单，造价低廉，操作方便，故在工业中仍有一定的应用。虽然填料塔不宜处理含固体的流体，但适用于处理腐蚀性流体。在处理量比较小的物系中，应用仍较广泛。与喷淋塔相比，由于填料增进了相际间的接触，减少了轴向混合，因而提高了传质速率，但是效率仍较小。工业填料萃取塔高度一般为 20～30m，因而在工艺条件所需的理论级数小于 3 的情况下，可以考虑选用。

对于标准的工业填料，在液-液萃取中有一个临界的填料尺寸。大多数液-液萃取系统填料的临界直径约为 12mm 或更大些，工业上一般可选用直径为 15mm 或 25mm 的填料，以保证适当的传质效率和两相的流通能力。

各种填料的处理能力和传质性能各有不同，对一个新的萃取过程，最适宜的填料型式应由试验确定。

9.3.1.2 筛板萃取塔

筛板（多孔板）塔的结构如图 9-16 所示。它与筛板蒸馏塔的结构相似，但是筛板的孔径要比蒸馏塔的小，筛板间距也和蒸馏塔稍有不同。如果轻液为分散相，如图 9-17(a) 所示，轻液由底部进入，经筛孔板分散成液滴，在塔板上与连续相密切接触后分层凝聚，并积聚在上一层筛板的下面，然后借助压力的推动再经孔板分散，最后由塔顶排出。重液连续地由上部进入，经降液管至筛板后通过溢流堰流入降液管进入下面一块筛板。依次反复，最后由塔底排出。如果重液是分散相，如图 9-17(b) 所示，则塔板上的降液管需改为升液管，连续相（轻液）通过升液管进入上一层塔板。

因为连续相的轴向混合被限制在板与板之间的范围内，而没有扩展至整个塔内，同时分散相液滴在每一块塔板上进行凝聚和再分散，使液滴的表面得以更新，因此筛板塔的萃取效率比填料塔有所提高。由于筛板塔结构简单，价格低廉，尽管级效率较低，仍在许多工业萃取过程中得到应用，尤其是在萃取过程所需理论级数少、处理量较大以及物系具有腐蚀性的场

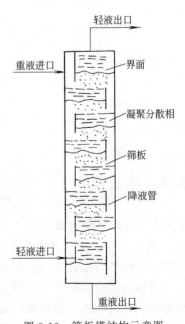

图 9-16 筛板塔结构示意图

（图中标注：轻液出口、重液进口、界面、凝聚分散相、筛板、降液管、轻液进口、重液出口）

合。国内在芳烃抽提中应用筛板塔效果良好。

为了提高板效率，使分散相在孔板上易于形成液滴，筛板材料必须优先为连续相所润湿，因此有时需应用塑料或将塔板涂以塑料，或者分散相由板上的喷嘴形成液滴，同时选择体积流量大的流体为分散相。

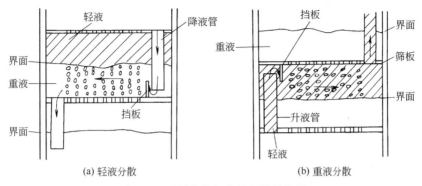

(a) 轻液分散　　　　　　(b) 重液分散

图 9-17　不同分散相的筛板塔结构图

为了保证筛板塔的正常操作，在设计中，应考虑以下几点：

① 分散相应均匀地通过全部筛孔，防止连续相短路而导致板效率降低；

② 选择适当的筛孔流速，筛孔流速过低，易形成分散相滴状流出；筛孔流速过高，易产生分散相喷射，对传质均不利；

③ 两相在板间明显分层，并且要有一定高度的分散相积累层；

④ 连续相经降液管（或溢流管）流动时，所夹带的分散液滴要少，以避免过大的轴向混合。

9.3.1.3　转盘萃取塔

转盘萃取塔是装有回旋搅拌圆盘的萃取设备，其结构如图 9-18 所示。塔体呈圆筒形，其内壁上装有固定环，将塔分隔成许多小室，塔的中心从塔顶插入一根转轴，转盘即装在其上。转轴由塔顶的电动机带动。

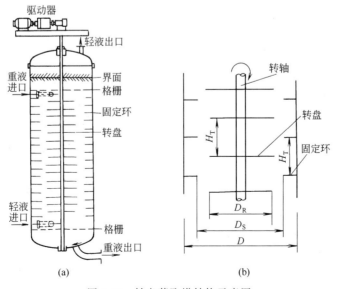

图 9-18　转盘萃取塔结构示意图

在固定环与转盘之间有一自由空间，这一自由空间不仅能提高萃取速率，增加流通量，而且能保证使转盘装入固定环开孔部分中央，在必要时还可将转轴从塔顶抽出。塔的顶部和底部是澄清区，它们同塔中段的萃取区有的用格栅相隔。互相接触的两种液体，可以间歇加入，也可以连续加入，一般都用连续加入的方法。当采用并流操作时，两种液体同时从塔顶或者塔底加入塔内；当采用逆流操作时，不管间歇加料还是连续加料，都是重液从塔顶进入，轻液从塔底进入，这时轻液和重液都可作为连续相。

当变速电机起动后，圆盘高速旋转，并带动两相一起转动，因而在液体中产生剪应力。剪应力使连续相产生涡流，处于湍动状态，使分散相破裂，形成许多大小不等的液滴，从而增大了传质系数及接触界面。固定环的存在在一定程度上抑制了轴向混合，因此转盘塔萃取效率较高。

转盘萃取塔结构简单，造价低廉，维修方便。由于它的操作弹性大，流通量大，因而在石油化学工业中，转盘萃取塔应用比较广泛。除此之外，它也可作为化学反应器；而且它很少会发生堵塞，因此也适用于处理含有固体物料的场合。

9.3.1.4　往复振动筛板塔

往复振动筛板塔的结构如图 9-19 所示。它是由一组开孔的筛板和挡板所组成，筛板安装在中轴上，由装在塔顶的传动机械驱动中心轴进行往复运动，振幅一般为 3～50mm，往复速度可达 1000r/min。该塔的特点是：①通量高；②可以处理易乳化、含有固体的物系；③结构简单，容易放大；④维修和运动费低。

往复振动筛板塔自开发以来，现已广泛地应用于石油化工、食品、制药和湿法冶金工业中，如提纯药物、废水脱酚、由水溶液中回收乙酸、从废水中提取有机物等。至今，正在运转的塔的最大塔直径为 1m，筛板组合件（即萃取区）长为 9.6m。塔材料除用不锈钢等金属材料外，也有的采用衬玻璃内壳和各种耐腐蚀的高分子聚合材料（如用聚四氟乙烯）制作内件，因而也可以用于处理腐蚀性强的物系。

为了减少轴向混合，当塔径大于 75mm 时，应该设置挡板，一般挡板的设置如图 9-20 所示。

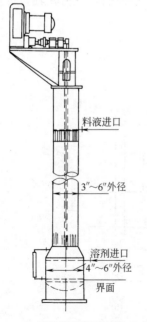

图 9-19　往复振动筛板塔结构示意图

(a) 筛板与挡板的间距

(b) 挡板(内孔面积约等于筛板开孔率)

图 9-20　往复振动筛板塔挡板安装图

9.3.1.5 脉冲萃取塔

为改善两相接触状况，增强界面湍动程度，强化传质过程，可在普通的筛板塔或填料塔内提供外加机械能来造成脉动，这种塔称为脉冲萃取塔。如图9-21所示即为脉冲筛板塔。

塔的主体部分是高径比很大的圆柱形筒体，中间装有若干带孔的不锈钢或其他材料制成的筛板，筛板可用支撑柱和固定环按一定板间距固定。塔的上、下两端分别设有上澄清段和下澄清段，运行时两相界面的位置取决于连续相及分散相的选择。在塔体的相应部位装有各液流的入口管、出口管、脉冲管，用作冲洗、放空、排空的管线以及各种参数（界面、温度等）的测量点。为使进料液分布均匀，进料管往往采用配头或喷淋头的形式。

其脉动的产生，大都依靠机械脉冲发生器（脉冲泵）在塔底造成，少数采用压缩空气来实现。脉冲筛板塔的传质效率较高，且效率与脉动的振幅和频率直接有关；其缺点是允许通过能力较小，因而限制了它在化工生产中的应用。

除上面介绍的塔式萃取设备外，萃取设备还有许多类型，如混合-澄清萃取器、离心萃取机等，此处从略。

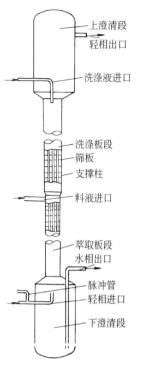

图 9-21 脉冲筛板塔
结构示意图

9.3.1.6 萃取设备的选用

萃取设备的种类很多，由于各种萃取设备具有不同的特性，而且萃取过程及萃取物系中各种因素的影响也是错综复杂的，因此，对于某一新的液-液萃取过程，选择适当的萃取设备十分重要。选择的原则主要是：满足生产的工艺要求和条件；经济上确保生产成本最低。然而，到目前为止，人们对各种萃取设备的性能研究得还很不充分，在选择时往往要凭经验。下面作一简要说明。

在液-液萃取中，系统的物理性质对设备的选择比较重要。在无外能输入的萃取设备中，液滴的大小及其运动情况与界面张力 σ 和两相密度差 $\Delta\rho$ 的比值（$\sigma/\Delta\rho$）有关。若 $\sigma/\Delta\rho$ 大，液滴较大，两相接触界面减少，降低了传质系数。因此，无外能输入的设备仅宜用于 $\sigma/\Delta\rho$ 较小，即界面张力较小、密度差较大的系统。当 $\sigma/\Delta\rho$ 较大时，应选用有外能输入的设备，使液滴尺寸变小，提高传质系数。对密度差较大的系统，离心萃取器比较适用。

对于腐蚀性强的物系，宜选取结构简单的填料塔，或采用由耐腐蚀金属或非金属材料如塑料、玻璃钢内衬或内涂的萃取设备。对于放射性系统，应用较广的是脉冲塔。

如果物系有固体悬浮物存在，为避免设备堵塞，一般可选用转盘塔或混合澄清器。

对某一液-液萃取过程，当所需的理论级数为2～3级时，各种萃取设备均可选用；当所需的理论级数为4～5级时，一般可选择转盘塔、往复振动筛板塔和脉冲塔；当需要的理论级数更多时，一般只能采用混合澄清器。

根据生产任务和要求，如果所需设备的处理量较小时，可用填料塔、脉冲塔；处理量较大时，可选用筛板塔、转盘塔以及混合澄清器。

物系的稳定性与停留时间，在选择设备时也要考虑，例如在抗生素生产中，由于稳定性的要求，物料在萃取器中要求的停留时间短，这时离心萃取器是合适的。若萃取物系中伴有慢的化学反应，要求有足够的停留时间，选用混合澄清器较为有利。

9.3.2 萃取塔的操作

对萃取塔能否实现正常操作，将直接影响产品的质量、原料的利用率和经济效益。尽管一个工艺过程及设备设计得很完善，但由于操作不当，还是得不到合格产品。因此，萃取塔的正确操作是生产中的重要一环。它不仅涉及理论部分，更是一门应用技术，它与前面介绍的原理、设备构成一个统一的整体内容。

9.3.2.1 萃取塔的开车

在萃取塔开车时，先将连续相注满塔中，若连续相为重相（即相对密度较大的一相），液面应在重相入口高度处为宜，关闭重相进口阀，然后开启分散相，使分散相不断在塔顶分层段凝聚。随着分散相不断进入塔内，在重相的液面上形成两液相界面并不断升高。当两相界面升高到重相入口与轻相出口处之间时，再开启分散相出口阀和重相的进出口阀，调节流量或重相升降管的高度使两相界面维持在原高度。

若重相作为分散相，则分散相不断在塔底的分层段凝聚，两相界面应维持在塔底分层段的某一位置上，一般在轻相入口处附近。

9.3.2.2 维持正常操作要注意的事项

(1) 两相界面高度要维持稳定　因参与萃取的两液相的相对密度相差不大，在萃取塔的分层段中两液相的相界面容易产生上下位移。造成相界面位移的因素有：①振动、往复或脉冲频率及幅度发生变化；②流量发生变化，即若相界面不断上移到轻相出口，则分层段不起作用，重相就会从轻相出口处流出；若相界面不断下移至萃取段，就会降低萃取段的高度，使得萃取效率降低。

当相界面不断上移时，要降低升降管的高度或增加连续相的出口流量，使两相界面下降到规定的高度处。反之，当相界面不断下移时，要升高升降管的高度或减小连续相的出口流量。

(2) 防止液泛　液泛是萃取塔操作时容易发生的一种不正常的操作现象。所谓液泛，是指逆流操作中，随着两相（或一相）流速的加大，流体流动的阻力也随之加大，当流速超过某一数值时，一相会因流体阻力加大而被另一相夹带由出口端流出塔外，有时在设备中表现为某段分散相把连续相隔断。

产生液泛的因素较多，它不仅与两相流体的物性（如黏度、密度、表面张力等）有关，而且与塔的类型、内部结构有关。不同的萃取塔，其泛点速度也不同。当对某种萃取塔操作时，所选的两相流体确定后，液泛的产生是由流速（流量）或振动、脉冲频率和幅度的变化而引起的，因此流速过大或振动频率过快易造成液泛。

(3) 减小返混　萃取塔内部分液体的流动滞后于主体流动，或者产生不规则的旋涡运动，这些现象称为轴向混合或返混。

萃取塔中理想的流动情况是两液相均呈活塞流，即在整个塔截面上两液相的流速相等。这时传质推动力最大，萃取效率高。但是在实际塔内，流体的流动并不呈活塞流，因为流体与塔壁之间的摩擦阻力大，连续相靠近塔壁或其他构件处的流速比中心处慢，中心区的液体以较快速度通过塔内，停留时间短，而近壁区的液体速度较低，在塔内停留时间长，这种停留时间的不均匀是造成液体返混的主要原因之一。分散相的液滴大小不一，大液滴以较大的速度通过塔内，停留时间短；小液滴速度小，在塔内停留时间长；更小的液滴甚至还可被连续相夹带，产生反方向的运动。此外，塔内的液体还会产生旋涡而造成局部轴向混合。上述种种现象均使两液相偏离活塞流，统称为轴向混合。液相的返混使两液相各自沿轴向的浓度梯度减小，从而使塔内各截面上两相液体间的浓度差（传质推动力）降低。据文献报道，在大型工业塔中，有多达 $60\%\sim90\%$ 的塔高是用来补偿轴向混合的。轴向混合不仅影响传质推动力和塔高，还影响塔的通过能力，因此，在萃取塔的设计和操作中，应该仔细考虑轴向返混。与气液传质设备比较，液-液萃取设备中，两相的密度差小，黏度大，两相间的相对速度小，返混现象严重，对传质的影响更为突出。返混随塔径增加而增强，所以萃取塔的放大效应比气液传质设备大得多，放大更为困难。目前萃取塔的设计还很少直接通过计算进行工业装置设计，一般需要通过中间试验，中试条件应尽量接近生产设备的实际操作条件。

在萃取塔的操作中，连续相和分散相都存在返混现象。连续相的轴向返混随塔的自由截面的增大而增大，也随连续相流速的增大而增大。对于振动筛板塔或脉冲塔，当振动、脉冲频率或幅度增强时都会造成连续相的轴向返混。

造成分散相轴向返混的原因有：由于分散相液滴大小是不均匀的，在连续相中上升或下降的速度也不一样，产生轴向返混，这在无搅拌机械振动的萃取塔如填料塔、筛板塔或搅拌不激烈的萃取塔中起主要作用；对有搅拌、振动的萃取塔，液滴尺寸变小，湍流强度也高，液滴易被连续相涡流所夹带，造成轴向返混；在体系与塔结构已定的情况下，两相的流速及振动、脉冲频率或幅度的增大将会使轴向返混严重，导致萃取效率的下降。

9.3.2.3 停车

萃取塔在维修、清洗时或工艺要求下需要停车。对于连续相为重相的，停车时首先应关闭连续相的进出口阀，再关闭轻相的进口阀，让轻重两相在塔内静置分层。分层后慢慢打开连续相的进口阀，让轻相流出塔外，并注意两相的界面，当两相界面上升至轻相全部从塔顶排出时，关闭重相进口阀，让重相全部从塔底排出。

对于连续相为轻相的，相界面在塔底，停车时首先应关闭重相进出口阀，然后再关闭轻相进出口阀，让轻重两相在塔中静置分层。分层后打开塔顶旁路阀，塔内接通大气，然后慢慢打开重相出口阀，让重相排出塔外。当相界面下移至塔底旁路阀的高度处，关闭重相出口阀，打开旁路阀，让轻相流出塔外。

9.4 萃取技术的进展

萃取技术是在 20 世纪得到迅速发展的一种分离技术。它利用溶质在两种部分互溶或互不相溶的液相之间分配不同的性质实现液体混合物的分离或提纯。分离对象和分离要求不同，萃取剂和萃取流程也不同，从而能够达到选择性高、分离效果好及适应性强等目标。萃取通常在常温或较低温度下进行，因此，同其他分离操作相比，具有能耗低的特点，特别适用于热敏性物质的分离。此外，萃取易于实现大规模连续化的生产。

20 世纪初，石油工业中通过萃取抽提芳烃获得成功，随后萃取又被用于菜油的提取和青霉素的纯化等。第二次世界大战期间，用萃取法分离铀、钍和放射性同位素，促进了溶剂萃取的研究和应用。20 世纪 60 年代以来，萃取用于大规模的工业生产，逐渐成为湿法冶金、原子能化工、石油化工等领域中不可替代的一种重要分离技术。随着高科技技术的发展和应用，萃取在石油与化工、能源和资源利用、生物和医药工程、环境工程和高新材料的开发等方面面临着新的机遇和挑战。

但是，与精馏等气（汽）-液传质过程比较，萃取过程和设备的设计放大难度较大。萃取过程中，两相密度差小，连续相黏度大，返混严重，两相流动和相际传质极为复杂，而且两相具有一定程度的互溶性，易造成溶剂损失和二次污染，溶剂再生也对过程的经济性和可靠性产生重要的影响。因此，对于萃取的研究和发展一直都在进行之中。

随着有关研究工作的不断深入，萃取在理论和技术上均不断取得新突破。国际溶剂萃取会议（ISEC）每三年召开一次，来自五大洲的代表在会上发表论文，交流经验，探讨未来的发展动向，体现了溶剂萃取领域中化学和化工相结合、工艺和设备相结合、计算技术和工程经验互相促进的特点。各国根据自身的条件，深入开展有关萃取的基础研究和应用研究，显示出各自不同的特点。例如美国的研究工作具有新颖性和商业化的特点，英国侧重于基础研究，法国重视核领域和数学模型的研究，德国重视实验技术和工程研究，加拿大和澳大利亚以资源利用和通过溶剂萃取使产品增值为研究重点，而日本的研究大都以生物工程和新材料为背景，重点研究化学机理、萃取新方法和新工艺。

我国在溶剂萃取的研究和应用方面也取得了重大的进展。例如，针对核工业发展的迫切需求，系统地研究了萃取法核燃料后处理工艺以及化学和设备的基本规律，保证了国内自行建设的生产装置成功投入生产；在萃取分离稀土方面的基础研究大大推动了我国蕴藏极为丰富的稀土资源的生产和应用；新的混合溶剂体系的系统研究推动了金属萃取分离技术的发展等。

近年来，新型萃取技术不断出现并实现工业化应用，如反胶团溶剂萃取、超临界流体萃取、双水相萃取、微波萃取、电泳萃取、超声波萃取、预分散萃取、磁场协助溶剂萃取、液膜萃取、内耦合萃反交替分离过程、非平衡溶剂萃取等。进入 21 世纪，萃取已成为一项得到广泛应用的分离提纯技术，随着生产发展对高科技的迫切要求，作为"成熟"技术的萃取正逐渐与膜技术、反微团技术、反应吸附技术等相关技术相互渗透，快速发展。

 ## 本章小结

液-液萃取是依据液体混合物中各组分在某一溶剂中溶解度的不同，而使混合液中各组分达到一定程度的分离，是分离液体混合物的重要单元操作之一。但由于该法并不能实现混合物的彻底分离，因此其应用受到了一定的限制。学习中应该围绕萃取的工业过程，分析理解以下几方面内容：

- 萃取剂的选择；
- 单级萃取和多级萃取的异同点；
- 萃取在三角形相平衡图上的表示；
- 萃取设备与气液相传质设备的比较。

本章主要符号说明

英文

A——溶质的量，kg 或 kg/h

B——溶剂的量，kg 或 kg/h

E——萃取相的量，kg 或 kg/h

E'——萃取液的量，kg 或 kg/h

F——原料液的量，kg 或 kg/h

k——分配系数

M——混合液的量，kg 或 kg/h

R——萃余相的量，kg 或 kg/h

R'——萃余液的量，kg 或 kg/h

S——萃取剂的量，kg 或 kg/h

t——温度，℃

x_w——溶质在萃余相中的质量分数

y_w——溶质在萃取相中的质量分数

x_w——组分的质量分数。

希文

β——溶剂的选择性系数

μ——液体的黏度，Pa·s

ρ——液体的密度，kg/m^3

σ——界面张力，N/m

下标

A——溶质

B——溶剂

E——萃取相

E'——萃取液

R——萃余相

R'——萃余液

S——萃取剂

 习题 ▶▶

9-1　在单级萃取器中以异丙醚为萃取剂，从乙酸组成为 0.50（质量分数）的乙酸水溶液中萃取乙酸。乙酸水溶液的量为 500kg，异丙醚量为 600kg。系统平衡数据见表 9-2，试做以下各项：

（1）在直角三角形相图上绘出溶解度曲线与辅助曲线；

（2）确定原料液与萃取剂混合后，混合液的坐标位置；

（3）萃取过程达平衡时萃取相与萃余相的组成与量；

（4）萃取相与萃余相间溶质（乙酸）的分配系数；

（5）两相脱除溶剂后，萃取液与萃余液的组成与量；

（6）若用 600kg 异丙醚对一级萃取得到的萃余相再进行一次萃取，在最终萃余相中乙酸的组成可降为多少？

表 9-2　20℃时乙酸-水-异丙醚系统的平衡数据　　　　　　单位：%

在萃余相 R（水层）中			在萃取相 E（异丙醚层）中		
醋酸（A）	水（B）	异丙醚（S）	醋酸（A）	水（B）	异丙醚（S）
0.69	98.1	1.2	0.18	0.5	99.3
1.4	97.1	1.5	0.37	0.7	98.9
2.7	95.7	1.6	0.79	0.8	98.4
6.4	91.7	1.9	1.9	1.0	97.1
13.30	84.4	2.3	4.8	1.9	93.3
25.50	71.1	3.4	11.40	3.9	84.7
37.00	58.6	4.4	21.60	6.9	71.5
44.30	45.1	10.6	31.10	10.8	58.1
46.40	37.1	16.5	36.20	15.1	48.7

注：表中数据均为质量分数。

9-2　在 20℃的操作条件下，用线性异丙醚作为溶剂，在单级萃取器中从含乙酸 0.20（质量分数）的水溶液中萃取乙酸，处理量为 100kg，要求萃余相中乙酸含量不超过 0.10（质量分数），求所需溶剂量。若原料的乙酸组成变为 0.4，溶剂量不变，所得萃余相组成为多少？若仍要求萃余相中乙酸组成不超过 0.10，所需溶剂量为多少？（操作条件下的平衡数据见上题）

9-3　某混合液含溶质 A 0.4，稀释剂 B 0.6（均为质量分数），处理量为 100kg，用纯溶剂进行单级萃取。相平衡曲线数据见表 9-3，试求：（1）可能操作（开始分层）的最大溶剂量；（2）可能操作的最小溶剂量；（3）萃取液浓度最大时的溶剂量。

表 9-3　操作条件下的相平衡曲线数据

萃余相（质量分数）			萃取相（质量分数）		
A	B	S	A	B	S
0	0.98	0.02	0	0.1	0.9
0.05	0.92	0.03	0.14	0.05	0.81
0.10	0.86	0.04	0.22	0.045	0.735
0.15	0.80	0.05	0.295	0.045	0.66
0.20	0.738	0.062	0.355	0.06	0.585
0.25	0.675	0.075	0.405	0.08	0.515
0.30	0.61	0.09	0.445	0.103	0.452
0.35	0.535	0.115	0.48	0.13	0.39
0.40	0.45	0.15	0.495	0.175	0.33
0.45	0.365	0.185	0.50	0.22	0.28
0.48	0.30	0.22	0.495	0.25	0.255

自测题 ▶▶▶ ··

1. 萃取分离混合物的依据是各组分的（　　）不同。

A. 沸点　　　　　　　　B. 露点　　　　　　　　C. 蒸气压　　　　　　　D. 溶解度

2. 萃取分离的对象通常是（　　）。

A. 气体混合物　　　　　B. 液体混合物　　　　　C. 气固混合物　　　D. 液固混合物

3. 在萃取的分析或计算中，最常用的相图是（　　）。

A. 二元相图　　　　　　B. 三元相图　　　　　　C. 四元相图　　　　　　D 多元相图

4. 以下都是选择萃取剂需要考虑的因素，但优先考虑的应该是（　　）。

A. 对溶质的溶解度　　　B. 黏性　　　　　　　　C. 挥发度　　　　　　　D. 选择性

5. 当萃取温度降低时，萃取剂与原溶剂的互溶度将（　　）。

A. 增大　　　　　　　　B. 不变　　　　　　　　C. 减小　　　　　　　　D. 不确定

6. 在三角相图上，温度升高，溶解曲线以下的两相区范围会（　　）。

A. 缩小　　　　　　　　　　　　　　　　　　　B. 增大

C. 不变　　　　　　　　　　　　　　　　　　　D. 不确定

7. 与精馏相比，萃取操作的缺点是（　　）。

A. 不能分离挥发度相近的混合液　　　　　　　　B. 分离低浓度组分消耗能量多

C. 不易分离热敏性物质　　　　　　　　　　　　D. 流程比较复杂，需要分离溶剂的设备

8. 用纯溶剂 S 通过单级萃取分离 A＋B 混合液，设处理量 F 及组成 x_F 不变，则加大萃取剂用量，所得萃取液的组成 y_a 将（　　）。

A. 增大　　　　　　　　　　　　　　　　　　　B. 减小

C. 不变　　　　　　　　　　　　　　　　　　　D. 不确定

9. 通常，以下操作不属于萃取操作必须的步骤是（　　）。

A. 原料与萃取剂混合　　B. 澄清分离　　　　　　C. 萃取剂回收　　　　　D. 原料预热

10. 工业萃取中，不常用于萃取的塔设备是（　　）。

A. 空塔　　　　　　　　B. 填料塔　　　　　　　C. 板式塔　　　　　　　D. 转盘塔

第10章 制 冷

学习目标

- 理解：制冷的基本原理；压缩蒸气制冷循环的基本过程；制冷能力的表示及影响因素（控制点）；选择适宜的操作条件。
- 了解：制冷的分类及应用；制冷剂与载冷体的选择原则及常用的种类；压缩蒸气制冷设备的结构及作用。

10.1 概述

制冷（冷冻）是指用人为的方法将物料的温度降到低于周围介质温度的单元操作，在工业生产中得到广泛应用。例如，在化学工业中，空气的分离、低温化学反应、均相混合物分离、结晶、吸收、借蒸汽凝结提纯气体等生产过程；石油化工生产中，石油裂解气的分离要求在173K左右的低温下进行，裂解气中分离出的液态乙烯、丙烯则要求在低温下贮存、运输；食品工业中冷饮品的制造和食品的冷藏；医药工业中一些抗生素剂、疫苗血清等需在低温下贮存；在化工、食品、造纸、纺织和冶金等工业生产中回收余热；室内空调等应用。

10.1.1 制冷方法

（1）冰融化法 冰融化时，要从周围吸收热量而使周围的物料冷却。冰融化吸收的热量约335kJ/kg。它是最早和最广泛使用的制冷方法，可保持在0℃以上的低温，主要用于食品贮存和冷饮防暑降温等。

（2）冰盐水法 利用冰和盐类的混合物来制冷。因为盐类溶解在冰水中要吸收溶解热，而冰融化时又要吸收融化热，所以冰盐水的温度可以显著下降。冰盐水制冷能达到的温度与盐的种类及浓度有关。在工业上常用的冰盐水是冰块和食盐的混合物。如冰水中食盐的质量分数为10%时，可获得－6.2℃的低温；质量分数为20%时，可获得－13.7℃的低温。又如23% $NaCl$和冰的混合物可达－21℃，30%$CaCl_2$和冰的混合物可达－55℃，KOH和冰的混合物可达－65℃。这种制冷方法主要用于实验室。

（3）干冰法 利用固体二氧化碳升华时从周围吸收大量的升华热来制冷。在大气压下干冰升华的温度为－78.5℃，升华热为573.6kJ/kg。在同样条件下，干冰法制冷量比冰融化法和冰盐水法的制冷量大，制冷温度低，一般可达－40℃。干冰法制冷广泛应用于医疗、食品、机械零件的冷处理等。

（4）液体汽化法 利用在低温下容易汽化的液体汽化时吸收热量来制冷。在大气压下液氨的汽化潜热为1370kJ/kg，汽化的液氨温度可降低到－33.4℃。这种方法可以获得各种不同的低温，是目前应用最广泛的制冷方法，常应用于冷藏、冷冻、空调等制冷过程中。

（5）气体绝热膨胀法（节流膨胀法） 利用高压低温气体经过绝热膨胀后，使气体压力和温度急剧下降而获得更低温度的制冷。例如，20MPa、0℃的空气，减压膨胀到0.1MPa时，其温度可降至－40℃左右。又如氨在大气压下的沸点为－33.4℃，它可以在很低的温度下蒸发，自被冷物体吸收热量；所产生的氨蒸气经过压缩和冷却又变为液态氨，液氨经过节流膨胀降低压力，其沸点降到被冷物体温度之下，热量仍由冷物体流向液氨，因而达到制冷的目的。这种方法主要用于气体的液化和分离工业。

在合成氨生产中,若采用操作压力为15～30MPa的一般合成流程时,利用氨气易于液化的特点,对具有较高压力的含氨混合气进行冷却,氨即冷凝成液态而与其他气体分离。一般采用两级氨分离流程,即先用水冷却,再用氨冷却,将混合气体冷却至0℃以下,如图10-1所示。

天然气液化需先进行预处理,脱除天然气中的硫化氢、二氧化碳和水分等杂质,以免它们在低温下冻结而堵塞设备和管道。预处理后,进入液化装置。如图10-2所示的是利比亚伊索工厂液化装置流程,采用闭式混合制冷剂循环,每套液化装置由4台离心式制冷压缩机及两台绕管式铝制换热器组成。两台并联布置的压缩机将原料气从起始压力(表压)2.74MPa压缩到

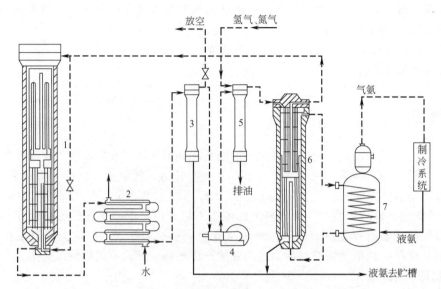

图 10-1　中压合成两级氨分离流程

1—合成塔；2—水冷凝器；3—氨分离器；4—循环气压缩机；

5—油过滤器；6—冷凝器；7—氨蒸发器

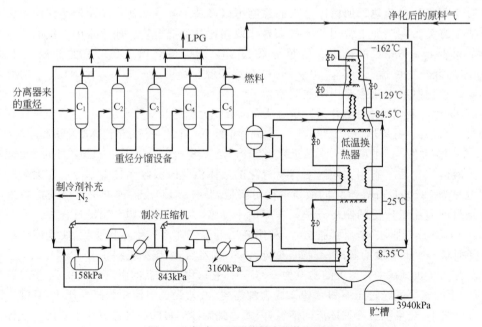

图 10-2　伊索工厂天然气液化装置流程

4.64MPa。压缩后的原料气用热钾碱法脱除二氧化碳与硫化氢，用分子筛使之脱水干燥，并借助吸附过程去除高碳氢化合物。净化后的天然气进入低温换热器冷却和液化，其液化压力为3.94MPa。

10.1.2 制冷的分类

10.1.2.1 按制冷过程分类

（1）蒸气压缩式制冷 简称压缩制冷。制冷目前应用得最多的是蒸气压缩式制冷。它是利用压缩机做功，将气相工质压缩、冷却、冷凝成液相，然后使其减压膨胀、汽化（蒸发），从低温热源取走热量并送到高温热源的过程。此过程类似用泵将流体由低处送往高处，所以有时也称为热泵，如图10-3所示。

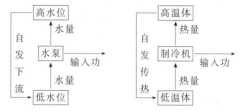

图10-3 水泵与制冷机的类比

（2）吸收式制冷 利用某种吸收剂吸收自蒸发器中所产生的制冷剂蒸气，然后用加热的方法在相当冷凝器的压力下进行脱吸。即利用吸收剂的吸收和脱吸作用将制冷剂蒸气由低压的蒸发器中取出并送至高压的冷凝器，用吸收系统代替压缩机，用热能代替机械能进行制冷操作。

工业生产中常见的吸收制冷体系有：

① 氨-水系统 以氨为制冷剂，水为吸收剂，应用在合成氨生产中，将氨从混合气体中冷凝分离出来；

② 水-溴化锂溶液系统 以水为制冷剂，溴化锂溶液为吸收剂，已被广泛应用于空调技术中。

（3）蒸汽喷射式制冷 利用高压蒸汽喷射造成真空，使制冷剂水在低压下蒸发，吸收被冷物料热量而达到制冷目的。真空度越高，制冷温度越低，但不能低于0℃。因为水的汽化潜热大，无毒而易得，但其蒸发温度高，工业生产中常用于制取0℃以上的冰冻水或作空调的冷源。

10.1.2.2 按制冷程度分类

（1）普通制冷 制冷温度不高于173K。

（2）深度制冷 制冷温度在173K以下。从理论上讲，所有气体只要将其冷却到临界温度以下，均可使之液化。因此，深度制冷技术也可以称作气体液化技术。在工业生产中，利用深度制冷技术有效地分离了空气中的氮、氧、氩、氖及其他稀有组分，以及成功地分离了石油裂解气中的甲烷、乙烯、丙烷、丙烯等多种气体。现代医学及其他高科技领域也广泛应用深度制冷技术。

10.2 制冷基本原理

10.2.1 压缩蒸气制冷循环

10.2.1.1 制冷原理

制冷操作是从低温物料中取出热量，并将此热量传给高温物体的过程。根据热力学第二定律，这种传热过程不可能自动进行，只有从外界补充所消耗的能量，即外界必须做功，才能将热量从低温传到高温。

液体汽化为蒸气时，要从外界吸收热量，从而使外界的温度有所降低。而任何一种物质的沸点（或冷凝点）都是随压力的变化而变化，如氨的沸点随压力变化的情况见表10-1。

表10-1 氨的沸点与压力的关系

压力/kPa	101.325	429.332	1220
沸点/℃	−33.4	0	30
汽化热/(kJ/kg)	1368.6	1262.4	114.51

从表 10-1 中可以看出，氨的压力越低，沸点越低；压力越高，沸点越高。利用氨的这一特性，使液氨在低压（101.325 kPa）下汽化，从被冷物质中吸取热量降低其温度，而达到使被冷物质制冷的目的。同时将汽化后的气态氨压缩提高压力（如压缩至 1220kPa），这时气态氨的冷凝温度（30℃）高于一般冷却水的温度，因此可用常温水使气态氨冷凝为液氨。

因此，制冷是利用制冷剂的沸点随压力变化的特性，使制冷剂在低压下汽化吸收热量，降低被冷物温度，汽化后的制冷剂又在高压下冷凝成液态，放出热量。如此循环操作，达到制冷的目的。

10.2.1.2　压缩蒸气制冷循环

制冷循环是借助一种工作介质——制冷剂，使它低压吸热，高压放热，而达到使被冷物质制冷的循环操作过程。

在制冷循环中的制冷剂，由低压气体必须通过压缩做功才能变成高压气体，即外界必须消耗压缩功，才能实现制冷循环。如果把上述的制冷循环用适当的设备联系起来，使传递热量的工作介质——制冷剂（氨）连续循环使用，就形成一个基本的压缩蒸气制冷的工作过程，如图 10-4 所示的制冷循环。

理想制冷循环（逆卡诺循环）由可逆绝热压缩过程（压缩机）、等压冷凝过程（冷凝器）、可逆绝热膨胀过程（膨胀机）、等压等温蒸发过程（蒸发器）等组成。而实际制冷循环则如下所述。

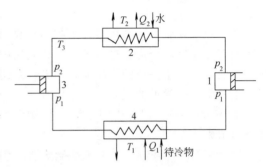

图 10-4　制冷循环
1—压缩机（又称冷冻机）；2—冷凝器；
3—膨胀机；4—蒸发器

（1）在压缩机中绝热压缩　气态氨以温度为 T_1、压力为 p_1 的干饱和蒸气进入压缩机 1 压缩后，温度升至 T_2，压力升至 p_2，变成过热蒸气。

（2）等压冷却与冷凝　过热蒸气通过冷凝器 2 被常温水冷却，放出热量 Q_2，气态氨冷凝为液态氨，温度为 T_3。

（3）节流膨胀　液态氨再通过节流膨胀机 3，减压降温使部分液氨汽化成为气液混合物，温度下降为 T_1，压力下降为 p_1。

（4）等压等温蒸发　膨胀后的气液混合物进入蒸发器 4，从被冷物质（冷冻盐水）中取出热量 Q_1，全部变成干饱和蒸气，回到循环开始时的状态，又开始下一轮循环过程。

在整个制冷循环过程中，氨作为工作介质（制冷剂），完成从低温的被冷冻物质中吸取热量转交给高温物质（冷却水）的任务。制冷循环过程的实质是由压缩机做功，通过制冷剂从低温热源取出热量，送到高温热源。

10.2.2　制冷系数

制冷系数是制冷剂自被冷物料所取出的热量与所消耗的外功之比，以 ε 表示。

$$\varepsilon = \frac{Q_1}{W} \tag{10-1}$$

$$W = Q_2 - Q_1 \tag{10-2}$$

式中，Q_1——从被冷物料中取出的热量，kJ；W——制冷循环中所消耗的机械功，kJ；Q_2——传给周围介质的热量，kJ。

式(10-1)表明，制冷系数表示每消耗单位功所制取的冷量。

制冷系数是衡量制冷循环优劣、循环效率高低的重要指标。其值越大，表明外加机械功被利用的程度越高，制冷循环的效率越高。

对于理想循环过程，制冷系数可按下式计算

$$\varepsilon = \frac{T_1}{T_2 - T_1} \qquad (10\text{-}3)$$

由式(10-3)可知，对于理想制冷循环来说，制冷系数只与制冷剂的蒸发温度 T_1 和冷凝温度 T_2 有关，与制冷剂的性质无关。制冷剂的蒸发温度越高，冷凝温度越低，制冷系数越大，表示机械功的利用程度越高。实际上，蒸发温度和冷凝温度的选择还要受别的因素约束，需要进行具体的分析。

10.2.3 操作温度的选择

制冷装置在操作运行中重要的控制点有：蒸发温度和压力、冷凝温度和压力、压缩机的进出口温度、过冷温度及冷却温度。

10.2.3.1 蒸发温度

制冷过程的蒸发温度是指制冷剂在蒸发器中的沸腾温度。实际使用中的制冷系统，由于用途各异，蒸发温度各不相同，但制冷剂的蒸发温度必须低于被冷物料要求达到的最低温度，使蒸发器中制冷剂与被冷物料之间有一定的温度差，以保证传热所需的推动力。这样制冷剂在蒸发时，才能从冷物料中吸收热量，实现低温传热过程。

若蒸发温度 T_1 高，则蒸发器中传热温差小，要保证一定的吸热量，必须加大蒸发器的传热面积，增加了设备费用；但功率消耗下降，制冷系数提高，日常操作费用减少。相反，蒸发温度低时，蒸发器的传热温差增大，传热面积减小，设备费用减少；但功率消耗增加，制冷系数下降，日常操作费用增大。所以，必须结合生产实际，进行经济核算，选择适宜的蒸发温度。蒸发器内温度的高低可通过节流阀开度的大小来调节，一般生产上取蒸发温度比被冷物料所要求的温度低 4～8K。

10.2.3.2 冷凝温度

制冷过程的冷凝温度是指制冷剂蒸气在冷凝器中的凝结温度。影响冷凝温度的因素有冷却水温度、冷却水流量、冷凝器传热面积大小及清洁度。冷凝温度主要受冷却水温度的限制，由于使用的地区不一和季节的不同，其冷凝温度也不同，但它必须高于冷却水的温度，使冷凝器中的制冷剂与冷却水之间有一定的温度差，以保证热量传递。即使气态制冷剂冷凝成液态，实现高温放热过程。通常取制冷剂的冷凝温度比冷却水温度高 8～10K。

10.2.3.3 操作温度与压缩比的关系

压缩比是压缩机出口压力 p_2 与入口压力 p_1 的比值。压缩比与操作温度的关系如图 10-5 所示。当冷凝温度一定时，随着蒸发温度的降低，压缩比明显加大，功率消耗先增大后下降，制冷系数总是变小，操作费用增加。当蒸发温度一定时，随着冷凝温度的升高，压缩比也明显加大，消耗功率增大，制冷系数变小，对生产也不利。

因此，应该严格控制制冷剂的操作温度，蒸发温度不能太低，冷凝温度也不能太高，压缩比不至于过大，工业上单级压缩循环压缩比不超过 6～8。这样就可以提高制冷系统的经济性，发挥较大的效益。

10.2.4 制冷剂的过冷

制冷剂的过冷就是在进入节流阀之前将液态制冷剂温度降低，使其低于冷凝压力下所对应的饱和温

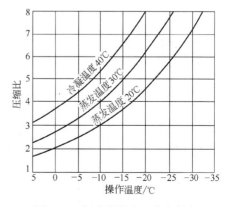

图 10-5 氨冷凝温度、蒸发温度与压缩比的关系

度，成为该压力下的过冷液体。由图 10-5 可以看出，当蒸发温度一定时，降低冷凝温度，可使压缩比有所下降，功率消耗减小，制冷系数增大，可获得较好的制冷效果。通常取制冷剂的过冷温度比冷凝温度低 5K 或比冷却水进口温度高 3～5K。

工业上常采用下列措施实现制冷剂的过冷。

(1) 在冷凝器中过冷　使用的冷凝器面积适当大于冷凝所需的面积，当冷却水温度低于冷凝温度时，制冷剂就可得到一定程度的过冷。

(2) 用过冷器过冷　在冷凝器或贮液器后串联一个采用低温水或深井水作冷却介质的过冷器，使制冷剂过冷。此法常用于大型制冷系统中。

(3) 用直接蒸发的过冷器过冷　当需要较大的过冷温度时，可以在供液管通道上装一个直接蒸发的液体过冷器，但这要消耗一定的冷量。

(4) 在回热器中过冷　在回气管上装一个回热器（气液热交换器），用来自蒸发器的低温蒸气冷却节流前的液体制冷剂。

(5) 在中间冷却器中过冷　在采用双级压缩蒸气制冷循环系统中，可采用中间冷却器内液态制冷剂汽化时放出的冷量来使进入蒸发器液态制冷剂间接冷却，实现过冷。

10.3　制冷能力

10.3.1　制冷能力的表示

制冷能力（制冷量）是制冷剂在单位时间内从被冷物料中取出的热量，表示一套制冷循环装置的制冷效应，用符号 Q_1 表示，单位是 W 或 kW。

(1) 单位质量制冷剂的制冷能力　单位质量制冷剂的制冷能力是每千克制冷剂经过蒸发器时，从被冷物料中取出的热量，用符号 Q_w 表示，单位为 J/kg。

$$Q_w = \frac{Q_1}{G} = I_1 - I_4 \tag{10-4}$$

式中，G——制冷剂的质量流量或循环量，kg/s；I_1——制冷剂离开蒸发器的焓，J/kg；I_4——制冷剂进入蒸发器的焓，J/kg。

(2) 单位体积制冷剂的制冷能力　单位体积制冷剂的制冷能力是指每立方米进入压缩机的制冷剂蒸气从被冷物料中取出的热量，用符号 Q_V 表示，单位为 J/m^3。

$$Q_V = \frac{Q_1}{V} = \rho Q_w \tag{10-5}$$

式中，V——进入压缩机的制冷剂的体积流量，m^3/s；ρ——进入压缩机的制冷剂蒸气的密度，kg/m^3。

10.3.2　标准制冷能力

(1) 标准制冷能力　标准制冷能力指在标准操作温度下的制冷能力，用符号 Q_s 表示，单位为 W。一般出厂的冷冻机所标的制冷能力即为标准制冷能力。

通过对制冷循环的分析可看出，操作温度对制冷能力有较大的影响。为了确切地说明压缩机的制冷能力，就必须指明制冷操作温度。按照国际人工制冷会议规定，当进入压缩机的制冷剂为干饱和蒸气时，任何制冷剂的标准操作温度是：蒸发温度 $T_1 = 258K$，冷凝温度 $T_2 = 303K$，过冷温度 $T_3 = 298K$。

(2) 实际与标准制冷能力之间的换算　由于生产工艺要求不同，冷冻机的实际操作温度往往不同于标准操作温度。为了选用合适的压缩机，必须将实际所要求的制冷能力换算为标准制冷能力后方能进行选型。反之，欲核算一台现有的冷冻机是否满足生产的需要，也必须将铭牌上标明的制冷能力换算为操作温度下的制冷能力。

对于同一台冷冻机实际与标准制冷能力的换算关系为

$$Q_s = \frac{Q_1 \lambda_s Q_{Vs}}{\lambda Q_V} \tag{10-6}$$

式中，Q_s、Q_1——标准、实际制冷能力，W；Q_{Vs}、Q_V——标准、实际单位体积制冷能力，J/m^3；λ_s、λ——标准、实际冷冻机的送气系数。

（3）提高制冷能力的方法　降低制冷剂的冷凝温度是提高制冷能力最有效的方法，而降低冷凝温度的关键在于降低冷却水的温度和加大冷却水的流量，保持冷凝器传热面的清洁。

10.4　制冷剂与载冷体

10.4.1　制冷剂

制冷剂是制冷循环中将热量从低温传向高温的工作介质，制冷剂的种类和性质对冷冻机的大小、结构、材料及操作压力等有重要的影响。因此应当根据具体的操作条件慎重选用适宜的制冷剂。

10.4.1.1　制冷剂应具备的条件

制冷剂应具备如下条件。

① 在常压下的沸点要低，且低于蒸发温度，这是首要条件。

② 化学性质稳定，在工作压力、温度范围内不燃烧、不爆炸，高温下不分解，对机器设备无腐蚀作用，也不会与润滑油起化学变化。

③ 在蒸发温度时的汽化潜热应尽可能大，单位体积制冷能力要大，可以缩小压缩机的汽缸尺寸和降低动力消耗。

④ 在冷凝温度时的饱和蒸气压（冷凝压力）不宜过高，这样可以降低压缩机的压缩比和功率消耗，并避免冷凝器和管路等因受压过高而使结构复杂化。

⑤ 在蒸发温度时的蒸气压力（蒸发压力）不低于大气压力，这样可以防止空气吸入，以避免正常操作受到破坏。

⑥ 临界温度要高，能在常温下液化；凝固点要低，以获得较低的蒸发温度。

⑦ 制冷剂的黏度和密度应尽可能地小，减少其在系统中流动时的阻力。

⑧ 热导率要大，可以提高热交换器的传热系数。

⑨ 无毒、无臭，不危害人体健康，不破坏生态环境。

⑩ 价格低廉，易于获得。

10.4.1.2　常用的制冷剂

（1）氨　氨是目前应用最广泛的一种制冷剂，适用于温度范围为 $-65 \sim 10\,^\circ\mathrm{C}$ 的大、中型制冷机。由于氨的临界温度高，在常压下有较低的沸点，汽化潜热比其他制冷剂大得多，因此其单位体积制冷能力大，从而压缩机汽缸尺寸较小。在蒸发器中，当蒸发温度低至 240K 时，蒸发压力也不低于大气压，空气不会渗入。而在冷凝器中，当冷却水温度很高（夏季）时，其操作压力也不超过 1600kPa。另外，氨具有与润滑油不互溶、对钢铁无腐蚀作用、价格便宜、容易得到、泄漏时易于察觉等突出优点。其缺点是有毒，有强烈的刺激性和可燃性，与空气混合时有爆炸的危险，当氨中有水分时会降低润滑性能，会使蒸发温度提高，并对铜或铜合金有腐蚀作用。

（2）二氧化碳　其主要优点是单位体积制冷能力为最大。因此，在同样制冷能力下，压缩机的尺寸最小，从而在船舶冷冻装置中广泛应用。此外，二氧化碳还具有密度大、无毒、无腐蚀、使用安全等优点。缺点是冷凝时的操作压力过高，一般为 6000～8000kPa，蒸气压力不能低于 530kPa，否则二氧化碳将固态化。

（3）氟里昂　它是甲烷、乙烷、丙烷与氟、氯、溴等卤族元素的衍生物。常用的有氟里昂-11（$CFCl_3$）、氟里昂-12（CF_2Cl_2）、氟里昂-13（CF_3Cl）、氟里昂-22（CHF_2Cl）和氟里昂-113（$C_2F_3Cl_3$）等。在常压下氟里昂的沸点因品种不同而不同，其中最低的是氟里昂-13，为 191K；最高的是氟里昂-113，为 320K。其优点是无毒、无味、不着火，与空气混合不爆炸，对金属无腐蚀作用等，过去一直广泛应用在电冰箱一类的制冷装置中。

近年来人们发现这类化合物对地球上空的臭氧层有破坏作用，所以对其限制使用，并寻找可替代的制冷剂取而代之。

（4）碳氢化合物　如乙烯、乙烷、丙烷、丙烯等碳氢化合物也可用作制冷剂。它们的优点是凝固点低，无毒、无臭，对金属不腐蚀，价格便宜，容易获得，且蒸发温度范围较宽。其缺点是有可燃性，与空气混合时有爆炸危险，因此，使用时，必须保持蒸发压力在大气压力以上，防止空气漏入而引起爆炸。丙烷与异丁烷主要用于－30～10℃制冷温度范围、冰箱等小型制冷设备，乙烯主要用于－120～－40℃的复叠式系统或裂解石油气分离等制冷装置。

10.4.2　载冷体

载冷体是用来将制冷装置的蒸发器中所产生的冷量传递给被冷却物体的媒介物质或中间介质。

10.4.2.1　载冷体应具备的条件

载冷体应具备如下条件。

① 冰点低。在操作温度范围内保持液态不凝固，其凝固点比制冷剂的蒸发温度要低，其沸点应高于最高操作温度，即挥发性小。

② 比热容大，载冷量也大。在传送一定冷量时，其流量就小，可减少泵的功耗。

③ 密度小，黏度小。这样，可以减小流动阻力。

④ 化学稳定性好，不腐蚀设备和管道，无毒无臭，无爆炸危险性。

⑤ 热导率大，可以减小热交换器的传热面积。

⑥ 来源充足，价格便宜。

10.4.2.2　常用的载冷体

（1）水　水是一种很理想的载体，具有比热容大、腐蚀性小、不燃烧、不爆炸、化学性能稳定等优点。但由于水的凝固点为 0℃，因而只能用作蒸发温度 0℃以上的制冷循环，故在空调系统中被广泛应用。

（2）盐水溶液（冷冻盐水）　盐水溶液是将氯化钠、氯化钙或氯化镁溶于水中形成的溶液，用作中低温制冷系统的载冷体，其中用得最广的是氯化钙水溶液，氯化钠水溶液一般只用于食品工业的制冷操作中。盐水的一个重要性质是冻结温度取决于其浓度。在一定的浓度下有一定的冻结温度，不同浓度的冷冻盐水其冻结温度不同，浓度增大则冻结温度下降。当盐水溶液的温度达到或接近冻结温度时，制冷系统的管道、设备将发生冻结现象，严重影响设备的正常运行。为了保证操作的顺利进行，必须合理地选择浓度，以使冻结温度低于操作温度，一般使盐水冻结温度比系统中制冷剂蒸发温度低 10～13K。

盐水对金属有腐蚀作用，可在盐水中加入少量的铬酸钠或重铬酸钠，以减缓腐蚀作用。另外，盐水中的杂质（如硫酸钠等）腐蚀性是很大的，使用时应尽量预先除去，这样也可大大减少盐水的腐蚀性。

（3）有机溶液　有机溶液一般无腐蚀性，无毒，化学性质比较稳定。如乙二醇、丙三醇、甲醇、乙醇、三氯乙烯、二氯甲烷等均可作为载冷体。有机载冷体的凝固点都低，适用于低温装置。

10.5　压缩蒸气制冷设备

压缩蒸气制冷设备主要由压缩机、冷凝器、节流阀和蒸发器等组成，此外还包括油分离器、气液分离器等辅助设备（目的是为了提高制冷系统运行的经济性、可靠性和安全性），以及用来控制与计量的仪表等。

10.5.1　压缩机

压缩机是制冷循环系统的心脏，起着吸入、压缩、输送制冷剂蒸气的作用，通常又称为冷冻机。

目前，在工业上采用的冷冻机有往复式和离心式两种。往复式制冷压缩机工作是靠汽缸、气阀和在汽缸中作往复运动的活塞构成可变的工作容积来完成工质蒸气的吸入、压缩和排出。往复式冷冻机有横卧双动式、直立单功多缸通流式以及汽缸互成角度排列等不同形式。其应用比较广泛，主要用于蒸气比体积比较小、单位体积制冷能力大的制冷剂制冷。但由于其结构比较复杂，可靠性相对较低，所以用量相对减少。

离心式制冷压缩机是利用叶轮高速旋转时产生的离心力来压缩和输送气体。对于蒸气比体积大、单位体积制冷能力小的制冷剂，主要使用离心式冷冻机来制冷。其结构简单，可靠性较好。

10.5.2　冷凝器

冷凝器是压缩蒸气制冷系统中的主要设备之一。它的作用是将压缩机排出的高温制冷剂蒸气冷凝成为冷凝压力下的饱和液体。在冷凝器里，制冷剂蒸气把热量传给周围介质——水或空气，因此冷凝器是一个热交换设备。

冷凝器按冷却介质分为水冷冷凝器和气冷冷凝器；按结构形式分为壳管式、套管式、蛇管式等冷凝器。

（1）壳管式冷凝器　目前应用较广的是立式壳管冷凝器，如图 10-6 所示。其外壳是用钢板卷制成的大圆筒，圆筒两端焊有多孔管板，板上用胀管法或焊接法固定着许多根无缝钢管。冷却水从顶部进入分水器上的斜槽后沿管内壁作螺旋线状向下流动，构成膜状的水层，充分吸收制冷剂的热量，制冷剂蒸气在壳体内管间冷凝后积聚在冷凝器的底部，经出液管流入贮液器。这样既提高了冷凝器的冷却效果，又节省用水。

这种冷凝器的优点是占地面积小，多露天安装，可借冷却水的蒸发吸热以提高传热效果，清洗较方便。其缺点是冷却水消耗量较大，适用于水源充足、水质较差的地区。目前主要用于大、中型氨制冷系统。

（2）套管式冷凝器　套管式是冷凝器中结构最紧凑

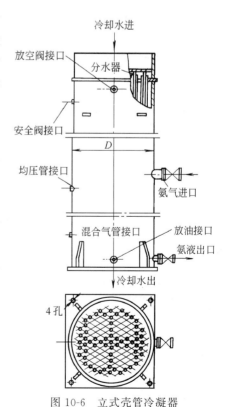

图 10-6　立式壳管冷凝器

而且蓄液量最小的型式。一般在管间流动的是待冷凝的制冷剂蒸气，而内管中流动的则是冷却水，制冷剂和冷却水呈逆流流动。管壁如被污染时，可用化学方法清洗。其传热系数较高，传热效果较好。但接头过多，容易泄漏，同时难以构成很大的传热面，故一般用于制冷量小于40kW的系统中。

（3）蛇管式冷凝器　小型冷冻机多使用蛇管式冷凝器。整个蛇管浸于冷却水中，制冷剂在管内冷凝，其传热系数很低。

10.5.3　节流阀

节流阀又称膨胀阀，其作用是使来自冷凝器的液态制冷剂产生节流效应，以达到减压降温的目的。由于液体在蒸发器内的温度随压力的减小而降低，减压后的制冷剂便可在较低的温度下汽化。

虽然节流装置在制冷系统中是一个较小的部件，但它直接控制整个制冷系统制冷剂的循环量，因此它的容量以及正确调节是保证制冷装置正常运行的关键。节流装置的容量应与系统的主体部件相匹配。节流装置有多种形式（手动膨胀阀、毛细管、自动膨胀阀等），通常根据制冷系统的特点和选用的制冷剂种类来进行选择。

目前，生产上广泛采用的自动膨胀阀的阀芯为针形，阀芯在阀孔内上下移动而改变流道截面积，阀芯位置不同，通过阀孔的流量也不同。因此，膨胀阀不仅能使制冷剂降压降温，还具有调节制冷剂循环量的作用，如膨胀阀开启过小，系统中制冷剂循环量不足，会使压缩机吸气温度过高，冷凝器中制冷剂的冷凝压力过高。此外，通过膨胀阀开度的大小来调节蒸发器内温度的高低，要想把蒸发器温度调低，可关小膨胀阀；要想把蒸发器温度调高，可开大膨胀阀。因此，在操作上要严格、准确控制，保持适当的开度，使液态制冷剂通过后，能维持稳定均匀的低压和所需的循环量。

本章小结

制冷是工业生产创造低温的常用单元操作。由于制冷专业的存在，化工工艺类专业在学习本内容时，要在理解制冷原理的前提下，重点了解制冷的作用与方法，知道常见制冷过程的特点，了解制冷能力的表示以及提高制冷能力的方法（降低制冷剂的冷凝温度——关键是降低冷却水的温度和加大冷却水的流量，保持冷凝器传热面的清洁），了解制冷剂和载冷体应具备的条件及常用的种类。

本章主要符号说明

英文

G——制冷剂的质量流量或循环量，kg/s

I_1——制冷剂离开蒸发器的焓，J/kg

I_4——制冷剂进入蒸发器的焓，J/kg

W——制冷循环中所消耗的机械功，kJ

Q_s，Q_1——标准、实际制冷能力，W

Q_2——传给周围介质的热量，kJ

Q_w——单位质量制冷剂的制冷能力，J/kg

Q_{Vs}，Q_V——标准、实际单位体积制冷能力，J/m³

V——进入压缩机的制冷剂的体积流量，m³/s。

希文

λ_s，λ——标准、实际冷冻机的送气系数

ρ——进入压缩机的制冷剂蒸气的密度，kg/m³

思考题

1. 把 50℃的热水冷却成常温水的操作是否为制冷？为什么？

2. 制冷操作过程的实质是什么？为什么要不断地从外界补充能量或外界对系统做功？

3. 制冷循环装置包括哪些主要设备和附属设备？

4. 压缩机在制冷循环中起何作用？有几类？它们的工作原理是什么？

5. 如何用节流阀来调节蒸发器内温度的高低？

6. 制冷循环由哪几个过程组成？

7. 采取哪些措施可提高制冷系数？

8. 影响冷凝温度的因素有哪些？主要受什么限制？

9. 如何选择蒸发温度、冷凝温度及过冷温度？

10. 制冷能力有几种表达形式？一般出厂的冷冻机所标的制冷能力为哪种？如何提高制冷能力？

11. 制冷剂有哪些优缺点？

12. 为何限制使用氟里昂？

13. 制冷操作过程中为什么要严格控制冷冻盐水的浓度？

 自测题 ▶▶ ···

1. 关于制冷的正确描述是（　　　）。

A. 将物料温度降至周围介质温度以下的单元操作

B. 制造冷空气的操作

C. 零度以下的操作

D. 制造空调的操作

2. 按照制冷过程原理制冷可分为三种，以下不属于这一分类的是（　　　）。

A. 蒸气压缩式　　　　　B. 吸收式　　　　　　　C. 蒸汽喷射式　　　　　D. 深度制冷

3. 蒸气压缩制冷循环包括四个过程，(1) 在压缩机中绝热压缩；(2) 等压冷却与冷凝；(3) 节流膨胀；(4) 等压等温蒸发。正确的循环顺序是（　　　）。

A.(1)(2)(3)(4)　　B.(2)(1)(3)(4)　　C.(3)(2)(1)(4)　　D.(4)(3)(2)(1)

4. 判断制冷循环效率高低的参数是（　　　）。

A. 温度　　　　　　　　B. 压力　　　　　　　　C. 制冷系数　　　　　　D. 制冷量

5. 选择制冷剂的首要条件是（　　　）。

A. 临界温度高　　　　　　　　　　　　　B. 化学性质稳定

C. 热导率大　　　　　　　　　　　　　　D. 在常压下的沸点低，且低于蒸发温度

第 11 章　新型单元操作简介

学习目标

- 了解：吸附、膜分离、超临界流体萃取等新型分离方式的过程原理与工业应用。

11.1　吸附

11.1.1　吸附原理与吸附剂

11.1.1.1　吸附的工业应用

吸附是利用某些固体能够从流体混合物中选择性地凝聚一定组分在其表面上的能力，使混合物中的组分彼此分离的单元操作过程。

吸附现象早已被人们发现和利用，在人们生活中用木炭和骨灰使气体和液体脱湿和除臭已有悠久的历史。18 世纪末在生产上已应用骨灰脱除糖水溶液中的色素，20 世纪 20 年代首次出现从气体中分离酒精和苯蒸气以及从天然气中回收乙烷等碳氢化合物的大型生产装置。目前吸附分离广泛应用于化工、石油化工、医药、冶金和电子等工业部门，用于气体分离、干燥及空气净化、废水处理等环保领域。如常温空气分离氧氮，酸性气体脱除，从各种混合气体中分离回收 H_2、CO_2、CO、CH_4、C_2H_4 等气相分离；也可从废水中回收有用成分或除去有害成分，石化产品和化工产品的分离等液相分离。

11.1.1.2　吸附原理

吸附是一种界面现象，其作用发生在两个相的界面上。例如活性炭与废水相接触，废水中的污染物会从水中转移到活性炭的表面上。固体物质表面对气体或液体分子的吸着现象称为吸附，其中具有一定吸附能力的固体材料称为吸附剂，被吸附的物质称为吸附质。与吸附相反，组分脱离固体吸附剂表面的现象称为脱附（或解吸）。与吸收-解吸过程相类似，吸附-脱附的循环操作构成一个完整的工业吸附过程。吸附过程所放出的热量称为吸附热。

根据吸附剂对吸附质之间吸附力的不同，可以分为物理吸附与化学吸附。

物理吸附是指当气体或液体分子与固体表面分子间的作用力为分子间力时产生的吸附，它是一种可逆过程。吸附质分子和吸附剂表面分子之间的吸附机理，与气体液化和蒸气冷凝时的机理类似。因此，吸附质在吸附剂表面形成单层或多层分子吸附时，其吸附热比较低，接近其液体的汽化热或其气体的冷凝热。

化学吸附是由吸附质与吸附剂表面原子间的化学键合作用造成的，即在吸附质和吸附剂之间发生了电子转移、原子重排或化学键的破坏与生成等现象。因而，化学吸附的吸附热接近于化学反应的反应热，比物理吸附大得多，化学吸附往往是不可逆的。人们发现，同一种物质，在低温时，它在吸附剂上进行的是物理吸附；随着温度升高到一定程度，就开始产生化学变化，转为化学吸附。

在气体分离过程中绝大部分是物理吸附，只有少数情况如活性炭（或活性氧化铝）上载铜的吸附剂具有较强选择性吸附 CO 或 C_2H_4 的特性，具有物理吸附及化学吸附性质。

11.1.1.3 吸附剂

（1）吸附剂的性能要求　吸附剂在实际工业应用中，常常由于不同的混合气（液）体系及不同的净化度要求而采用不同的吸附剂。吸附剂的性能不仅取决于其化学组成，而且与其物理结构以及它先前使用的吸附和脱附史有关。作为吸附剂一般有如下的性能要求。

① 有较大的比表面　吸附剂的比表面是指单位质量吸附剂所具有的吸附表面积，它是衡量吸附剂性能的重要参数。吸附剂的比表面主要是由颗粒内的孔道内表面构成的，比表面越大吸附容量越大。

② 对吸附质有高的吸附能力和高选择性　吸附剂对不同的吸附质具有选择吸附作用。不同的吸附剂由于结构、吸附机理不同，对吸附质的选择性有显著的差别。

③ 较高的强度和耐磨性　由于颗粒本身的质量及工艺过程中气（液）体的反复冲刷、压力的频繁变化，以及有时较高温差的变化，如果吸附剂没有足够的机械强度和耐磨性，则在实际运行过程中会产生破碎粉化现象，除破坏吸附床层的均匀性使分离效果下降外，生成的粉末还会堵塞管道和阀门，将使整个分离装置的生产能力大幅度下降。因此对工业用吸附剂，均要求具有良好的物理机械性能。

④ 颗粒大小均匀　吸附剂颗粒大小均匀，可使流体通过床层时分布均匀，避免产生流体的返混现象，提高分离效果。同时吸附剂颗粒大小及形状将影响固定床的压力降。

⑤ 具有良好的化学稳定性、热稳定性以及价廉易得。

⑥ 容易再生。

（2）常用吸附剂　吸附剂是气体（液体）吸附分离过程得以实现的基础。目前工业上最常用的吸附剂主要有活性炭、硅胶、活性氧化铝、合成沸石和天然沸石分子筛等。

① 活性炭　活性炭是一种多孔含碳物质的颗粒粉末，由木炭、坚果壳、煤等含碳原料经炭化与活化制得，其吸附性能取决于原始成炭物质以及炭化活化等操作条件。活性炭具有多孔结构、很大的比表面和非极性表面，为疏水性和亲有机物的吸附剂。它可用于回收混合气体中的溶剂蒸气，各种油品和糖液的脱色、炼油、含酚废水处理以及城市污水的深度处理，气体的脱臭等。

② 硅胶　硅胶是一种坚硬的由无定形的 SiO_2 构成的多孔结构的固体颗粒，即是无定形水合二氧化硅，其表面羟基产生一定的极性，使硅胶对极性分子和不饱和烃具有明显的选择性。硅胶的制备过程是：硅酸钠溶液用硫酸处理，沉淀所得的胶状物经老化、水洗、干燥后，制得硅胶。依制造过程条件的不同，可以控制微孔尺寸、孔隙率和比表面的大小。硅胶主要用于气体干燥、气体吸收、液体脱水、制备色谱和催化剂等。

③ 活性氧化铝　活性氧化铝为无定形的多孔结构物质，通常由氧化铝（以三水合物为主）加热、脱水和活化而得。活性氧化铝是一种极性吸附剂，对水有很强的吸附能力，主要用于气体与液体的干燥以及焦炉气或炼厂气的精制等。

④ 合成沸石和天然沸石分子筛　沸石是一种硅铝酸金属盐的晶体，其晶格中有许多大小相同的空穴，可包藏被吸附的分子；空穴之间又有许多直径相同的孔道相连。因此，分子筛能使比其孔道直径小的分子通过孔道，吸附到空穴内部，而比孔径大的物质分子则排斥在外面，从而使分子大小不同的混合物分离，起了筛选分子的作用。

由于分子筛突出的吸附性能，使它在吸附分离中的应用十分广泛，如环境保护中的水处理、脱除重金属离子、海水提钾、各种气体和液体的干燥、烃类气体或液体混合物的分离等。

11.1.2　吸附平衡与吸附速率

11.1.2.1　吸附平衡

在一定条件下，当气体或液体与固体吸附剂接触时，气体或液体中的吸附质将被吸附剂吸附。吸附剂对吸附质的吸附，包含吸附质分子碰撞到吸附剂表面被截留在吸附剂表面的过程

（吸附）和吸附剂表面截留的吸附质分子脱离吸附质表面的过程（脱附）。经过足够长的时间，吸附质在两相中的含量不再改变，互呈平衡，称为吸附平衡。实际上，当气体或液体与吸附剂接触时，若流体中吸附质浓度高于其平衡浓度，则吸附质被吸附；反之，若气体或液体中吸附质的浓度低于其平衡浓度，则已吸附在吸附剂上的吸附质将脱附。因此，吸附平衡关系决定了吸附过程的方向和限度，是吸附过程的基本依据。

11.1.2.2 吸附速率

吸附速率系指单位时间内被吸附的吸附质的量（kg/s），它是吸附过程设计与生产操作的重要参数。通常一个吸附过程包括以下 3 个步骤，其每一步的吸附速率都将不同程度地影响总吸附速率。

（1）外扩散　是指吸附质分子从流体主体以对流扩散方式传递到吸附剂固体表面。由于流体与固体接触时，在紧贴固体表面附近有一滞流膜层，因此这一步的传递速率主要取决于吸附质以分子扩散方式通过这一滞流膜层的传递速率。

（2）内扩散　是指吸附质分子从吸附剂的外表面进入其微孔道进而扩散到孔道的内部表面。

（3）在吸附剂微孔道的内表面上吸附质被吸附剂吸着。

对于物理吸附，吸附剂表面上的吸着速率往往很快，因此影响吸附总速率的是外扩散与内扩散速率。有的情况下外扩散速率比内扩散慢得多，吸附速率由外扩散速率决定，称为外扩散控制。较多的情况是内扩散的速率比外扩散慢，过程称为内扩散控制。

11.1.2.3 影响吸附的因素

影响吸附（吸附速率）的因素很多，主要有体系性质（吸附剂、吸附质及其混合物的物理化学性质）、吸附过程的操作条件（温度、压力、两相接触状况）以及两相组成等。对于一定物系，在一定操作条件下，两相接触、吸附质被吸附剂吸附的过程如下：开始时吸附质在流体相中的浓度较高，在吸附剂上的含量较低，离开平衡状态远，传质推动力大，吸附速率快；随着吸附过程的进行，流体相中吸附质的浓度下降，吸附剂上吸附质的含量增高，吸附速率逐渐降低；经过很长时间，吸附质在两相间接近平衡，吸附速率趋近于零。

11.1.3 吸附工艺简介

11.1.3.1 工业吸附过程

工业吸附过程多包括两个步骤：吸附操作和吸附剂的脱附与再生操作。有时不用回收吸附质与吸附剂，则这一步改为更换新的吸附剂。在多数工业吸附装置中，都要考虑吸附剂的多次使用问题，因而吸附操作流程中，除吸附设备外，还需具有脱附与再生设备。

脱附的方法有多种，由吸附平衡性质可知，提高温度和降低吸附质的分压以改变平衡条件使吸附质脱附。工业上根据不同的脱附方法，将吸附分离过程分为以下几种吸附循环。

（1）变温吸附循环　变温吸附循环就是在较低温度下进行吸附，在较高温度下吸附剂的吸附能力降低从而使吸附的组分脱附出来，即利用温度变化来完成循环操作。如图 11-1 所示。

变温吸附循环在工业上用途十分广泛，如用于气体干燥、原料气净化、废气中脱除或回收低浓度溶剂以及应用于环保中的废气废液处理等。

（2）变压吸附循环　变压吸附循环就是在较高压力下进行吸附，在较低压力下（降低系统压力或抽真空）使吸附质脱附出来，即利用压力的变化完成循环操作，如图 11-2 所示。变压吸附循环技术在气体分离和纯化领域中的应用范围日益扩大，如从合成氨弛放气回收氢气、从含一氧化碳混合气中提纯一氧化碳、合成氨变换气脱碳、天然气净化、空气分离制富氧、空气分离制纯氮、煤矿瓦斯气浓缩甲烷、从富含乙烯的混合气中浓缩乙烯、从二氧化碳混合气中提纯二氧化碳等。

（3）变浓度吸附循环　利用惰性溶剂冲洗或萃取剂抽提而使吸附质脱附，从而完成循环操作，如图 11-3 所示。这种方法仅仅适用于具有弱吸附性、易于脱附和没有多大价值的吸附质的脱附。

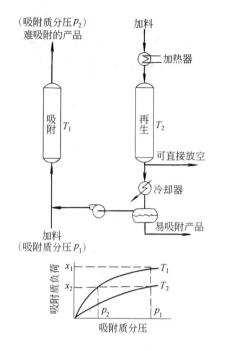

图 11-1 变温吸附循环

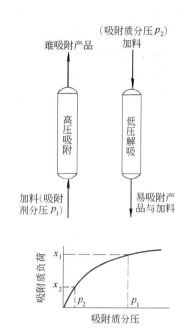

图 11-2 变压吸附循环

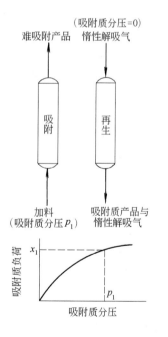

图 11-3 变浓度（惰性介质）吸附循环

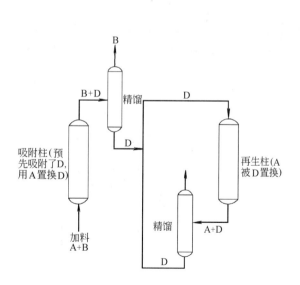

图 11-4 置换吸附循环

（4）置换吸附循环　用其他吸附质把原吸附质从吸附剂上置换下来，从而完成循环操作，如图 11-4 所示。其应用之一是用 5A 分子筛从含支链和环状烃类混合物中分离直链石蜡（$C_{10} \sim C_{18}$），以氨气作为置换气体，因为氨气可以很容易地通过闪蒸从石蜡中分离出来。

11.1.3.2 吸附工艺简介

（1）气体的净化 工业废气中夹带的各种有机溶剂蒸气是造成大气污染的一个重要原因，目前常用活性炭和分子筛等进行吸附以净化排气和回收有用的溶剂。如图 11-5 所示为溶剂回收吸附装置的工艺流程。装置中设有两个吸附塔，一个进行吸附操作，另一个进行再生操作。对有机溶剂蒸气吸附后的再生应注意防止二次污染，再生时先通入蒸气（常用水蒸气），加热活性炭有机溶剂脱附，再生排出气冷凝后使溶剂和水分离，用室温的空气冷却。

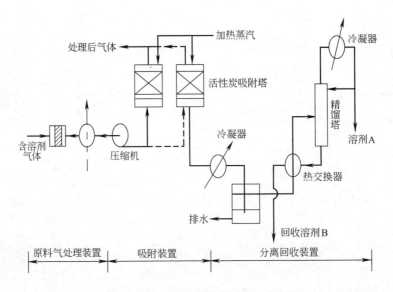

图 11-5 溶剂回收吸附装置的工艺流程

（2）液体的净化 有机物的脱水、废水中少量有机物的除去以及石油制品、食用油和溶液的脱色是常见的用吸附法净化液体产品的例子。如图 11-6 所示，为粒状活性炭三级处理炼油废水工艺流程。炼油废水经隔油、浮选、生化和砂滤后，由下而上流经吸附塔活性炭层，到集

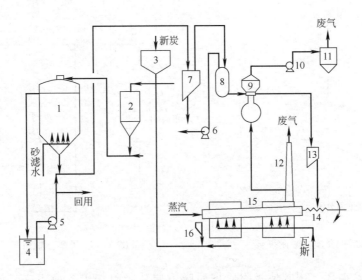

图 11-6 粒状活性炭三级处理炼油废水工艺流程图

1—吸附塔；2—冲洗罐；3—新炭投加斗；4—集水井；5—水泵；6—真空泵；
7—脱水罐；8—贮料罐；9—沸腾干燥床；10—引风机；11—旋风分离器；
12—烟筒；13—干燥罐；14—进料机；15—再生炉；16—冷急罐

水井 4，由水泵 5 送到循环水场，部分水作为活性炭输送用水。处理后挥发酚含量＜0.01mg/L、氰化物含量＜0.05mg/L、油含量＜0.3mg/L，主要指标达到和接近地面水标准。

（3）气体混合物的分离 从含氢原料气中除去 CH_4、CO_2、CO、烃类等气体可以采用变压吸附循环，用合成沸石与活性炭混合物作为吸附剂。如图 11-7 所示为四塔变压吸附循环流程，其中 4 个塔完全相同，分别处于不同的操作状态（吸附、减压、脱附、加压），隔一定时间依次切换，循环操作。

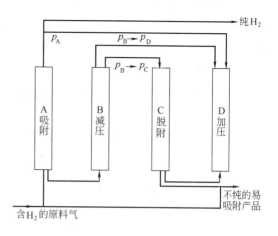

图 11-7 四塔变压吸附循环流程示意图

11.2 膜分离

11.2.1 膜分离技术的基本原理

11.2.1.1 膜分离技术的工业应用及发展概况

膜分离技术的大规模应用是从 20 世纪 60 年代的海水淡化工程开始的，目前除大规模用于海水、苦咸水的淡化及纯水、超纯水生产外，还用于食品工业、医药工业、生物工程、石油、化学工业、环保工程等领域。作为一种进入工业应用才 40 多年的新技术，膜技术当然还存在许多理论和技术上的问题需要研究、开发、完善和提高，特别是膜的通量、选择分离能力、化学稳定性和热稳定性等方面。随着膜技术的发展和应用，21 世纪将进入成长期，膜产业将是 21 世纪新型十大高科技产业之一，它与光纤、超导等技术一样将成为主导未来工业的六大新技术之一。

已有工业应用的膜技术主要是微滤、超滤、反渗透、电渗析、渗析、气体膜分离和渗透汽化。前四种液体分离膜技术在膜和应用技术上都相对比较成熟，称为第一代膜技术，20 世纪 70 年代末走上工业应用的气体分离膜技术为第二代膜技术，80 年代开始工业应用的渗透汽化为第三代膜技术。其他一些膜过程，大多处于实验室和中试开发过程。

11.2.1.2 膜分离过程

（1）膜的定义 膜作为膜分离过程的核心，还没有一个精确、完整的定义。一种最通用的广义定义是"膜"为两相之间的一个不连续区间。因而膜可为气相、液相和固相，或是它们的组合。一般地说，每种膜必须具有选择性才能起分离作用，在膜的一侧甚至两侧将形成浓度边界层，在边界层中混合物的浓度和流体"核心"的浓度不同，此边界层和膜本身一样都是妨碍物质传递的阻力。简单地说，膜是分隔开两种流体的一个薄的阻挡层。这个阻挡层阻止了这两种流体间的流动，因此，膜的传递是借助于吸着作用及扩散作用进行的。描述传递速率的膜性能是膜的渗透性。在相同条件下，假如一种膜以不同速率传递不同的分子样品，则这种膜就是半透膜。

（2）膜分离过程 膜分离过程是利用流体混合物中组分在特定的半透膜中迁移速率的不同，经半透膜的渗透作用，改变混合物的组成，达到组分间的分离。常见的膜分离过程如图 11-8 所示。

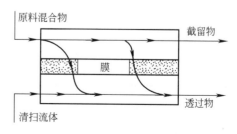

图 11-8 膜分离过程示意图

原料混合物通过膜后被分离成一个截留物（浓缩物）和一个透过物。通常原料混合物、截留物及透过物为液体或气体。半透膜可以是薄的无孔聚合物膜，也可以是多孔聚合物、陶瓷或金属材料的薄膜。有时在膜的透过物一侧加入一个清扫流体以帮助移除透过物。膜分离的重要工业应用见表 11-1。

表 11-1　膜分离的重要工业应用

膜过程	缩写	工　业　应　用
反渗透	RO	海水或苦咸水脱盐；地表水或地下水的处理；食品浓缩等
渗析	D	从废硫酸中分离硫酸镍；血液透析等
电渗析	ED	电化学工厂的废水处理；半导体工业用超纯水的制备等
微滤	MF	药物灭菌；饮料的澄清；抗生素的纯化；由液体中分离动物细胞等
超滤	UF	果汁的澄清；发酵液中疫苗和抗生菌的回收等
渗透汽化	PVAP	乙醇-水共沸物的脱水；有机溶剂脱水；从水中除去有机物
气体膜分离	GS	从甲烷或其他烃类物中分离 CO_2 或 H_2；合成气 H_2/CO 比例的调节；从空气中分离 N_2 和 O_2
液膜分离	LM	从电化学工厂废液中回收镍；废水处理等

（3）膜分离过程的特点

① 多数膜分离过程中组分不发生相变化，所以能耗较低。

② 膜分离过程在常温下进行，对食品及生物药品的加工特别适合。

③ 膜分离过程不仅可除去病毒、细菌等微粒，而且可除去溶液中的大分子和无机盐，还可分离共沸物或化学性质及物理性质相似的沸点相近的组分、受热不稳定的组分。

④ 由于以压差或电位差为推动力，因此装置简单，操作方便。

11.2.1.3　膜分离技术的基本原理

膜分离过程的推动力是膜两侧的压差或电位差，表 11-2 为工业化应用膜分离过程的基本特性。

表 11-2　工业化应用膜分离过程的基本特性

过程	分离目的	推动力	传递机理	透过组分	截留组分	膜类型
电渗析	溶液脱小离子、小离子溶质的浓缩、小离子的分级	电位差	反离子经离子交换膜的迁移	小离子组分	同名离子、大离子和水	离子交换膜
反渗透	溶剂脱溶质、含小分子溶质溶液的浓缩	压力差	溶剂和溶质的选择性扩散	水、溶剂	溶质、盐（悬浮物、大分子、离子）	非对称性膜或复合膜
气体膜分离	气体混合物的分离、富集或特殊组分脱除	压力差、浓度差	气体的选择性扩散渗透	易渗透的气体	难渗透的气体	均质膜、多孔膜、非对称性膜
超滤	溶液脱大分子、大分子溶液脱小分子、大分子的分级	压力差	微粒及大分子尺度形状的筛分	水、溶剂、小分子溶解物	胶体大分子、细菌等	非对称性膜
微滤	溶液脱粒子、气体脱粒子	压力差	颗粒尺度的筛分	水、溶剂溶解物	悬浮物颗粒	多孔膜
渗透汽化	挥发性液体混合分离	分压差、浓度差	溶解-扩散	溶液中易透过组分（蒸气）	溶液中难透过组分（液体）	均质膜、复合膜、非对称性膜

（1）电渗析　电渗析是利用离子交换膜的选择性透过能力，在直流电场作用下使电解质溶液中形成电位差，从而产生阴、阳离子的定向迁移，达到溶液分离、提纯和浓缩的目的。典型的电渗析过程如图 11-9 所示，图中的 4 片离子选择性膜按阴、阳膜交替排列。

离子交换膜被誉为电渗析的"心脏"，是一种膜状的离子交换树脂，用高分子化合物为基膜，在其分子链上接引一些可电离的活性基团。按膜中所含活性基团的种类，可分为阳离子交换膜、阴离子交换膜和特殊离子交换膜三大类。按活性基团在基膜中的分布情况，离子交换膜又可分为异相和均相膜两大类。

（2）反渗透 反渗透是利用反渗透膜选择性地只能透过溶剂（通常是水）而截留离子物质的性质，以膜两侧静压差为推动力，克服溶剂的渗透压，使溶剂通过反渗透膜而实现对液体混合物进行分离的膜过程。用一个半透膜将水和盐水隔开，若初始时水和盐水的液面高度相同，则纯水将透过膜向盐水侧移动，盐水侧的液面将不断升高，这一现象称为渗透，如图

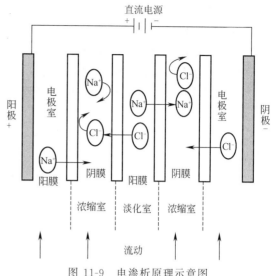

图 11-9　电渗析原理示意图

11-10(a) 所示。待水的渗透过程达到定态后，盐水侧的液位升高不再变动，如图 11-10(b) 所示，$\rho g h$ 即表示盐水的渗透压 Π。若在膜两侧施加压差 Δp，且 $\Delta p > \Pi$，则水将从盐水侧向纯水侧作反向移动，此称为反渗透，如图 11-10(c) 所示。这样，可利用反渗透现象截留盐（溶质）而获取纯水（溶剂），从而达到混合物分离的目的。反渗透膜分离过程如图 11-11 所示。

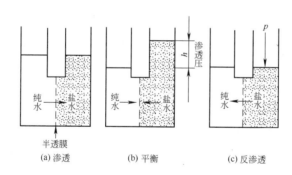

图 11-10　渗透和反渗透示意图

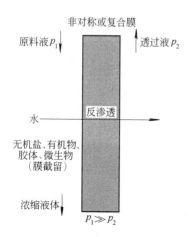

图 11-11　反渗透膜分离过程

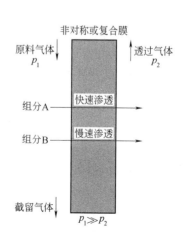

图 11-12　气体膜分离过程

（3）气体膜分离　膜法气体分离的基本原理是根据混合气体中各组分在压力的推动下透过膜的传递速率不同，从而达到分离目的。气体膜分离过程如图 11-12 所示。用于分离气体的膜有多孔膜、均质膜以及非对称性膜 3 类。对不同结构的膜，气体通过膜的传递扩散方式不同，因而分离机理也各异。目前常见的气体通过膜的分离机理有两种：①气体通过多孔膜的微孔扩散机理；②气体通过均质膜的溶解-扩散机理。

（4）超滤　超滤是以压差为推动力、用固体多孔膜截留混合物中的微粒和大分子溶质而使溶剂透过膜孔的分离操作。图 11-13 表示超滤的工作原理。

超滤的分离机理主要是多孔膜表面的筛分作用。大分子溶质在膜表面及孔内的吸附和滞留虽然也起截留作用，但易造成膜污染。在操作中必须采用适当的流速、压力、温度等条件，并定期清洗以减少膜污染。

（5）微滤　微滤是以静压差为推动力，利用膜的筛分作用进行分离的膜过程。微孔滤膜具有比较整齐、均匀的多孔结构，在静压差的作用下，小于膜孔的粒子通过滤膜，比膜孔大的粒子则被阻拦在滤膜面上，使大小不同的组分得以分离，其作用相当于过滤。

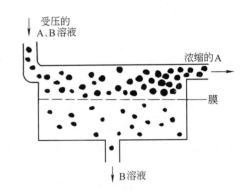

图 11-13　超滤工作原理示意图

（6）渗透汽化　渗透汽化是利用液体混合物中组分在膜两侧的蒸气分压的不同，首先选择性溶解在膜料一侧表面，再以不同的速率扩散透过膜，最后在膜的透过侧表面汽化、解吸，从而实现分离的过程。

膜的渗透速率和分离因子是表征渗透汽化膜分离性能的主要参数，它与膜的物化性质和结构有关，还与分离体系及过程操作参数（温度、压力等）有关。

11.2.2　分离膜应具备的条件及类型

11.2.2.1　分离膜的条件

膜是膜技术的核心，膜分离的效果主要取决于膜本身的性能，膜材料的化学性质和膜的结构对膜分离的性能起着决定性影响，而膜材料及膜的制备是膜分离技术发展的制约因素。

膜的性能包括物化稳定性及膜的分离透过性两个方面。首先要求膜的分离透过特性好，通常用膜的截留率、透过通量（速率）、截留分子量等参数表示。不同的膜分离过程，习惯上使用不同的参数以表示膜的分离透过特性。

（1）截留率　指截留物浓度与料液主体浓度之比。截留率越小，说明膜的分离透过特性越好。

（2）透过通量（速率）　指单位时间、单位膜面积的透过物量，常用单位为 $kmol/(m^2 \cdot s)$。由于操作过程中膜的压密、堵塞等多种原因，膜的透过速率将随时间增长而衰减。

（3）截留物的分子量　当分离溶液中的大分子物质时，截留物的分子量在一定程度上反映膜孔的大小。但是通常多孔膜的孔径大小不一，被截留物的分子量将分布在某一范围内。所以，一般取截留率为 90% 的物质的分子量称为膜的截留分子量。

截留率大、截留分子量小的膜往往透过通量低。因此，在选择膜时需在两者之间作出权衡。

其次要求分离用膜的物化稳定性好。膜的物化稳定性指膜的强度、允许使用压力、温度、pH 值以及对有机溶剂和各种化学药品的抵抗性，是决定膜的使用寿命的主要因素。

11.2.2.2　膜材料的要求

对膜材料的要求是：具有良好的成膜性、热稳定性、化学稳定性，耐酸、碱、微生物侵蚀和耐氧化性能。反渗透、超滤、微滤用膜最好为亲水性，以得到高水通量和抗污染能力。电渗析用膜则特别强调膜耐酸、碱性和热稳定性。气体分离，特别是渗透汽化，要求膜材料透过组分有优先溶解、扩散能力；若用于有机溶剂分离，还要求膜材料耐溶剂。要得到能同时满足以上条件的膜材料往往是困难的，常采用膜材料改性或膜表面改性的方法，使膜具有某些需要的性能。

11.2.2.3 膜的种类

由于膜的种类和功能繁多，分类方法有多种。按膜的材质，可将其分为聚合物膜和无机膜两大类。

（1）聚合物膜 分离膜由高分子、金属、陶瓷等材料制造，按其物态又可分为固膜、液膜与气膜3类。目前大规模工业应用的多为固膜，固膜又以高分子材料制成的聚合物膜在分离用膜中占主导地位。聚合物膜由天然或合成聚合物制成。天然聚合物包括橡胶、纤维素等；合成聚合物可由相应的单体经缩合或加合反应制得，也可由两种不同单体的共聚而得。

用于制膜的高分子材料很多，纤维素类膜材料是应用最早、也是目前应用最多的膜材料，主要用于反渗透、超滤、微滤，在气体膜分离和渗透汽化中也有应用。芳香聚酰胺类和杂环类膜材料目前主要用于反渗透。聚酰亚胺是近年开发应用的耐高温、抗化学试剂的优良膜材料，目前已用于超滤、反渗透、气体分离膜的制造。聚砜是超滤、微滤膜的重要材料，由于其性能稳定、机械强度好，是许多复合膜的支撑材料。聚丙烯腈也是超滤、微滤膜的常用材料，它的亲水性使膜的水通量比聚砜大。硅橡胶类、聚烯烃、聚乙烯醇、尼龙、聚碳酸酯、含氟聚合物等多用于气体分离和渗透汽化膜材料。

聚合物膜按其结构与作用特点，可分为致密膜、微孔膜、非对称膜、复合膜与离子交换膜5类。

① 致密膜 致密膜又称均质膜，是一种均匀致密的薄膜，物质通过这类膜主要是靠分子扩散。它主要用于实验室中研究膜材料或膜的性质，由于这种膜的通量太低，很少有工业应用。

② 微孔膜 微孔膜内含有相互交联的孔道，这些孔道曲曲折折，膜孔大小分布范围宽，一般为 $0.01\sim20\mu m$，膜厚 $50\sim250\mu m$，有多孔膜与核孔膜两种类型。核孔膜是以 $10\sim15\mu m$ 的致密塑料薄膜为原料，先用反应堆产生的裂变碎片轰击，穿透薄膜而产生损伤的径迹，然后在一定温度下用化学试剂侵蚀而成一定尺寸的孔。核孔膜的特点是孔直而短，孔径分布均匀，但开孔率低。多孔膜按制造方法的不同，或者具有不规则的孔结构，或者所有的孔均具有确定的直径。

③ 非对称膜 非对称膜的特点是膜的断面不对称，如图 11-14 所示。它由同种材料制成的表面活性层与支撑层组成。膜的分离作用主要取决于表面活性层。由于表面活性层很薄，故对分离小分子物质而言，该膜层不但渗透性高，而且分离的选择性好。高孔隙率支撑层仅起支撑作用，它决定了膜的机械强度。

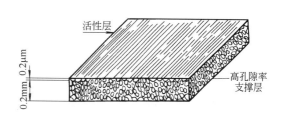

图 11-14 一种非对称膜结构

非对称膜结构可通过特殊沉淀过程由聚合物溶液制成，故又称相转换膜。相转化制膜法也叫溶液沉淀法或聚合物沉淀法，是最重要的非对称膜制造法。该生产过程由 5 个基本步骤组成：配制具有适当黏度的均相聚合物溶液；将聚合物溶液流延成薄膜；蒸发部分溶剂；聚合物沉淀；热处理。

④ 复合膜 复合膜是由在非对称膜表面加一层 $0.2\sim15\mu m$ 的致密活性层构成的。膜的分离作用也取决于这层致密活性层，而且受支撑结构、孔径、孔分布和孔隙率的影响。多孔膜结构

的孔隙率愈高愈好，可使膜表层与支撑层接触部分最小，而有利于物质传递。然而，孔径应愈小愈好，可使高分子层不起支撑作用的点间距离减小。此外，交联的和未反应的高分子渗透入支撑层的情况，也是决定复合膜整体传递特性的重要因素。与非对称膜相比，复合膜的致密活性层可根据不同需要选择多种材料。

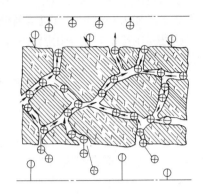

图 11-15　非均相离子交换膜及其传递机理

⑤ 离子交换膜　离子交换膜是一种膜状的离子交换树脂，由基膜和活性基团构成，具有选择透过性强、电阻低、抗氧化耐腐蚀性好、机械强度高、使用中不发生变形等性能。按膜中所含活性基团的种类可分为阳离子交换膜、阴离子交换膜和特殊离子交换膜。离子交换膜多为致密膜，厚度在 $200\mu m$ 左右。如图 11-15 所示的就是非均相离子交换膜的一个典型例子。

(2) 无机膜　聚合物膜通常在较低的温度下使用（最高不超过 200℃），而且要求待分离的原料流体不与膜发生化学作用。当在较高温度下或原料流体为化学活性混合物时，可以采用由无机材料制成的分离膜。无机膜多以金属及其氧化物、陶瓷、多孔玻璃等为原料，制成相应的金属膜、陶瓷膜、玻璃膜等。这类膜的特点是热、机械和化学稳定性好，耐酸碱，耐有机溶剂，使用寿命长，污染少且易于清洗，孔径分布均匀等。其主要缺点是性脆、成型性差、需特殊构型和组装体系、造价高。

无机膜的研究始于 20 世纪 40 年代，其发展可分为 3 个阶段：用于铀同位素分离的核工业时期、液体分离时期和以膜催化反应为核心的全面发展时期。

无机膜的制备技术主要有：采用固态粒子烧结法制备载体及过渡膜；采用溶胶-凝胶法制备超滤、微滤膜；采用分相法制备玻璃膜；采用专门技术（如化学气相沉积、电镀等）制备微孔膜或致密膜。

无机膜的发展大大拓宽了膜分离的应用领域。目前，无机膜的增长速度远快于聚合物膜。此外，无机材料还可以和聚合物制成杂合膜，该类膜有时能综合无机膜与聚合物膜的优点而具有良好的性能。

分离用膜按形状可分为平板式和管式（有支撑的管状膜和无支撑的中空纤维膜）两类，如图 11-16 所示。

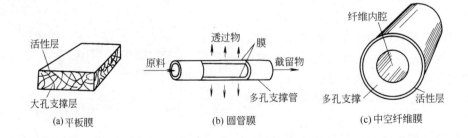

图 11-16　几种常用的膜

由上述各种膜制成的若干结构紧凑的膜组件如图 11-17 所示。

板框式组件尽管造价高，填充密度也不很大，但在工业膜过程中普遍使用。螺旋卷式膜组件由于它的低造价和良好的抗污染性能也被广泛采用。中空纤维膜组件由于具有很高的填充密度和低造价，在膜污染小和不需要进行膜清洗的场合应用普遍。

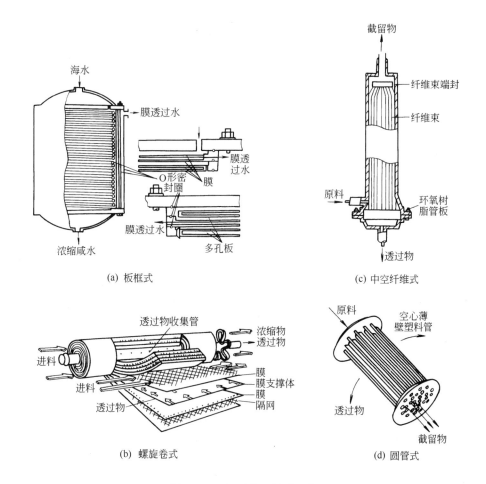

图 11-17　常用的几种膜组件

11.2.3　几种主要的膜分离过程

11.2.3.1　电渗析

电渗析是膜分离过程中较为成熟的一项技术，最初（1954 年）被应用于苦咸水淡化，至今仍是电渗析最主要的应用领域。20 世纪 60 年代初，日本开发了电渗析技术的第二大应用领域——浓缩海水制盐；20 世纪 70～80 年代电渗析技术进入大规模推广的应用阶段，海水脱盐、锅炉进水的软化、高纯水及纯净水生产、工业废水处理及食品、医药工业、化工领域都有大规模电渗析应用的成功例子。1975 年我国开始筹建西沙永兴岛日产 200t 饮用水的电渗析海水淡化装置，1981 年正式投产。1975～1978 年间在金山石化二厂建成电渗析制备初级纯水的脱盐装置。1987 年 Millipore 公司又推出填充混合离子交换树脂电渗析技术。但电渗析技术领域中的许多应用已成熟，市场容量接近饱和。目前国外已把研究、开发重点转移到水解离技术和水压渗技术上。水解离技术已成为目前电渗析市场增长率最快的生长点，以双极膜为基础的水解离技术已成为电渗析技术中现在研究和应用的首要目标。

（1）填充混合离子交换树脂电渗析过程制高纯水　随着电子工业集成电路的飞跃发展，洗涤电子元件所用高纯水的制备成为一个重要问题。1983 年 Kedem. O 及同事提出了填充混合离子交换树脂电渗析过程制去离子水的思想，1987 年 Millipore 公司推出了这一产品。这是一种将电渗析和离子交换优点巧妙结合的脱盐方法，如图 11-18 所示。在该过程中，离子交换树脂

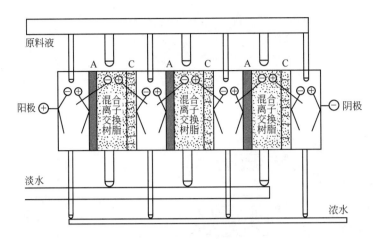

图 11-18　利用填充混合离子交换树脂电渗析过程制高纯水的原理

颗粒填充在电渗析器的淡化室内，被离子交换树脂吸附的离子在电场力作用下不断迁移入浓水室，这样离子交换树脂不需要再生，而原料液中的离子几乎可完全被除去。

（2）双极膜三室电渗析器制备酸和碱　双极膜一般由阴离子交换树脂层和阳离子交换树脂层及中间界面亲水层组成。在直流电场作用下，从膜外渗透入膜间的水分子即刻分解成 H^+ 和 OH^-，可作为 H^+ 与 OH^- 的供应源。因此，应用双极性膜电渗析法可将盐转化为相应的酸和碱。结果表明，利用双极膜电渗析法生产 NaOH 的成本仅为传统电解过程的 $1/3\sim1/2$。但通常双极膜的阴离子交换部分不耐碱性和高温，有待进一步改进。

（3）废水处理　电渗析在废水处理中的典型应用是从电镀废水中回收铜、镍、铬等重金属离子，而净化的水则可返回工艺系统重新使用。

11.2.3.2　反渗透

反渗透最初应用于海水和苦咸水的脱盐淡化，目前已发展应用于超纯水预处理、废水处理以及化工、医药、食品、造纸工业中某些有机物与无机物的分离。其中脱盐及超纯水制造的研究和应用最成熟，规模也最大，其他应用大多处于正在开发中。

（1）苦咸水及海水淡化　反渗透装置已成功地应用于海水和苦咸水脱盐，并达到饮用级的质量。但海水脱盐成本较高，目前主要用于特别缺水的中东产油国，其中沙特阿拉伯的 Jeddah 海水反渗透淡化厂为目前世界上最大的海水反渗透工厂，海水淡化能力达到 $56800\mathrm{m}^3/\mathrm{d}$；杜邦公司已签约在西班牙 Marbella 建造的海水反渗透淡化厂规模也达到 $56400\mathrm{m}^3/\mathrm{d}$。苦咸水因盐含量低，它的淡化费用和能耗都比海水反渗透低得多，也更具实用意义。建于美国 Arizona 州的 Yuma 淡化厂设计能力为 $386000\mathrm{m}^3/\mathrm{d}$，是世界上规模最大的苦咸水反渗透淡化厂。我国在山东省长岛县建立了长岛反渗透海水淡化站，采用海岛地下苦咸水制取饮用水，产水量为 $20\sim50\mathrm{t}/\mathrm{d}$。还有我国嵊山 $500\mathrm{t}/\mathrm{d}$ 反渗透海水淡化示范工程，采取海滩打沉水井方法，以多级离心泵取水。

用反渗透进行海水淡化时，因其含盐量较高，除特殊高脱盐率膜以外，一般均需采用二级反渗透淡化。图 11-19 为日本日产 800t 淡水的海水渗透装置的前处理和反渗透过程流程图。海水经氯气杀菌、氯化铁凝聚处理及双层过滤器过滤后，调 pH 值至 6 左右。对耐氯性能差的膜组件，在进反渗透装置之前还需用活性炭脱氯，或用 $NaHSO_3$ 进行还原处理。

（2）废水处理　用反渗透技术处理工业和生活废水已在许多工业和环保部门得到研究和应用，并已取得一定效益。金属电镀废水的处理是反渗透技术应用的成功实例。金属电镀装置由

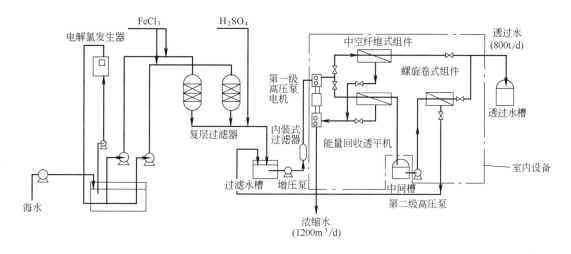

图 11-19　反渗透海水淡化流程图

一个电镀槽和若干个清洗槽组成，电镀好的部件在一串清洗槽中用清水逆流洗涤，得到的含金属离子的废水可用反渗透法处理。所得纯水可重新用于清洗，浓缩液可加到电镀槽作为原液使用。

（3）在食品生产中的应用　用反渗透进行食品（如牛奶、水果汁等）的脱水和浓缩是反渗透技术应用最早的领域之一。与常规方法相比，反渗透具有能耗低、废水少、在低温下操作、可防止食品受热变质及过程设计简单等优点。

如果反渗透技术中以下问题得以进一步的解决，则反渗透在食品工业中的推广将会进一步加速：膜组件的抗污染性更好；膜和组件可反复用蒸汽杀菌；膜不受氯、碱之类化学试剂的腐蚀；膜和组件可在 70℃以上温度连续操作。

11.2.3.3　气体膜分离

气体膜分离技术在 20 世纪 70 年代初即有工业应用，真正奠定其在气体分离市场地位的是美国 Monsanto 公司 1979 年推出的"Prism"H_2/N_2 膜分离装置。目前膜法分离回收氢在工业上除用于合成氨弛放气中 H_2 分离回收外，还用于炼油工业尾气中 H_2 的分离、回收及合成气 H_2/CO 比例调节，其处理能力可达 $495600m^3/d$。膜法分离 CO_2 在石油化工中主要用于两方面：一是天然气中 CO_2（包括 H_2S 和 H_2O）的脱除；二是强化原油回收伴生气中 CO_2 的分离回收。气体膜分离的第 3 个开发应用体系是空气分离，目前膜法制氮随着高通量高选择性气体分离膜的开发很容易达到 99%的浓度。用膜法从天然气中脱除水蒸气，从石油及石油化工制品生产、贮存、使用中脱除和回收有机蒸气防止污染国外已有研究，目前德国的 GKSS 公司、日本的日东电工、美国的 MTP、加拿大等已有工业应用。

气体膜分离技术优先研究开发的是制备超薄膜的通用方法和高 O_2/N_2 选择性的分离膜。这些膜对气体膜分离过程的节能有很大影响，可大大提高气体膜分离在经济上的竞争能力。

（1）工业气体中氢的回收　目前膜法回收氢气集中应用在以下 3 个领域：合成气比例调节、从氢加工的吹扫气体中回收氢、从合成氨厂弛放气和其他厂的排放气中回收氢。其中从合成氨弛放气中回收氢是应用最早、也是目前应用最广的领域。1979 年，Monsanto 建成了世界上第一套从合成氨弛放气中分离回收氢的膜装置，如图 11-20 所示，由 8 个膜组件串联组成第一组渗透器，4 个膜组件串联组成第二组渗透器。合成氨弛放气首先进入水清洗塔，除去或回收其中夹带的氨气，以避免氨对膜性能的影响。从合成氨尾气中回收氢，氢气含量可从尾气中的 60%提高到透过气中的 90%，氢的回收率达 95%以上。

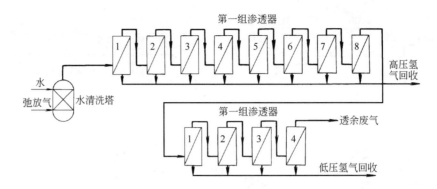

图 11-20　膜分离法回收合成氨厂弛放气的氢气流程

（2）空气分离　空气经膜分离以制取含氧约 60% 的富氧气，目前主要用于医疗保健，在工业燃烧中助燃的应用有待于进一步推广。膜法富氧助燃是一项行之有效的节能技术，国外绝大部分用的是整体增氧助燃，即燃烧所需空气全部用富氧空气代替，投资非常大。国内采用的是局部富氧助燃技术，即所需空气的 1%～3%（体积分数）用富氧代替，相对整体增氧技术，它的投资少得多。目前已研制成功 $\phi100mm \times 3000mm$ 的卷式组件，生产能力为 $120m^3/h$（标准状态），富氧浓度可达 28%～30%，已广泛用于工业玻璃炉中的助燃。

由于制备高纯度氮气对膜的选择性要求不高，因此膜法空气分离大多作为富氮目的。当 O_2/N_2 的选择性系数为 3 时，就可以得到纯度为 95% 的氮气，回收率可以达到 30%。高浓氮气的应用市场正日益扩大，尤其在石油平台方面用氮量极大，国外已出现安装在船上的日产 $1700m^3$（标准状态）的制氮机组。另外在食品保鲜、医药工业、惰性气体保护等方面将是大量扩展氮用户的新领域。对于富氮试验，我国已研制成功 $\phi50mm \times 3000mm$ 的中空纤维组件，富氮浓度可达 96%～98%，生产能力为 $8.91m^3/h$（标准状态）。

（3）酸性气体的脱除　从粗制的天然气中脱除酸性气体（CO_2、H_2S），可以提高天然气的热值，减小对管道和设备的腐蚀，防止空气污染。此外还用膜分离除去空气中的水汽（去湿），从天然气中提取氦等。

11.2.3.4　渗透汽化

渗透汽化膜技术在目前的工业应用中主要是从含少量水的醇等有机溶剂（特别是恒沸、近沸物）中脱除少量水。1988 年由德国 GFT 公司建于法国 Betheniville 的渗透汽化装置，用于将乙醇精馏塔顶质量分数为 94.5% 的近沸物脱水至 99.95%，生产能力达 $150m^3/d$，是目前世界上规模最大的渗透汽化装置，如图 11-21 所示。组件安装在 3 个真空钟罩内，钟罩的高度为 6.6m。每个钟罩内分别装有 6、7、8 级膜组件，每级由两台膜组件组成，每台组件由 200 片膜组成，共有膜面积 $50m^2$（每片膜面积为 $500mm \times 500mm$），因此该装置总的膜面积为 $2100m^2$。经预处理后乙醇质量分数为 93.2% 的料液预热后进入组件，为了提供蒸发热，在每级料液之间需设加热器。透过侧用抽真空和冷凝控制压力小于 931Pa。

从水中分离、脱除少量有机溶剂是渗透汽化膜技术的第 2 个应用领域，由于目前透过有机物（尤其是透水溶性有机物）膜的分离性能较低，尚未见大规模工业应用。美国 MTR 开发了脱除水中三氯乙烷之类有机物的渗透汽化装置，主要用于污染处理，设备能力为 20～40m³/d。

有机混合物的分离是渗透汽化的第 3 个重要应用领域，从 C_4、C_5 醚化生成甲基叔丁基醚（MTBE）及甲基叔戊基醚（TAME）的混合物中分离、回收甲醇被认为是其中最有可能率先实现工业化的体系。用渗透汽化脱除酯化反应中生成的水，可提高酯化反应的转化率，从而提高产物中产品的浓度，已有不少研究报道，具有极好的应用开发前景。

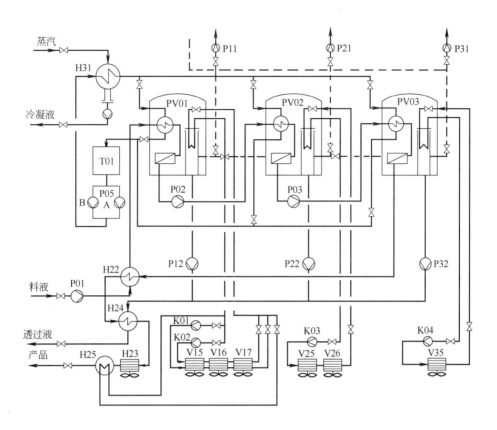

图 11-21　Betheniville 渗透汽化工厂流程图

P01—进料泵；P02，P03—增压泵；P11，P21，P31—真空泵；P12，P22，P32—透过物泵；PV01，PV02，

PV03—真空钟罩；P05（A、B）—热媒泵；V15，V16，V17，V25，V26，V35，H23—冷凝器；

H22，H24，H25，H31—热交换器；K01，K02，K03，K04—压缩机；T01—热媒贮槽

今后渗透汽化工业应用研究的重点是：开发出具有足够选择性的有机/有机混合物分离膜；耐溶剂组件的开发；提高水中脱有机溶剂膜的性能；与其他分离方法集成，进行过程的优化设计；酸、碱和高浓度有机物水溶液脱水。如果能在以上几方面得到突破，渗透汽化技术将在更大的范围内得到应用。

11.2.3.5　超滤

超滤从 20 世纪 70 年代进入工业应用后发展迅速，已成为应用领域最广的膜技术，广泛应用于食品、医药、工业废水处理、超纯水制备及生物技术工业。其中最重要的是食品工业，乳清处理是其最大市场；在工业废水处理方面应用最普遍的是电泳涂漆过程；在超纯水制备中超滤是重要过程；城市污水处理及其他工业废水处理以及生物技术领域都是超滤未来的发展方向。超滤技术的主要问题是膜的污染，为此抗污染超滤膜的开发成为优先研究的课题。污染的消除将使超滤过程效率提高 30% 以上且减少投资 15%，并有较好的分离效果，因而使超滤应用范围拓宽。超滤的工业应用可以分为 3 种类型，即浓缩、小分子溶质的分离和大分子溶质的分级。

（1）乳品工业中的应用　乳品工业奶酪生产过程中将产生大量的乳清，据统计，仅美国每年就有 $2.5 \times 10^7 m^3$ 乳清产生，因而该领域成为超滤应用的最大领域。如图 11-22 所示，通过超滤，可得到含蛋白质 14% 的浓缩液，若将其通过喷雾干燥，可得到含蛋白质 67% 的乳清粉，在面包食品中可代替脱脂奶粉。若将其进一步脱盐，则可得到蛋白质含量高于 80% 的产品，可用于婴儿食品。而含乳糖的渗透液经浓缩干燥后可用作动物饲料。

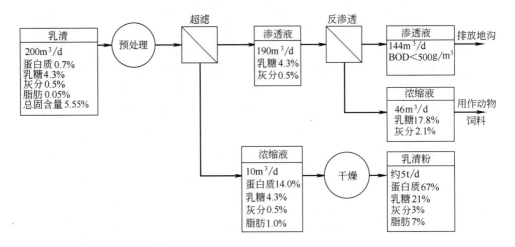

图 11-22　超滤过程处理乳清

（2）**浓缩糖化酶**　糖化酶超滤浓缩的工艺流程如图 11-23 所示。糖化酶发酵液加 2％酸性白土处理，经板框压滤，除去培养基等杂质，澄清的滤液经过滤器压入循环槽进行超滤浓缩。透过液由超滤器上端排出，循环液中糖化酶被超滤膜截留返回循环液贮槽，循环操作直至达到要求的浓缩倍数。

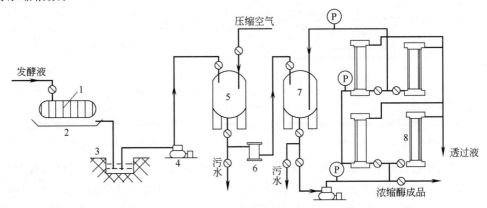

图 11-23　糖化酶超滤浓缩流程

1—板框压滤机；2—压滤液汇集槽；3—地池；4—离心泵；5—酶液贮槽；
6—泡沫塑料过滤器；7—循环液贮槽；8—超滤器

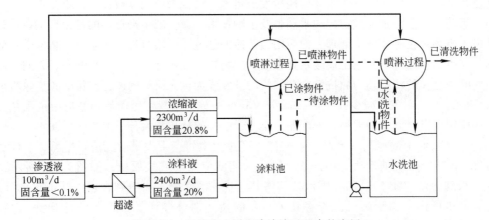

图 11-24　超滤在金属电泳涂漆过程中的应用

（3）金属电泳涂漆过程废液的处理　在金属电泳涂漆过程中，带电荷的金属物件浸入一个装有带相反电荷的涂料池内。由于异电相吸，涂料便能在金属表面形成一层均匀的涂层，金属物件从池中捞出并水洗除去随带出的涂料。如图11-24所示，用超滤组件来过滤池内溶液，浓缩液返回池内，其涂料浓度可提高1%，渗透液则用以清洗被涂物件。

11.3　超临界流体萃取技术

11.3.1　超临界流体萃取技术的发展与特点

11.3.1.1　超临界流体萃取技术的发展

超临界流体萃取过程是利用处于临界压力和临界温度以上的流体具有特异增加的溶解能力而发展出来的化工分离新技术。早在100多年前，J. B. Hannay就发现无机盐在高压乙醇或乙醚中溶解度异常增加的现象。到20世纪60年代已有不少研究者从各方面研究这一特殊溶解度增加现象，但是应用这一特殊溶解能力的新型分离技术——超临界流体萃取过程却是近20多年的事。1978年联邦德国建成从咖啡豆脱除咖啡因的超临界CO_2萃取工业化装置。同年在联邦德国Essen首次召开"超临界流体萃取"国际会议，从基础理论、工艺过程和设备等方面讨论该项新技术。超临界流体萃取在高附加值、热敏性、难分离物质的回收和微量杂质的脱除方面有其优越之处，在天然产物提取和生物技术领域找到其应有的位置。20世纪80年代以来，国际上投入大量人力、物力进行研究，研究范围涉及食品、香料、医药和化工等领域，并已取得一系列工业应用成果：采用超临界CO_2流体从啤酒花中萃取酒花浸膏的大规模工业化装置先后在德国、美国等地投产；使用超临界丙烷从渣油中脱除沥青的ROSE过程也有多套工业装置先后运转；目前我国已建成10余套工业规模萃取装置。至此，超临界流体萃取作为一种新的分离技术已受到人们的广泛关注。

11.3.1.2　超临界流体萃取技术的特点

① 具有广泛的适应性。由于超临界状态流体溶解度特异增高的现象普遍存在，因而理论上超临界流体萃取技术可作为一种通用、高效的分离技术而应用。

② 萃取效率高，过程易于调节。超临界流体兼具气体和液体特性，既有液体的溶解能力，又有气体良好的流动和传递性能。并且在临界点附近，压力和温度的少量变化，有可能显著改变流体的溶解能力，控制分离过程。

③ 超临界萃取过程具有萃取和精馏的双重特性，有可能分离一些难分离的物质。

④ 分离工艺流程简单。超临界萃取只由萃取器和分离器两部分组成，不需要溶剂回收设备，与传统分离工艺流程相比不但流程简化，而且节省能耗。

⑤ 分离过程有可能在接近室温下完成，特别适用于提取或精制热敏性、易氧化物质。

⑥ 必须在高压下操作，设备及工艺技术要求高，投资比较大。

11.3.2　超临界流体萃取原理

11.3.2.1　超临界流体

物质处于其临界温度和临界压力以上状态时，向该状态气体加压，气体不会液化，只是密度增大，具有类似液态性质，同时还保留气体性能，这种状态的流体称为超临界流体。超临界流体通常兼有液体和气体的某些特性，既具有接近气体的黏度和渗透能力，易于扩散和运动，又具有接近液体的密度和溶解能力，对溶质有比较大的溶解度，因而传质速率大大高于液相过程。更重要的是，在临界点附近，压力和温度微小的变化都可以引起流体密度很大的变化，并相应地表现为溶解度的变化。因此，人们可以利用压力、温度的变化来实现萃取和分离的过程。密度、黏度和自扩散系数是超临界流体的3个基本性质。表11-3给出了超临界流体与常温常压下气体、液体的物性比较。常用的超临界流体有二氧化碳、乙烯、乙烷、丙烯、丙烷和氨等，以二氧化碳最受注意。由于超临界 CO_2 具有密度大、溶解能力强、传质速率高、临界压力适中、临界温度为31℃、分离过程可在接近室温条件下进行、便宜易得、无毒、惰性以及极易从萃取产物中分离出来等一系列优点，当前绝大部分超临界流体萃取都以 CO_2 为溶剂。

表 11-3　超临界流体和常温常压下气体、液体的物性比较

流　　体	相对密度	黏度/(Pa·s)	扩散系数/(m²/s)
气体(15~30℃,常压)	0.0006~0.002	(1~3)×10⁻⁵	(1~4)×10⁻⁵
超临界流体	0.4~0.9	(3~9)×10⁻⁵	2×10⁻⁸
液体(15~30℃,常压)	0.6~1.6	(0.2~3)×10⁻³	(0.2~2)×10⁻⁹

11.3.2.2　基本原理

　　超临界流体萃取是用超过临界温度、临界压力状态下的气体作为溶剂，萃取待分离混合物中的溶质，然后采用等温变压或等压变温等方法，将溶剂与溶质分离的单元操作。

　　图11-25所示为二氧化碳-乙醇-水物系的三角相图。可以看到，超临界流体萃取具有与一般液-液萃取相类似的相平衡关系，属于平衡分离过程。二者的比较见表11-4。

表 11-4　超临界流体萃取和液-液萃取的比较

序号	超临界流体萃取	液-液萃取
1	挥发性小的物质在流体中选择性溶解而被萃出,从而形成超临界流体相	溶剂加到要分离的混合物中,形成两个液相
2	超临界流体的萃取能力主要与其密度有关,选用适当压力、温度对其进行控制	溶剂的萃取能力取决于温度和混合溶剂的组成,与压力的关系不大
3	在高压(5~30MPa)下操作,一般在室温下进行,对处理热敏物质有利,因此有望在制药、食品和生物工程制品中得到应用	常温、常压下操作
4	萃取后的溶质和超临界流体间的分离,可用等温下减压或等压下升温两种方法	萃取后的液体混合物,通常用蒸馏把溶剂和溶质分开,这对热敏性物质的处理不利
5	由于物性的优越性,提高了溶质的传质能力	传质条件往往不如超临界流体萃取
6	在大多数情况下,溶质在超临界流体相中的浓度很小,超临界相组成接近纯超临界流体	萃出相为液相,溶质浓度可以相当大

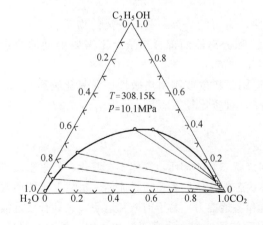

图 11-25　二氧化碳-乙醇-水物系的相平衡

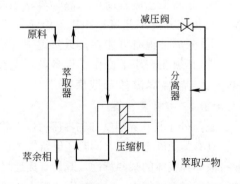

图 11-26　超临界 CO_2 萃取流程示意图

11.3.3　超临界流体萃取过程简介

　　超临界流体萃取过程是由萃取阶段和分离阶段组合而成的。在萃取阶段，超临界流体将所需

组分从原料中提取出来。在分离阶段，通过变化某个参数或其他方法，使萃取组分从超临界流体中分离出来，并使萃取剂循环使用。根据分离方法的不同，可以把超临界流体萃取流程分为等温法、等压法和吸附吸收法 3 类。如图 11-26 所示为超临界 CO_2 萃取的等温降压流程示意图。

被萃取原料装入萃取器，采用 CO_2 为超临界溶剂。CO_2 气体经压缩达到较大溶解度状态（即超临界流体状态），然后经萃取器与物料接触。萃取得溶质后，二氧化碳与溶质的混合物经减压阀进入分离器。在较低的压力下，溶质在二氧化碳中的溶解度大大降低，从而分离出来。离开分离器的二氧化碳经压缩后循环使用。

11.3.4 超临界流体萃取的工业应用

11.3.4.1 超临界流体萃取在石油化工中的应用

图 11-27 为渣油超临界萃取脱沥青过程。渣油中主要含有沥青质、树脂质和脱沥青油 3 个馏分。渣油先进入混合器 M-1 中与经压缩的循环轻烃类超临界溶剂混合，混合物进入分离器 V-1，在 V-1 加热蒸出溶剂，下部获得沥青质液体，并含有少量溶剂。将此股液体经加热器 H-1 加热后送入闪蒸塔 T-1，塔顶蒸出溶剂，从塔底可得液态沥青质。从分离器 V-1 顶部离开的树脂-脱沥青油-溶剂的混合物，经换热器 E-1 与循环溶剂换热升温后，进入分离器 V-2，由于温度升高了，从流体中第二次析出液相，其成分主要是树脂质和少量溶剂。将此液体经闪蒸塔 T-2 回收溶剂后，在 T-2 底部获得树脂质。从分离器 V-2 顶部出来的脱沥青油-溶剂混合物，经与循环溶剂在换热器 E-4 中换热，再经加热器 H-2 加热，使温度升高到溶剂的临界温度以上，并进入分离器 V-3，大部分溶剂从其顶部出来，经两次热量回收换热后，再用换热器 E-2 调节温度，经压缩后循环使用。分离器 V-3 底部液体经闪蒸塔 T-3 回收溶剂后，从 T-3 底部可获得脱沥青油。

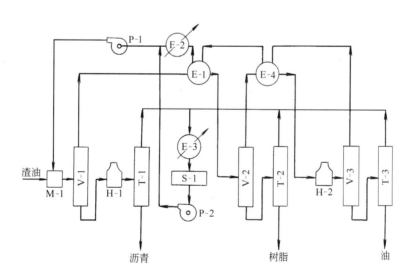

图 11-27 渣油超临界萃取脱沥青过程

M—混合器；V—分离器；H—加热器；E—换热器；
T—闪蒸塔；P—压缩机；S—贮罐

此外，用它作为萃取溶剂从发酵液中萃取乙醇、乙酸，从链霉素中萃取去除甲醇等有机溶剂，从单细胞蛋白游离物中提取脂类，也可从工业废水中萃取其他有机物。

活性炭吸附是回收溶剂和处理废水的一种有效方法，其困难主要在于活性炭的再生。目前多采用高温或化学方法再生，很不经济，不仅会造成吸附剂的严重损失，有时还会产生二次污染。利用超临界 CO_2 萃取法可以解决这一难题，图 11-28 为其流程示意图。

11.3.4.2 超临界流体萃取在食品方面的应用

超临界流体萃取技术作为一种新型的化工分离技术，在食品加工领域有着广阔的应用前景，特别适合于分离精制风味特征物质、热敏性物质和生物活性物质，主要应用在有害成分的脱除、有效成分的提取、食品原料的处理等几个方面。例如，从咖啡、茶中脱咖啡因；啤酒花的萃取；从植物中萃取风味物质；从各种动植物中萃取各种脂肪酸、提取色素；从奶油和鸡蛋中去除胆固醇等。从咖啡豆中脱除咖啡因是超临界流体萃取的第一个工业化项目，其生产工艺主要有 3 种，见图 11-29。其过程大致为：先用机械法清洗鲜咖啡豆，去除灰尘和杂质；接着加蒸汽和

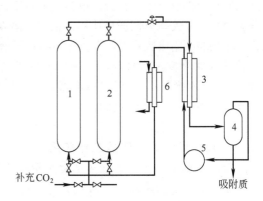

图 11-28 活性炭超临界再生流程示意图
1，2—再生器；3—换热器；4—分离器；
5—压缩机；6—冷却器

水预泡，提高其水分含量达 $30\% \sim 50\%$；然后将预泡过的咖啡豆装入萃取器，不断往萃取器中送入 CO_2，直至操作压力达到 $16 \sim 20MPa$，操作温度达到 $70 \sim 90℃$，咖啡因就逐渐被萃取出来。带有咖啡因的 CO_2 被送往装有水 [见图 11-29（a）] 或者活性炭 [见图 11-29（b）] 的分离器，使咖啡因转入水相或被活性炭吸附；也有的将活性炭与咖啡豆一起装入萃取器 [见图 11-29（c）]，在工艺条件下浸泡，使咖啡豆中咖啡因转移至活性炭中，用筛分分离咖啡豆和活性炭，然后水相中或活性炭中的咖啡因用蒸馏法或脱附法加以回收，CO_2 则循环使用。

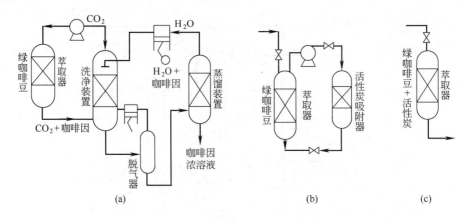

图 11-29 从咖啡豆中脱除咖啡因
（a）用水将咖啡因从 CO_2 中分离出来；（b）用活性炭将咖啡因从 CO_2 中分离出来；
（c）活性炭与咖啡豆共同浸泡分离咖啡因

本章小结

近年来一些新型分离技术在工业生产中的应用越来越广泛，本章只简单介绍了吸附、膜分离、超临界流体萃取技术的应用与进展情况，读者可以密切关注这些技术的动态，在需要的时候参阅有关书刊。

思考题

1. 从日常生活中举例说明吸附现象。
2. 吸附分离的基本原理是什么？
3. 作为吸附剂主要有哪些性能？
4. 常用的吸附剂有哪几种？各有什么特点？
5. 吸附分离有哪几种常用的吸附脱附循环操作？
6. 吸附-脱附操作与吸收-脱吸操作有何相似之处？
7. 吸附过程有哪几个传质步骤？
8. 什么是膜？膜分离过程是怎样进行的？有哪几种常用的膜分离过程？
9. 膜分离有哪些特点？分离过程对膜有哪些基本要求？
10. 膜分离技术在工业上有哪些应用？试举例说明。
11. 电渗析的基本原理是什么？离子交换膜由什么构成？
12. 渗透和反渗透现象是怎样产生的？
13. 气体膜法分离的机理是什么？
14. 比较超滤与微滤的异同点。
15. 聚合物膜如何分类？各有什么特点？
16. 什么是超临界流体？超临界流体有哪些基本性质？
17. 超临界流体萃取的基本原理是什么？超临界流体萃取技术有何特点？
18. 超临界流体萃取过程由几部分组成？
19. 比较超临界流体萃取与液-液萃取的异同点。

附 录

一、中华人民共和国法定计量单位（摘录）

1. 化工中常用的单位与其符号

项目		单位符号	词头	项目		单位符号	词头
基本单位	长度	m	k,c,m,μ	导出单位	面积	m²	k,d,c,m
	时间	s	k,m,μ		容积	m³	d,c,m
		min				L 或 l	
		h			密度	kg/m³	
	质量	kg	m,μ		角速度	rad/s	
		t(吨)			速度	m/s	
					加速度	m/s²	
	温度	K			旋转速度	r/min	
		℃			力	N	k,m,μ
					压强,压力,应力	Pa	k,m,μ
					黏度	Pa·s	m
	物质的量	mol	k,m,μ		功,能,热量	J	k,m
辅助单位	平面角	rad			功率	W	k,m,μ
		°(度)			热流量	W	k
		′(分)			热导率(导热系数)	W/(m·K)或	k
		″(秒)				W/(m·℃)	

2. 化工中常用单位的词头

词头符号	词头名称	所表示的因数	词头符号	词头名称	所表示的因数
k	千	10^3	m	毫	10^{-3}
d	分	10^{-1}	μ	微	10^{-6}
c	厘	10^{-2}			

3. 已废除的常用计量单位

名 称	单位符号	用法定计量单位表示的形式	名 称	单位符号	用法定计量单位表示的形式
标准大气压	atm	Pa	达因	dyn	N
工程大气压	at	Pa	公斤力	kgf	N
毫米水柱	mmH_2O	Pa	泊	P	Pa·s
毫米汞柱	mmHg	Pa			

二、某些气体的重要物理性质

名称	分子式	密度(0℃,101.3kPa)/(kg/m³)	比热容/[kJ/(kg·℃)]	黏度$μ×10^5$/(Pa·s)	沸点(101.3kPa)/℃	汽化热/(kJ/kg)	临界点		热导率/[W/(m·℃)]
							温度/℃	压力/kPa	
空气		1.293	1.009	1.73	−195	197	−140.7	3768.4	0.0244
氧	O_2	1.429	0.653	2.03	−132.98	213	−118.82	5036.6	0.0240

名称	分子式	密度(0℃, 101.3kPa) /(kg/m³)	比热容 /[kJ/ (kg·℃)]	黏度 $\mu \times 10^5$ /(Pa·s)	沸点 (101.3kPa) /℃	汽化热 /(kJ/kg)	临界点 温度 /℃	临界点 压力 /kPa	热导率 /[W/ (m·℃)]
氮	N_2	1.251	0.745	1.70	−195.78	199.2	−147.13	3392.5	0.0228
氢	H_2	0.0899	10.13	0.842	−252.75	454.2	−239.9	1296.6	0.163
氦	He	0.1785	3.18	1.88	−268.95	19.5	−267.96	228.94	0.144
氩	Ar	1.7820	0.322	2.09	−185.87	163	−122.44	4862.4	0.0173
氯	Cl_2	3.217	0.355	1.29(16℃)	−33.8	305	+144.0	7708.9	0.0072
氨	NH_3	0.771	0.67	0.918	−33.4	1373	+132.4	11295.0	0.0215
一氧化碳	CO	1.250	0.754	1.66	−191.48	211	−140.2	3497.9	0.0226
二氧化碳	CO_2	1.976	0.653	1.37	−78.2	574	+31.1	7384.8	0.0137
硫化氢	H_2S	1.539	0.804	1.166	−60.2	548	+100.4	19136.0	0.0131
甲烷	CH_4	0.717	1.70	1.03	−161.58	511	−82.15	4619.3	0.0300
乙烷	C_2H_6	1.357	1.44	0.850	−88.5	486	+32.1	4948.5	0.0180
丙烷	C_3H_8	2.020	1.65	0.795(18℃)	−42.1	427	+95.6	4355.0	0.0148
正丁烷	C_4H_{10}	2.673	1.73	0.810	−0.5	386	+152.0	3798.8	0.0135
正戊烷	C_5H_{12}	—	1.57	0.874	−36.08	151	+197.1	3342.9	0.0128
乙烯	C_2H_4	1.261	1.222	0.935	+103.7	481	+9.7	5135.9	0.0164
丙烯	C_3H_8	1.914	2.436	0.835(20℃)	−47.7	440	+91.4	4599.0	—
乙炔	C_2H_2	1.171	1.352	0.935	−83.66(升华)	829	+35.7	6240.0	0.0184
氯甲烷	CH_3Cl	2.303	0.582	0.989	−24.1	406	+148.0	6685.8	0.0085
苯	C_6H_6	—	1.139	0.72	+80.2	394	+288.5	4832.0	0.0088
二氧化硫	SO_2	2.927	0.502	1.17	−10.8	394	+157.5	7879.1	0.0077
二氧化氮	NO_2	—	0.315	—	+21.2	712	+158.2	10130.0	0.0400

三、某些液体的重要物理性质

名 称	分子式	密度 (20℃) /(kg/m³)	沸点 (101.3kPa) /℃	汽化热 /(kJ /kg)	比热容 (20℃)/[kJ/ (kg·℃)]	黏度(20℃) /(mPa·s)	热导率 (20℃)/[W/ (m·℃)]	体积膨胀 系数 $\beta \times 10^4$ (20℃)/℃$^{-1}$	表面张力 σ $\times 10^3$(20℃) /(N/m)
水	H_2O	998	100	2258	4.183	1.005	0.599	1.82	72.8
氯化钠盐水 (25%)	—	1186(25℃)	107		3.39	2.3	0.57(30℃)	(4.4)	
氯化钙盐水 (25%)	—	1228	107		2.89	2.5	0.57	(3.4)	
硫酸	H_2SO_4	1831	340(分解)	—	1.47(98%)		0.38	5.7	
硝酸	HNO_3	1513	86	481.1		1.17(10℃)			
盐酸(30%)	HCl	1149				2.55	2(31.5%)	0.42	
二硫化碳	CS_2	1262	46.3	352	1.005	0.38	0.16	12.1	32.0
戊烷	C_5H_{12}	626	36.07	357.4	2.24(15.6℃)	0.229	0.113	15.9	16.2
己烷	C_6H_{14}	659	68.74	335.1	2.31(15.6℃)	0.313	0.119		18.2
庚烷	C_7H_{16}	684	98.43	316.5	2.21(15.6℃)	0.411	0.123		20.1
辛烷	C_8H_{18}	763	125.67	306.4	2.19(15.6℃)	0.540	0.131		21.3
三氯甲烷	$CHCl_3$	1489	61.2	253.7	0.992	0.58	0.138(30℃)	12.6	28.5(10℃)
四氯化碳	CCl_4	1594	76.8	195	0.850	1.0	0.12		26.8
1,2-二氯乙烷	$C_2H_4Cl_2$	1253	83.6	324	1.260	0.83	0.14(60℃)		30.8
苯	C_6H_6	879	80.10	393.9	1.704	0.737	0.148	12.4	28.6
甲苯	C_7H_8	867	110.63	363	1.70	0.675	0.138	10.9	27.9
邻二甲苯	C_8H_{10}	880	144.42	347	1.74	0.811	0.142		30.2

名　称	分子式	密度 (20℃) /(kg/m³)	沸点 (101.3kPa) /℃	汽化热 /(kJ /kg)	比热容 (20℃)/[kJ /(kg·℃)]	黏度(20℃) /(mPa·s)	热导率 (20℃)/[W /(m·℃)]	体积膨胀 系数 β×10⁴ (20℃)/℃⁻¹	表面张力 σ ×10³(20℃) /(N/m)
间二甲苯	C_8H_{10}	864	139.10	343	1.70	0.611	0.167	10.1	29.0
对二甲苯	C_8H_{10}	861	138.35	340	1.704	0.643	0.129		28.0
苯乙烯	C_8H_9	911(15.6℃)	145.2	352	1.733	0.72			
氯苯	C_6H_5Cl	1106	131.8	325	1.298	0.85	1.14(30℃)		32
硝基苯	$C_6H_5NO_2$	1203	210.9	396	1.47	2.1	0.15		41
苯胺	$C_6H_5NH_2$	1022	184.4	448	2.07	4.3	0.17	8.5	42.9
酚	C_6H_5OH	1050(50℃)	181.8(熔点 40.9℃)	511		3.4(50℃)			
萘	$C_{16}H_8$	1145(固体)	217.9(熔点 80.2℃)	314	1.80(100℃)	0.59(100℃)			
甲醇	CH_3OH	791	64.7	1101	2.48	0.6	0.212	12.2	22.6
乙醇	C_2H_5OH	789	78.3	846	2.39	1.15	0.172	11.6	22.8
乙醇(95%)		804	78.2			1.4			
乙二醇	$C_2H_4(OH)_2$	1113	197.6	780	2.35	23			47.7
甘油	$C_3H_5(OH)_3$	1261	290(分解)	—		1499	0.59	5.3	63
乙醚	$(C_2H_5)_2O$	714	34.6	360	2.34	0.24	0.14	16.3	8
乙醛	CH_3CHO	783(18℃)	20.2	574	1.9	1.3(18℃)			21.2
糠醛	$C_5H_4O_2$	1168	161.7	452	1.6	1.15(50℃)			43.5
丙酮	CH_3COCH_3	792	56.2	523	2.35	0.32	0.17		23.7
甲酸	$HCOOH$	1220	100.7	494	2.17	1.9	0.26		27.8
乙酸	CH_3COOH	1049	118.1	406	1.99	1.3	0.17	10.7	23.9
乙酸乙酯	$CH_3COOC_2H_5$	901	77.1	368	1.92	0.48	0.14(10℃)		
煤油		780~820				3	0.15	10.0	
汽油		680~800				0.7~0.8	0.19(30℃)	12.5	

四、干空气的物理性质(101.33kPa)

温度 t/℃	密度 ρ/(kg/m³)	比热容 c_p/[kJ/(kg·℃)]	热导率 $k×10^2$/[W/(m·℃)]	黏度 $\mu×10^5$/(Pa·s)	普朗特数 Pr
−50	1.584	1.013	2.035	1.46	0.728
−40	1.515	1.013	2.117	1.52	0.728
−30	1.453	1.013	2.198	1.57	0.723
−20	1.395	1.009	2.279	1.62	0.716
−10	1.342	1.009	2.360	1.67	0.712
0	1.293	1.005	2.442	1.72	0.707
10	1.247	1.005	2.512	1.77	0.705
20	1.205	1.005	2.593	1.81	0.703
30	1.165	1.005	2.675	1.86	0.701
40	1.128	1.005	2.756	1.91	0.699
50	1.093	1.005	2.826	1.96	0.698
60	1.060	1.005	2.896	2.01	0.696
70	1.029	1.009	2.966	2.06	0.694
80	1.000	1.009	3.047	2.11	0.692
90	0.972	1.009	3.128	2.15	0.690
100	0.946	1.009	3.210	2.19	0.688
120	0.898	1.009	3.338	2.29	0.686
140	0.854	1.013	3.489	2.37	0.684

温度 t/℃	密度 ρ/(kg/m³)	比热容 c_p/[kJ/(kg·℃)]	热导率 $k \times 10^2$/[W/(m·℃)]	黏度 $\mu \times 10^5$/(Pa·s)	普朗特数 Pr
160	0.815	1.017	3.640	2.45	0.682
180	0.779	1.022	3.780	2.53	0.681
200	0.746	1.026	3.931	2.60	0.680
250	0.674	1.038	4.288	2.74	0.677
300	0.615	1.048	4.605	2.97	0.674
350	0.566	1.059	4.908	3.14	0.676
400	0.524	1.068	5.210	3.31	0.678
500	0.456	1.093	5.745	3.62	0.687
600	0.404	1.114	6.222	3.91	0.699
700	0.362	1.135	6.711	4.18	0.706
800	0.329	1.156	7.176	4.43	0.713
900	0.301	1.172	7.630	4.67	0.717
1000	0.277	1.185	8.041	4.90	0.719
1100	0.257	1.197	8.502	5.12	0.722
1200	0.239	1.206	9.153	5.35	0.724

五、水的物理性质

温度 /℃	饱和蒸气压/kPa	密度/(kg/m³)	焓/(kJ/kg)	比热容/[kJ/(kg·℃)]	热导率 $k \times 10^2$/[W/(m·℃)]	黏度 $\mu \times 10^5$/(Pa·s)	体积膨胀系数 $\beta \times 10^4$/℃⁻¹	表面张力 $\sigma \times 10^5$/(N/m)	普朗特数 Pr
0	0.6082	999.9	0	4.212	55.13	179.21	−0.63	75.6	13.66
10	1.2262	999.7	42.04	4.191	57.45	130.77	+0.70	74.1	9.52
20	2.3346	998.2	83.90	4.183	59.89	100.50	1.82	72.6	7.01
30	4.2474	995.7	125.69	4.174	61.76	80.07	3.21	71.2	5.42
40	7.3766	992.2	167.51	4.174	63.38	65.60	3.87	69.6	4.32
50	12.34	988.1	209.30	4.174	64.78	54.94	4.49	67.7	3.54
60	19.923	983.2	251.12	4.178	65.94	46.88	5.11	66.2	2.98
70	31.164	977.8	292.99	4.187	66.76	40.61	5.70	64.3	2.54
80	47.379	971.8	334.94	4.195	67.45	35.65	6.32	62.6	2.22
90	70.136	965.3	376.98	4.208	68.04	31.65	6.95	60.7	1.96
100	101.33	958.4	419.10	4.220	68.27	28.38	7.52	58.8	1.76
110	143.31	951.0	461.34	4.238	68.50	25.89	8.08	56.9	1.61
120	198.64	943.1	503.67	4.260	68.62	23.73	8.64	54.8	1.47
130	270.25	934.8	546.38	4.266	68.62	21.77	9.17	52.8	1.36
140	361.47	926.1	589.08	4.287	68.50	20.10	9.72	50.7	1.26
150	476.24	917.0	632.20	4.312	68.38	18.63	10.3	48.6	1.18
160	618.28	907.4	675.33	4.346	68.27	17.36	10.7	46.6	1.11
170	792.59	897.3	719.29	4.379	67.92	16.28	11.3	45.3	1.05
180	1003.5	886.9	763.25	4.417	67.45	15.30	11.9	42.3	1.00
190	1255.6	876.0	807.63	4.460	66.99	14.42	12.6	40.0	0.96
200	1554.77	863.0	852.43	4.505	66.29	13.63	13.3	37.7	0.93
210	1917.72	852.8	897.65	4.555	65.48	13.04	14.1	35.4	0.91
220	2320.88	840.3	943.70	4.614	64.55	12.46	14.8	33.1	0.89
230	2798.59	827.3	990.18	4.681	63.73	11.97	15.9	31	0.88
240	3347.91	813.6	1037.49	4.756	62.80	11.47	16.8	28.5	0.87
250	3977.67	799.0	1085.64	4.844	61.76	10.98	18.1	26.2	0.86
260	4693.75	784.0	1135.04	4.949	60.48	10.59	19.7	23.8	0.87
270	5503.99	767.9	1185.28	5.070	59.96	10.20	21.6	21.5	0.88
280	6417.24	750.7	1236.28	5.229	57.45	9.81	23.7	19.1	0.89

温度/℃	饱和蒸气压/kPa	密度/(kg/m³)	焓/(kJ/kg)	比热容/[kJ/(kg·℃)]	热导率 $k\times10^2$/[W/(m·℃)]	黏度 $\mu\times10^5$/(Pa·s)	体积膨胀系数 $\beta\times10^4$/℃$^{-1}$	表面张力 $\sigma\times10^5$/(N/m)	普朗特数 Pr
290	7443.29	732.3	1289.95	5.485	55.82	9.42	26.2	16.9	0.93
300	8592.94	712.5	1344.80	5.736	53.96	9.12	29.2	14.4	0.97
310	9877.6	691.1	1402.16	6.071	52.34	8.83	32.9	12.1	1.02
320	11300.3	667.1	1462.03	6.573	50.59	8.3	38.2	9.81	1.11
330	12879.6	640.2	1526.19	7.243	48.73	8.14	43.3	7.67	1.22
340	14615.8	610.1	1594.75	8.164	45.71	7.75	53.4	5.67	1.38
350	16538.5	574.4	1671.37	9.504	43.03	7.26	66.8	3.81	1.60
360	18667.1	528.0	1761.39	13.984	39.54	6.67	109	2.02	2.36
370	21040.9	450.5	1892.43	40.319	33.73	5.69	264	0.471	6.80

六、常用固体材料的密度和比热容

名　称	密度/(kg/m³)	质量热容/[kJ/(kg·℃)]	名　称	密度/(kg/m³)	质量热容/[kJ/(kg·℃)]
钢	7850	0.4605	高压聚氯乙烯	920	2.2190
不锈钢	7900	0.5024	干砂	1500~1700	0.7955
铸铁	7220	0.5024	黏土	1600~1800	0.7536(-20~20℃)
铜	8800	0.4062	黏土砖	1600~1900	0.9211
青铜	8000	0.3810	耐火砖	1840	0.8792~1.0048
黄铜	8600	0.3768	混凝土	2000~2400	0.8374
铝	2670	0.9211	松木	500~600	2.7214(0~100℃)
镍	9000	0.4605	软木	100~300	0.9630
铅	11400	0.1298	石棉板	770	0.8164
酚醛	1250~1300	1.2560~1.6747	玻璃	2500	0.6699
脲醛	1400~1500	1.2560~1.6747	耐酸砖和板	2100~2400	0.7536~0.7955
聚氯乙烯	1380~1400	1.8422	耐酸搪瓷	2300~2700	0.8374~1.2560
聚苯乙烯	1050~1070	1.3398	有机玻璃	1180~1190	
低压聚氯乙烯	940	2.5539	多孔绝热砖	600~1400	

七、饱和蒸汽（以温度为基准）

温度/℃	压力/kPa	蒸汽的密度/(kg/m³)	液体的焓/(kJ/kg)	蒸汽的焓/(kJ/kg)	汽化热/(kJ/kg)
0	0.6082	0.00484	0.00	2491.1	2491.1
5	0.8730	0.00680	20.94	2500.8	2479.9
10	1.2262	0.00940	41.87	2510.4	2468.5
15	1.7068	0.01283	62.80	2520.5	2457.7
20	2.3346	0.01719	83.74	2530.1	2446.4
25	3.1684	0.02304	104.67	2539.7	2435.0
30	4.2474	0.03036	125.60	2549.3	2423.7
35	5.6207	0.03960	146.54	2559.0	2412.5
40	7.3766	0.05114	167.47	2568.6	2401.1
45	9.5837	0.06543	188.41	2577.8	2389.4
50	12.3400	0.08300	209.34	2587.4	2378.1
55	15.7430	0.10430	230.27	2596.7	2366.4
60	19.9230	0.13010	251.21	2606.3	2355.1
65	25.0140	0.16110	272.14	2615.5	2343.4
70	31.1640	0.19790	293.08	2624.3	2331.2
75	38.5510	0.24160	314.01	2633.5	2319.5

温度/℃	压力/kPa	蒸汽的密度/(kg/m³)	液体的焓/(kJ/kg)	蒸汽的焓/(kJ/kg)	汽化热/(kJ/kg)
80	47.3790	0.29290	334.94	2642.3	2307.4
85	57.8750	0.35310	355.88	2651.1	2295.2
90	70.1360	0.42290	376.81	2659.9	2283.1
95	84.5560	0.50390	397.75	2668.7	2271.0
100	101.3300	0.59700	418.68	2677.0	2258.3
105	120.8500	0.70360	440.03	2685.0	2245.0
110	143.3100	0.82540	460.97	2693.4	2232.4
115	169.1100	0.96350	482.32	2701.3	2219.0
120	198.6400	1.11990	503.67	2708.9	2205.2
125	232.1900	1.29600	525.02	2716.4	2191.4
130	270.2500	1.49400	546.38	2723.9	2177.5
135	313.1100	1.71500	567.73	2731.0	2163.3
140	361.4700	1.96200	589.08	2737.7	2148.6
145	415.7200	2.23800	610.85	2744.4	2133.6
150	476.2400	2.54300	632.21	2750.7	2118.5
160	618.2800	3.25200	675.75	2762.9	2087.2
170	792.5900	4.11300	719.29	2773.3	2054.0
180	1003.5000	5.14500	763.25	2782.5	2019.3
190	1255.6000	6.37800	807.64	2790.1	·1982.5
200	1554.7700	7.84000	852.01	2795.5	1943.5
210	1917.7200	9.56700	897.23	2799.3	1902.1
220	2320.8800	11.60000	942.45	2801.1	1858.7
230	2798.5900	13.98000	988.50	2800.1	1811.6
240	3347.9100	16.76000	1034.56	2796.8	1762.2
250	3977.6700	20.01000	1081.45	2790.1	1708.7
260	4693.7500	23.82000	1128.76	2780.9	1652.1
270	5503.9900	28.27000	1176.91	2768.3	1591.4
280	6417.2400	33.47000	1225.48	2752.0	1526.5
290	7443.2900	39.60000	1274.46	2732.3	1457.8
300	8592.9400	46.93000	1325.54	2708.0	1382.5
310	9877.9600	55.59000	1378.71	2680.0	1301.3
320	11300.3000	65.95000	1436.07	2648.2	1212.1
330	12879.6000	78.53000	1446.78	2610.5	1163.7
340	14615.8000	93.98000	1562.93	2568.6	1005.7
350	16538.5000	113.20000	1636.20	2516.7	880.5
360	18667.1000	139.60000	1729.15	2442.6	713.0
370	21040.9000	171.00000	1888.25	2301.9	411.1
374	22070.9000	322.60000	2098.00	2098.0	0.0

八、饱和蒸汽（以压力为基准）

绝对压力/kPa	温度/℃	蒸汽的密度/(kg/m³)	焓/(kJ/kg)		汽化热/(kJ/kg)
			液体	蒸汽	
1.0	6.3	0.00773	26.48	2503.1	2476.8
1.5	12.5	0.01133	52.26	2515.3	2463.0
2.0	17.0	0.01486	71.21	2524.2	2452.9
2.5	20.9	0.01836	87.45	2531.8	2444.3
3.0	23.5	0.02179	98.38	2536.8	2438.4

绝对压力/kPa	温度/℃	蒸汽的密度/(kg/m³)	焓/(kJ/kg)		汽化热/(kJ/kg)
			液体	蒸汽	
3.5	26.1	0.02523	109.30	2541.8	2432.5
4.0	28.7	0.02867	120.23	2546.8	2426.6
4.5	30.8	0.03205	129.00	2550.9	2421.9
5.0	32.4	0.03537	135.69	2554.0	2418.3
6.0	35.6	0.04200	149.06	2560.1	2411.0
7.0	38.8	0.04864	162.44	2566.3	2403.8
8.0	41.3	0.05514	172.73	2571.0	2398.2
9.0	43.3	0.06156	181.16	2574.8	2393.6
10.0	45.3	0.06798	189.59	2578.5	2388.9
15.0	53.5	0.09956	224.03	2594.0	2370.0
20.0	60.1	0.13068	251.51	2606.4	2854.9
30.0	66.5	0.19093	288.77	2622.4	2333.7
40.0	75.0	0.24975	315.93	2634.1	2312.2
50.0	81.2	0.30799	339.80	2644.3	2304.5
60.0	85.6	0.36514	358.21	2652.1	2393.9
70.0	89.9	0.42229	376.61	2659.8	2283.2
80.0	93.2	0.47807	390.08	2665.3	2275.3
90.0	96.4	0.53384	403.49	2670.8	2267.4
100.0	99.6	0.58961	416.90	2676.3	2259.5
120.0	104.5	0.69868	437.51	2684.3	2246.8
140.0	109.2	0.80758	457.67	2692.1	2234.4
160.0	113.0	0.82981	473.88	2698.1	2224.2
180.0	116.6	1.0209	489.32	2703.7	2214.3
200.0	120.2	1.1273	493.71	2709.2	2204.6
250.0	127.2	1.3904	534.39	2719.7	2185.4
300.0	133.3	1.6501	560.38	2728.5	2168.1
350.0	138.8	1.9074	583.76	2736.1	2152.3
400.0	143.4	2.1618	603.61	2742.1	2138.5
450.0	147.7	2.4152	622.42	2747.8	2125.4
500.0	151.7	2.6673	639.59	2752.8	2113.2
600.0	158.7	3.1686	670.22	2761.4	2091.1
700	164.7	3.6657	696.27	2767.8	2071.5
800	170.4	4.1614	720.96	2773.7	2052.7
900	175.1	4.6525	741.82	2778.1	2036.2
1.0×10³	179.9	5.1432	762.68	2782.5	2019.7
1.1×10³	180.2	5.6339	780.34	2785.5	2005.1
1.2×10³	187.8	6.1241	797.92	2788.5	1990.6
1.3×10³	191.5	6.6141	814.25	2790.9	1976.7
1.4×10³	194.8	7.1038	829.06	2792.4	1963.7

绝对压力/kPa	温度/℃	蒸汽的密度/(kg/m³)	焓/(kJ/kg)		汽化热/(kJ/kg)
			液体	蒸汽	
1.5×10^3	198.2	7.5935	843.86	2794.5	1950.7
1.6×10^3	201.3	8.0814	857.77	2796.0	1938.2
1.7×10^3	204.1	8.5674	870.58	2797.1	1926.5
1.8×10^3	206.9	9.0533	883.39	2798.1	1914.8
1.9×10^3	209.8	9.5392	896.21	2799.2	1903.0
2×10^3	212.2	10.0338	907.32	2799.7	1892.4
3×10^3	233.7	15.0075	1005.4	2798.9	1793.5
4×10^3	250.3	20.0969	1082.9	2789.8	1706.8
5×10^3	263.8	25.3663	1146.9	2776.2	1629.2
6×10^3	275.4	30.8494	1203.2	2759.5	1556.3
7×10^3	285.7	36.5744	1253.2	2740.8	1487.6
8×10^3	294.8	42.5768	1299.2	2720.5	1403.7
9×10^3	303.2	48.8945	1343.5	2699.1	1356.6
10×10^3	310.9	55.5407	1384.0	2677.1	1293.1
12×10^3	324.5	70.3075	1463.4	2631.2	1167.7
14×10^3	336.5	87.3020	1567.9	2583.2	1043.4
16×10^3	347.2	107.8010	1615.8	2531.1	915.4
18×10^3	356.9	134.4813	1699.8	2466.0	766.1
20×10^3	365.6	176.5961	1817.8	2364.2	544.9

附录图1所示为几种常用液体的热导率与温度的关系。

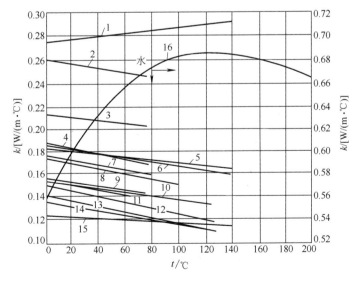

附录图1　液体的热导率与温度的关系

1—无水甘油；2—甲酸；3—甲醇；4—乙醇；5—蓖麻油；6—苯胺；7—乙酸；8—丙酮；9—丁醇；
10—硝基苯；11—异丙醇；12—苯；13—甲苯；14—二甲苯；5—凡士林油；16—水（用右边的坐标）

九、某些液体的热导率

液 体		温度 $t/℃$	热导率 $k/$ $[W/(m \cdot ℃)]$	液 体		温度 $t/℃$	热导率 $k/$ $[W/(m \cdot ℃)]$
乙酸	100%	20	0.171	苯胺		0~20	0.173
	50%	20	0.35	苯		30	0.159
丙酮		30	0.177			60	0.151
		75	0.164	正丁醇		30	0.168
丙烯醇		25~30	0.180			75	0.164
氨		25~30	0.50	异丁醇		10	0.157
氨水溶液		20	0.45	氯化钙盐水	30%	32	0.55
		60	0.50		15%	30	0.59
正戊醇		30	0.163	二硫化碳		30	0.161
		100	0.154			75	0.152
异戊醇		30	0.152	四氯化碳		0	0.185
		75	0.151			68	0.163
氯苯		10	0.144	甲醇	20%	20	0.492
三氯甲烷		30	0.138		100%	50	0.197
乙酸乙酯		20	0.175	氯甲烷		—15	0.192
乙醇	100%	20	0.182			30	0.154
	80%	20	0.237	硝基苯		30	0.164
	60%	20	0.305			100	0.152
	40%	20	0.388	硝基甲苯		30	0.216
	20%	20	0.486			60	0.208
	100%	50	0.151	正辛烷		60	0.14
乙苯		30	0.149			0	0.138~0.156
		60	0.142	石油		20	0.180
乙醚		30	0.138	蓖麻油		0	0.173
		75	0.135			20	0.168
汽油		30	0.135	橄榄油		100	0.164
三元醇	100%	20	0.284	正戊烷		30	0.135
	80%	20	0.327			75	0.128
	60%	20	0.381	氯化钾	15%	32	0.58
	40%	20	0.448		30%	32	0.56
	20%	20	0.481	氢氧化钾	21%	32	0.58
	100%	100	0.284		42%	32	0.55
正庚烷		30	0.140	硫酸钾	10%	32	0.60
		60	0.137	正丙醇		30	0.171
正己烷		30	0.138			75	0.164
		60	0.135	异丙醇		30	0.157
正庚醇		30	0.163			60	0.155
		75	0.157	氯化钠盐水	25%	30	0.57
正己醇		30	0.164		12.5%	30	0.59
		75	0.156	硫酸	90%	30	0.36
煤油		20	0.149		60%	30	0.43
		75	0.140		30%	30	0.52
盐酸	12.5%	32	0.52	二氯化硫		15	0.22
	25%	32	0.48			30	0.192
	28%	32	0.44	甲苯		75	0.149
水银		28	0.36			15	0.145
甲醇	100%	20	0.215	松节油		20	0.128
	80%	20	0.267	二甲苯	邻位	20	0.155
	60%	20	0.329		对位		0.155
	40%	20	0.405				

十、某些气体和蒸气的热导率

下表中所列出的极限温度数值是实验范围的数值。若外推到其他温度时，建议将所列出的数据按 $\lg k$ 对 $\lg T$ [k 为热导率，$W/(m \cdot ℃)$；T 为温度，K] 作图，或者假定 Pr 与温度（或压力，在适当范围内）无关。

物　　质	温度 /℃	热导率 k /[W/(m·℃)]	物　　质	温度 /℃	热导率 k /[W/(m·℃)]
丙酮	0	0.0098	氨	100	0.0320
	46	0.0128	苯	0	0.0090
	100	0.0171		46	0.0126
	184	0.0254		100	0.0178
空气	0	0.0242		184	0.0263
	100	0.0317		212	0.0305
	200	0.0391	正丁烷	0	0.0135
	300	0.0459		100	0.0234
氨	−60	0.0164	异丁烷	0	0.0138
	0	0.0222		100	0.0241
	50	0.0272	二氧化碳	−50	0.0118
二氧化碳	0	0.0147	乙醚	100	0.0227
	100	0.0230		184	0.0327
	200	0.0313		212	0.0362
	300	0.0396	乙烯	−71	0.0111
二硫化物	0	0.0069		0	0.0175
	−73	0.0073		50	0.0267
一氧化碳	−189	0.0071		100	0.0279
	−179	0.0080	正庚烷	200	0.0194
	−60	0.0234		100	0.0178
四氯化碳	46	0.0071	正己烷	0	0.0125
	100	0.0090		20	0.0138
	184	0.01112	氢	−100	0.0113
氯	0	0.0074		−50	0.0144
三氯甲烷	0	0.0066		0	0.0173
	46	0.0080		50	0.0199
	100	0.0100		100	0.0223
	184	0.0133		300	0.0308
硫化氢	0	0.0132	氪	−100	0.0164
水银	200	0.0341		0	0.0242
甲烷	−100	0.0173		50	0.0277
	−50	0.0251		100	0.0312
	0	0.0302	氧	−100	0.0164
	50	0.0372		−50	0.0206
甲醇	0	0.0144		0	0.0246
	100	0.0222		50	0.0284
氯甲烷	0	0.0067		100	0.0321
	46	0.0085	丙烷	0	0.0151
	100	0.0109		100	0.0261
	212	0.0164	二氧化硫	0	0.0087
乙烷	−70	0.0114		100	0.0119
	−34	0.0149	水蒸气	46	0.0208
	0	0.0183		100	0.0237
	100	0.0303		200	0.0324
乙醇	20	0.0154		300	0.0429
	100	0.0215		400	0.0545
乙醚	0	0.0133		500	0.0763
	46	0.0171			

十一、某些固体材料的热导率

(一) 常用金属的热导率

热导率 k /[W/(m·℃)] \ 温度/℃	0	100	200	300	400
铝	227.95	227.95	227.95	227.95	227.95
铜	383.79	379.14	372.16	367.51	362.86
铁	73.27	67.45	61.64	54.66	48.85
铅	35.12	33.38	31.40	29.77	—
镁	172.12	167.47	162.82	158.17	—
镍	93.04	82.57	73.27	63.97	59.31
银	414.03	409.38	373.32	361.69	359.37
锌	112.81	109.90	105.83	401.18	93.04
碳钢	52.34	48.85	44.19	41.87	34.89
不锈钢	16.28	17.45	17.45	18.49	—

(二) 常用非金属材料

材　料	温度 t /℃	热导率 k /[W/(m·℃)]	材　料	温度 t /℃	热导率 k /[W/(m·℃)]
软木	30	0.04303	泡沫塑料	—	0.04652
玻璃棉	—	0.03489~0.06978	木材(横向)	—	0.1396~0.1745
保温灰	—	0.06978	(纵向)	—	0.3838
锯屑	20	0.04652~0.05815	耐火砖	230	0.8723
棉花	100	0.06978		1200	1.6398
厚纸	20	0.01369~0.3489	混凝土	—	1.2793
玻璃	30	1.0932	绒毛毡	—	0.0465
	—20	0.7560	85%氧化镁粉	0~100	0.06978
搪瓷	—	0.8723~1.163	聚氯乙烯	—	0.1163~0.1745
云母	50	0.4303	酚醛加玻璃纤维	—	0.2593
泥土	20	0.6978~0.9304	酚醛加石棉纤维	—	0.2942
冰	0	2.326	聚酯加玻璃纤维	—	0.2594
软橡胶	—	0.1291~0.1593	聚碳酸酯	—	0.1907
硬橡胶	0	0.1500	聚苯乙烯泡沫	25	0.04187
聚四氟乙烯	—	0.2419		—150	0.001745
泡沫玻璃	—15	0.004885	聚乙烯	—	0.3291
	—80	0.003489	石墨	—	139.56

十二、液体的黏度共线图

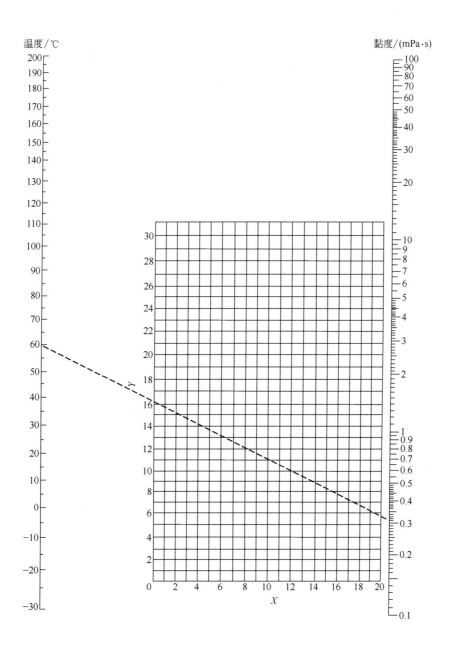

液体黏度共线图的坐标值列于下表。

序号	名　　称	X	Y	序号	名　　称	X	Y
1	水	10.2	13.0	31	乙苯	13.2	11.5
2	盐水(25%NaCl)	10.2	16.6	32	氯苯	12.3	12.4
3	盐水(25%CaCl$_2$)	6.6	15.9	33	硝基苯	10.6	16.2
4	氨	12.6	2.2	34	苯胺	8.1	18.7
5	氨水(26%)	10.1	13.9	35	酚	6.9	20.8
6	二氧化碳	11.6	0.3	36	联苯	12.0	18.3
7	二氧化硫	15.2	7.1	37	萘	7.9	18.1
8	二硫化碳	16.1	7.5	38	甲醇(100%)	12.4	10.5
9	溴	14.2	18.2	39	甲醇(90%)	12.3	11.8
10	汞	18.4	16.4	40	甲醇(40%)	7.8	15.5
11	硫酸(110%)	7.2	27.4	41	乙醇(100%)	10.5	13.8
12	硫酸(100%)	8.0	25.1	42	乙醇(95%)	9.8	14.3
13	硫酸(98%)	7.0	24.8	43	乙醇(40%)	6.5	16.6
14	硫酸(60%)	10.2	21.3	44	乙二醇	6.0	23.6
15	硝酸(95%)	12.8	13.8	45	甘油(100%)	2.0	30.0
16	硝酸(60%)	10.8	17.0	46	甘油(50%)	6.9	19.6
17	盐酸(31.5%)	13.0	16.6	47	乙醚	14.5	5.3
18	氢氧化钠(50%)	3.2	25.8	48	乙醛	15.2	14.8
19	戊烷	14.9	5.2	49	丙酮	14.5	7.2
20	己烷	14.7	7.0	50	甲酸	10.7	15.8
21	庚烷	14.1	8.4	51	乙酸(100%)	12.1	14.2
22	辛烷	13.7	10.0	52	乙酸(70%)	9.5	17.0
23	三氯甲烷	14.4	10.2	53	乙酸酐	12.7	12.8
24	四氯化碳	12.7	13.1	54	乙酸乙酯	13.7	9.1
25	二氯乙烷	13.2	12.2	55	乙酸戊酯	11.8	12.5
26	苯	12.5	10.9	56	氟里昂-11	14.4	9.0
27	甲苯	13.7	10.4	57	氟里昂-12	16.8	5.6
28	邻二甲苯	13.5	12.1	58	氟里昂-21	15.7	7.5
29	间二甲苯	13.9	10.6	59	氟里昂-22	17.2	4.7
30	对二甲苯	13.9	10.9	60	煤油	10.2	16.9

　　用法举例:求苯在60℃时的黏度,从本表序号26查得苯的 $X=12.5,Y=10.9$。把这两个数值标在前页共线图的 X-Y 坐标上得一点,把这点与图中左方温度标尺上 60℃ 的点取成一直线,延长,与右方黏度标尺相交,由此交点定出 60℃ 苯的黏度为 0.33mPa·s。

十三、101.33kPa 压力下气体的黏度共线图

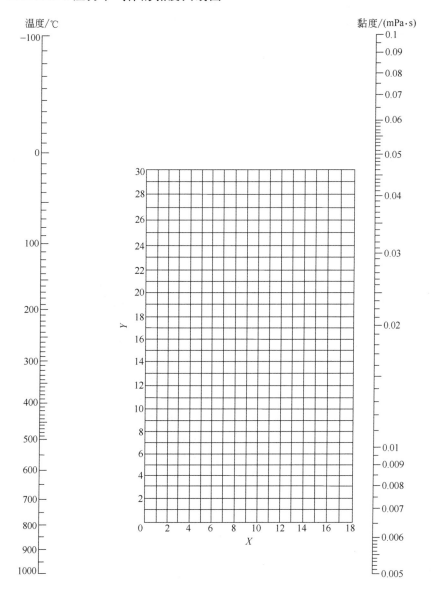

气体黏度共线图坐标值列于下表。

序号	名 称	X	Y	序号	名 称	X	Y
1	空气	11.0	20.0	12	二硫化碳	8.0	16.0
2	氧	11.0	21.3	13	一氧化二氮	8.8	19.0
3	氮	10.6	20.0	14	一氧化氮	10.9	20.5
4	氢	11.2	12.4	15	氟	7.3	23.8
5	H_2-N_2(3:1)	11.2	17.2	16	氯	9.0	18.4
6	水蒸气	8.0	16.0	17	氯化氢	8.8	18.7
7	二氧化碳	9.5	18.7	18	甲烷	9.9	15.5
8	一氧化碳	11.0	20.0	19	乙烷	9.1	14.5
9	氨	8.4	16.0	20	乙烯	9.5	15.1
10	硫化氢	8.6	18.0	21	乙炔	9.8	14.9
11	二氧化硫	9.6	17.0	22	丙烷	9.7	12.9

序号	名　称	X	Y	序号	名　称	X	Y
23	丙烯	9.0	13.8	32	丙醇	8.4	13.4
24	丁烯	9.2	13.7	33	乙酸	7.7	14.3
25	戊烷	7.0	12.8	34	丙酮	8.9	13.0
26	己烷	8.6	11.8	35	乙醚	8.9	13.0
27	三氯甲烷	8.9	15.7	36	乙酸乙酯	8.5	13.2
28	苯	8.5	13.2	37	氟里昂-11	10.6	15.1
29	甲苯	8.6	12.4	38	氟里昂-12	11.1	16.0
30	甲醇	8.5	15.6	39	氟里昂-21	10.8	15.3
31	乙醇	9.2	14.2	40	氟里昂-22	10.1	17.0

十四、液体的比热容共线图

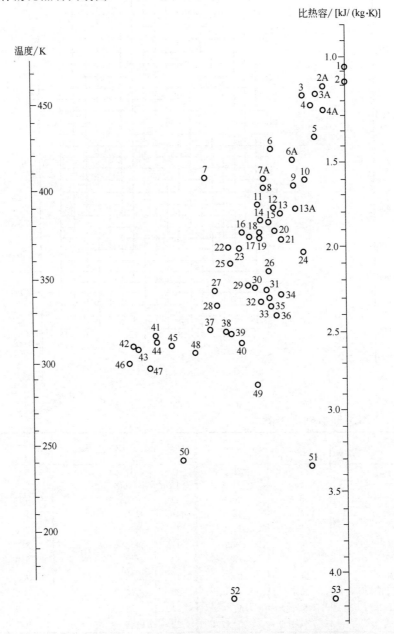

液体比热容共线图中的编号列于下表。

编号	名　称	温度范围/℃	编号	名　称	温度范围/℃
53	水	10～200	35	己烷	−80～20
51	盐水（25％NaCl）	−40～20	28	庚烷	0～60
49	盐水（25％CaCl₂）	−40～20	33	辛烷	−50～25
52	氨	−70～50	34	壬烷	−50～25
11	二氧化硫	−20～100	21	癸烷	−80～25
2	二氧化碳	−100～25	13A	氯甲烷	−80～20
9	硫酸（98％）	10～45	5	二氯甲烷	−40～50
48	盐酸（30％）	20～100	4	三氯甲烷	0～50
22	二苯基甲烷	30～100	46	乙醇（95％）	20～80
3	四氯化碳	10～60	50	乙醇（50％）	20～80
13	氯乙烷	−30～40	45	丙醇	−20～100
1	溴乙烷	5～25	47	异丙醇	20～50
7	碘乙烷	0～100	44	丁醇	0～100
6A	二氯乙烷	−30～60	43	异丁醇	0～100
3	过氯乙烯	−30～140	37	戊醇	−50～25
23	苯	10～80	41	异戊醇	10～100
23	甲苯	0～60	39	乙二醇	−40～200
17	对二甲苯	0～100	38	甘油	−40～20
18	间二甲苯	0～100	27	苯甲基醇	−20～30
19	邻二甲苯	0～100	36	乙醚	−100～25
8	氯苯	0～100	31	异丙醚	−80～200
12	硝基苯	0～100	32	丙酮	20～50
30	苯胺	0～130	29	乙酸	0～80
10	苯甲基氯	−30～30	24	乙酸乙酯	−50～25
25	乙苯	0～100	26	乙酸戊酯	−20～70
15	联苯	80～120	20	吡啶	−40～15
16	联苯醚	0～200	2A	氟里昂-11	−20～70
16	道舍姆 A（DowthermA）（联苯-联苯醚）	0～200	6	氟里昂-12	−40～15
14	萘	90～200	4A	氟里昂-21	−20～70
40	甲醇	−40～20	7A	氟里昂-22	−20～60
42	乙醇（100％）	30～80	3A	氟里昂-113	−20～70

用法举例：求丙醇在 47℃（320K）时的比热容，从本表找到丙醇的编号为 45，通过图中标号 45 的圆圈与图中左边温度标尺上 320K 的点连接成直线并延长与右边比热容标尺相交，由此交点定出 320K 时丙醇的比热容为 2.71kJ/(kg·K)。

十五、气体的比热容共线图 （101.33kPa）

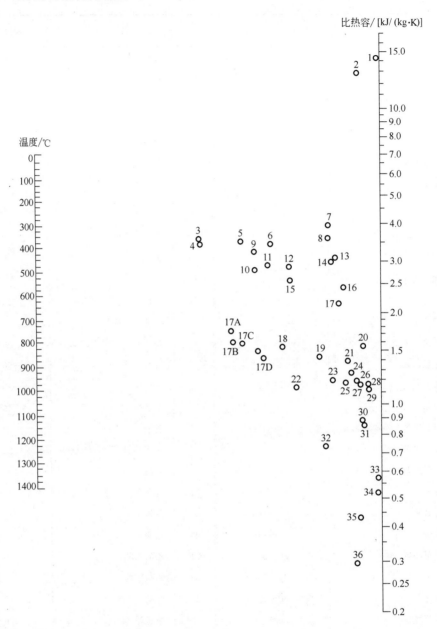

气体比热容共线图的编号列于下表。

编号	气　　体	温度范围/K	编号	气　　体	温度范围/K
10	乙炔	273～473	32	氯	273～473
15	乙炔	473～673	34	氯	473～1673
16	乙炔	673～1673	3	乙烷	273～473
27	空气	273～1673	9	乙烷	473～873
12	氨	273～873	8	乙烷	873～1673
14	氨	873～1673	4	乙烯	273～473
18	二氧化碳	273～673	11	乙烯	473～873
24	二氧化碳	673～1673	13	乙烯	873～1673
26	一氧化碳	273～1673	17B	氟里昂-11（CCl_3F）	273～423

编号	气　　体	温度范围/K	编号	气　　体	温度范围/K
17C	氟里昂-21（$CHCl_3F$）	273～423	6	甲烷	573～973
17A	氟里昂-22（$CHClF_2$）	273～423	7	甲烷	973～1673
17D	氟里昂-113（$CCl_2F\text{-}CClF_2$）	273～423	25	一氧化氮	273～973
1	氢	273～873	28	一氧化氮	973～1673
2	氢	873～1673	26	氮	273～1673
35	溴化氢	273～1673	23	氧	273～773
30	氯化氢	273～1673	29	氧	773～1673
20	氟化氢	273～1673	33	硫	573～1673
36	碘化氢	273～1673	22	二氧化硫	272～673
19	硫化氢	273～973	31	二氧化硫	673～1673
21	硫化氢	973～1673	17	水	273～1673
5	甲烷	273～573			

十六、蒸发潜热（汽化热）共线图

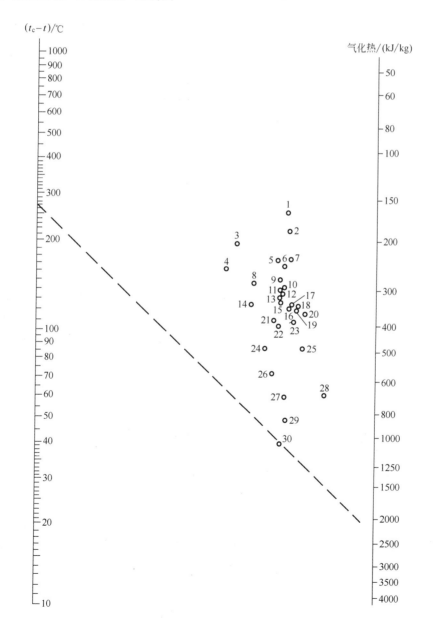

蒸发潜热共线图的编号列于下表。

编号	化合物	范围(t_c-t) /℃	临界温度 t_c /℃	编号	化合物	范围(t_c-t) /℃	临界温度 t_c /℃
18	乙酸	100~225	321	2	氟里昂-12(CCl_2F_2)	40~200	111
22	丙酮	120~210	235	5	氟里昂-21($CHCl_2F$)	70~250	178
29	氨	50~200	133	6	氟里昂-22($CHClF_2$)	50~170	96
13	苯	10~400	289	1	氟里昂-113($CCl_2F-CClF_2$)	90~250	214
16	丁烷	90~200	153	10	庚烷	20~300	267
21	二氧化碳	10~100	31	11	己烷	50~225	235
4	二硫化碳	140~275	273	15	异丁烷	80~200	134
2	四氯化碳	30~250	283	27	甲醇	40~250	240
7	三氯甲烷	140~275	263	20	氯甲烷	70~250	143
8	二氯甲烷	150~250	216	19	一氧化二氮	25~150	36
3	联苯	175~400	527	9	辛烷	30~300	296
25	乙烷	25~150	32	12	戊烷	20~200	197
26	乙醇	20~140	243	23	丙烷	40~200	96
28	乙醇	140~300	243	24	丙醇	20~200	264
17	氯乙烷	100~250	187	14	二氧化硫	90~160	157
13	乙醚	10~400	194	30	水	10~500	374
2	氟里昂-11(CCl_3F)	70~250	198				

【例】求100℃水蒸气的蒸发潜热。

解 从表中查出水的编号为30，临界温度 t_c 为374℃，故

$$t_c-t=374-100=274℃$$

在温度标尺上找出相应于274℃的点，将该点与编号30的点相连，延长与蒸发潜热标尺相交，由此读出100℃时水的蒸发潜热为2257kJ/kg。

十七、某些有机液体的相对密度共线图

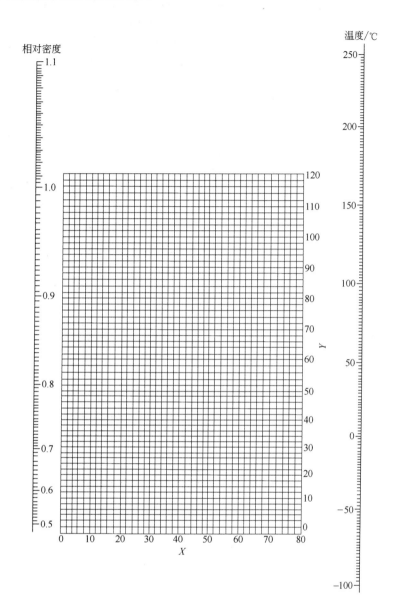

有机液体相对密度共线图的坐标值列于下表。

有机液体	X	Y	有机液体	X	Y
乙炔	20.8	10.1	甲酸乙酯	37.6	68.4
乙烷	10.8	4.4	甲酸丙酯	33.8	66.7
乙烯	17.0	3.5	丙烷	14.2	12.2
乙醇	24.2	48.6	丙酮	26.1	47.8
乙醚	22.8	35.8	丙醇	23.8	50.8
乙丙醚	20.0	37.0	丙酸	35.0	83.5
乙硫醇	32.0	55.5	丙酸甲酯	36.5	68.3
乙硫醚	25.7	55.3	丙酸乙酯	32.1	63.9

有机液体	X	Y	有机液体	X	Y
二乙胺	17.8	33.5	戊烷	12.6	22.6
二氧化碳	78.6	45.4	异戊烷	13.5	22.5
异丁烷	13.7	16.5	辛烷	12.7	32.5
丁酸	31.3	78.7	庚烷	12.6	29.8
丁酸甲酯	31.5	65.5	苯	32.7	63.0
异丁酸	31.5	75.9	苯酚	35.7	103.8
丁酸（异）甲酯	33.0	64.1	苯胺	33.5	92.5
十一烷	14.4	39.2	氯苯	41.9	86.7
十二烷	14.3	41.4	癸烷	16.0	38.2
十三烷	15.3	42.4	氨	22.4	24.6
十四烷	15.8	43.3	氯乙烷	42.7	62.4
三乙胺	17.9	37.0	氯甲烷	52.3	62.9
三氯化磷	38.0	22.1	氯苯	41.7	105.0
己烷	13.5	27.0	氰丙烷	20.1	44.6
壬烷	16.2	36.5	氰甲烷	27.8	44.9
六氢吡啶	27.5	60.0	环己烷	19.6	44.0
甲乙醚	25.0	34.4	乙酸	40.6	93.5
甲醇	25.8	49.1	乙酸甲酯	40.1	70.3
甲硫醇	37.3	59.6	乙酸乙酯	35.0	65.0
甲硫醚	31.9	57.4	乙酸丙酯	33.0	65.5
甲醚	27.2	30.1	甲苯	27.0	61.0
甲酸甲酯	46.4	74.6	异戊醇	20.5	52.0

十八、壁面污垢热阻（污垢系数）

1. 冷却水

加热液体温度/℃	115 以下		115～205	
水的温度/℃	25 以下		25 以上	
水的流速/(m/s)	1 以下	1 以上	1 以下	1 以上
	热阻/(m²·℃/W)			
海水	0.8598×10^{-4}	0.8598×10^{-4}	1.7197×10^{-4}	1.7197×10^{-4}
自来水、井水、潮水、软化锅炉水	1.7197×10^{-4}	1.7197×10^{-4}	3.4394×10^{-4}	3.4394×10^{-4}
蒸馏水	0.8598×10^{-4}	0.8598×10^{-4}	0.8598×10^{-4}	0.8598×10^{-4}
硬水	5.1590×10^{-4}	5.1590×10^{-4}	8.5980×10^{-4}	8.5980×10^{-4}
河水	5.1590×10^{-4}	3.4394×10^{-4}	6.8788×10^{-4}	5.1590×10^{-4}

2. 工业用气体

气体名称	有机化合物	水蒸气	空气	溶剂蒸气	天然气	焦炉气
热阻/(m²·℃/W)	0.8598×10^{-4}	0.8598×10^{-4}	3.4394×10^{-4}	1.7197×10^{-4}	1.7197×10^{-4}	1.7197×10^{-4}

3. 工业用液体

液体名称	有机化合物	盐水	溶盐	植物油
热阻/（m²·℃/W）	1.7197×10^{-4}	1.7197×10^{-4}	0.8598×10^{-4}	5.1590×10^{-4}

4. 石油分馏物

馏出物名称	热阻/（m²·℃/W）	馏出物名称	热阻/（m²·℃/W）
原油	$(3.4394\sim12.098)\times10^{-4}$	柴油	$(3.4394\sim5.1590)\times10^{-4}$
汽油	1.7197×10^{-4}	重油	8.5980×10^{-4}
石脑油	1.7197×10^{-4}	沥青油	17.197×10^{-4}
煤油	1.7197×10^{-4}		

十九、离心泵的规格（摘录）

1. IS 型单级单吸离心泵性能（摘录）

型　号	转速 n /(r/min)	流量 /(m³/h)	流量 /(L/s)	扬程 H /m	效率 η	功率/kW 轴功率	功率/kW 电机功率	必需汽蚀余量 $(NPSH)_r$/m	质量(泵/底座) /kg
IS50-32-125	2900	7.5	2.08	22	47%	0.96	2.2	2.0	32/46
		12.5	3.47	20	60%	1.13		2.0	
		15	4.17	18.5	60%	1.26		2.5	
	1450	3.75	1.04	5.4	43%	0.13	0.55	2.0	32/38
		6.3	1.74	5	54%	0.16		2.0	
		7.5	2.08	4.6	55%	0.17		2.5	
IS50-32-160	2900	7.5	2.08	34.3	44%	1.59	3	2.0	50/46
		12.5	3.47	32	54%	2.02		2.0	
		15	4.17	29.6	56%	2.16		2.5	
	1450	3.75	1.04	13.1	35%	0.25	0.55	2.0	50/38
		6.3	1.74	12.5	48%	0.29		2.0	
		7.5	2.08	12	49%	0.31		2.5	
IS50-32-200	2900	7.5	2.08	82	38%	2.82	5.5	2.0	52/66
		12.5	3.47	80	48%	3.54		2.0	
		15	4.17	78.5	51%	3.95		2.5	
	1450	3.75	1.04	20.5	33%	0.41	0.75	2.0	52/38
		6.3	1.74	20	42%	0.51		2.0	
		7.5	2.08	19.5	44%	0.56		2.5	
IS50-32-250	2900	7.5	2.08	21.8	23.5%	5.87	11	2.0	88/110
		12.5	3.47	20	38%	7.16		2.0	
		15	4.17	18.5	41%	7.83		2.5	
	1450	3.75	1.04	5.35	23%	0.91	1.5	2.0	88/64
		6.3	1.74	5	32%	1.07		2.0	
		7.5	2.08	4.7	35%	1.14		3.0	

型　号	转速 n /(r/min)	流量 /(m³/h)	流量 /(L/s)	扬程 H /m	效率 η	功率/kW 轴功率	功率/kW 电机功率	必需汽蚀余量 (NPSH)ᵣ/m	质量(泵/底座) /kg
IS65-50-125	2900	7.5	4.17	35	58%	1.54	3	2.0	50/41
		12.5	6.94	32	69%	1.97		2.0	
		15	8.33	30	68%	2.22		3.0	
	1450	3.75	2.08	8.8	53%	0.21	0.55	2.0	50/38
		6.3	3.47	8.0	64%	0.27		2.0	
		7.5	4.17	7.2	65%	0.30		2.5	
IS65-50-160	2900	15	4.17	53	54%	2.65	5.5	2.0	51/66
		25	6.94	50	65%	3.35		2.0	
		30	8.33	47	66%	3.71		2.5	
	1450	7.5	2.08	13.2	50%	0.36	0.75	2.0	51/38
		12.5	3.47	12.5	60%	0.45		2.0	
		15	4.17	11.8	60%	0.49		2.5	
IS65-40-200	2900	15	4.17	53	49%	4.42	7.5	2.0	62/66
		25	6.94	50	60%	5.67		2.0	
		30	8.33	47	61%	6.29		2.5	
	1450	7.5	2.08	13.2	43%	0.63	1.1	2.0	62/46
		12.5	3.47	12.5	55%	0.77		2.0	
		15	4.17	11.8	57%	0.85		2.5	
IS65-40-250	2900	15	4.17	82	37%	9.05	15	2.0	82/110
		25	6.94	80	50%	10.89		2.0	
		30	8.33	78	53%	12.02		2.5	
	1450	7.5	2.08	21	35%	1.23	2.2	2.0	82/67
		12.5	3.47	20	46%	1.48		2.0	
		15	4.17	19.4	48%	1.65		2.5	
IS65-40-315	2900	15	4.17	127	28%	18.5	30	2.5	152/110
		25	6.94	125	40%	21.3		2.5	
		30	8.33	123	44%	22.8		3.0	
	1450	7.5	2.08	32.2	25%	6.63	4	2.5	152/67
		12.5	3.47	32.0	37%	2.94		2.5	
		15	4.17	31.7	41%	3.16		3.0	
IS80-65-125	2900	30	8.33	22.5	64%	2.87	5.5	3.0	44/46
		50	13.9	20	75%	3.63		3.0	
		60	16.7	18	74%	3.98		3.5	
	1450	15	4.17	5.6	55%	0.42	0.75	2.5	44/38
		25	6.94	5	71%	0.48		2.5	
		30	8.33	4.5	72%	0.51		3.0	
IS80-65-160	2900	30	8.33	36	61%	4.82	7.5	2.5	48/66
		50	13.9	32	73%	5.97		2.5	
		60	16.7	29	72%	6.59		3.0	
	1450	15	4.17	9	55%	0.67	1.5	2.5	48/46
		25	6.94	8	69%	0.79		2.5	
		30	8.33	7.2	68%	0.86		3.0	
IS80-50-200	2900	30	8.33	53	55%	7.87	15	2.5	64/124
		50	13.9	50	69%	9.87		2.5	
		60	16.7	47	71%	10.8		3.0	
	1450	15	4.17	13.2	51%	1.06	2.2	2.5	64/46
		25	6.94	12.5	65%	1.31		2.5	
		30	8.33	11.8	67%	1.44		3.0	

| 型　号 | 转速 n/(r/min) | 流量 | | 扬程 H/m | 效率 η | 功率/kW | | 必需汽蚀余量 $(NPSH)_r$/m | 质量(泵/底座) /kg |
		/(m³/h)	/(L/s)			轴功率	电机功率		
IS80-50-250	2900	30	8.33	84	52%	13.2		2.5	90/110
		50	13.9	80	63%	17.3	22	2.5	
		60	16.7	75	64%	19.2		3.0	
	1450	15	4.17	21	49%	1.75		2.5	90/64
		25	6.94	20	60%	2.22	3	2.5	
		30	8.33	18.8	61%	2.52		3.0	
IS80-50-315	2900	30	8.33	128	41%	25.5		2.5	125/160
		50	13.9	125	54%	31.5	37	2.5	
		60	16.7	123	57%	35.3		3.0	
	1450	15	4.17	32.5	39%	3.4		2.5	125/66
		25	6.94	32	52%	4.19	5.5	2.5	
		30	8.33	31.5	56%	4.6		3.0	
IS100-80-125	2900	60	16.7	24	67%	5.86		4.0	49/64
		100	27.8	20	78%	7.00	11	4.5	
		120	33.3	16.5	74%	7.28		5.0	
	1450	30	8.33	6	64%	0.77		2.5	49/46
		50	13.9	5	75%	0.91	1	2.5	
		60	16.7	4	71%	0.92		3.0	
IS100-80-160	2900	60	16.7	36	70%	8.42		3.5	69/110
		100	27.8	32	78%	11.2	15	4.0	
		120	33.3	28	75%	12.2		5.0	
	1450	30	8.33	9.2	67%	1.12		2.0	69/64
		50	13.9	8.0	75%	1.45	2.2	2.5	
		60	16.7	6.8	71%	1.57		3.5	
IS100-65-200	2900	60	16.7	54	65%	13.6		3.0	81/110
		100	27.8	50	76%	17.9	22	3.6	
		120	33.3	47	77%	19.9		4.8	
	1450	30	8.33	13.5	60%	1.84		2.0	81/64
		50	13.9	12.5	73%	2.33	4	2.0	
		60	16.7	11.8	74%	2.61		2.5	
IS100-65-250	2900	60	16.7	87	61%	23.4		3.5	90/160
		100	27.8	80	72%	30.0	37	3.8	
		120	33.3	74.5	73%	33.3		4.8	
	1450	30	8.33	21.3	55%	3.16		2.0	90/66
		50	13.9	20	68%	4.00	5.5	2.0	
		60	16.7	19	70%	4.44		2.5	

型　号	转速 n/(r/min)	流量		扬程 H/m	效率 η	功率/kW		必需汽蚀余量 (NPSH)ᵣ/m	质量(泵/底座) /kg
		/(m³/h)	/(L/s)			轴功率	电机功率		
IS100-65-315	2900	60	16.7	133	55%	39.6	75	3.0	180/295
		100	27.8	125	66%	51.6		3.6	
		120	33.3	118	67%	57.5		4.2	
	1450	30	8.33	34	51%	5.44	11	2.0	180/112
		50	13.9	32	63%	6.92		2.0	
		60	16.7	30	64%	7.67		2.5	
IS125-100-200	2900	120	33.3	57.5	67%	28.0	45	4.5	108/160
		200	55.6	50	81%	33.6		4.5	
		240	66.7	44.5	80%	36.4		5.0	
	1450	60	16.7	14.5	62%	3.83	7.5	2.5	108/66
		100	27.8	12.5	76%	4.48		2.5	
		120	33.3	11	75%	4.79		3.0	
IS125-100-250	2900	120	33.3	87	66%	43.0	75	3.8	166/295
		200	55.6	80	78%	55.9		4.2	
		240	66.7	72	75%	62.8		5.0	
	1450	60	16.7	21.5	63%	5.59	11	2.5	166/112
		100	27.8	20	76%	7.17		2.5	
		120	33.3	18.5	77%	7.84		3.0	
IS125-100-315	2900	120	33.3	132.5	60%	72.1	110	4.0	189/330
		200	55.6	125	75%	90.8		4.5	
		240	66.7	120	77%	101.9		5.0	
	1450	60	16.7	33.5	58%	9.4	15	2.5	189/160
		100	27.8	32	73%	7.9		2.5	
		120	33.3	30.5	74%	13.5		3.0	
IS125-100-400	1450	60	16.7	52	53%	16.1	30	2.5	205/233
		100	27.8	50	65%	21.0		2.5	
		120	33.3	48.5	67%	23.6		3.0	
IS150-125-250	1450	120	33.3	22.5	71%	10.4	18.5	3.0	188/158
		200	55.6	20	81%	13.5		3.0	
		240	66.7	17.5	78%	14.7		3.5	
IS150-125-315	1450	120	33.3	34	70%	15.9	30	2.5	192/233
		200	55.6	32	79%	22.1		2.5	
		240	66.7	29	80%	23.7		3.0	
IS150-125-400	1450	120	33.3	53	62%	27.9	45	2.0	223/233
		200	55.6	50	75%	36.3		2.8	
		240	66.7	46	74%	40.6		3.5	

型 号	转速 n/(r/min)	流量 /(m³/h)	流量 /(L/s)	扬程 H/m	效率 η	功率/kW 轴功率	功率/kW 电机功率	必需汽蚀余量 $(NPSH)_r$/m	质量(泵/底座) /kg
IS200-150-250	1450	240	66.7	20	82%	26.6	37		203/233
		400	111.1						
		460	127.8						
IS200-150-315	1450	240	66.7	37	70%	34.6	55	3.0	262/295
		400	111.1	32	82%	42.5		3.5	
		460	127.8	28.5	80%	44.6		4.0	
IS200-150-400	1450	240	66.7	55	74%	48.6	90	3.0	295/298
		400	111.1	50	81%	67.2		3.8	
		460	127.8	48	76%	74.2		4.5	

2. Y型离心油泵性能

型 号	流量 /(m³/h)	扬程/m	转速 /(r/min)	功率/kW 轴功率	功率/kW 电机功率	效率	汽蚀余量/m	泵壳许用 应力/Pa	结构形式
50Y-60	12.5	60	2950	5.95	11	35%	2.3	1570/2550	单级悬臂
50Y-60A	11.2	49	2950	4.27	8			1570/2550	单级悬臂
50Y-60B	9.9	38	2950	2.39	5.5	35%		1570/2550	单级悬臂
50Y-60×2	12.5	120	2950	11.7	15	35%	2.3	2158/3138	两级悬臂
50Y-60×2A	11.7	105	2950	9.55	15			2158/3138	两级悬臂
50Y-60×2B	10.8	90	2950	7.65	11			2158/3138	两级悬臂
50Y-60×2C	9.9	75	2950	5.9	8			2158/3138	两级悬臂
65Y-60	25	60	2950	7.5	11	55%	2.6	1570/2550	单级悬臂
65Y-60A	22.5	49	2950	5.5	8			1570/2550	单级悬臂
65Y-60B	19.8	38	2950	3.75	5.5			1570/2550	单级悬臂
65Y-100	25	100	2950	17.0	32	40%	2.6	1570/2550	单级悬壁
65Y-100A	23	85	2950	13.3	20			1570/2550	单级悬臂
65Y-100B	21	70	2950	10.0	15			1570/2550	单级悬臂
65Y-100×2	25	200	2950	34	55	40%	2.6	2942/3923	两级悬臂
65Y-100×2A	23.3	175	2950	27.8	40			2942/3923	两级悬臂
65Y-100×2B	21.6	150	2950	22.0	32			2942/3923	两级悬臂
65Y-100×2C	19.8	125	2950	16.8	20			2942/3923	两级悬臂
80Y-60	50	60	2950	12.8	15	64%	3.0	1570/2550	单级悬臂
80Y-60A	45	49	2950	9.4	11			1570/2550	单级悬臂
80Y-60B	39.5	38	2950	6.5	8			1570/2550	单级悬臂
80Y-100	50	100	2950	22.7	32	60%	3.0	1961/2942	单级悬臂
80Y-100A	45	85	2950	18.0	25			1961/2942	单级悬臂
80Y-100B	39.5	70	2950	12.6	20			1961/2942	单级悬臂
80Y-100×2	50	200	2950	45.4	75	60%	3.0	2942/3923	单级悬臂
80Y-100×2A	46.6	175	2950	37.0	55	60%	3.0	2942/3923	两级悬臂
80Y-100×2B	43.2	150	2950	29.5	40			2942/3923	两级悬臂
80Y-100×2C	39.6	125	2950	22.7	32			2942/3923	两级悬臂

注:1.泵壳许用应力内的分子表示第Ⅰ类材料相应的许用应力数,分母表示第Ⅱ、Ⅲ类材料相应的许用应力数

2.与介质接触的且受温度影响的零件,根据介质的性质需要采用不同性质的材料,所以分为三种材料,但泵的结构相同。第Ⅰ类材料不耐腐蚀,操作温度在 $-20\sim200℃$;第Ⅱ类材料不耐硫腐蚀,操作温度在 $-45\sim400℃$;第Ⅲ类材料耐硫腐蚀,操作温度在 $-45\sim200℃$。

二十、管壳式换热器系列标准（摘录）

1. 固定管板式（代号 G）

公称直径 DN/mm	管程数 N_p	换热管数量 n	换热器面积 S_o/m² 换热管长 L/mm				管程通道截面积/m² 碳钢管 ϕ25mm×2.5mm 不锈耐酸钢管 ϕ25mm×2mm	管程流速为 0.5m/s 时的流量/（m³/h）	公称压力/MPa
			1500	2000	3000	6000			
159	I	13	$\dfrac{1}{1.43}$	$\dfrac{2}{1.94}$	$\dfrac{3}{2.96}$	—	$\dfrac{0.0041}{0.0045}$	$\dfrac{7.35}{8.10}$	2.5
273	I	38	$\dfrac{4}{4.18}$	$\dfrac{5}{5.66}$	$\dfrac{8}{8.66}$	$\dfrac{16}{17.6}$	$\dfrac{0.0119}{0.0132}$	$\dfrac{21.5}{23.7}$	2.5
	II	32	$\dfrac{3}{3.52}$	$\dfrac{4}{4.76}$	$\dfrac{7}{7.30}$	$\dfrac{14}{14.8}$	$\dfrac{0.0050}{0.0055}$	$\dfrac{9.05}{9.98}$	
400	I	109	$\dfrac{12}{12.0}$	$\dfrac{16}{16.3}$	$\dfrac{25}{24.8}$	$\dfrac{50}{50.5}$	$\dfrac{0.0342}{0.0378}$	$\dfrac{61.6}{68.0}$	1.6
	II	102	$\dfrac{10}{11.2}$	$\dfrac{15}{15.2}$	$\dfrac{22}{23.2}$	$\dfrac{45}{47.2}$	$\dfrac{0.0160}{0.0177}$	$\dfrac{28.8}{31.8}$	
	IV	86	$\dfrac{10}{9.46}$	$\dfrac{12}{12.8}$	$\dfrac{20}{19.6}$	$\dfrac{40}{39.8}$	$\dfrac{0.0068}{0.0074}$	$\dfrac{12.2}{13.4}$	
500	I	177	—	—	$\dfrac{40}{40.4}$	$\dfrac{80}{82.0}$	$\dfrac{0.0556}{0.0613}$	$\dfrac{100.1}{110.4}$	2.5
	II	168	—	—	$\dfrac{40}{38.3}$	$\dfrac{80}{77.9}$	$\dfrac{0.0264}{0.0291}$	$\dfrac{47.5}{52.4}$	
	IV	152	—	—	$\dfrac{35}{34.6}$	$\dfrac{70}{70.5}$	$\dfrac{0.0119}{0.0132}$	$\dfrac{21.5}{23.7}$	
600	I	269	—	—	$\dfrac{60}{61.2}$	$\dfrac{125}{124.5}$	$\dfrac{0.0845}{0.0932}$	$\dfrac{152.1}{167.7}$	1.0
	II	254	—	—	$\dfrac{55}{58.0}$	$\dfrac{120}{118}$	$\dfrac{0.0399}{0.0440}$	$\dfrac{71.8}{79.2}$	1.6
	IV	242	—	—	$\dfrac{55}{55.0}$	$\dfrac{110}{112}$	$\dfrac{0.0190}{0.0210}$	$\dfrac{34.2}{37.7}$	2.5
800	I	501	—	—	$\dfrac{110}{114}$	$\dfrac{230}{232}$	$\dfrac{0.1574}{0.1735}$	$\dfrac{283.3}{312.3}$	0.6
	II	488	—	—	$\dfrac{110}{111}$	$\dfrac{225}{227}$	$\dfrac{0.0767}{0.0845}$	$\dfrac{138.0}{152.1}$	1.0
	IV	456	—	—	$\dfrac{100}{104}$	$\dfrac{210}{212}$	$\dfrac{0.0358}{0.0395}$	$\dfrac{64.5}{71.1}$	1.6
	VI	444	—	—	$\dfrac{100}{101}$	$\dfrac{200}{206}$	$\dfrac{0.0232}{0.0258}$	$\dfrac{41.8}{46.1}$	2.5
1000	I	801	—	—	$\dfrac{180}{183}$	$\dfrac{370}{371}$	$\dfrac{0.2516}{0.2774}$	$\dfrac{453.0}{499.4}$	0.6
	II	770	—	—	$\dfrac{175}{176}$	$\dfrac{350}{356}$	$\dfrac{0.1210}{0.1333}$	$\dfrac{217.7}{240}$	1.0
	IV	758	—	—	$\dfrac{170}{173}$	$\dfrac{350}{352}$	$\dfrac{0.0595}{0.0656}$	$\dfrac{107.2}{118.1}$	1.6
	VI	750	—	—	$\dfrac{170}{171}$	$\dfrac{350}{348}$	$\dfrac{0.0393}{0.0433}$	$\dfrac{70.7}{77.9}$	2.5

注：1. 表中换热面积按式 $S_o = \pi n d_o (L-0.1)$ 计算。式中，S_o 为计算换热面积，m²；L 为换热管长，m；d_o 为换热管外径，m；n 为换热管数目。

2. 通道截面积按各程平均值计算。

3. 管内流速 0.5m/s 为 20℃ 的水在 ϕ25mm×2.5mm 的管内达到湍流状态时的速度。

4. 换热管排列方式为正三角形，管间距 $t=32$mm。

2. 浮头式（代号 F）
（1）F_A 系列

公称直径 DN/mm	325	400	500	600	700	800
公称压力/MPa	4.0	4.0	1.6 2.5 4.0	1.6 2.5 4.0	1.6 2.5 4.0	2.5
公称面积/m²	10	25	80	130	185	245
管长/m	3	3	6	6	6	6
管子尺寸/mm	$\phi 19 \times 2$	$\phi 19 \times 2$	$\phi 19 \times 2$	$\phi 19 \times 2$	$\phi 19 \times 2$	$\phi 19 \times 2$
管子总数	76	138	228 (224)[①]	372 (368)	528 (528)	700 (696)
管程数	2	2	2 (4)[①]	2 (4)	2 (4)	2 (4)
管子排列方法	△[②]	△	△	△	△	△

① 括号内的数据为四管程的。
② 表示管子为正三角形排列，管子中心距为 25mm。

（2）F_B 系列

公称直径 DN/mm	325	400	500	600
公称压力/MPa	4.0	4.0	1.6 2.5 4.0	1.6 2.5 4.0
公称面积/m²	10	25	65	95
管长/m	3	3	6	6
管子尺寸/mm	$\phi 25 \times 2.5$	$\phi 25 \times 2.5$	$\phi 25 \times 2.5$	$\phi 25 \times 2.5$
管子总数	36	72	124 (120)[①]	208 (192)
管程数	2	2	2 (4)[①]	2 (4)
管子排列方法	◇[②]	◇	◇	◇

公称直径 DN/mm	700	800	900	1100
公称压力/MPa	1.6 2.5 4.0	1.0 1.6 2.5	1.0 1.6 2.5	1.0 1.6
公称面积/m²	135	180	225	365
管长/m	6	6	6	6
管子尺寸/mm	$\phi 25 \times 2.5$	$\phi 25 \times 2.5$	$\phi 25 \times 2.5$	$\phi 25 \times 2.5$
管子总数	292 (292)	388 (384)	512 (508)	(748)
管程数	2 (4)	2 (4)	2	4
管子排列方法	◇	◇	◇	◇

① 括号内的数据为四管程的。
② 表示管子为正方形斜转 45° 排列，管子中心距为 32mm。

3. 冷凝器规格

序号	DN/mm	公称压力 /MPa	管程数	壳程数	管长/m	管径/m	管束图 型号	公称换热 面积/m²	计算换热 面积/m²	规格型号	设备质 量/kg
1	400	2.5	2	1	3	19	A	25	23.7	$FL_A400-25-25-2$	1300
						25	B	15	16.5	$FL_B400-15-25-2$	1250
2	500	2.5	2	1	3	19	A	40	39.0	$FL_A500-40-25-2$	2000
						25	B	30	32.0	$FL_B500-30-25-2$	2000
3	500	2.5	2	1	6	19	A	80	79.0	$FL_A500-80-25-2$	3100
						25	B	65	65.0	$FL_B500-65-25-2$	3100
4	500	2.5	4	1	6	19	A	80	79.0	$FL_A500-80-25-4$	3100

序号	DN/mm	公称压力/MPa	管程数	壳程数	管长/m	管径/m	管束图型号	公称换热面积/m²	计算换热面积/m²	规格型号	设备质量/kg
						25	B	65	65.0	FL$_B$500-65-25-4	3100
5	600	1.6	2	1	6	19	A	130	131	FL$_A$600-130-16-2	4100
						25	B	95	97.0	FL$_B$600-95-16-2	4000
6	600	1.6	4	1	6	19	A	130	131	FL$_A$600-130-16-4	4100
						25	B	95	97.0	FL$_B$600-95-16-4	4000
7	600	2.5	2	1	6	19	A	130	131	FL$_A$600-130-25-2	4500
						25	B	95	97.0	FL$_B$600-95-25-2	4350
8	600	2.5	4	1	6	19	A	130	131	FL$_A$600-130-25-4	4500
						25	B	95	97.0	FL$_B$600-95-25-4	4350
9	700	1.6	2	1	6	19	A	185	187	FL$_A$700-185-16-2	5500
						25	B	135	135	FL$_B$700-135-16-2	5250
10	700	1.6	4	1	6	19	A	185	187	FL$_A$700-185-16-4	5500
						25	B	135	135	FL$_B$700-135-16-4	5250
11	700	2.5	2	1	6	19	A	185	187	FL$_A$700-185-25-2	5800
						25	B	135	135	FL$_B$700-135-25-2	5550
12	700	2.5	4	1	6	19	A	185	187	FL$_A$700-185-25-4	5800
						25	B	135	135	FL$_B$700-135-25-4	5550
13	800	1.6	2	1	6	19	A	245	246	FL$_A$800-240-16-2	7100
						25	B	180	182	FL$_B$800-185-16-2	6850
14	800	1.6	4	1	6	19	A	245	246	FL$_A$800-245-16-4	7100
						25	B	180	182	FL$_B$800-180-16-4	6850
15	800	2.5	2	1	6	19	A	245	246	FL$_A$800-245-25-2	7800
						25	B	180	182	FL$_B$800-180-25-2	7550
16	800	2.5	4	1	6	19	A	245	246	FL$_A$800-245-25-4	7800
						25	B	180	182	FL$_B$800-180-25-4	7550
17	900	1.6	4	1	6	19	A	325	325	FL$_A$900-325-16-4	8500
						25	B	225	224	FL$_B$900-225-16-4	7900
18	900	2.5	4	1	6	19	A	325	325	FL$_A$900-325-25-4	8900
						25	B	225	224	FL$_B$900-225-25-4	8300
19	1000	1.6	4	1	6	19	A	410	412	FL$_A$1000-410-16-4	10500
						25	B	285	285	FL$_B$1000-285-16-4	10050
20	1100	1.6	4	1	6	19	A	500	502	FL$_A$1100-500-16-4	12800
						25	B	365	366	FL$_B$1100-365-16-4	12300
21	1200	1.6	4	1	6	19	A	600	604	FL$_A$1200-600-16-4	14900
						25	B	430	430	FL$_B$1200-430-16-4	13700
22	800	1.0	2	1	6	25	B	180	182	FL$_B$800-180-10-2	6600
23	800	1.0	4	1	6	25	B	180	182	FL$_B$800-180-10-4	6600
24	900	1.0	4	1	6	25	B	225	224	FL$_B$900-225-10-4	7500
25	1000	1.0	4	1	6	25	B	285	285	FL$_B$1000-285-10-4Ⅲ	9400
26	1100	1.0	4	1	6	25	B	365	366	FL$_B$1100-365-10-4Ⅲ	11900
27	1200	1.0	4	1	6	25	B	430	430	FL$_B$1200-430-10-4Ⅲ	13500

二十一、某些二元物系在101.3kPa（绝压）下的气（汽）液平衡组成

（1）苯-甲苯

苯的摩尔分数/%		温度/℃	苯的摩尔分数/%		温度/℃
液相中	气相中		液相中	气相中	
0.0	0.0	110.6	59.2	78.9	89.4
8.8	21.2	106.1	70.0	85.3	86.8
20.0	37.0	102.2	80.3	91.4	84.4
30.0	50.0	98.6	90.3	95.7	82.3
39.7	61.8	95.2	95.0	97.0	81.2
48.9	71.0	92.1	100.0	100.0	80.2

（2）乙醇-水

乙醇的摩尔分数/%		温度/℃	乙醇的摩尔分数/%		温度/℃
液相中	气相中		液相中	气相中	
0.00	0.00	100	32.73	58.26	81.5
1.90	17.00	95.5	39.65	61.22	80.7
7.21	38.91	89.0	50.79	65.64	79.8
9.66	43.75	86.7	51.98	65.99	79.7
12.38	47.04	85.3	57.32	68.41	79.3
16.61	50.89	84.1	67.63	73.85	78.74
23.37	54.45	82.7	74.72	78.15	78.41
26.08	55.80	82.3	89.43	89.43	78.15

（3）硝酸-水

硝酸的摩尔分数/%		温度/℃	硝酸的摩尔分数/%		温度/℃
液相中	气相中		液相中	气相中	
0	0	100.0	45	64.6	119.5
5	0.3	103.0	50	83.6	115.6
10	1.0	109.0	55	92.0	109.0
15	2.5	114.3	60	95.2	101.0
20	5.2	117.4	70	98.0	98.0
25	9.8	120.1	80	99.3	81.8
30	16.5	121.4	90	99.8	85.6
38.4	38.4	121.9	100	100	85.4
40	46.0	121.6			

（4）甲醇-水

甲醇的摩尔分数/%		温度/℃	甲醇的摩尔分数/%		温度/℃
液相中	气相中		液相中	气相中	
0	0	100.0	29.09	68.01	77.8
5.31	28.34	92.9	33.33	69.18	76.7
7.67	40.01	90.3	35.13	73.47	76.2
9.26	43.53	88.9	46.20	77.56	73.8
12.57	48.31	86.6	52.92	79.71	72.7
13.15	54.55	85.0	59.37	81.83	71.3
16.74	55.85	83.2	68.49	84.92	70.0
18.18	57.75	82.3	77.01	89.62	68.0
20.83	62.73	81.6	87.41	91.94	66.9
23.19	64.85	80.2	100.00	100.00	64.7
28.18	67.75	78.0			

自测题参考答案

第1章 流体输送
1. A 2. A 3. B 4. B 5. A 6. D 7. C 8. A 9. C 10. D

第2章 非均相物系的分离
1. D 2. A 3. B 4. C 5. D 6. B 7. D 8. D 9. A 10. D

第3章 传热
1. D 2. B 3. C 4. D 5. A 6. C 7. B 8. A 9. B 10. A

第4章 液体蒸馏
1. B 2. B 3. B 4. D 5. C 6. B 7. D 8. B 9. D 10. A

第5章 气体吸收
1. B 2. D 3. C 4. B 5. D 6. C 7. D 8. A 9. D 10. D

第6章 固体干燥
1. C 2. C 3. B 4. A 5. D 6. C 7. C 8. C 9. A 10. A

第7章 蒸发
1. A 2. C 3. B 4. B 5. B 6. C 7. B 8. A 9. B 10. B

第8章 结晶
1. B 2. A 3. A 4. C 5. A 6. B 7. D 8. B 9. C 10. A

第9章 液-液萃取
1. D 2. B 3. B 4. D 5. C 6. A 7. D 8. D 9. D 10. A

第10章 制冷
1. A 2. D 3. A 4. C 5. D

参 考 文 献

[1] 刘郁，等.化工单元操作.上册.北京：化学工业出版社，2018.

[2] 李晋，等.化工单元操作.下册.北京：化学工业出版社，2018.

[3] 王志魁，等.化工原理.第5版.北京：化学工业出版社，2017.

[4] 侯丽新，等.化工生产单元操作.第2版.北京：化学工业出版社，2017.

[5] 冷士良，等.化工单元操作及设备.第2版.北京：化学工业出版社，2015.

[6] 沈晨阳，等.化工单元操作.北京：化学工业出版社，2013.

[7] 陈性永.操作工.北京：化学工业出版社，1999.

[8] 初级职业技术教育培训教材编审委员会.化工基本操作.上海：上海科学技术出版社，1991.

[9] 化工部人教司.流体力学基础.北京：化学工业出版社，1997.

[10] 化工部人教司.化工管路安装与维修.北京：化学工业出版社，1997.

[11] 陈性永.化工单元操作技术.北京：化学工业出版社，1992.

[12] 陆美娟.化工原理（上、下册）.第3版.北京：化学工业出版社，2018.

[13] 丛德滋，方图南.化工原理示例与练习.上海：华东化工学院出版社，1992.

[14] 王锡玉，刘建忠.化工基础.北京：化学工业出版社，2000.

[15] 柴诚敬，张国亮.化工流体流动与传热.第2版.北京：化学工业出版社，2007.

[16] 陈裕清.化工原理.上海：上海交通大学出版社，2000.

[17] 汤金石，赵锦全.化工过程及设备.北京：化学工业出版社，2007.

[18] 化工部人教司培训中心.气相非均一系分离.北京：化学工业出版社，1997.

[19] 化工部人教司培训中心.加热与冷却.北京：化学工业出版社，1997.

[20] 贾绍义，柴诚敬.化工传质与分离过程.第2版.北京：化学工业出版社，2007.

[21] 陈敏恒，等.化工原理（上、下册）.第4版.北京：化学工业出版社，2015.

[22] 王树楹.现代填料塔技术指南.北京：中国石化出版社，1998.

[23] 化学工业部人事教育司，化学工业部教育培训中心.吸收.北京：化学工业出版社，1996.

[24] 何潮洪，等.化工原理操作型问题的分析.北京：化学工业出版社，1998.

[25] 氯碱化工工人考工试题丛书编写组.氯碱化工工人考工试题丛书.第一分册.北京：化学工业出版社，1994.

[26] 谭天恩，等.化工原理.下册.第4版.北京：化学工业出版社，2013.

[27] 佟玉衡.实用废水处理技术.北京：化学工业出版社，2005.

[28] 邓修，吴俊生.化工分离工程.北京：科学出版社，2000.

[29] 陈敏恒，等.化工原理教与学.北京：化学工业出版社，1998.

[30] 李德华.化学工程基础.第3版.北京：化学工业出版社，2018.

[31] 张弓.化工原理.第3版.北京：化学工业出版社，2000.

[32] 刘盛宾.化工基础.第2版.北京：化学工业出版社，2005.

[33] 化学工业部人事教育司，化学工业部教育培训中心.结晶.北京：化学工业出版社，1997.

[34] 张早校，等.制冷与热泵.北京：化学工业出版社，1999.

[35] 化学工业部人事教育司，化学工业部教育培训中心.制冷.北京：化学工业出版社，1997.

[36] 冯孝庭.吸附分离技术.北京：化学工业出版社，2000.

[37] 刘茉娥，等.膜分离技术.北京：化学工业出版社，1998.

[38] 刘凡清，等.固液分离与工业水处理.北京：中国石化出版社，2000.

[39] 王湛.膜分离技术基础.第2版.北京：化学工业出版社，2006.

[40] 蒋维钧.新型传质分离技术.第2版.北京：化学工业出版社，2010.

[41] 朱自强.超临界流体技术——原理和应用.北京：化学工业出版社，2000.

[42] 张镜澄.超临界流体萃取.北京：化学工业出版社，2000.

[43] 刘茉娥等.膜分离技术应用手册.北京：化学工业出版社，2001.

[44] 陈维枢.超临界流体萃取的原理和应用.北京：化学工业出版社，1998.

[45] 高以烜，叶凌碧.膜分离技术基础.北京：化学工业出版社，1992.